Biomechanik –
wie geht das?

# Biomechanik – wie geht das?

Heidi Schewe

274 Abbildungen in 419 Einzeldarstellungen
18 Tabellen

2000
Georg Thieme Verlag Stuttgart · New York

Dr. Heidi Schewe
Franklinstr. 21
10587 Berlin

Zeichnungen:
Norbert Baasner, Stuttgart
Friedrich Hartmann, Nagold

Die Deutsche Bibliothek – CIP-Einheitsaufnahme

Ein Titeldatensatz für diese Publikation ist bei der Deutschen Bibliothek erhältlich.




Rüdigerstraße 14,
D-70469 Stuttgart
Unsere Homepage: http://www.thieme.de
Printed in Germany

Satz: Satz + mehr, R. Günl, D-74354 Besigheim
gesetzt auf Advent 3B2 (Version 6.05)
Druck: Media-Print, D-33100 Paderborn

ISBN 3-13-117221-5 1 2 3 4 5 6

**Wichtiger Hinweis:**
Wie jede Wissenschaft ist die Medizin ständigen Entwicklungen unterworfen. Forschung und klinische Erfahrung erweitern unsere Erkenntnisse, insbesondere was Behandlung und medikamentöse Therapie anbelangt. Soweit in diesem Werk eine Dosierung oder eine Applikation erwähnt wird, darf der Leser zwar darauf vertrauen, dass Autoren, Herausgeber und Verlag große Sorgfalt darauf verwandt haben, dass diese Angabe **dem Wissensstand bei Fertigstellung des Werkes** entspricht.

Für Angaben über Dosierungsanweisungen und Applikationsformen kann vom Verlag jedoch keine Gewähr übernommen werden. **Jeder Benutzer ist angehalten,** durch sorgfältige Prüfung der Beipackzettel der verwendeten Präparate und gegebenenfalls nach Konsultation eines Spezialisten festzustellen, ob die dort gegebene Empfehlung für Dosierungen oder die Beachtung von Kontraindikationen gegenüber der Angabe in diesem Buch abweicht. Eine solche Prüfung ist besonders wichtig bei selten verwendeten Präparaten oder solchen, die neu auf den Markt gebracht worden sind. **Jede Dosierung oder Applikation erfolgt auf eigene Gefahr des Benutzers.** Autoren und Verlag appellieren an jeden Benutzer, ihm etwa auffallende Ungenauigkeiten dem Verlag mitzuteilen.

# Vorwort

Die Idee, ein Biomechanikbuch in dieser Weise zu schreiben, kam mir durch die Beobachtung, daß Menschen, die sich für eine Ausbildung zur Physiotherapeutin / zum Pysiotherapeuten entscheiden, in der Regel nicht dieselben sind, die sich sehr für Mathematik und Physik begeistern.

Nun ist die Biomechanik ein Ausbildungs- und Prüfungsfach für Physiotherapeuten geworden. Das halte ich grundsätzlich für sehr gut. Mir schien allerdings, daß es einer besonderen Motivation für eine Reihe von Physiotherapieschülern bedarf, sich mit dieser Materie so auseinander zusetzen, daß nicht nur einfach die Formeln auswendig gelernt und relativ unreflektiert in der Prüfung wiedergegeben werden. Damit wäre das Ziel dieses Fachs nicht erreicht.

Um eine aktive Auseinandersetzung *mit Stoff dieses Fachs* zu erreichen, habe ich versucht aufzuzeigen, wie wir in unserem täglichen Leben ständig mit Fragen der Biomechanik konfrontiert sind, und diese meist ohne Schwierigkeiten lösen können. Diese alltäglichen Probleme der Biomechanik wollte ich ins Bewußtsein der Schüler bringen, damit sie erkennen, daß es gar nichts geheimnisvolles mit der Biomechanik auf sich hat, und sie mit diesen Dingen vertraut sind.

Der nächste Schritt bestand darin, dieses Verständnis für biomechanische Zusammenhänge durch die formalen mechanisch/mathematischen Zusammenänge auszudrücken, also die bekannten und weniger bekannten Formeln zu entwickeln und zu erklären. Danach habe ich versucht, die Beziehungen und Bedeutungen wieder in die physiotherapeutische Praxis zurück zu tragen und an einfachen *Beispielen und* Aufgaben zu zeigen, wie Probleme lösbar sind, oder sich so aufgliedern lassen, daß schließlich nur einfach lösbare Fragen übrig bleiben.

Dies hielt ich deswegen für sinnvoll und notwendig, weil es ohne ein Verständnis zunächst der einfachen praktischen, dann aber auch der formalen Zusammenhänge, nicht möglich ist, komplexere Fragen anzugehen und zu verstehen, also tiefer in ein Verständnis der Biomechanik einzudringen. Dies wiederum ist aber notwendig, um die biomechanischen Beziehungen in der Praxis hilfreich verwenden zu können.

Ganz ohne zu rechnen geht es in der Biomechanik jedoch nicht. Aber ich dachte, wenn man erst einmal den Nutzen einer biomechanischen Betrachtungsweise eingesehen hat, traut man sich auch an Rechenaufgaben, die schnell zu einsehbaren Lösungen führen. Von den einfachen Rechenaufgaben ist es dann gar kein so weiter Weg, mit einigen Zusatzinformationen die Zusammenhänge herzustellen, um die grundlegenden Aufgaben, die in einem Grundkurs für Biomechanik vorkommen, zu bewältigen. Man muß auch nicht jede Formel gleich verstehen. Manchmal dauert es eine Weile – und man muß sich die Zusammenhänge noch einmal anschaulich klar machen - manchmal auch öfters. Aber nur auf diesem Weg kommt man weiter und wird dann irgendwann die Biomechanik als Hilfe in der täglichen Praxis, zur Planung von Maßnahmen oder zur Reflexion über das Getane verwenden und damit seine berufliche Tätigkeit effektiver gestalten können. (Es werden nur mathematische und physikalische Kenntnisse verlangt, die in der 8.–10. Klasse in der Schule erarbeitet wurden — sie werden aber auch immer noch einmal erklärt.)

Natürlich kann dieses Buch nur als ein erster Versuch betrachtet werden, die Biomechanik auch solchen Physiotherapieschülern nahezubringen, die eher nicht naturwissenschaftlich interessiert sind. Und sicher ist nicht alles gleich so gelungen, wie ich *mir das vielleicht gewünscht habe.* Ich arbeite aber daran. Aus diesem Grund bin ich dankbar für alle Anregungen und Hinweise, die mir helfen können, dieses Buch besser machen.

Bedanken möchte ich mich bei meinen Freunden in der International Society *of* Biomechanics (ISB), bei denen ich die Biomechanik gelernt habe, vor allem meinen Professoren *und meinen Kommilitonen* an der University of Waterloo/Ont, Canada. Besonders danke ich auch dem derzeitigen Präsidenten der ISB, Herrn Professor Günter Rau für die moralische Unterstützung und dafür, daß er im Bewegungsanalyse-Labor seines Instituts ein Bewegungsbeispiel für dieses Buch analysieren ließ. Herrn Ralf Schmidt danke ich, daß er diese Analyse nach meinen Wünschen durchgeführt hat. Schließlich danke ich Herrn Lutz Bauer für seine Bereitschaft, mich bei Sachfragen als Gesprächspartner zu unterstützen sowie für seine Literaturliste zur Biomechanik die er auch im Internet zur Verfügung stellt (www.uni-bremen-de/~c14j).

H. Schewe, Sommer 1999

# Inhaltsverzeichnis

# 1 Einleitung

Die Biomechanik beschäftigt sich mit der Analyse von Bewegungen lebender Systeme sowie der Grundlage dieser Bewegungen durch die materiellen Strukturen dieser Lebewesen. Das beinhaltet dann auch die Untersuchung der Anpassung der Strukturen an Belastungen, die durch die Umgebung oder durch die Bewegungen selbst hervorgerufen werden.

Häufig wird die Biomechanik mit einer rein mechanischen Betrachtung der Bewegung von Lebewesen gleichgesetzt – am Beginn ihrer Entwicklung war dies tatsächlich der Fall. Es wird dabei dann darauf hingewiesen, dass es eine derartige Betrachtung schon sehr lange bei einzelnen Wissenschaftlern gibt, Wissenschaftlern von herausragender Qualität – vor allem von solchen, die sich nicht nur mit einer Wissenschaftsdisziplin beschäftigten.

## 1.1 Entwicklung der Mechanik der Körperbewegungen

Dann wird immer wieder auf Aristoteles (384–322 v. Chr.) verwiesen, obwohl eigentlich nie gesagt wird, wo dieser sich mit dem Problem der Mechanik von Körperbewegungen auseinandersetzt. Seine Schrift nämlich, in der er sich mit der „Bewegung von Lebewesen" beschäftigt (Περὶ ζῴων κινήσεως, de motu animalium) ist weitgehend unbekannt, aber sehr interessant und lesenswert. Er behandelt in dieser Schrift – und hier in ganz praxisbezogener Weise – vor allem auch das Problem, wie eine Bewegung überhaupt zustande kommen kann, weil man ja immer einen festen „Ankerpunkt" braucht, von dem man sich abstoßen kann, wenn man sich von einer Stelle fortbewegen will. Das ist ein fundamentales mechanisches Problem. Interessanterweise ist dies ein bei Aristoteles durchgängiges Problem, bis hin in seine Metaphysik. Dort wird es dann gelöst – weil es für Aristoteles keine andere Erklärung gibt – durch das über allem Leben stehende Wesen des „unbewegten Bewegers", weil, und das sieht Aristoteles bereits, Leben sich bewegen bedeutet.

Mehr praktischer Natur als die Studien von Aristoteles waren die Studien von Leonardo da Vinci (1452–1519 n. Chr.) zur funktionellen Anatomie und Mechanik der Bewegung, nicht nur von Menschen. Auch er war ein Universalgenie, erhielt eine Ausbildung als Maler und Bildhauer, die ihn zum Studium des menschlichen Körpers, des Bewegungsapparats und schließlich der Bewegung des Menschen brachte. Seine mechanischen Kenntnisse fanden nicht nur Anwendung beim Materialtransport (z. B. Marmorblöcke) – schiefe Ebene, Hebelgesetze etc. –, sondern auch als Kriegsmaschinerie. Sein theoretisches Interesse galt der Untersuchung der „mechanischen Urgesetze der Natur". Seine größte dauerhafte Leistung, die nur auf der Basis seiner umfassenden Kenntnisse möglich war, bleibt jedoch die Verbindung von Mechanik und Ästhetik in seinen Darstellungen des Menschen.

Wichtige neue grundlegende und systematische Erkenntnisse über die Mechanik und die Formulierung ihrer Gesetzmäßigkeiten verdanken wir schließlich Isaac Newton (1643–1727). Die von ihm gefundenen und formulierten Gesetzmäßigkeiten der klassischen theoretischen Physik und Mechanik (drei Axiome) haben bis heute ihre Bedeutung in der Makrophysik und -mechanik behalten. Sie bilden auch die Grundlage dieses Textes. Newton beschäftigte sich mit der Mechanik fester Körper, nicht mit ihrer Anwendung auf lebende Systeme.

Als eigenständige *wissenschaftliche Disziplin* begann sich die Biomechanik zu Beginn der sechziger Jahre zu entwickeln, als im Gefolge der Kybernetik Techniker und Biologen zusammenfanden, weil sie begriffen hatten, dass sich ihre Forschungsbereiche intensiv ergänzen konnten: Die Analyse biologischer Strukturen konnte helfen, in der Technik Probleme effektiver zu lösen, und die formalen Beschreibungsformen der Techniker konnten den Biologen helfen, die Vorgänge in lebenden Organismen besser darzustellen und damit auch besser zu verstehen. Grob gesagt, stellte man zunächst einmal fest, dass sich in der Biologie ebenso wie in der Technik vieles bewegt und man dies unter dem Gesichtspunkt der Mechanik betrachten konnte bzw. sollte. Zunächst beschäftigte man sich mit der Beobachtung und Analyse von Bewegungsabläufen gesamter Organismen – des Menschen oder des Vogels – und es bot sich an, darüber nachzudenken, wie man Bewegungsabläufe vom mechanischen Gesichtspunkt her möglichst effektiv gestalten, sie also technisch gesehen optimieren konnte. Als Anwendungsbereich derartiger Überlegungen boten sich der Leistungssport und die Arbeitswissenschaften (Ergonomie) an. Aus diesen Gründen findet man unter den früheren biomechanischen Arbeiten viele, die sich mit den Problemen dieser beiden Fachgebiete beschäftigen. Das wird auch ganz deutlich, wenn man sich die Programme der ersten Tagungen und Symposien betrachtet.

Zum ersten Mal trafen sich Wissenschaftler, die sich als Biomechaniker bezeichneten oder betont in diesem Bereich arbeiteten oder forschen wollten, 1967 in Zürich (Schweiz). Dieses sowie das nächste Treffen 1969 in Eindhoven (Niederlande) wurde noch eindeutig von Sportwissenschaftlern und Ergonomen bestimmt. Aber bereits vom nächsten Treffen 1971 in Rom an begann die Orthopädie eine immer bedeutendere Rolle zu spielen. 1973 wurde dann in Penn State (USA) die *Internationale Gesellschaft für Biomechanik (ISB)* gegründet. Den europäischen Orthopäden war aber die Tendenz dieser Gesellschaft zu allgemein. Sie gründeten eine eigene *Europäische Gesellschaft für Biomechanik (ESB)*, die Mitglied des ISB ist, aber ihre eigenen Kongresse abhält, auf denen schwerpunktmäßig Themen aus der Orthopädie und der orthopädischen Chirurgie behandelt werden.

Einen großen Anteil an der Entwicklung der Biomechanik hat die Weiterentwicklung messtechnischer Verfahren, vor allem die Entwicklung elektronischer Messsysteme und solcher zur Datenanalyse, -verarbeitung und -speicherung. Durch sie wurden erst die Möglichkeiten geschaffen, Bewegungen sehr exakt zu analysieren. Die dreidimensionale Bewegungsanalyse stellte in den sechziger Jahren z. B. noch ein großes Problem dar. Heute bieten zahlreiche Firmen dazu unterschiedliche Systeme von gleich hoher Qualität an. Aber auch die Möglichkeiten, im Organismus selbst Messungen z. B. von Druck und Zug vorzunehmen, wurden entscheidend verbessert.

Durch diese verbesserten Möglichkeiten, lebende Systeme messtechnisch zu erfassen, erweiterte sich der Bereich, in dem biomechanischen Fragestellungen nachgegangen werden konnte, erheblich. Es bildeten sich Untergruppen der biomechanischen Forschung (z. B. Körperhaltung und Gang, Wirbelsäule, Fuß und Fußbekleidung, Mechanik des Herzens, Zahnmechanik, aber auch die Biorheologie – in der die Gesetzmäßigkeiten und Auswirkungen fließender Stoffe im Organismus untersucht werden – sowie Zellmechanik – in der z. B. die Kräfte, die von außen und innen, durch Wachstum und Eigendynamik auf die Zelle einwirken, und deren Auswirkungen auf die Gestalt und Struktur der Zelle untersucht werden –, um nur einige zu nennen).

Der Sport hat innerhalb dieses Gesamtbereichs erheblich an Bedeutung verloren, auch deswegen, weil es zwei völlig verschiedene Aufgaben sind, zum einen, einen optimalen Bewegungsablauf zu entwerfen, zum anderen, diesen optimalen Bewegungsablauf einem Athleten beizubringen. Die Sportbiomechanik beschränkt sich heute im Wesentlichen auf die Simulation von mechanisch möglichen Bewegungsabläufen und die Optimierung von Sportgeräten im weitesten Sinne.

Zugenommen hat dagegen die Bedeutung der Biomechanik in den Bereichen Rehabilitation und Ergonomie. Bei beiden spielen die Mechanik der Körpergewebe, Fragen ihrer Belastbarkeit, Folgen von Überbelastung und Unterbelastung sowie die Mechanismen ihrer Verletzungen und deren Heilung eine wichtige Rolle. Ebenfalls bei beiden treten Fragen der Bewegungskontrolle immer mehr in den Vordergrund, sodass teilweise schon davon ausgegangen wird, es sei heute die Hauptaufgabe der Biomechanik, als Unterstützung für die Untersuchung der Bewegungskontrolle zu dienen.

Diese Entwicklung der Biomechanik als wissenschaftliche Disziplin ist weitgehend an Deutschland vorbeigegangen. Einige gute Ansätze gibt es in den Bereichen der Orthopädie und Ergonomie. Es hat sich in Deutschland auch nicht wie in vielen anderen Ländern eine eigenständige Wissenschaftsdisziplin entwickelt, die sich mit der Bewegung des Menschen oder lebender Systeme überhaupt beschäftigt – eine solche hat in anderen Ländern die Entwicklung der Biomechanik stark vorangetrieben.

Dass die Biomechanik Pflichtlehrfach in der Physiotherapieausbildung ist, ist ein Fortschritt im Hinblick auf die Anerkennung der Bedeutung der Biomechanik. Sie wird den Physiotherapeuten in vielfältiger Weise helfen, zum einen ihre Handlungsweisen zur Verbesserung des Bewegungsverhaltens der Patienten selbst besser zu verstehen. Das könnte sie dabei unterstützen, Störungen der Bewegungsabläufe, aber auch z. B. die Grenzen ihrer Therapiemöglichkeiten besser zu erkennen. Zum anderen gibt sie ihnen aber auch Verfahren an die Hand, die es ihnen ermöglichen, ihre Arbeit objektiver zu betrachten, als das bisher der Fall war. Daraus folgt, dass sie ihnen auch Hilfen zur Dokumentation ihrer Arbeit in Form von objektiver Beurteilung von Bewegungsabläufen gibt.

## 1.2 Aufgabenbereiche der Biomechanik

Die Erkenntnisse der Biomechanik finden heute hauptsächlich in folgenden Bereichen Anwendung.

### 1.2.1 Funktionelle Anatomie

Die *Funktionelle Anatomie* beschäftigt sich mit dem Studium der materiellen Strukturen des Bewegungssystems. Es werden der Bau und die Funktion von Knochen, Muskeln, Sehnen, Bändern, Bindegewebe etc. untersucht, vor allem im Hinblick auf ihre Wechselwirkung mit Belastungen der Gewebe und die Anpassung der Gewebe an diese Belastungen.

Zur Messung insbesondere von Belastungen liefert die Biomechanik eine Reihe von Verfahren. Hierbei spielen die Elektromyografie, Dynamographie und histologische Zelluntersuchungen eine hervorragende Rolle.

### 1.2.2 Ergonomie

In der *Ergonomie* werden die Wechselwirkungen zwischen der Arbeitsumgebung der Menschen und dem menschlichen Organismus mit dem Ziel untersucht, einerseits die Leistungsfähigkeit des Menschen zu optimieren, andererseits aber vor allem den menschlichen Organismus insgesamt sowie alle seine Teilsysteme vor Schäden durch die Arbeit selbst bzw. die Arbeitsumgebung zu schützen.

Ein Teilbereich beschäftigt sich z. B. mit der Struktur und Gestaltung von Arbeitsplätzen. Dadurch soll gewährleistet werden, dass – aus mechanischer Sicht – der Bewegungsapparat des Menschen keine schädlichen Einschränkungen oder zu hohe Belastungen bei seiner Arbeit erfährt. Dabei können zu hohe Belastungen als augenblicklich zu hohe Intensität der Belastung oder als zu lang anhaltende, auch geringere Intensität der Belastung verstanden werden.

### 1.2.3 Sport und Sportwissenschaft

In der *Sportpädagogik* helfen Kenntnisse der Biomechanik sowohl den Lehrern als auch den Schülern, die Gesetzmäßigkeiten von Körperbewegungen zu verstehen. Sie fördern dadurch auch Lernprozesse beim Erwerb neuer Bewegungsabläufe.

Für den Breitensport kann die biomechanische Forschung dabei behilflich sein, die Funktionssicherheit von Sportgeräten und Ausrüstungsgegenständen zu untersuchen und sich daraus ergebende Empfehlungen an Hersteller und Sportler zu geben. Für den Spitzensport werden die Grenzen der Leistungsfähigkeit des menschlichen Bewegungssystems untersucht. Es werden Bewegungen simuliert, um ihre Durchführbarkeit zu prüfen. Schließlich nimmt die Forschung zur Optimierung von Sportgeräten und Ausrüstungsgegenständen einen breiten Raum ein.

### 1.2.4 Weltraumforschung

Neue Herausforderungen für die biomechanische Forschung stellen die wissenschaftlichen Experimente im Weltraum dar. Das fast vollständige Fehlen der Gravitationskraft stellt völlig neue Anforderungen an die Bewegungskontrolle der Astronauten und beeinflusst die Anpassungsfähigkeit ihres Organismus in großem Maße. Daraus ergeben sich vielfältige Fragestellungen für die biomechanische Forschung – für Forscher aus allen Bereichen der Biomechanik.

### 1.2.5 Orthopädie und orthopädische Chirurgie

Die Aufgabe der *Orthopädie* ist primär die „Reparatur“ von Schäden am Bewegungsapparat des Menschen. Dabei kann die Biomechanik eine wichtige Unterstützung sein, da sich mit ihrer Hilfe die Belastungen des Bewegungsapparats unter gesunden ebenso wie unter pathologischen Bedingungen bestimmen lassen. Es lassen sich auch pathologische Bewegungsabläufe simulieren und die dadurch möglicherweise entstehenden Schäden für den Bewegungsapparat hochrechnen. Eine entscheidende Funktion hat die Biomechanik für Orthopäden aber auch dadurch, dass sie hilft, die komplexen Bewegungsabläufe des Viel-Teile-Systems Mensch und deren neurale Kontrolle besser zu verstehen.

Ein wichtiger Teilbereich der Forschung der Biomechanik in Orthopädie und orthopädischer Chirurgie ist die Erforschung von Materialien – Festigkeit und Verträglichkeit –, die z. B. als Implantate eingesetzt werden können, um Schäden am Bewegungsapparat zu reparieren.

In diesem Bereich sind Messgeräte zur Erfassung von Messwerten aus dem Körper selbst (z. B. Kraft- bzw. Druckmessungen in den Bandscheiben oder im Hüftgelenk) von sehr großer Bedeutung.

Die aus den biomechanischen Forschungen und Simulationen gewonnenen Erkenntnisse helfen den Orthopäden bei der Entscheidung über orthopädische und chirurgische Eingriffe, z. B. auch bei Kindern mit Zerebralparesen oder über die geeignete Osteosynthese- bzw. Endoprothesentechnik sowie die Wahl von geeignetem Implantationsmaterial. Es sei auch darauf hingewiesen, dass eine gute, zweckgerichtete biomechanische Analyse durchaus geeignet sein kann, unnötige Eingriffe zu vermeiden.

### 1.2.6 Rehabilitation und (zunehmend) Prävention – in diesen Bereich gehört die Physiotherapie

Die Aufgabe der *Rehabilitation* ist es, Menschen, die aus gesundheitlichen Gründen nicht oder nur sehr eingeschränkt am gesellschaftlichen Leben – bei Arbeit und Freizeit – teilnehmen können, wieder oder überhaupt so weit als möglich dazu zu befähigen, an diesem Leben doch teilnehmen zu können. Dies ist ein Haupteinsatzbereich der Physiotherapeuten. Die Physiotherapie hat hier die Aufgabe, Bewegungsfunktionen (wieder) herzustellen. Das bedeutet, den Zustand und die Funktionsfähigkeit der Gewebe zu verbessern, mit dem Patienten Bewegungsabläufe unter den gegebenen Bedingungen zu entwickeln und einzuüben und unter unterschiedlichen Situationsbedingungen zu stabilisieren. Hier sind außer den mechanischen Kenntnissen auch solche über die Kontrollvorgänge von Bewegungen notwendig, also gute Kenntnisse in der Neurophysiologie.

Ein bedeutsames Untersuchungsverfahren nicht nur für den Bereich der Rehabilitation, sondern auch für die chirurgische Orthopädie, das auch in Deutschland immer mehr Verbreitung findet, ist die sogenannte *instrumentelle Ganganalyse*. Bei dieser Untersuchung wird mit kinematografischen und dynamografischen Verfahren das Gangverhalten eines Patienten untersucht. Mit Hilfe der Ergebnisse aus einer derartigen Ganganalyse lassen sich zum einen Entscheidungen hinsichtlich einer Therapie fällen, zum anderen sind sie aber auch in herausragender Weise geeignet, den Erfolg einer Therapie zu überprüfen.

Eine wachsende Bedeutung hat auch die Prävention, deren Ziel es ist, mögliche Ursachen für die Beeinträchtigung von Bewegungsfunktionen rechtzeitig zu erkennen und wenn möglich zu vermeiden. Auch dies ist eine Aufgabe für die Physiotherapeuten. Auch hierfür benötigen sie gute Kenntnisse über die mechanischen Bedingungen und die Kontrolle von Bewegungen, um mögliche Schäden bei unökonomischen Bewegungsabläufen abschätzen und weniger schädliche Bewegungsmuster entwickeln und vermitteln zu können.

*Wissenschaftliche Untersuchungen* in der Biomechanik in den Bereichen der Rehabilitation beziehen sich zum einen auf die *klinische Forschung*. Hier wird z. B. die Bedeutung der einzelnen Gewebestrukturen für Bewegungsabläufe sowie die Ursachen ihrer Schädigung z. B. durch Experimente an Leichen geprüft. Beispiele hierfür sind Untersuchungen von Race und Amis (1996) über die Bedeutung der beiden Anteile des hinteren Kreuzbands an der Stabilisierung des Kniegelenks über den gesamten Flexionsweg des Kniegelenks. Es wurde dabei z. B. festgestellt, dass bei einer Ruptur dieses Bandes seine vollständige Rekonstruktion nicht immer notwendig ist.

Ein anderes Beispiel ist die Untersuchung von Bull et al. (1998), die die Ursachen für die häufig schwierig zu therapierenden femoropatellaren Knieprobleme untersuchten, indem sie den Einfluss aller Anteile des M. quadriceps auf die Kniescheibenführung überprüften. Sie stellten fest, dass schwache mediale Anteile des M. quadriceps zu einer lateralen Verschiebung (shift) und Neigung (tilt) der Patella führen. Durch eine Kräftigung (konservative Behandlung) dieser Muskelpartien konnte eine Verbesserung der Patellaführung erzielt werden. Ebenso ließ sich durch eine Verlängerung (release) der lateralen Quadrizepsanteile (häufiger chirurgischer Eingriff) die Situation verbessern. Ein Abwägen dieser beiden Methoden gegeneinander steht allerdings noch aus.

In der *Grundlagenforschung* werden grundsätzliche Fragen, z. B. zu Ermüdungsreaktionen der Gewebe oder Rekruitmentstrategien der Muskeln, untersucht. So beschäftigt sich eine Untersuchung von Dowling und Kennedy (1997) mit dem Zusammenhang zwischen neuraler Erregung (Aktionspotentialserie = AP-Train) und der mechanischen Kontraktionskraft des Muskels (Abb. 1.**1**). Sie fanden, dass bei menschlichen Versuchspersonen und bei Kaninchen kein linearer Zusammenhang zwischen der Erhöhung der Anzahl der Reizimpulse in einer Serie und der Kontraktionskraft besteht. Das bedeutet, dass ein zusätzliches Aktionspotential in einem AP-Train nicht jeweils einen gleich großen zusätzlichen Beitrag zur Krafterhöhung liefert (s. dazu auch Kapitel „Muskel").

## 1.3 Problemstellung der Biomechanik für die Physiotherapie

Um die Bedeutung der Biomechanik für die Physiotherapie zu verstehen, sollte man sich Folgendes vor Augen führen:

Wir leben auf der Erde, einem Planeten von erheblicher Masse. Da jede Masse um ihren Massenmittelpunkt ein Schwerefeld besitzt, leben wir Menschen im Schwerefeld der Erde. Das bedeutet, dass auf uns ständig eine Kraft wirkt, die uns und damit jeden unserer

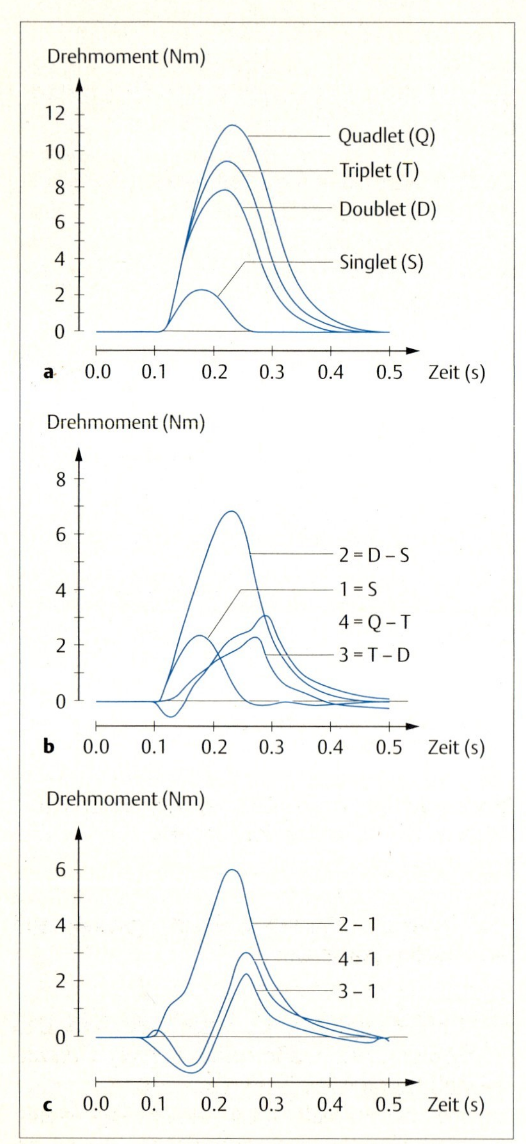


Abb. 1.**1a–c** Drehmoment, erzeugt durch eine Serie von Aktionspotentialen (AP-Train). Die Aktionspotentiale erfolgten im Abstand von 10 ms.

Körperteile zum Mittelpunkt der Erde hinzieht. Der feste Boden der Erdoberfläche bewirkt durch seine Reaktionskraft, dass wir sicher auf ihr stehen können.

Mechanisch gesehen am sichersten wäre es deswegen, wenn wir uns möglichst breitflächig in möglichst geringer Höhe auf der Erdoberfläche aufhielten. Leider wären wir dann

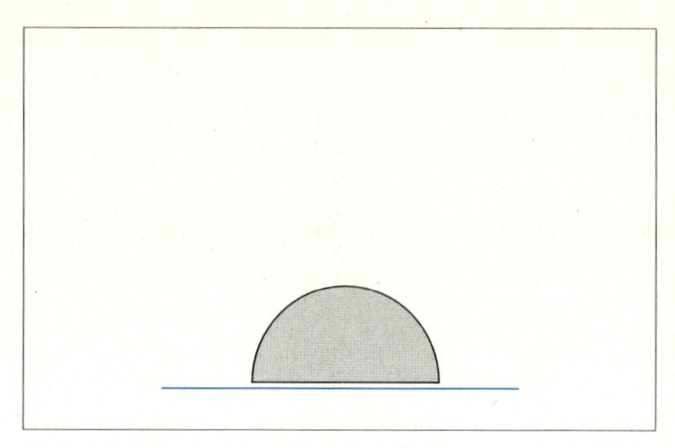

Abb. 1.**2** breite Standfläche, Schwerpunkt tief.

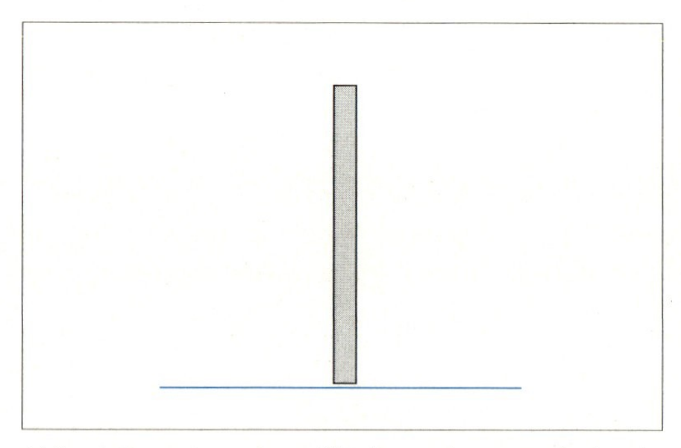

Abb. 1.**3** geringe Standfläche, Schwerpunkt hoch.

aber sehr unbeweglich und wie auch die Urlebewesen auf die Nahrung angewiesen, die zufälligerweise an uns „vorbeikommt“. Außerdem wären wir allen Gefahren, die der Stelle unseres Aufenthalts drohen, nahezu schutzlos ausgeliefert.

Was wir möchten, ist:

1. Einen möglichst weiten Überblick über unsere Umgebung haben, um dort z. B. Nahrungsquellen oder drohende Gefahren bemerken zu können. Das können wir am besten, wenn wir ein Informationssystem hoch über der Erdoberfläche besitzen.
2. In der Lage sein, uns zu den Nahrungsquellen hin- und von den Gefahrenquellen wegzubewegen. Dazu benötigen wir ein sehr bewegliches, schnell reagierendes System.

Wie in unserer Welt üblich, lassen sich diese beiden Ziele nur schwer miteinander vereinbaren. Denn je höher wir uns über der Erde aufrichten, desto instabiler wird die

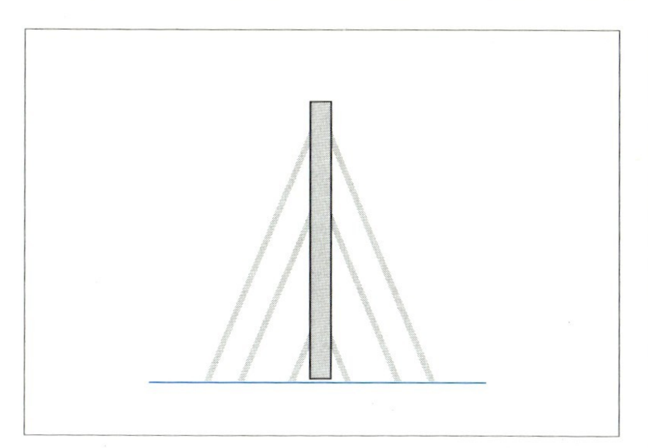

Abb. 1.**4** Haltemechanismen verbreitern die Standfläche

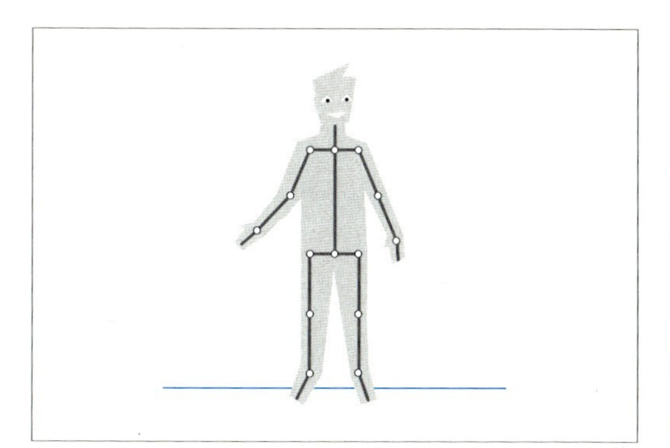

Abb. 1.**5** Im Vergleich dazu die „Konstruktion“ Mensch

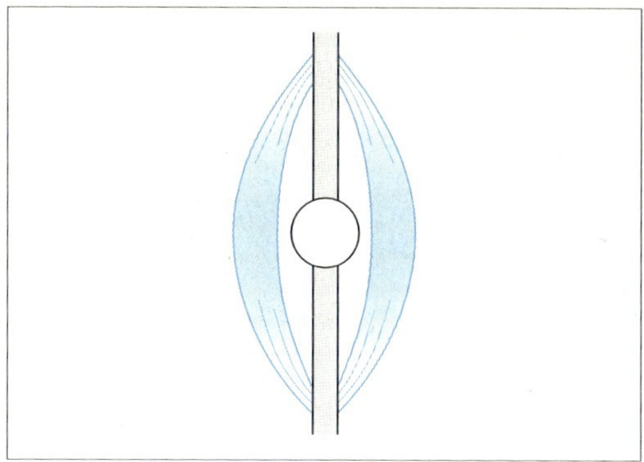

a

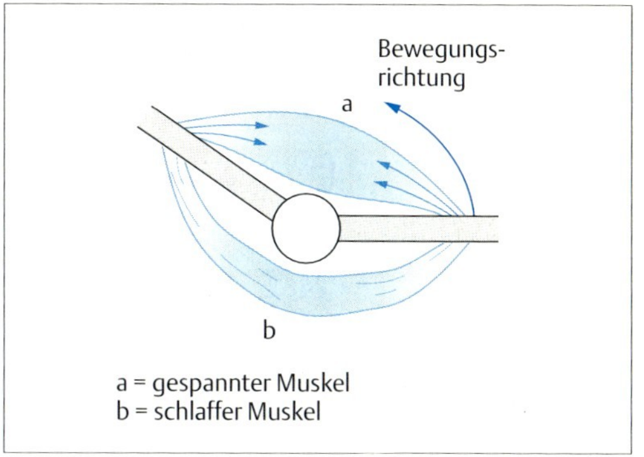


b

Abb. 1.**6a** u. **b** Im Viel-Teile-System dienen die Muskeln als aktive Verbindungszüge

Konstruktion, es sei denn die Standfläche und damit die Masse wird vergrößert oder die Höhe durch Haltemechanismen abgesichert. Eine solche Konstruktion würde aber die Beweglichkeit stark einschränken (Abb. 1.**2**–1.**4**).

Die Evolution, die vor allem auch auf ökonomischen Material- und Energieverbrauch achtet, hat dieses Problem mit unserem Körperbau gelöst. Sie förderte eine Entwicklung, bei der das Erreichen der Höhe durch die hoch aufgerichtete materielle Struktur erreicht wurde. Um die Beweglichkeit und die Bewegung im Raum zu ermöglichen, entwickelte sich die Struktur zu einem Viel-Teile-System (Abb. 1.**5**), dessen Stabilität sowohl bezüglich der eigenen Struktur als auch im Hinblick auf die Schwerkraft durch passive (Sehnen, Bänder, Kapseln) und aktive Verbindungs„züge“ (Muskeln) gewährleistet wird (Abb. 1.**6**). Die passiven und aktiven Verbindungszüge sind so angelegt, dass sie:

1. Die beweglichen Gelenke zwischen den Systemteilen in allen notwendigen Gelenkstellungen stabilisieren können.
2. Die Gelenkstellungen durch ungleichen Zug auf den Seiten verändern können und dadurch schließlich Bewegung und Fortbewegung ermöglichen.
3. Bei einseitigen Belastungen (mögliche Verlagerung des Körperschwerpunkts aus der Unterstützungsfläche heraus) durch Umlagerung der Systemteile den Schwerpunkt über der Unterstützungsfläche halten können und dadurch einen stabilen Stand auch bei Belastungen von außen und bei Bewegungen des Körpers ermöglichen.

Ein solch komplexes System kann aber nur dann sicher funktionieren, wenn:

- Es über ein gutes und sicheres Informationssystem verfügt, das ständig über die aktuelle Schwerpunktlage sowohl des Gesamtsystems als auch der Teilsysteme berichtet als auch die zu einer Korrektur notwendigen Signale übermittelt und die Korrekturmechanismen auslösen kann. Diese Aufgabe erfüllt das Nervensystem.
- Alle beteiligten Teile funktionstüchtig sind, insbesondere auch Knochen, Sehnen, Bänder, Muskeln etc.

Die Physiotherapie wird immer dann gebraucht, wenn in diesem System ein oder mehrere Teile nicht in der notwendigen Weise funktionieren und deswegen ihre Funktionstüchtigkeit wiederhergestellt werden soll. Notwendig ist die Physiotherapie dann deswegen, weil bereits kleine „Fehler" im System (z. B. ein verkürzter oder ein schwacher Muskel) zu Veränderungen in der Arbeitsweise des Systems führt, die zunächst als Kompensation dient, häufig aber Folgestörungen nach sich zieht, die sich in mangelnder Ökonomie oder Verschleiß ausdrücken und schließlich bis zum Systemzusammenbruch führen können.

Die Physiotherapie wird aber heute auch dazu gebraucht, in präventiver Weise dazu beizutragen, dass dieses komplexe System von seinem Inhaber, dem Menschen, so behandelt wird, dass möglichst wenig Störungen auftreten. Sie muss also auch andere über die Zusammenhänge informieren können.

Je besser ein Physiotherapeut über die rein mechanischen Bedingungen des menschlichen Bewegungssystems informiert ist, desto eher wird er in der Lage sein, adäquate Hilfe für einen Patienten zu finden und ihm wieder zu „funktionellen" Bewegungsverhalten zu verhelfen.

In diesem Buch wollen wir einen Beitrag dazu leisten, mechanische Grundgesetze zu erklären und zu zeigen, in welcher Weise sie sich bei den Bewegungen des Menschen bemerkbar machen – in positiver und/oder negativer Weise.

Die in Abbildung 1.5 dargestellte Figur, die wir Felix nennen, soll dabei helfen, den „Kampf gegen die Schwerkraft" an unserem Bewegungssystem aufzuzeigen, indem er die auf uns wirkenden Kräfte in Alltagssituationen deutlich macht.

# 2 Einführung

Die Biomechanik beschäftigt sich mit der Analyse von Bewegungen lebender Systeme. In dem vorliegenden Buch geht es speziell um die Analyse der menschlichen Bewegung. Bewegung ist definiert als die Veränderung der Position eines Punktes (Körpers) im Raum. Die Positionsänderung erfolgt innerhalb eines Zeitraums.

Bevor wir uns mit der Analyse der Bewegung beschäftigen können, sollen zunächst deren Grundbegriffe *Zeit, Raum* und *Körper* kurz erläutert werden. Im Laufe der gesamten Darstellung werden diese zunächst eher abstrakten Definitionen zu mehr anschaulichen Größen werden.

Eine exakte, verbindliche Definition der *Zeit* existiert nicht. Sie ist subjektiv als nicht umkehrbare und nicht wiederholbare Aufeinanderfolge von Veränderung (MEL) erfahrbar. Sie wird als homogenes (gleichartiges), teilbares Kontinuum aufgefasst, dessen Abschnitte mit naturwissenschaftlichen Methoden objektiv messbar sind. Insofern lässt sich die Zeit mithilfe einer Achse darstellen, auf der die homogenen Zeitabschnitte gekennzeichnet werden können (Abb. 2.**1**).

Zeitbezogene Größen der Bewegung, die in der Biomechanik verwendet werden, sind *Geschwindigkeit* und *Beschleunigung*.

Isaac Newton unterschied einen absolut ruhenden von einem relativen *Raum* und bezeichnete dann den relativen Raum als Maß oder bewegliches Teil des ruhenden Raumes, „welcher von unseren Sinnen durch seine Lage gegen andere Körper bezeichnet ... wird“. Um daher den Raum messbar zu machen, konstruiert man sich ein Bezugssystem, ein Koordinatensystem (Abb. 2.**2**). In unserer Vorstellung befinden wir uns in einem dreidimensionalen Raum, der auch als euklidischer Raum bezeichnet wird. Wir beschreiben ihn in der Biomechanik mit dem kartesischen Koordinatensystem, bei dem die drei Dimensionen durch drei senkrecht aufeinanderstehende Achsen gekennzeichnet werden.

Die Achsen können wir in Abschnitte einteilen. Mithilfe dieser Achsenabschnitte lassen sich Entfernungen im Raum bestimmen.

Als *Körper* wird in der Lehre von den Bewegungen ein Gegenstand bezeichnet, der eine feste Gestalt und eine räumliche Ausdehnung

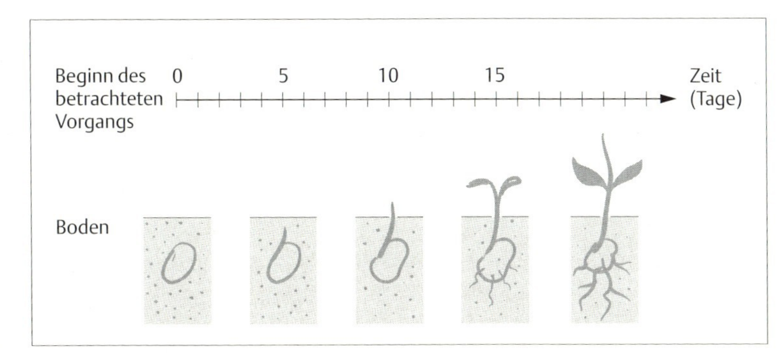


Abb. 2.**1** Zeitachse, die in gleichmäßige Abschnitte eingeteilt ist. Mit ihrer Hilfe kann der Ablauf eines Vorgangs (hier: Keimen eines Samenkorns) über einen beliebigen Zeitraum deutlich gemacht und quantifiziert werden.

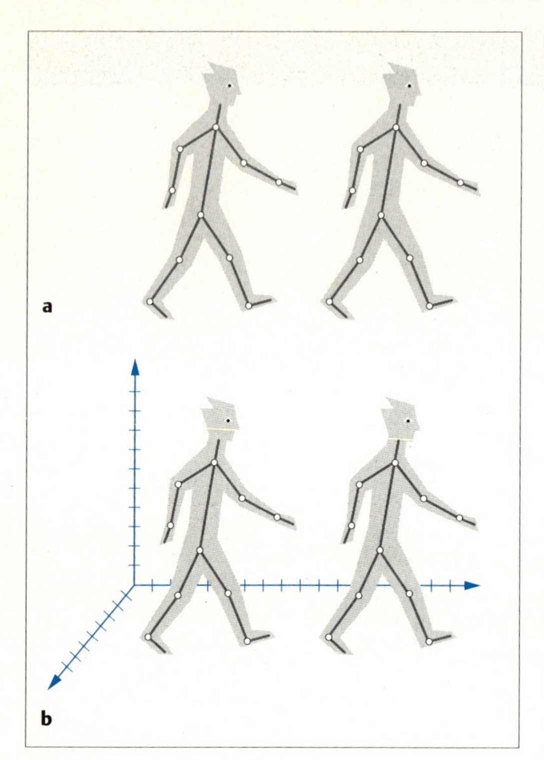


Abb. 2.**2a** u. **b** Bewegung lässt sich nur vor einem Bezugssystem als Bewegung wahrnehmen.
**a** Felix in jeweils derselben Gangposition, es ist nicht erkennbar, ob er sich zwischen diesen beiden Bildern überhaupt bewegt hat,
**b** Vor einem Bewegungssystem, dem Koordinatensystem, lässt sich erkennen, dass Felix sich bewegt hat.

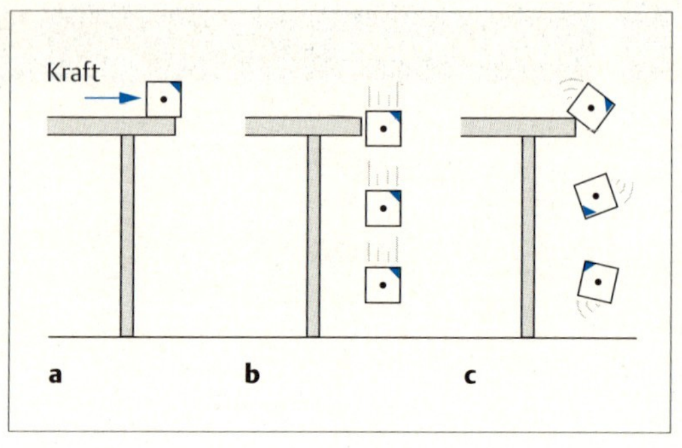


Abb. 2.**3a–c**
**b** Auf einen Würfel, der am Rand eines Tisches liegt, wirkt eine Kraft
**a** Fällt der Würfel herunter, kann er fallen, ohne sich zu drehen oder
**c** sich drehend.

hat, mit sich selber kongruent (in allen Abmessungen mit sich selbst geometrisch übereinstimmend) ist und in der Regel eine Masse bzw. ein Gewicht besitzt. Wir werden bald erkennen, dass uns die Ausdehnung eines Körpers häufig zu Schwierigkeiten führt. Wenn wir z. B. einen eckigen Klotz vom Tisch schubsen (Abb. 2.**3a**), dann fällt er auf den Boden, bewegt sich also in senkrechter Richtung nach unten (Abb. 2.**3b**). Wenn wir aber eine Ecke des Klotzes betrachten, dann kann es durchaus sein, dass diese sich nicht senkrecht zum Boden bewegt, sondern in einer Art Schraubenlinie, weil der Klotz sich dreht. Man kann das Problem in der Mechanik lösen, indem man sich den gesamten Körper in einem Punkt konzentriert vorstellt. Diesen Punkt kann man genau bestimmen.

# 3 Methoden zur Analyse von Bewegungen

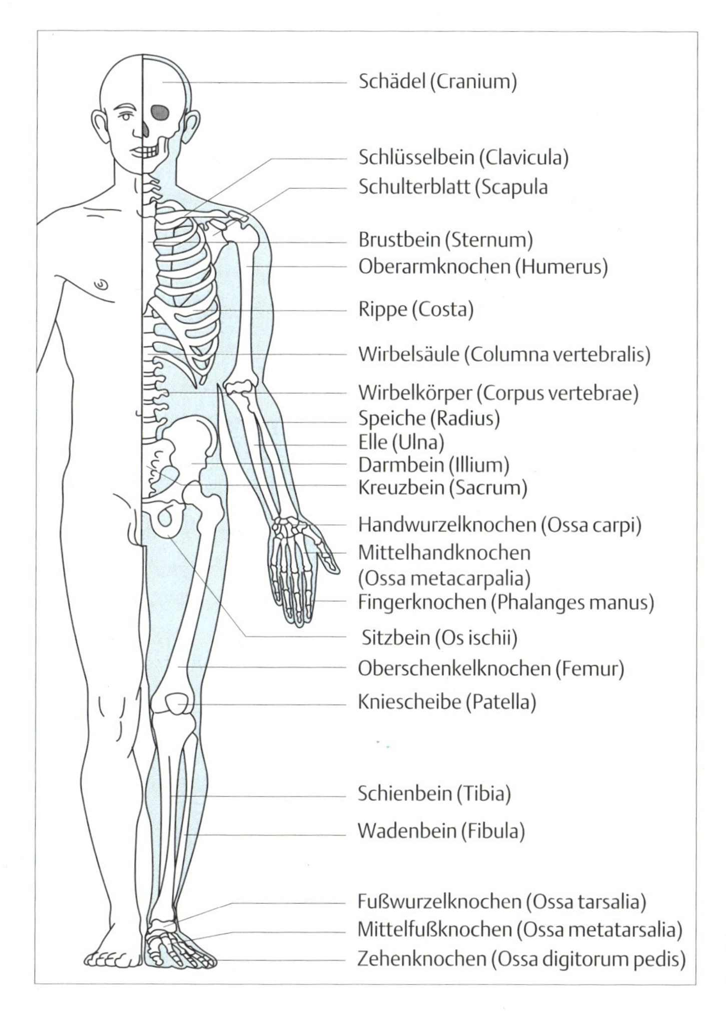


Abb. 3.**1** Skelett mit Benennungen

Um eine Bewegung nachvollziehen und verstehen zu können, muss man sie analysieren. Das bedeutet unter anderem, dass man einzelne Aspekte der Bewegung betrachtet. Man muss z. B. die an einer Bewegung beteiligten Elemente identifizieren und benennen sowie deren charakteristische Art und Weise, sich zu bewegen, beschreiben.

Die Biomechanik bedient sich dazu bestimmter Analysemethoden.

## 3.1 Nominalanalyse

Im Rahmen der *Nominalanalyse* (lat. nomen = Namen) werden zunächst die sich bewegenden Elemente sowie die Bewegungen *benannt*, die sich aus deren anatomischen Strukturen und ihren Verbindungen ergeben. Dies geschieht in traditioneller Weise mit Hilfe der *Anatomie* und der *Funktionellen Anatomie*.

Da die entsprechenden Begriffe in den spezifischen Fächern an den Physiotherapie-Schulen gelehrt werden, brauchen sie hier nicht im Einzelnen dargestellt werden. Sie sollen hier deswegen lediglich in einer exemplarischen Zusammenfassung aufgeführt werden.

Die Nominalanalyse umfasst z. B. die Bezeichnungen für das gesamte Skelettsystem mit der Benennung der an der jeweiligen Bewegung beteiligten Knochen (Abb. 3.**1**).

Weiterhin müssen alle an der betreffenden Bewegung der einzelnen Gelenke beteiligten Muskeln benannt werden.

Bei einer Beugung (Flexion) des Unterarms im Ellenbogen können z. B. folgende Muskeln aktiv werden:

Als Agonisten:

- Der zweigelenkige (über Schulter- und Ellenbogengelenk ziehende) *M. biceps bracchi*, der mit seinem kurzen Kopf mit einer dicken abgeflachten Sehne am Scheitel des *Processus coracoideus* und mit seinem langen Kopf am *Tuberculum supraglenoidale* entspringt und mit einem runden sehnigen Anteil an der *Tuberositas radii*, mit einem flächigen Sehnenanteil nach medial in Richtung *Ulna* zieht und an der *Tuberositas radii* sowie der *Aponeurosis m. bicipitis* in der Unterarmfaszie ansetzt.
- Der eingelenkige *M. bracchialis*, der unter dem M. biceps bracchii liegt, in der oberen Hälfte des *Humerus* – am *Septum intermusculare laterale* – entspringt und an der *Processus styloideus radii* ansetzt.
- Der eingelenkige *M. bracchioradialis*, der an der *Crista supracondylaris* des lateralen Humerus und am *Septum intermusculare laterale* entspringt und am *Processus styloideus radii* ansetzt.

Unterstützend – als Synergisten – können zusätzlich die zweigelenkigen Muskeln (über Ellenbogen und Handgelenk ziehend) der *M. pronator teres*, der *M. extensor carpi radialis longus* sowie die *Mm. carpi ulnaris* und *radialis* wirken.

Als Antagonisten (z. B. zur Stabilisierung des Gelenks):

- Der zweigelenkige (über Schulter- und Ellenbogenbelenk ziehende) *M. triceps bracchii*, der mit seinem radialen (medialen), eingelenkigen Kopf distal vom *Sulcus* des *N. radialis*, der dorsalen Humerusfläche sowie dem *Septum intermusculare mediale* und *laterale*, mit seinem lateralen Kopf lateral und proximal vom Sulcus des N. radialis und der dorsalen Humerusfläche sowie mit seinem langen Kopf vom *Tuberculum infraglenoidale* des Schulterblatts entspringt und am *Olecranon ulnae* ansetzt.
- Der *M. anconaeus*, der an der dorsalen Fläche des *Epicondylus lateralis* des Humerus und dem *Ligamentum collaterale lateralis* entspringt und im proximalen Viertel der Dorsalseite der Ulna ansetzt.

Schließlich müssen die der Bewegung zugrunde liegenden Bewegungsmöglichkeiten der Gelenke betrachtet werden. Sie ergeben sich durch den anatomischen Bau der Gelenke, die Geometrie der Gelenkflächen sowie aus der Umgebung der das Gelenk sichernden Strukturen (Kapseln und Bänder etc.).

Die Hauptbewegungsmöglichkeiten bzw. Freiheitsgrade der Gelenke werden durch folgende sechs Gelenktypen (Abb. 3.**2**) charakterisiert (Faller 1988):

1. Kugelgelenk (Abb. 3.**2 a**)
   Das *Kugelgelenk* wird durch drei Achsen mit den daraus resultierenden drei Freiheitsgraden der Rotation sowie sechs Hauptbewegungsrichtungen, der Extension/Flexion, der Abduktion/Adduktion sowie der Innen- und Außenrotation charakterisiert.

Beispiele für das Kugelgelenk sind das Hüftgelenk sowie das Schultergelenk.

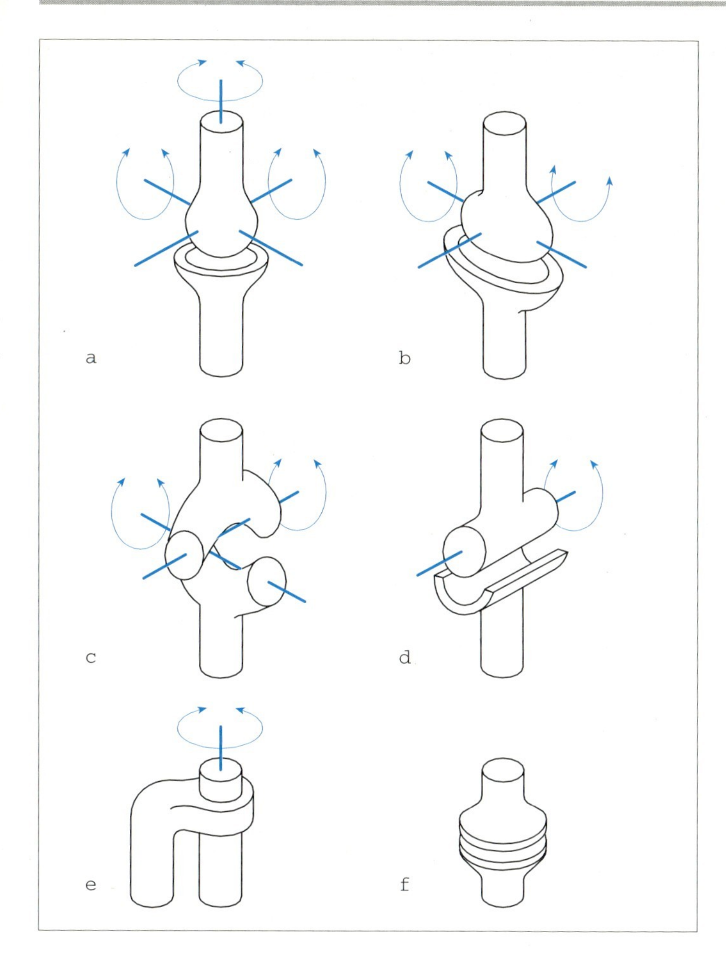


Abb. 3.**2** Gelenktypen
**a** Kugelgelenk
**b** Eigelenk
**c** Sattelgelenk
**d** Scharniergelenk
**e** Zapfengelenk
**f** Flaches Gelenk

2. Eigelenk (Ellipsoidgelenk; Abb. 3.**2 b**)
   Das *Eigelenk* wird durch zwei Achsen mit den daraus resultierenden zwei Freiheitsgraden der Rotation sowie vier Hauptbewegungsrichtungen, der Extension/Flexion sowie der Abduktion/Adduktion charakterisiert.

Beispiele für das Eigelenk sind die hinteren Handwurzelgelenke.

3. Sattelgelenk (Abb. 3.**2 c**)
   Das *Sattelgelenk* ist durch zwei Achsen charakterisiert, die in unterschiedlichen Ebenen liegen und jeweils einen Freiheitsgrad und zwei Hauptbewegungsrichtungen besitzen. Das sind in einem Fall die Extension/Flexion, im anderen die Abduktion/Adduktion.

Ein Beispiel für das Sattelgelenk ist das Karpometakarpalgelenk des Daumens.

4. Scharniergelenk (Abb. 3.**2 d**)
   Das *Scharniergelenk* wird durch eine Achse mit dem daraus resultierenden Freiheitsgrad der Rotation sowie zwei Bewegungsrichtungen, der Extension/Flexion charakterisiert.

Beispiele für das Scharniergelenk sind das Knie- sowie das Ellenbogengelenk.

5. Zapfengelenk (Abb. 3.**2 e**)
   Das *Zapfengelenk* wird durch eine Achse mit dem daraus resultierenden Freiheitsgrad der Rotation sowie zwei Bewegungsrichtungen, der Innen-/Außenrotation charakterisiert.

Ein Beispiel für das Zapfengelenk ist das Gelenk zwischen Elle und Speiche.

6. Flaches Gelenk (Abb. 3.**2 f**)
   Das flache Gelenk besitzt keine Achse, um die herum eine Bewegung stattfinden kann. Es erfolgt vielmehr eine Verschiebung – ein Freiheitsgrad der Translation – der Gelenkflächen gegeneinander im Sinne eines Gleitens.

Ein Beispiel für das flache Gelenk ist das Gelenk zwischen der Platte des Ringknorpels und der Unterfläche des Stellknorpels des Kehlkopfs.

7. Straffes Gelenk
   Bei *straffen Gelenken* verhindert ein auf allen Seiten stark ausgebildeter Bandapparat eine wirkliche Bewegung. Derartige Gelenke dienen der Abfederung von Stößen. Man findet sie vor allem an Händen und Füßen (Hand bzw. Fußwurzelknochen). Ein Beispiel für ein straffes Gelenk ist auch das Gelenk zwischen dem Kreuzbein und den Darmbeinschaufeln.

## 3.2 Bewegungsebenen, Richtungen und Achsen

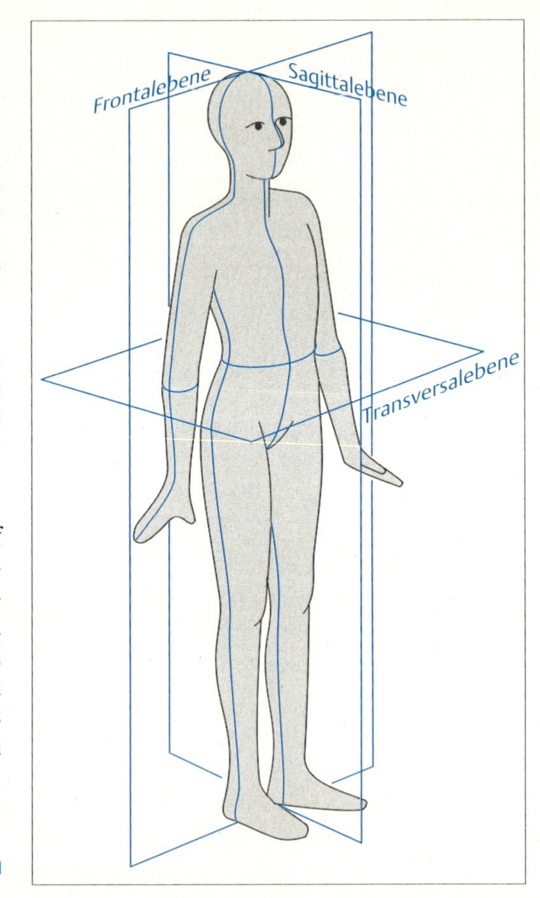


Abb. 3.**3** Körperebenen

Zu einer Beschreibung von Bewegungen im Raum benötigt man ein Bezugssystem. Für die Bewegungen des Menschen hat sich im Laufe der Zeit – unabhängig von der allgemeinen Mechanik – ein Bezugssystem etabliert, das auch im Bereich der Physiotherapie verwendet wird.

Zunächst werden drei Bewegungsebenen (Abb. 3.**3**) bezüglich des menschlichen Körpers definiert:

- Die *Frontalebene* verläuft vertikal von rechts nach links durch den Körper und ermöglicht eine Orientierung bezüglich vorn und hinten am Körper (ventral/dorsal; anterior/posterior) und die entsprechenden Bewegungsrichtungen.
- Die *Sagittalebene* verläuft vertikal von vorn nach hinten durch den Körper und ermöglicht eine Orientierung bezüglich rechter und linker Körperseite sowie auch die von Mitte und Seite des Körpers und die entsprechenden Bewegungsrichtungen medial/lateral.
- Die *Transversalebene* verläuft horizontal durch die Körpermitte und ermöglicht eine Orientierung von oberer und unterer Körperhälfte sowie die entsprechenden Bewegungsrichtungen kranial/kaudal).

Durch die Festlegung und Beschreibung der Bewegungsrichtungen (Abb. 3.**4**) ergeben sich die Richtungen der Achsenverläufe in den Gelenken. Eine flexorische oder extensorische Bewegung erfolgt in der Regel in der Sagittalebene um eine von medial nach lateral verlaufende Achse (parallel zur Körperbreitenachse), die in der Frontalebene liegt; eine Ab- oder Adduktionsbewegung in

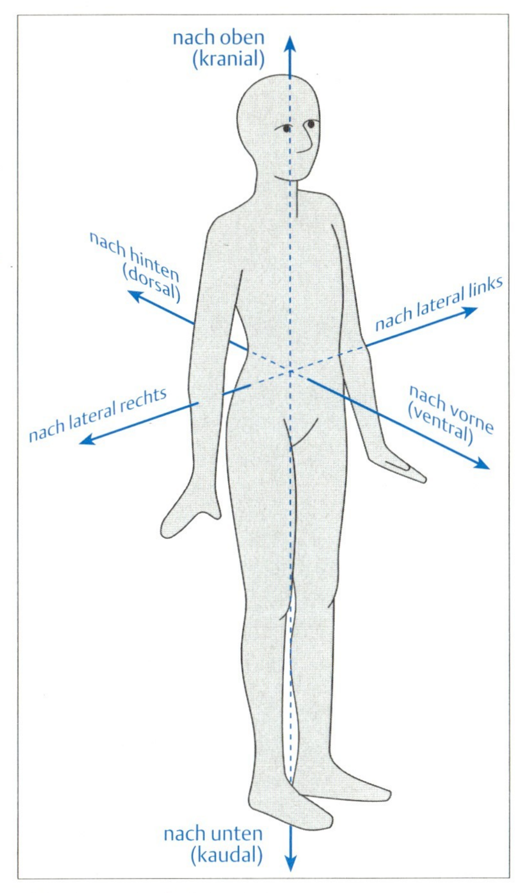


Abb. 3.**4a** Verlauf der Achsen

der Frontalebene um eine Achse, die von anterior nach posterior orientiert ist (parallel zur Körpertiefenachse), die in der Sagittalebene liegt. Schließlich erfolgt die am Körper als Rotationsbewegung bezeichnete Bewegung in der Transversalebene um eine Achse von kranial nach kaudal (parallel zur Körperlängsachse).

## 3.3 Qualitative Analyse von Bewegungen

Nach dem Benennen der einzelnen Bewegungskomponenten besteht der nächste Schritt der Bewegungsanalyse darin, die zustande gekommene Bewegung zu beurteilen und zu bewerten.

In der Physiotherapie geschieht das bei der Eingangsuntersuchung (Befundaufnahme) durch Inspektion, Palpation und Funktionsuntersuchung. Hierbei werden im Vergleich zu einer hypothetischen Norm die Bewegungen eingeschätzt. Man versucht dadurch, eine Bewegung *qualitativ* zu beurteilen.

Eine Bewegung qualitativ zu analysieren bedeutet, ihr Ausmaß und ihre Güte einzuschätzen. Die Beurteilung erfolgt durch Vergleichen von Bewegungen untereinander: ob z. B. ein Bewegungsablauf weiter, schneller, harmonischer oder rhythmischer ist als ein anderer. Bei der Befundaufnahme in der Physiotherapie wird z. B. die Bewegungskapazität des Patienten auf diese Weise dem physiologischen Bewegungsvermögen gegenübergestellt. Zeigt die Wirbelsäule des Patienten z. B. ein ebenso weites und harmonisches Abrollverhalten nach vorne, wie man es von einer gesunden Wirbelsäule erwarten kann?

Diese qualitative Registrierung von Unterschieden führt zwar zu einer Einschätzung der Güte der Bewegung, die aber lediglich ein subjektives Bewerten darstellt. Für die physiotherapeutische Praxis ist das im Allgemeinen ausreichend.

Für eine objektive Beurteilung und Bewertung einer Bewegung, z. B. zur Therapieentscheidung in der Rehabilitation oder zur Evaluation der Effektivität einer erfolgten Therapie wird dann jedoch eine *quantitative* Analyse benötigt, die mit objektiven Werten arbeitet, die reproduzierbar sind. Solche messbaren Parameter sind Winkel von Bewegungen, Zeitdauer der Bewegung oder die Kraft, die durch eine Muskelkontraktion aufgebracht werden kann. Zur Beurteilung der Güte einer Bewegung wird aber auch das Wissen um die mechanischen Zusammenhänge dieser Werte benötigt. Einige dieser Parameter, wie Winkel und Zeit, können mit einfachen Messverfahren in der physiotherapeutischen Praxis grob, aber ausreichend beurteilt werden.

Die Biomechanik stellt geeignete Messverfahren für alle diese Parameter zur Verfügung und liefert vor allem das mechanische Hintergrundwissen für derartige Beurteilungen.

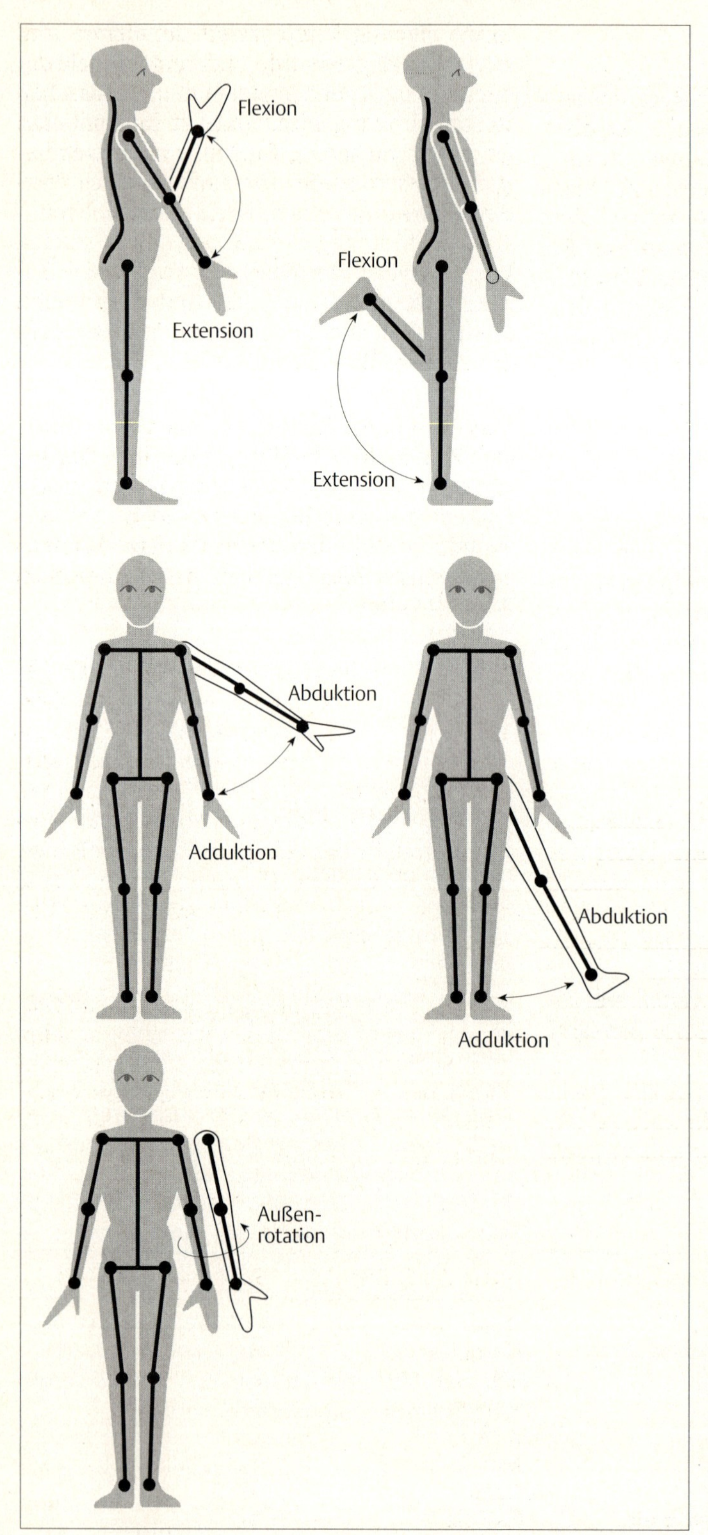


Abb. 3.**4b** In der Sagittalebene finden Bewegungen um medial/lateral verlaufende Achsen statt, in der Frontalebene um ventral/dorsal verlaufende Achsen und in der Transversalebene um kranial/kaudal verlaufende Achsen.

## 3.4 Messgrößen

Will man eine quantitative Analyse vornehmen, bedeutet das, dass man exakte Angaben über das Ausmaß oder die Menge (Anzahl) einer charakteristischen Eigenschaft eines Merkmals machen will. Diese Angaben sollen außerdem objektiv sein, d. h. ein anderer Beurteiler soll bei der Beurteilung zu dem gleichen Ergebnis kommen können. Eine solche Beurteilung geschieht, indem wir bei einer Menge diese abzählen und mit Hilfe der Zahlenangabe sagen: Wir haben so und so viel Elemente mit dieser Eigenschaft z. B. Schritte benötigt, um 10 m zu gehen.

Die quantitative Bestimmung des Ausmaßes – der Ausprägung – einer physikalischen Eigenschaft (z. B. Temperatur, Geschwindigkeit) erfolgt durch Messen. Dazu benötigt man ein geeignetes Messverfahren. Man kann z. B. die Temperatur nicht mit einem Metermaß oder Winkelmesser messen, sondern man benötigt dazu ein Messinstrument, das Temperaturen messen kann. Das ist ein Thermometer. Außer dem angemessenen Verfahren benötigt man eine Maßeinheit, in der man das Ausmaß angeben kann. Und damit gemessene Werte vergleichbar sind, benötigt man für jedes Messverfahren und die Maßeinzeit einen Referenzwert, mit dem sich einerseits das Ausmaß bzw. die Ausprägung des Merkmals vergleichen und sich zum anderen die Güte des Messverfahrens, also auch des gemessenen Wertes überprüfen lässt.

Da es einerseits sehr viele messbare Eigenschaften (Messgrößen) gibt, so dass es sehr aufwendig wäre, wenn man für jede einzelne einen eigenen Referenzwert definieren und/oder hinterlegen würde, andererseits viele der messbaren Größen in einem mathematischen Zusammenhang miteinander stehen, hat man es als ausreichend gefunden, nur für eine begrenzte Anzahl von sogenannten *Basisgrößen* Referenzwerte zu definieren und gegebenenfalls zu hinterlegen (z. B. liegt das Urmeter, das lange Zeit der Referenzwert für die Längenmessung war, in Paris) und die anderen Messgrößen durch ihre mathematische Beziehung von diesen abzuleiten.

Das System der Basisgrößen hat sich im Laufe der Zeit mehrfach geändert, auch in Abhängigkeit von den unterschiedlichen Maßsystemen in verschiedenen Ländern, der Verwendung in unterschiedlichen Wissenschaftsbereichen oder den messtechnischen Möglichkeiten.

Um die Vergleichbarkeit der Maße zu gewährleisten, gibt es ein internationales Gremium, das das „Internationale Einheitensystem" festlegt, das vor allem in allen wissenschaftlichen System Gültigkeit hat. Deutschland hat dieses Internationale Einheitensystem 1969 übernommen. Es gilt hierin das SI-System (Système International d'Unités), das sich auf folgende Basisgrößen stützt (Tab. 3.**1**).

Alle andere Messgrößen, die *abgeleiteten Größen*, lassen sich aus diesen Basisgrößen ableiten. So hat z. B. die Fläche die Maßeinheit Quadratmeter ($m * m = m^2$), die Geschwindigkeit die Maßeinheit m/s oder die Kraft die Dimension $kg * m/s^2$. (Im Anhang befindet

Tabelle 3.**1** Basisgrößen

| Physik. Quantität | Symbol der Quantität | Name der SI-Einheit | Symbol der SI-Einheit |
|---|---|---|---|
| Länge | 1 | Meter | m |
| Masse | m | Kilogramm | kg |
| Zeit | t | Sekunde | s |
| Elektr. Strom | I | Ampere | A |
| Temperatur | T | Kelvin | K |
| Substanzmenge | n | Mol | mol |
| Lichtstärke | I | Candela | cd |
| Ebener Winkel | $\alpha$, $\beta$, $\gamma$, $\vartheta$, $\varphi$ etc. | Radiant | rad |
| Räuml. Winkel | $\Omega$ | Steradiant | sr |

sich eine Liste mit den in der Biomechanik gebräuchlichen Messgrößen und ihren Dimensionen.)

Über diese Messgrößen hinaus, die für alle Menschen und Systeme gelten, die messen, hat es sich als zweckmäßig erwiesen, dass einzelne wissenschaftliche Disziplinen für ihren Bereich Vereinbarungen darüber treffen, in welcher Weise bestimmte Größen gemessen werden (z. B. hat man in der Physiotherapie die Vereinbarung getroffen, wie man Winkel am menschlichen Körper nach der *Neutral-Null-Methode* misst), und wie einzelne fachspezifische Bezeichnungen erfolgen sollen. Das hat auch die Internationale Gesellschaft für Biomechanik (ISB) getan. Sie hat 1995 ein Heft zur „Standardisierung und Terminologie in der Biomechanik" herausgegeben, das aus zwei Teilen besteht:

1. „Recommendations for Standardization in the Reporting of Kinematic Data".
   Das erwies sich als hilfreich, weil z. B. durch unterschiedliche Achsenbezeichnungen bei Berichten über Ergebnisse häufig Verwirrung entstand.
2. „Quantities and Units of Measurements in Biomechanics".

Hierbei geht es auch darum, die Schreibweise zu vereinheitlichen.

Die Empfehlungen werden von Zeit zu Zeit an neue Entwicklungen angepasst. In diesem Buch werden wir uns an die Empfehlungen der ISB halten.

### 3.4.1 Der Messvorgang

Der eigentliche Messvorgang ist ein Vergleichen bzw. ein Ins-Verhältnis-setzen der Größe, die gemessen werden soll, mit der Referenzgröße. Der gemessene Wert ist dann ein Vielfaches oder ein Teil des Referenzwertes. Angegeben wird das Messergebnis als das gemessene Vielfache (bzw. der Teil) und der Maßeinheit für die betreffende Größe. Wenn man z. B. die Länge eines Schrittes misst (von einem Fersenaufsetzen zum nächsten, erhält man als Messergebnis unter Umständen den $^3/_4$ Teil des Referenzwertes für die vereinbarte Längeneinheit (das Meter) als 0,75 $*$ 1 m = 0,75 m. Insofern ist das Messergebnis das Produkt aus dem Zahlenwert (0,75) und der Einheit (1 m).

Da die Messwerte der einzelnen Größen im Allgemeinen in einem sehr großen Zahlenbereich vorkommen, hat man für jeweils (in der Regel) drei Zehnerpotenzen sowohl bei den Vielfachen als auch bei den Teilen der Messgröße spezielle Standardvorsilben vereinbart. Diese sind:

1. Für die Vielfachen: siehe Tabelle 3.**2**.

2. Für Teilgrößen: siehe Tabelle 3.**3**.

Weiterhin ist bei der Quantifizierung von physikalischen Größen, die bei der Beschreibung und Analyse von Bewegung verwendet werden, darauf zu achten, dass sie einer der beiden Gruppen *Skalare* bzw. *Vektoren* angehören.

### 3.4.2 Skalare

Ein Skalar ist eine physikalische Größe, die bestimmt wird durch den Zahlenwert und die Einheit (so wie das oben beschrieben wurde).

Man spricht bei einer skalaren Größe auch von einer ungerichteten Größe, weil sie unabhängig ist von der Richtung, in der sie sich ausbreitet und/oder in der sie gemessen wird. In diesem Sinne sind z. B. die Messwerte für Temperatur, Länge oder Dichte unabhängig davon, in welcher Richtung sie sich ausbreiten und/oder gemessen wurden. Mehrere Messwerte der gleichen physikalischen Größe, die den gleichen Körper betreffen, können miteinander verknüpft werden, indem man ihre Werte addiert oder multipliert etc. Geht jemand z. B. eine Strecke von 5 m und dann noch einmal 5 m, dann ist er insgesamt 5 m + 5 m = 10 m gegangen.

### 3.4.3 Vektoren (Abb. 3.5)

Die physikalische Größe Vektor enthält zusätzlich eine Information über ihre Wirkungsrichtung (z. B. die Richtung einer wirkenden

Tabelle 3.**2** Bezeichnungen von Vielfachen von Messgrößen

| Vielfaches | Schreibweise | Bezeichnung | Beispiel |
|---|---|---|---|
| * 1 000 | $10^3$ | Kilo (k) | Kilometer-Länge |
| * 1 000 000 | $10^6$ | Mega (M) | Megaohm-Widerstand (Widerstand der Zellmembran) |
| * 1 000 000 000 | $10^9$ | Giga (G) | Gigahertz-Frequenz |

Tabelle 3.**3** Bezeichnungen von Teilgrößen von Messgrößen

| Teilgröße | Schreibweise | Bezeichnung | Beispiel |
|---|---|---|---|
| * 0,1 | $10^{-1}$ | Dezi (d) | Dezimeter-Länge |
| * 0,01 | $10^{-2}$ | Centi (c) | Zentimeter-Länge |
| * 0,001 | $10^{-3}$ | Milli (m) | Millivolt-Spannung (Summenaktionspotential einer Muskelkontraktion) |
| * 0,000 001 | $10^{-6}$ | Mikro (μ) | Mikrovolt-Spannung (Aktionspotential einer einzelnen Muskelfaser) |
| * 0,000 000 001 | $10^{-9}$ | Nano (n) | Nanoampere-Strom (Ionenfluss durch die Zellmembran |
| * 0,000 000 000 001 | $10^{-12}$ | Piko (p) | Pikoampere-Strom (Stromfluss durch einen Ionenkanal) |
| * 0,000 000 000 000 001 | $10^{-15}$ | Femto (f) | Femtotesla-magn. Feldstärke (Feldstärke über dem Gehirn bei Hirnaktivität) |

Kraft: eine Gewichtskraft von 30 N wirkt auf der Erde mit dem Gewicht von 30 N in Richtung des Erdmittelpunkts).

Die Information einer Vektorgröße beinhaltet daher:
- den Zahlenwert,
- die Einheit,
- die Wirkungsrichtung.

Ein Vektor kann grafisch durch einen Pfeil dargestellt werden. Dieser Pfeil symbolisiert z. B. eine Kraft oder ein Drehmoment.

Die Vektorgröße ist definiert durch:
- Die Länge des Pfeils
  Sie bestimmt den Betrag der physikalischen Größe. Er wird durch die für die spezifische Größe definierte Einheit angegeben (z. B. Newton für die Kraft bzw. Newtonmeter für das Drehmoment). Der Maßstab ist im Prinzip beliebig, er muss jedoch innerhalb einer Darstellung für alle Werte derselben Messgröße konstant bleiben.
- Die Richtung des Pfeils
  Sie gibt die Richtung an, in der die betreffende physikalische Größe ihre Wirkung ausübt. Sie kann in Winkelgraden bezüglich einer Referenzrichtung und einem Ursprung oder innerhalb eines Koordinatensystems durch die Koordinaten des Vektoranfangs und der Pfeilspitze ausgedrückt werden (siehe zu dieser Art der Darstellung das Kap. „Kinematik"). Ob eine Kraft als Schub oder Zug wirkt, ist unerheblich. Man kann das jedoch daran ablesen, wo sich die Pfeilspitze befindet –, die physikalische Größe wirkt vom Ursprung zur Pfeilspitze.

Die physikalische Größe, die in der Biomechanik am häufigsten vorkommt, ist die Kraft. Da häufig mehrere Kräfte auf einen Körper wirken, muss man sich darüber Gedanken machen, wie zwei oder mehr Vektoren miteinander verknüpft werden können. Offensichtlich lässt sich das nicht wie bei den Skalaren durch die Verknüpfung der Beträge erreichen.

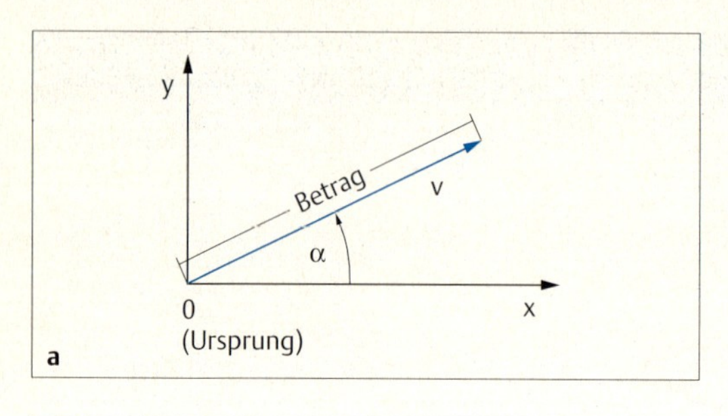


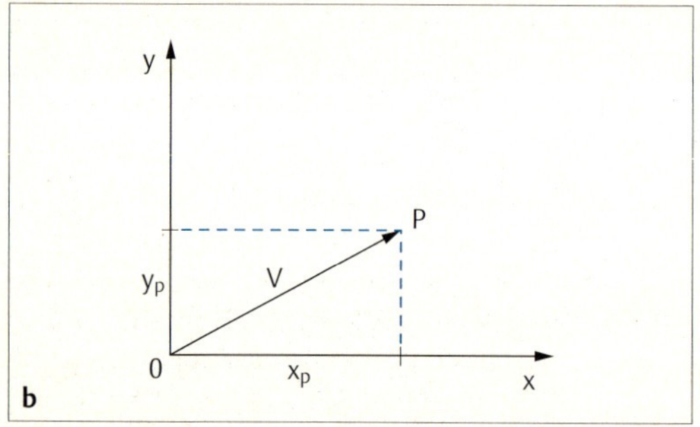


Abb. 3.**5a** u. **b**

Für einen Skalar gilt: Wenn Felix z. B. 5 km geht, ist es gleichgültig, ob er die gesamte Strecke in der gleichen Richtung (Abb 3.**6a**) geht oder ob er dabei Kurven oder um Ecken geht (Abb. 3.**6 b**).

Selbst wenn er 2,5 km in eine Richtung und dann dieselben 2,5 km wieder zurückgeht, ist er 5 km gegangen (Abb. 3.**6 c**).

Das gleiche gilt aber nicht für Vektorgrößen. Wenn z. B. eine Kraft mit einem bestimmten Betrag in eine Richtung wirkt, und eine gleichgroße Kraft auf denselben Körper in die entgegengesetzte Richtung, heben die Kräfte einander auf, und der Körper bewegt sich nicht (Abb. 3.**7**).



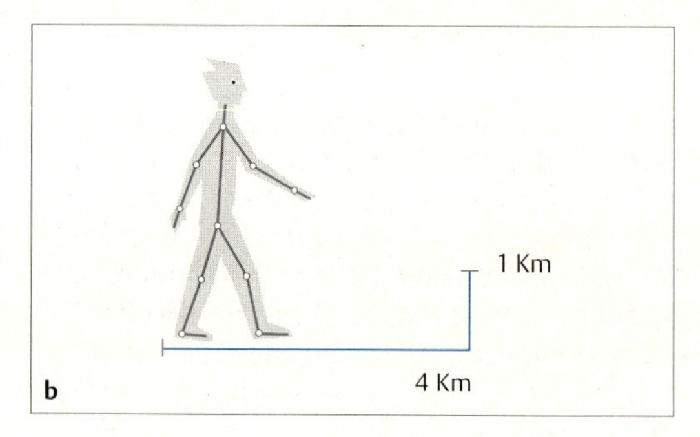


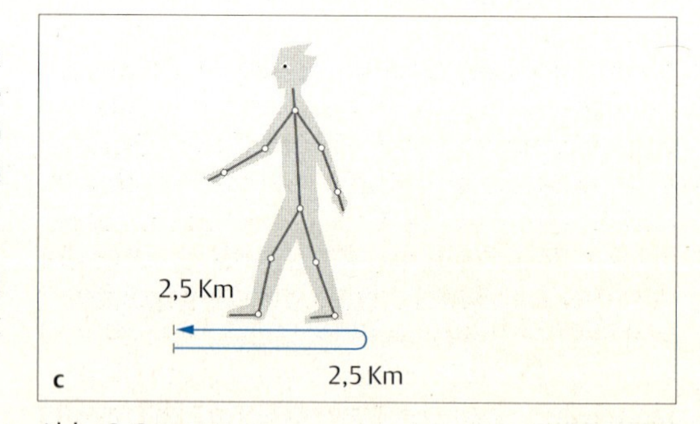


Abb. 3.**6a** – **c**

Wie Vektoren miteinander verrechnet werden, wird in einem gesonderten Kapitel behandelt (siehe Kap. „Darstellung und nummerische Auswertung von Vektoren“).

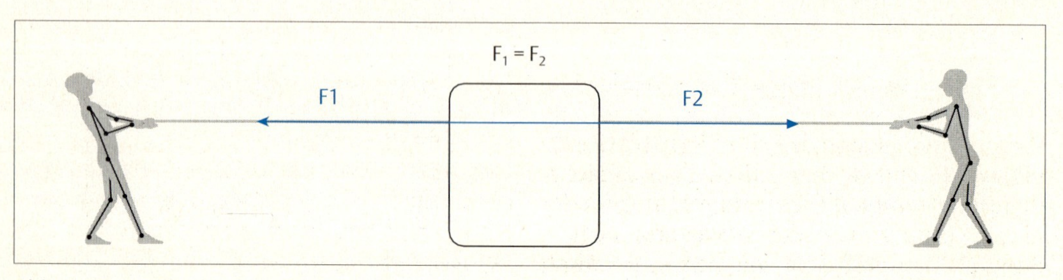


Abb. 3.**7**

# 4 Kinematik

## 4.1 Quantitative Analyse der Bewegung

Bei der quantitativen Analyse einer Bewegung wird in der Regel so vorgegangen, dass zunächst der Raumweg des betrachteten Körpers beschrieben wird *(kinematischer Aspekt)*: Ein Würfel wird in einen Raum geschoben. Man spricht auch von den Weg-Zeit-Merkmalen einer Bewegung. Hat man die Bewegung beschrieben, erfolgt die Analyse der Ursache dieser Bewegung *(kinetischer Aspekt)*: Wieso konnte sich der Würfel dorthin bewegen? Ursache von Bewegungen sind Kräfte. Deswegen beschäftigt sich die Kinetik mit der Analyse von Kräften, die auf einen Körper wirken: Wie groß ist die Kraft, die ihn geschoben hat? Woher kam die Kraft? Es kann sich dabei zeigen, dass auf einen Körper mehrere Kräfte derart wirken, dass diese einander gegenseitig aufheben – wenn z. B. jemand den Würfel schiebt, der Würfel aber vor einem Balken liegt. Dann ändert sich der Bewegungszustand des Körpers nicht. Dieser Fall wird in der *Statik* untersucht. Wirken jedoch eine oder mehrere Kräfte in der Weise auf den Körper, dass sie sich nicht gegenseitig aufheben, ändert sich der Bewegungszustand des Körpers: Er bewegt sich. Dieser Fall wird in der *Dynamik* behandelt. Es ergibt sich aus diesen Überlegungen für die Analyse einer Bewegung das in Abbildung 4.**1** dargestellte Schema.

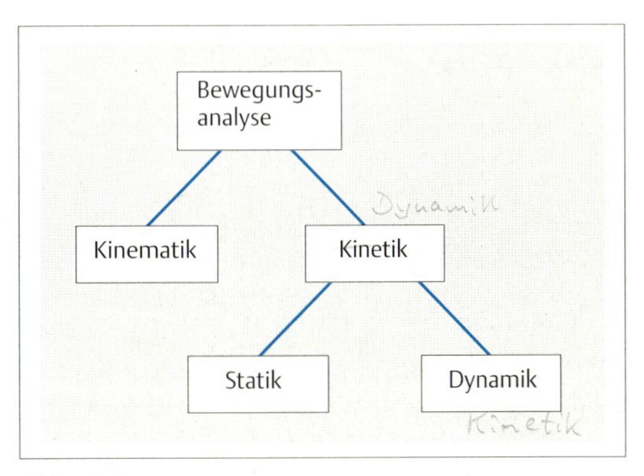


Abb. 4.**1**

### 4.1.1 Punkte und Wege (Strecken)

Wenn wir den Raumweg eines Körpers (Punktes) beschreiben wollen, müssen wir zunächst den Ort (Raumpunkt) bestimmen, an dem der Körper (Punkt) vor der Bewegung liegt – Punkt $P_1$. Dies geschieht, wie bereits erwähnt, mit Hilfe eines Koordinatensystems.

Stellen wir uns als Körper einen kleinen Würfel vor, der an einem Punkt in einer Halle (Ebene) liegt. Felix will diesen Würfel an eine andere Stelle schieben. Er steht in einer Ecke der Halle (Ursprung des Koordinatensystems) und hat die Augen verbunden. (Abb. 4.**2**)

Wir können ihn nun zu dem Würfel dirigieren, indem wir ihn auffordern: „Geh an der einen Wand entlang, bis ich halt sage. Stell dich dann mit dem Rücken zur Wand und geh in den Raum hinein, bis ich wieder halt sage.“ Wir können ihn auch zuerst an der

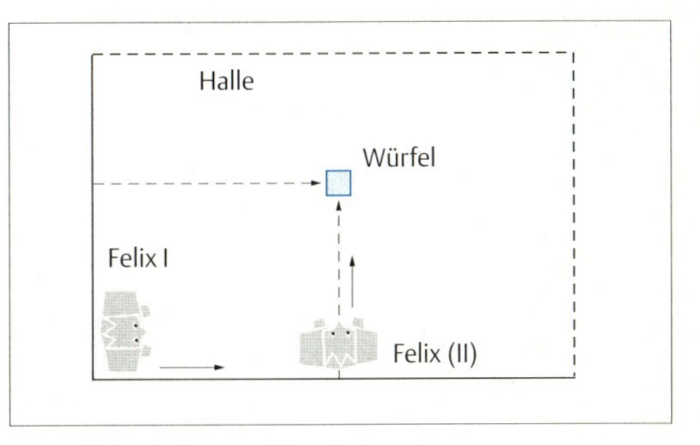


Abb. 4.**2** Halle mit Würfel und Felix

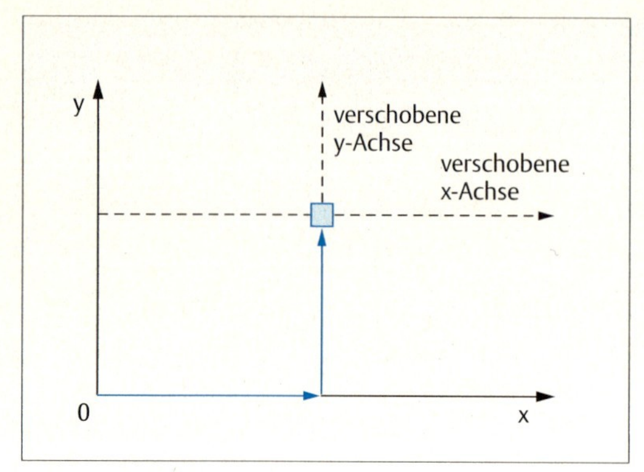


Abb. 4.**3** Achsenverschiebung

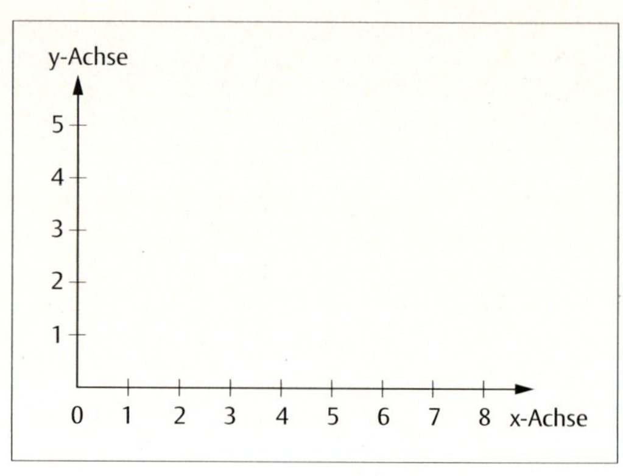


Abb. 4.**4** Achsenkreuz mit Einteilung

anderen Wand entlang und von dort in den Raum gehen lassen, auch dann kommt er am Würfel an. Mit solchen Anweisungen kann er zu jedem Punkt in der Halle dirigiert werden. Wir betrachten dabei die Wände der Halle als die Achsen unseres Koordinatensystems. Dabei setzen wir immer voraus, dass zwischen den beiden Achsen, die in der Regel als x- bzw. y-Achse bezeichnet werden, ein Winkel von 90° (rechter Winkel) liegt.

Formal lassen wir Felix auf einer der Koordinatenachsen bis zu dem Punkt entlanggehen, von dem aus er in Richtung der zweiten Koordinate den Zielpunkt erreichen kann. Man kann sich die zweite Koordinatenachse parallel zu ihrer Ausgangslage in den Punkt verschoben denken, an dem Felix beim ersten „Halt" angekommen ist (Abb. 4.**3**).

Wenn wir keine Zeit haben, Felix so zu dirigieren, aber wissen, wo der Würfel liegt, können wir unsere Anweisungen auch vorher geben, müssen sie dann aber wie folgt ergänzen: „Geh Fuß an Fuß soundsoviele Fuß an der Wand entlang und dann soundsoviele Fuß in den Raum hinein." Wir haben jetzt ein Maßsystem verwendet (Fuß), das uns gleich lange Abschnitte an den Wänden bzw. auf den Achsen abtragen lässt. Die Messgröße für die Länge ist, wie wir bereits wissen, das Meter (m), eine Basisgröße. Zur Beschreibung von Raumwegen werden auch häufig die Teilgrößen des Meters, Zentimeter (cm) und Millimeter (mm), verwendet.

Beschreibt man eine Bewegung mithilfe eines Koordinatensystems, muss man darauf achten, dass die Achsen ihre korrekte Beschriftung erhalten und die Einheiten der Achsenabschnitte angegeben sind (Abb. 4.**4**).

Mit diesem Handwerkszeug können wir jeden Punkt auf dem Hallenboden erreichen. Man sagt, jeder Punkt in einer Ebene ist auf diese Weise beschreibbar.

Wir werden später noch eine weitere Darstellungsweise kennen lernen, mit der man jeden Punkt im Raum erreichen kann – über Winkel und Abstand. Wir wollen jedoch hier zunächst diesen Weg an den Achsen entlang weiterverfolgen.

In gleicher Weise lässt sich auch ein Punkt im *Raum* erreichen bzw. beschreiben: Der Würfel liegt jetzt nicht mehr auf dem Hallenboden, sondern hängt an einer Leine von der Decke herab. Wir können nun wieder, genau wie im vorigen Fall, anfangen Felix zu dirigieren, bis er den Punkt unter dem Würfel erreicht hat. Dann müssen wir ihm die Möglichkeit geben, in Richtung der dritten Koordinate, also nach oben, bis zum Würfel zu steigen (Abb. 4.**5**).

Dieses Koordinatensystem mit den senkrecht aufeinander stehenden Achsen, die als x-, y- und z-Achse bezeichnet werden, wird auch *kartesisches Koordinatensystem* genannt.

Zur Beschreibung einer Bewegung brauchen wir mindestens einen zweiten Punkt ($P_2$), den Punkt, an dem die Bewegung aufhört. Diese

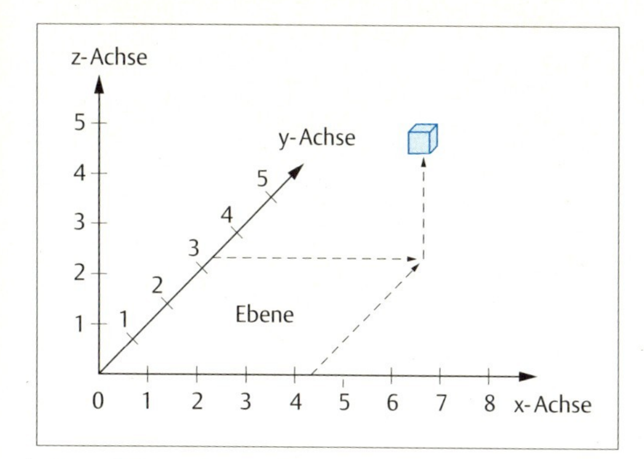


Abb. 4.**5** Würfel im Raum

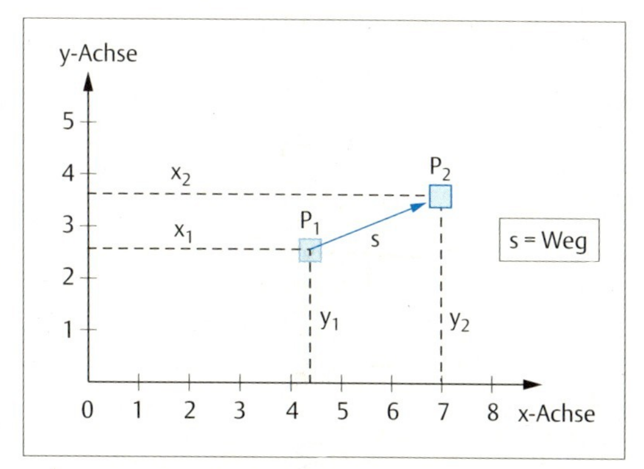


Abb. 4.**6** Abstandsbestimmung (Bewegungsbahn = Weg) in einer Ebene. Der Körper bewegt sich von Punkt $P_1$ zum Punkt $P_2$.

können wir genauso beschreiben wie den Anfangspunkt. Für eine Bewegungsbahn (Weg eines Körpers) wird das Symbol s (Strecke) oder d (Distanz) verwendet (Abb. 4.**6**).

Wenn wir jetzt wissen wollen, welche Entfernung (Distanz) der Gegenstand bei seiner Bewegung überbrückt hat (von $P_1$ von $P_2$), müssen wir den Abstand zwischen diesen beiden Punkten bestimmen. Dazu benötigen wir einen einfachen Satz aus der Geometrie, den Satz des Pythagoras (griechischer Mathematiker). Dieser Satz sagt, dass in einem rechtwinkligen Dreieck die Summe der Fläche der Quadrate über den beiden dem rechten Winkel anliegenden Seiten (a und b = Katheten) genauso groß ist wie die Fläche des Quadrates über der Seite, die dem rechten Winkel (c = Hypothenuse) gegenüberliegt (Abb. 4.**7**).

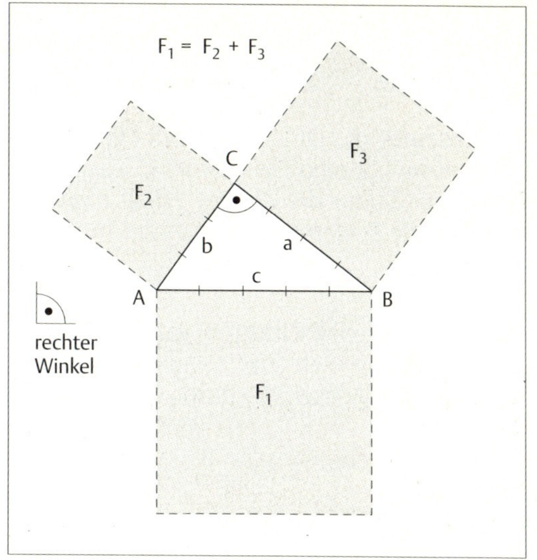


Abb. 4.**7** Pythagoras

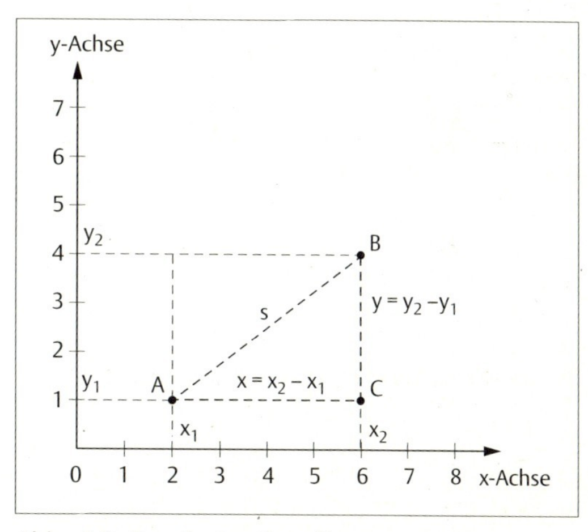


Abb. 4.**8** Strecke im Koordinatensystem

Wenn wir nun die Entfernung zwischen zwei Punkten in einem Koordinatensystem bestimmen wollen, machen wir diese Entfernung zur Hypothenuse (c) in dem rechtwinkligen Dreieck, das wir erhalten, wenn wir durch die Endpunkte ($P_1$ und $P_2$) Parallelen zu den Koordinatenachsen legen (Abb. 4.**8**; siehe auch Abb. 4.**6**).

Sind dann die entsprechenden Koordinatenabschnitte a und b z. B. vier bzw. drei Längeneinheiten lang, lässt sich die Länge der Seite c folgendermaßen berechnen:

$a^2 + b^2 = c^2$ mit $a = 4$ und $b = 3$
$4^2 + 3^2 = 5^2$

Das bedeutet, das Quadrat über der gesuchten Entfernung hat eine Fläche von 25 Einheiten. Zieht man daraus die Wurzel, erhält man den Wert für die Entfernung: sie beträgt fünf Längeneinheiten.

Mit den Achsenabschnitten gerechnet sieht das folgendermaßen aus:
waagerechter Achsenabschnitt = $x_2 - x_1$ = vier Maßeinheiten
senkrechter Achsenabschnitt = $y_2 - y_1$ = drei Maßeinheiten

$$s = \sqrt{(x_2 - x_1)^2 + (y_2 - y_1)^2} \quad s = \text{Strecke}$$

Auch dieses Verfahren lässt sich ebenso im dreidimensionalen Raum wie in der Ebene anwenden, wenn man die dritte Achse dazunimmt (Abb. 4.**9**). Dann erhält man einen zweiten rechten Winkel zwischen der Ebene und der dritten Achse und kann den Satz des Pythagoras noch einmal anwenden. Insgesamt ergibt sich dann:

$$s = \sqrt{(x_2 - x_1)^2 + (y_2 - y_1)^2 + (z_2 - z_1)^2}$$

Nun kann man offensichtlich mit dieser Methode nur Längen von Strecken bestimmen, die gerade sind. Die meisten Bewegungsbahnen sind aber nicht gerade. Wir können trotzdem diese Methode anwenden. Es lässt sich dann nur nicht mehr die Länge der ganzen Strecke auf einmal bestimmen, sondern es müssen immer die Stücke ausgewählt werden, die gerade oder fast gerade sind (Abb. 4.**10**).

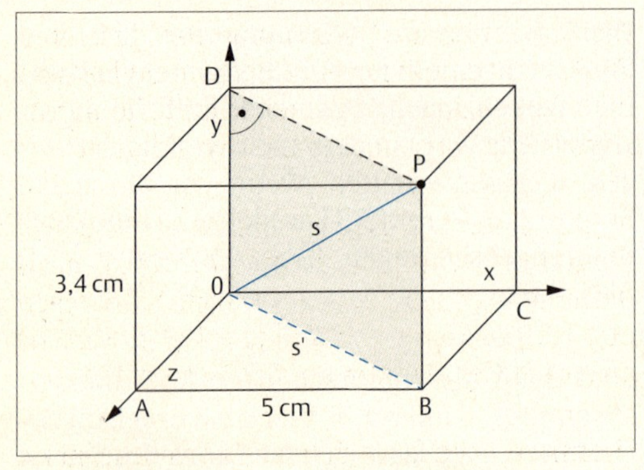


Abb. 4.**9** Entfernung messen in 3D

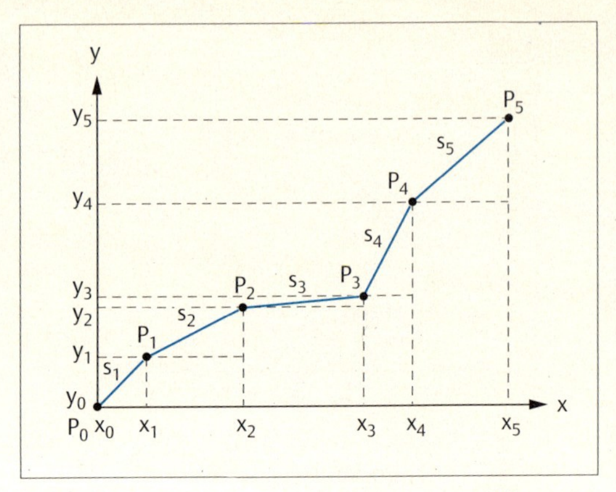


Abb. 4.**10** Längenbestimmung einer winkligen Linie

Man kann im Prinzip die Abschnitte so klein machen, dass man auch die Längen von krummen Wegen bestimmen kann. Für kreisförmige Bewegungsbahnen kann man sich aber noch andere geometrische Zusammenhänge zunutze machen. Darauf wird noch eingegangen, weil bei fast allen Bewegungen des menschlichen Bewegungsapparates kreisförmige Bewegungen vorkommen.

Die Entfernung, die auch als zurückgelegte Strecke bezeichnet wird, ist eine absolute Größe, bei der also die Richtung keine Rolle spielt. Benötigt man über diese Richtung eine Angabe, muss diese extra angegeben werden, z. B. 5 km nach Norden. Die Entfernung ist daher eine skalare Größe.

### 4.1.2 Geschwindigkeit

Die Strecke, die bei einer Bewegung überwunden wurde, kann an sich schon eine wichtige Aussage sein. Wenn z. B. ein Patient nach einem Schlaganfall zunächst nur 5 m gehen kann, nach einer Behandlung jedoch 20 m, dann ist das sowohl für den Patienten als auch für die Therapie ein wichtiger Erfolg.

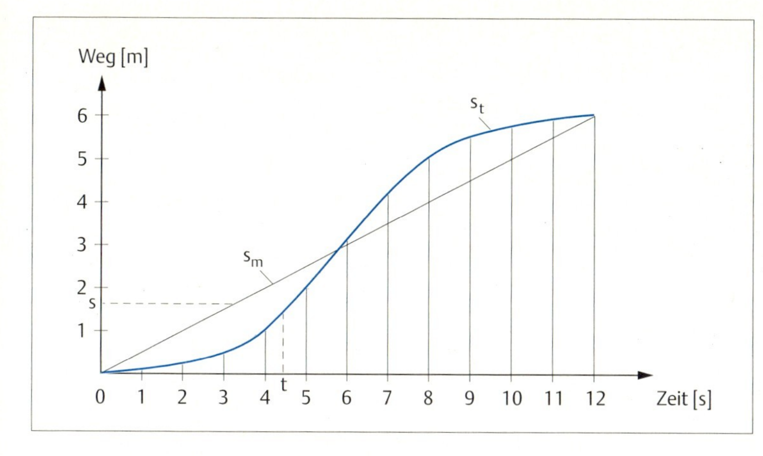


Abb. 4.**11** Zurückgelegter Weg in einer Zeit
$s_t$ = tatsächliche Wegstrecke
$s_m$ = mittlere Wegstrecke pro Zeiteinheit

Bei der quantitativen kinematischen Analyse und auch für die Therapie ist aber nicht nur die Kenntnis der Wegstrecke wichtig. Häufig ist man daran interessiert zu wissen, wie schnell ein Patient gehen kann. Denn wenn er für die Strecke von 20 m 2 min (= 120 s) benötigt, nach einer weiteren Behandlungsphase aber nur noch 30 s, dann lässt sich daraus unter Umständen eine Aussage über die Effektivität der Behandlung ableiten.

Die Geschwindigkeit ist anschaulich die pro Zeiteinheit zurückgelegte Wegstrecke: 100 km/h sind schneller als 80 km/h.

$$\text{Geschwindigkeit} = \frac{\text{zurückgelegter Weg}}{\text{dabei verstrichene Zeit}}$$

Mathematisch schreibt man das folgendermaßen:

$$v = \frac{P_2 - P_1}{t_2 - t_1} = \frac{\Delta P}{\Delta t}$$

*(Δ kennzeichnet eine Differenz)*

mit: v = Geschwindigkeit (von von lat. velocitas oder eng. velocity)
$P_2$ = Endpunkt der Strecke
$P_1$ = Anfangspunkt der Strecke
$t_2$ = Zeitpunkt am Ende der Bewegung
$t_1$ = Zeitpunkt am Anfang der Bewegung

Das kann man sich wieder grafisch klar machen. In einem Koordinatensystem tragen wir auf der horizontalen Achse (Abszisse) die Zeit (in Sekunden [s]) ein. Auf der vertikalen Achse (Ordinate) wird der zurückgelegte Weg für jeden Zeitpunkt eingetragen (Abb. 4.**11**).

Wenn man den Anfangspunkt mit dem Endpunkt der Wegkurve verbindet und durch die gesamte Zeit dividiert, erhält man den mittleren zurückgelegten Weg über den gesamten Abschnitt des Gehens. Damit kann man aus der Grafik ablesen, dass der Patient nach 12 s 6 m zurückgelegt hat. Hieraus lässt sich die Geschwindigkeit berechnen, mit der der Patient gegangen ist. Wir nennen den Anfangspunkt des Weges $D_0$ und den Endpunkt $D_E$ und rechnen:

$$v = \frac{D_E - D_0}{t_E - t_0} = \frac{\Delta \, Weg}{\Delta \, Zeit}$$

$$= \frac{6\,m - 0\,m}{12\,s - 0\,s} = \frac{6\,m}{12\,s} = 0{,}5\,\frac{m}{s}$$

Der Patient ist also, wenn man den gesamten Weg betrachtet, mit einer Geschwindigkeit von 0,5 m/s gegangen. Man nennt dies die *durchschnittliche* oder *mittlere* Geschwindigkeit.

In der grafischen Darstellung, dem Weg/Zeit-Diagramm, kann man die Geschwindigkeit als die Steigung einer Strecke betrachten. Zwischen den Zeitpunkten $t_1 = 0$ und $t_2 = 1$ (1 x-Einheit) steigt die Gerade Weg um 0,5 y-Einheiten.

Wenn wir die berechnete Geschwindigkeit in einer Grafik (Geschwindigkeit/Zeit-Dia-

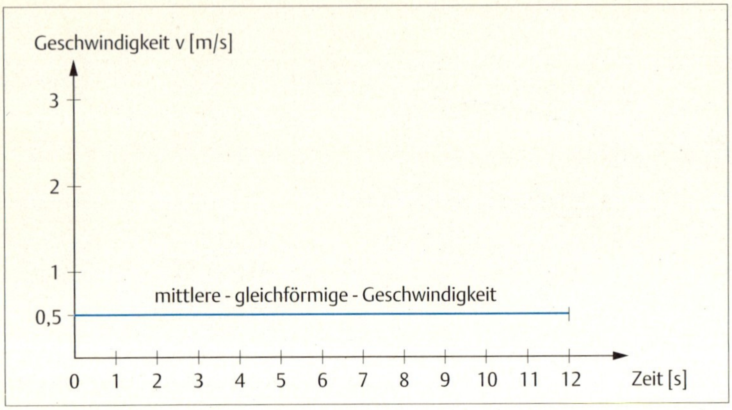

Abb. 4.**12** Geschwindigkeit/Zeit-Diagramm

gramm, Abb. 4.**12**) eintragen, ist dies über die gesamte Zeit eine waagerechte Linie in der Höhe von 0,5 m/s.

**Beachte:**
Man sollte bei allen Gleichungen darauf achten, dass man die Dimensionen richtig einträgt. Dann erhält man auch die richtige Dimension für das Ergebnis. Die Dimension für die Geschwindigkeit (v) ist m/s (Meter/Sekunde), das ist eine abgeleitete Maßeinheit.

Es ließe sich auf dieser Verbindungslinie vom Anfangs- zum Endpunkt des Weges genauso die Geschwindigkeit zwischen der 2. und der 6. oder der 1. Sekunde und der 3. Sekunde berechnen. Wir würden überall das gleiche Ergebnis für die Geschwindigkeit erhalten: v = 0,5 m/s. Das bedeutet, der Patient ist die gesamte Strecke mit der gleichen Geschwindigkeit gegangen. Man spricht dann von einer *gleichförmigen* Geschwindigkeit. Z. B. gilt für die 5. bis 10. Sekunde:

$$v = \frac{D_{10} - D_5}{t_{10} - t_5} = \frac{\Delta s}{\Delta t} = \frac{5\,m - 2{,}5\,m}{10\,s - 5\,s} = \frac{2{,}5\,m}{5\,s} = 0{,}5\,\frac{m}{s}$$

Diese Gleichförmigkeit der Geschwindigkeit gilt immer nur für die Zeitbereiche, für die die Verbindungslinie zwischen den einzelnen Wegpunkten eine Gerade ist.

Auf unserem Bild haben wir eine solche Gerade vom Anfangs- bis zum Endpunkt des Weges gezeichnet. Damit haben wir für die gesamte Strecke die gleichförmige Geschwindigkeit bestimmt, obwohl der Patient offensichtlich zu keinem Zeitpunkt mit dieser Geschwindigkeit gegangen ist (Abweichung der Originalkurve). Das ist unbefriedigend.

Genauer können wir seine Geschwindigkeit berechnen, wenn wir uns einzelne Teilabschnitte ansehen, in denen der Patient mit jeweils deutlich anderer Geschwindigkeit gegangen ist (Abb. 4.**13**). Das sind z. B. die Abschnitte:

1. Für den ersten Meter hat er 4 s benötigt,
2. für den Abschnitt von 1 m bis 5,5 m hat er 5 s benötigt,
3. für die letzten 0,5 m hat er 3 s benötigt.

Das können wir jetzt ausrechnen:

$$1.\ \frac{1\,m - 0\,m}{4\,s - 0\,s} = \frac{\Delta s}{\Delta t} = \frac{1\,m}{4\,s} = 0{,}25\,\frac{m}{s}$$

$$2.\ \frac{5{,}5\,m - 1\,m}{9\,s - 4\,s} = \frac{\Delta s}{\Delta t} = \frac{4{,}5\,m}{5\,s} = 0{,}9\,\frac{m}{s}$$

$$3.\ \frac{6\,m - 5{,}5\,m}{12\,s - 9\,s} = \frac{\Delta s}{\Delta t} = \frac{0{,}5\,m}{3\,s} = 0{,}167\,\frac{m}{s}$$

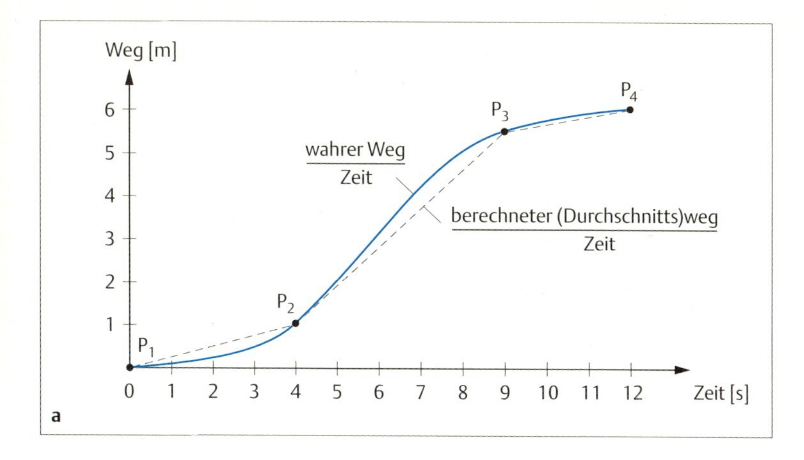


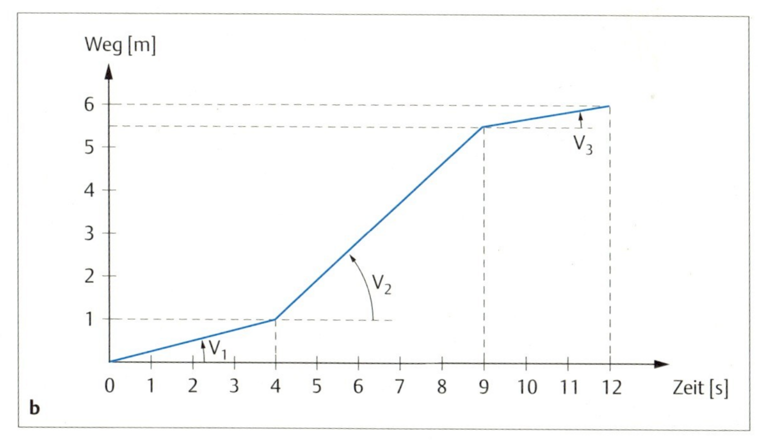


Abb. 4.**13a, b** Wegabschnitte in unterschiedlichen Zeitabschnitten

Jetzt haben wir die Geschwindigkeiten für die einzelnen Teilabschnitte ausgerechnet.

In Abb. 4.**14** lässt sich jetzt erkennen, dass auch für die ermittelten unterschiedlichen Geschwindigkeiten für die betreffenden Abschnitte immer nur waagerechte Linien eingetragen sind. An den Stellen der Übergänge von einer Geschwindigkeit zu einer anderen ist ein Sprung zu erkennen.

Nun wird aber niemand an einem Punkt plötzlich seine Gehgeschwindigkeit von 0,25 auf 0,9 m/s erhöhen. Es wird vielmehr langsame Wechsel der Geschwindigkeiten geben. Es sollte sich also eher eine richtige Kurve ohne Ecken zeigen.

Um das Problem etwas besser zu lösen, kann man auch zusätzlich die Übergangsgeschwindigkeiten an diesen Ecken berechnen, indem man sich Abschnitte um eine solche Ecke herum auswählt und für diesen Abschnitt wieder die mittlere Geschwindigkeit ausrechnet. Z. B. für den Abschnitt zwischen der 3. und der 5. Sekunde:

$$\frac{D_5 - D_3}{t_5 - t_3} = \frac{2\,m - 0{,}8\,m}{5s - 3s} = \frac{1{,}2\,m}{2s} = 0{,}6\,\frac{m}{s}$$

Das liegt zwischen den Werten für die benachbarten Abschnitte. Will man die Geschwindigkeit in diesem Bereich noch genauer berechnen, kann man von beiden Seiten noch näher an den Knickpunkt herangehen und z. B. die Übergangsgeschwindigkeit zwischen 3,5 s und 4,5 s berechnen.

Dies Verfahren mit den immer kleiner werdenden Abschnitten, für die man die Geschwindigkeit berechnet, kann man natürlich

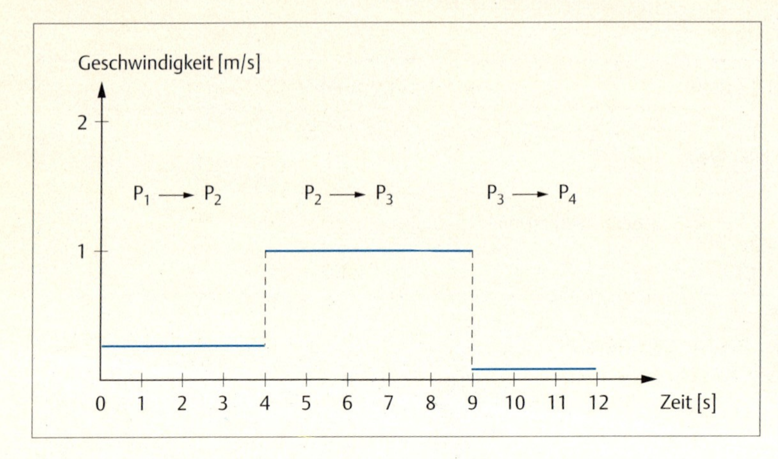


Abb. 4.**14** Geschwindigkeit/Zeit-Diagramm – unterschiedliche Geschwindigkeiten ermittelt aus Wegabschnitten

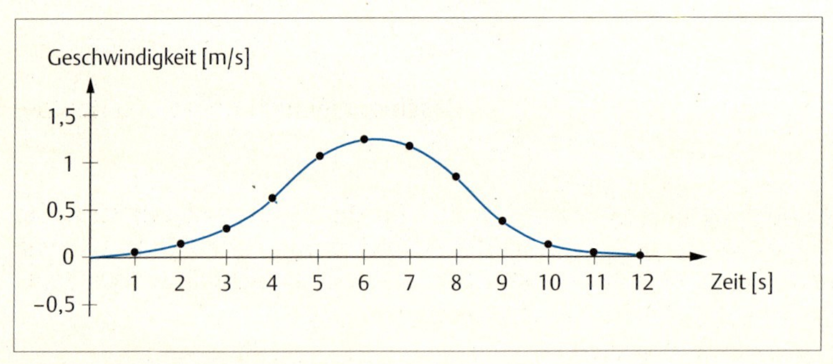


Abb. 4.**15** Geschwindigkeitskurve, die ermittelt wurde aus dem zurückgelegten Weg zu jedem Zeitpunkt. Es ergibt sich die momentane Geschwindigkeit für jeden Zeitpunkt – für die Wegstrecke aus Abb. 4.**13**.

auch für den gesamten Weg anwenden. Man nimmt dann aber besser die originale Wegkurve, die im Prinzip den zurückgelegten Weg für alle Zeitpunkte angibt. Wir wissen auch schon, wie wir das verwirklichen können. Wir machen nämlich genau dasselbe wie bei den Streckenberechnungen: wir bilden uns immer kleinere Abschnitte, für die wir die Geschwindigkeit nach unserer Formel berechnen können.

Wenn man die Abschnitte „unendlich" klein wählt, dann erhält man die Geschwindigkeit für jeden Augenblick. Um zu kennzeichnen, dass man von „längeren" Strecken bzw. Zeitdifferenzen, mit denen man die mittlere Geschwindigkeit ermittelt, zu „unendlich" kleinen übergegangen ist, verwendet man dann anstelle des „Δ" für die Differenz das „d" und schreibt für die Berechnung: $v = ds/dt$. (Zur genaueren Berechnung dafür gibt es ein mathematisches Verfahren, das sich *Differenziation* nennt.) Mit diesem Verfahren lässt sich für jeden Zeitpunkt die *augenblickliche* (engl. instant) oder *momentane* Geschwindigkeit berechnen. In der Praxis reicht es aus, wenn man z. B. für jede Hundertstelsekunde die Geschwindigkeit berechnet. Das lässt sich mit einem Rechenprogramm einfach ausführen (siehe Kap. Messmethoden).

Für die tägliche Arbeit in der Rehabilitation ist es ausreichend, die mittleren Geschwindigkeiten für das Zurücklegen einer Standardstrecke anzugeben. Daran lässt sich ein Therapieverlauf ausreichend gut nachvollziehen.

Für eine exakte Bewegungsanalyse, für die z. B. auch die Beschleunigungen berechnet werden müssen (s. u.), ist es jedoch notwendig, die momentanen Geschwindigkeiten zu berechnen (Abb. 4.**15**).

Es sollte aber noch einmal darauf hingewiesen werden, dass wir nur das *Verfahren*, immer kleinere Abschnitte zu betrachten, von der Streckenberechnung übernommen haben. Bei der Streckenberechnung bestimmen wir die *Entfernung* der beiden Punkte, bei der Geschwindigkeitsberechnung das Verhältnis

Tabelle 4.**1**

| Bewegungsart | in: m/s | in: km/h (Kilometer pro Stunde) | |
|---|---|---|---|
| Gehen | 1 | 3,6 | |
| Laufen (Langstrecke) | ca. 5,8 | 21 | (Marathon) |
| Laufen (Langstrecke) | ca. 6,9 | 30 | (5000 m) |
| Laufen (Sprinter) | ca. 10 | 36 | (Weltrekord) |
| Auto | 27,7 | 100 | |
| Flugzeug | 250 | 900 | |

der beiden Korrdinatenabschnitte zueinander oder die *Steigung* der Strecke zwischen den beiden Punkten.

Beispiele für Geschwindigkeiten finden sich in Tabelle 4.**1**.

### 4.1.3 Beschleunigung

Aus den Abbildungen und auch aus unseren Überlegungen ist deutlich geworden, dass die Geschwindigkeit nicht zu jedem Zeitpunkt der Bewegung gleich ist, sie ändert sich vielmehr. Wir wollen uns jetzt mit der Änderung einer Geschwindigkeit beschäftigen. Wir sagen, wenn sich die Fortbewegungsgeschwindigkeit eines Körpers verändert, sie sich z. B. vergrößert, der Körper sich also schneller bewegt, dass der Körper dann eine *Beschleunigung* erfährt. Die Beschleunigung ist daher als die Änderung der Geschwindigkeit innerhalb eines Zeitabschnitts definiert.

Mathematisch wird das ähnlich wie bei der Geschwindigkeit beschrieben:

$$a = \frac{\text{Änderung der Geschwindigkeit}}{\text{betrachteter Zeitabschnitt}} = \frac{\Delta v}{\Delta t} = \frac{v_2 - v_1}{t_2 - t_1}$$

mit: a = Beschleunigung (von lat. accelleratio, engl. acceleration).

Das Symbol für die Beschleunigung ist a, die Einheit [m/s²]. Die Beschleunigung ist eine vektorielle Größe. Das wird später noch deutlich werden.

Ebenso wie bei der Geschwindigkeit können wir uns die Beschleunigung grafisch klar machen. Auf der Abszisse tragen wir auch wieder die Zeit ab. Auf der Ordinate müssen wir aber jetzt nicht den zurückgelegten Weg zu jedem Zeitpunkt, sondern die Geschwindigkeit zu jedem Zeitpunkt eintragen. (Abb. 4.**16**)

Wir könnten wieder die Beschleunigung über den gesamten Weg berechnen, indem wir bei der Kurve für die mittlere Geschwindigkeit

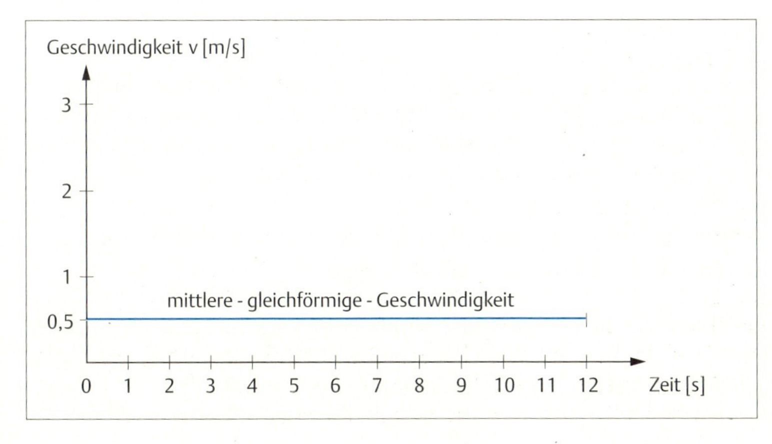


Abb. 4.**16** Zeit-Beschleunigungs-Kurve Zeit/Geschwindigkeitskurve (mittlere Geschwindigkeit)

die Geschwindigkeitswerte vom Anfang und vom Ende des Weges verwenden und damit eine mittlere Beschleunigung berechnen. Daraus ergäbe sich folgendes:

$$\frac{\Delta v}{\Delta t} = \frac{v_E - v_0}{t_E - t_0} = \frac{0{,}5\,\frac{m}{s} - 0{,}5\,\frac{m}{s}}{12\,s - 0\,s} = \frac{0\,\frac{m}{s}}{12\,s} = 0$$

Nach dieser Rechnung hat also auf dem gesamten Weg keinerlei Beschleunigung stattgefunden. Das ist auch logisch, wenn wir bedenken, dass die mittlere Geschwindigkeit eine gleichförmige Geschwindigkeit ist, die sich definitionsgemäß nicht ändert. Eine Gerade für die mittlere Geschwindigkeit innerhalb eines Zeitraums hat keine Steigung.

Das Gleiche ergibt sich auch dann, wenn wir die einzelnen Abschnitte betrachten, für die wir jeweils die mittlere (also gleichförmige) Geschwindigkeit berechnet hatten. Das war zwischen der 0. und der 1. Sekunde, der 4. und 9. Sekunde sowie der 9. und 12. Sekunde. Betrachten wir z. B. den Bereich zwischen der 0. und 4. Sekunde, dann ergibt sich für die Beschleunigung

$$a_{0-4} = \frac{0{,}5\,\frac{m}{s} - 0{,}5\,\frac{m}{s}}{4\,s - 0\,s} = \frac{0\,\frac{m}{s}}{4\,s} = \frac{0\,m}{4\,s^2} = 0\,\frac{m}{s^2}$$

mit: $a_{0-4}$ = Beschleunigung zwischen der 0. und 4. Sekunde.

Die Rechnung bestätigt, dass sich für diesen Bereich tatsächlich ein Beschleunigungswert von Null ergibt, also keine Beschleunigung erfolgt. Das gleiche Ergebnis erhalten wir zwischen der 2. und 3. Sekunde, aber auch überall zwischen der 4. und 9. Seknde und der 9. und 12. Sekunde.

Wir können hier als eine wichtige Erkenntnis festhalten, dass immer dann, wenn die Geschwindigkeit eines bewegten Körpers gleich bleibt, *keine* Beschleunigung vorhanden ist. Es wird später bei den Bewegungsgesetzen, bei denen auch gezeigt wird, dass eine Beschleunigung durch eine Kraft bewirkt wird, dazu gesagt, der Bewegungszustand des Körpers bleibt dann konstant erhalten.

Da die Beschleunigung als *Änderung der Geschwindigkeit* definiert ist, müssen wir uns also die Stellen ansehen, an denen sich die Geschwindigkeit ändert. Das geschieht in unserer Grafik in der 4. und in der 9. Sekunde. An diesen Stellen erfolgt eine abrupte Änderung der Geschwindigkeit, die es, wie bereits festgestellt wurde, in Wirklichkeit gar nicht gibt, weil sich eine Geschwindigkeit von einem Augenblick zum anderen nur „allmählich" ändern, also eine Geschwindigkeitskurve eigentlich keine Ecken haben kann. Auch das müsste sich bei der Berechnung zeigen. Betrachten wir die Geschwindigkeitsänderung in der 4. Sekunde:

$$a_4 = \frac{v_{4-} - v_{4+}}{t_4 - t_4} = \frac{0{,}9\,\frac{m}{s} - 0{,}25\,\frac{m}{s}}{4\,s - 4\,s} = \frac{0{,}65\,\frac{m}{s}}{0\,s}$$

Das ist nicht definiert, da man nicht durch Null teilen kann.

Dies bestätigt, dass es keine abrupten Änderungen der Geschwindigkeit gibt, was sich in unserer Grafik der mittleren Geschwindigkeit an den Stellen der 0., 4. und 9. Sekunde zeigt. Insofern sind mittlere Geschwindigkeiten für die Bewegungsanalyse mit Problemen verbunden.

Man kann sich aber auch in einem solchen Fall helfen, wenn man sagt: Ich sehe mir die Geschwindigkeit nicht nur z. B. in der 4. Sekunde an – ich weiß ja sowieso, dass sie sich nicht abrupt ändert –, sondern berechne sie zwischen der 3,5. und der 4,5. Sekunde:

$$a_{3,5-4,5} = \frac{0{,}9\,\frac{m}{s} - 0{,}25\,\frac{m}{s}}{4{,}5\,s - 3{,}5\,s} = \frac{0{,}65\,m}{1\,s^2} = 0{,}65\,\frac{m}{s^2}$$

Dann erhalten wir einen vernünftigen Wert. Allerdings ist die Vorstellung auch nicht realistisch, dass bis zur 3,5. Sekunde keine Beschleunigung vorhanden ist, diese dann für einen kurzen Augenblick auf 0,65 m/s² ansteigt, um dann gleich wieder auf Null abzusinken.

Man kann aber auch bei der Berechnung der Beschleunigung wieder so vorgehen, dass man die Zeitabschnitte, für die man die Beschleunigung berechnet, immer kleiner macht, wieder zu „unendlich" kleinen Abschnitten kommt und eine momentane oder Augenblicksbeschleunigung berechnet. Auch hier lässt sich wieder das mathematische Verfahren der Differenziation anwenden, für das man schreibt: $a = dv/dt$.

Um zu veranschaulichen, wie die Kurven für Weg, Geschwindigkeit und Beschleunigung eines Bewegungsablaufs miteinander zusammenhängen, kann man die Kurven übereinander zeichnen und/oder zur nummerischen Auswertung eine Tabelle aufstellen (Tab. 4.**2**). In diese tragen wir in die linke Spalte die Zeit ein, in die nächste rechts daneben den zurückgelegten Weg zu demselben Zeitpunkt, daneben die Wegdifferenz für jeden einzelnen Zeitabschnitt, dann die Geschwindigkeit, die sich für diesen Zeitabschnitt ergibt, die Geschwindigkeitsdifferenz und schließlich die sich jeweils daraus ergebende Beschleunigung für diesen Zeitraum. (Der Einfachheit halber werden die Werte nur für jede volle Sekunde ausgewertet.)

Es ist hier eine Zwischenzeit für 6,5 Sekunden eingetragen worden. Das geschah, damit deutlich wird, dass Weg- bzw. Geschwindigkeitsdifferenz nicht gleich der Geschwindigkeit bzw. Beschleunigung ist – weil ja bei den anderen Zeitdifferenzen jeweils durch 1 (für eine Sekunde Zeitdifferenz) dividiert wurde.

Im Unterschied zu den Kurven für den zurückgelegten Weg und die Geschwindigkeit erhalten wir für die Beschleunigung auch negative Werte. Eine *negative Beschleunigung* leitet einen *Bremsvorgang* ein, weil in diesem Fall der Patient wieder zum Stehen kommen will.

Auch bei den hier gezeigten Werten für die Beschleunigung handelt es sich letztendlich um mittlere bzw. Durchschnittswerte der Beschleunigung. Will man sich den Beschleunigungsverlauf genauer ansehen, kann man auch hier die Messzeitpunkte im Prinzip beliebig nahe aneinander rücken und so bis zur momentanen Beschleunigung zu einem Zeitpunkt kommen.

Tabelle 4.**2** Zeit, Wegstrecken, Geschwindigkeiten, Beschleunigungen einer Bewegung

| | Kurve a | | Kurve b | | Kurve c |
|---|---|---|---|---|---|
| Zeit | Weg [m] | Wegdifferenz [m] | Geschwindigkeit [m/s] | Geschwind.-Differenz [] | Beschleunigung [m/s²] |
| 1 | 0,045 | | | | |
| 2 | 0,15 | 0,105 | 0,105 | | |
| 3 | 0,4 | 0,25 | 0,25 | 0,145 | 0,145 |
| 4 | 1,0 | 0,6 | 0,6 | 0,35 | 0,35 |
| 5 | 2,1 | 1,1 | 1,1 | 0,5 | 0,5 |
| 6 | 3,5 | 1,4 | 1,4 | 0,3 | 0,3 |
| 6,5 | 4,1 | 0,6 | 1,2 | – 0,2 | – 0,4 |
| 7 | 4,6 | 0,5 | 1,0 | – 0,2 | – 0,4 |
| 8 | 5,3 | 0,6 | 0,6 | – 0,5 | – 0,5 |
| 9 | 5,6 | 0,3 | 0,3 | – 0,3 | – 0,3 |
| 10 | 5,77 | 0,17 | 0,17 | – 0,13 | – 0,13 |
| 11 | 5,90 | 0,13 | 0,13 | – 0,04 | – 0,04 |
| 12 | 6,0 | 0,1 | 0,1 | – 0,03 | – 0,03 |

Tabelle 4.3

| Art (Bewegung) | Beschleunigung [m/s²] |
|---|---|
| Gegenstände auf der Erde (Erdbeschleunigung) | 9,81 |
| Sprinter: die ersten 10 m in einem Hundertmeterlauf in Weltrekordzeit | ca. 3,3 |
| Auto, das in 5 s von 0 auf 100 km/h beschleunigt | ca. 55,4 |

In diesem Beispiel liegen die Beschleunigungswerte ziemlich niedrig, der Patient ist ja auch nur sehr langsam gegangen. Es kommen bei menschlichen Bewegungen durchaus auch höhere Beschleunigungen vor. Die Beschleunigung, die durch die Anziehungskraft der Erde ausgeübt wird, beträgt z. B. 9,81 m/s².

Weitere Beispiele sind in Tabelle 4.**3** aufgeführt.

Während die Erdbeschleunigung eine gleichförmige Beschleunigung ist, die über einen sehr langen Zeitraum konstant bleibt, wirken die beiden anderen genannten Beschleunigungen jeweils nur für sehr kurze Zeitabschnitte, und für die weiteren Bewegungswege der Körper ändert sich die Beschleunigung.

Die Beschleunigung ist eine gerichtete, also eine vektorielle Größe. Ihre Wirkungsrichtung ist abhängig von der Wirkungsrichtung der Kraft, die sie verursacht (siehe Kap. Kräfte).

### 4.1.4 Beschreibung der Weg-Zeit-Diagramme (Abb 4.17)

Wir wollen uns jetzt die Kurven für Weg, Geschwindigkeit und Beschleunigung im Vergleich ansehen. Zunächst fällt auf, dass die Kurve des Weges nur zunimmt, d. h. sie entfernt sich kontinuierlich von der Null-Linie, und zwar am Anfang weniger schnell, dann schneller, anschließend wieder langsamer.

Diesen Verlauf langsamer – schneller – langsamer gibt auch die Geschwindigkeitskurve wieder. In der Mitte hat die Kurve ein Maximum (= maximalen, größten Wert). Sie nähert sich zum Ende der Bewegung wieder der Null-Linie. Das ist auch logisch, weil man eine Bewegung meist aus dem Stillstand ansetzt und nach der Bewegung wieder zum Stillstand kommt.

Die Beschleunigungskurve beginnt mit einer wachsenden positiven Beschleunigung, die bei fünf Sekunden ein positives Maximum hat. Danach nimmt sie ab, um dann in den Bremsvorgang überzugehen. Dies geschieht zwischen der 6. und 6,5. Sekunde – dort hat die Geschwindigkeitskurve ihr Maximum, und die Wegkurve ist hier am steilsten. Der Bremsvorgang verstärkt sich bis zur 9. Sekunde (dort liegt das negative Minimum), um dann wieder zur Null-Linie (zum Stillstand) zurückzukehren.

Eine derartige Betrachtung und Auswertung von Weg-, Geschwindigkeits- und Beschleunigungskurven kann dazu verwendet werden, Strukturen von Bewegungen (z. B. Beschleunigungszeiten und Intensitäten) zu analysieren. Es lassen sich damit Qualität von Bewegungen beurteilen (z. B. Gleichmäßigkeit der Struktur) und Aussagen über die Stadien im Lernprozess eines Bewegungsablaufs machen.

Begriffsklärung

- Die *mittlere Geschwindigkeit (Beschleunigung)* bezeichnet eine Geschwindigkeit bzw. Beschleunigung, die für einen längeren Zeitabschnitt als *Durchschnittswert* ermittelt wird.
- Die *momentane* oder *Augenblicksgeschwindigkeit* bzw. *Beschleunigung* bezeichnet die in jedem einzelnen Augenblick aktuell wirksame Geschwindigkeit bzw. Beschleunigung.
- Die *gleichförmige Geschwindigkeit (Beschleunigung)* ändert sich nicht. Sie hat für jeden Zeitpunkt, für den sie gilt, den gleichen Wert. Bei der grafischen Darstellung einer gleichförmigen Geschwindigkeit (Be-

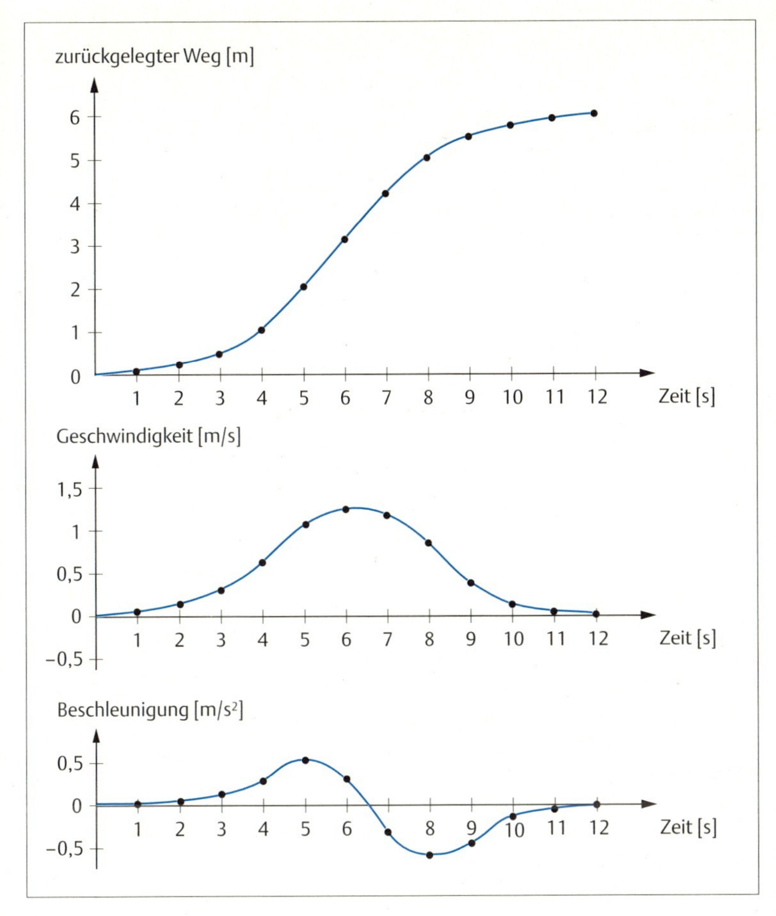


Abb. 4.**17**
Weg-, Geschwindigkeits- und Beschleunigungskurve übereinander

schleunigung) ergibt sich eine waagerechte Linie. Ändern sich Geschwindigkeit bzw. Beschleunigung, spricht man von *ungleichförmiger Geschwindigkeit (Beschleunigung)*.

- Als *negative Beschleunigung* wird ein *Abbremsvorgang* bezeichnet.

## 4.1.5 Translation und Rotation

Wir haben uns im vorangegangenen Abschnitt nur mit Bewegungen beschäftigt, bei denen der ganze Körper in einer Richtung bewegt wurde. Wir sprechen in diesem Fall von einer *Translationsbewegung* des Körpers (Abb. 4.**18 a**). Am menschlichen Körper lassen sich aber während des Gehens auch andere Bewegungsformen erkennen, z. B. bewegt sich der Fuß um das Knie herum. Hier sprechen wir von einer *Rotationsbewegung* des Fußes um das Knie (Abb. 4.**18 b**).

Man definiert eine Translationsbewegung so, dass bei einer reinen Translationsbewegung alle Teilpunkte des Körpers während der Bewegung Wege in gleicher Richtung und gleicher Länge ausführen (Abb. 4.**19**). Insofern ist das Gehen keine reine Translationsbewegung.

Bei einer Rotation dagegen bewegen sich die einzelnen Punkte eines Körpers zwar auch parallel zueinander, aber in konzentrischen Kreisen um einen Drehpunkt und legen Wege unterschiedlicher Länge zurück (Abb. 4.**20**).

Reine Translations- bzw. Rotationsbewegungen treten selten auf. Meist liegen Überlagerungen vor, wie z. B. beim Gehen. Dabei ist die Bewegung als Ganzes betrachtet eine Translationsbwegung, und so haben wir sie auch analysiert. Aber einzelne Teile des Körpers, z. B. die Füße, führen beim Gehen Rotationsbewegungen aus. Es kann aber auch so sein,

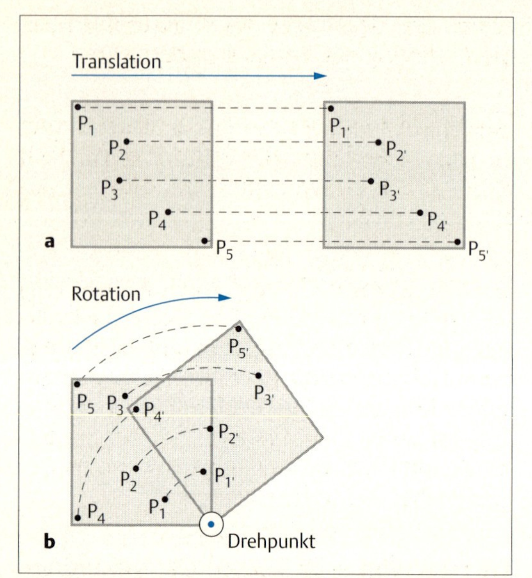


Abb. 4.**18** Charakteristika von translatorischer bzw. rotatorischer Bewegung.
**a** Translation: alle Punkte bewegen sich auf parallelen Bewegungsbahnen und die Wege aller Punkte sind gleich lang.
**b** Rotation: auch hier parallele Bewegungsbahnen der Punkte, Wege sind unterschiedlich lang.

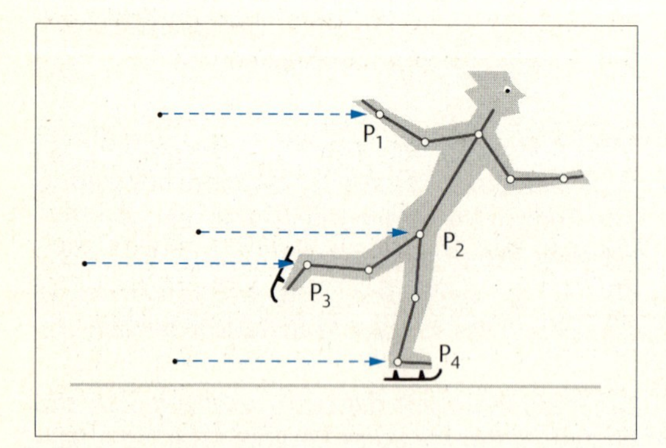


Abb. 4.**19** Translation Felix gleitet auf dem Eis

wie bei dem Klotz, der vom Tisch fällt im Einleitungskapitel – das Vom-Tisch-Fallen ist eine Translationsbewegung. Dabei dreht sich zusätzlich der Körper als Ganzes. Das ist eine Rotationsbewegung.

Bei derartigen Überlagerungen von Translations- und Rotationsbewegungen müssen bei einer Bewegungsanalyse beide Bewegungstypen getrennt analysiert, und dann je nach Notwendigkeit die Analysen wieder kombiniert werden.

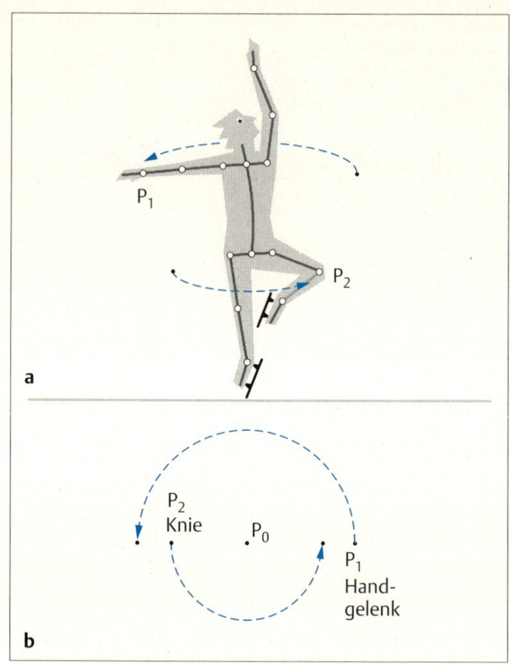


Abb. 4.**20**
**a** Felix dreht Pirouette,
**b** Schema von Hand, Kopf und Schulter

## 4.1.6 Analyse von Rotationsbewegungen

Im Prinzip kann man Rotationsbewegungen genauso analysieren wie Translationsbewegungen, wenn man sich entsprechend kleine Wegstücke um den Kreis herum wählt. Die geometrischen Bedingungen eines Kreises erleichtern jedoch die Analyse von Rotationsbewegungen, weil wie bei den Bewegungen des menschlichen Bewegungsapparates die Radien der Kreise der Bewegungen, die analysiert werden sollen, gleich bleiben – z. B. Länge des Arms oder des Unterschenkels.

Wir wollen betrachten, wie man Wege, Geschwindigkeiten und Beschleunigungen von Rotationsbewegungen beschreibt. Zunächst müssen wir wieder die Lage eines Punktes beschreiben.

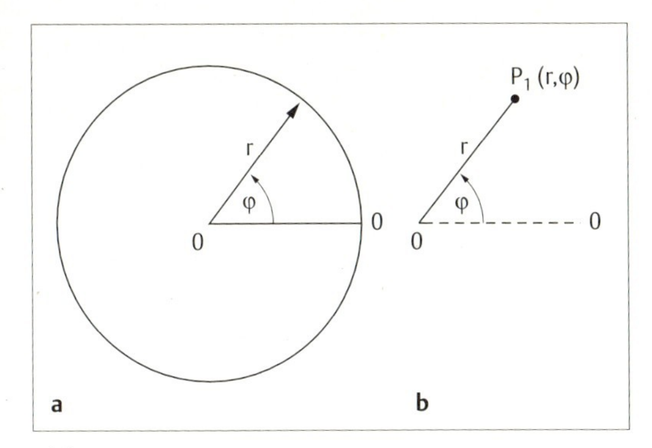


Abb. 4.**21a** Kreis,
**b** Punktbestimmung mit r und φ

Bei einer Rotationsbewegung lässt sich die Lage eines Punktes wie bei der Darstellung im kartesischen Koordinatensystem durch zwei Werte (Parameter) bestimmen. Das sind:

1. Der Abstand (r = Radius) des Punktes vom Nullpunkt des Koordinatensystems (Abb. 4.**21 a**);
2. Der Winkel (φ griech. phi) zwischen der Verbindungslinie zwischen dem betrachteten Punkt und dem Nullpunkt und der als 0° definierten Linie (Abb. 4.**21 b**).

(Wir benutzen hier ein anderes Koordinatensystem, das als Polarkoordinatensystem bezeichnet wird. Der Ursprung (= Nullpunkt) wird bei den Rotationsbewegungen des menschlichen Körpers jeweils in das Gelenk gelegt, die als 0° definierte Linie wird z. B. durch die Neutral-Null-Methode bestimmt.)

Da sich der Abstand zwischen dem betrachteten Punkt und dem Nullpunkt bei allen Bewegungen nicht ändert (Definition der Rotationsbewegung), braucht man für die Beschreibung des Weges des Punktes nur noch die Änderung des Winkels zu betrachten.

Der Weg kann bei einer Rotationsbewegung also als die Änderung des Winkels von $\phi_1$ nach $\phi_2$ auf der Kreisbahn mit dem Radius r beschrieben werden.

Der Winkel ϕ wird in der Einheit Radian (rad) angegeben. Er hat keine Dimensionsbezeichnung, weil er eine Verhältniszahl ist, die das Verhältnis des betrachteten Winkels zu einem vollen Kreisumfang bezeichnet. Ein Kreisumfang ist als 2 π ∗ r, wobei r, wie bereits bekannt, den Radius bezeichnet. 2 π entsprechen daher 360 Winkelgraden.

Weitere Winkel sind in Tabelle 4.**4** angegeben.

Soll die Länge einer *Bewegungsbahn* bestimmt werden (z. B. welche Weglänge eine Hand bei einem vollen Armkreis zurücklegt), muss man den überstrichenen Winkel mit dem Radius multiplizieren. Der Umfang eines Kreises beträgt 2 ∗ π ∗ r. Wenn also ein Arm 70 cm lang ist, legt die Hand bei einem vollen Kreis um die Schulter folgenden Weg zurück:

$$2 * \pi * 70 \text{ cm} = 4{,}4 \text{ m}$$

Ebenso wie für die Translation lassen sich auch für die Rotation die Geschwindigkeit und die Beschleunigung berechnen. Man unterscheidet dabei jedoch jeweils zwischen der *Winkelgeschwindigkeit* bzw. *Winkelbeschleunigung* und der *Bahngeschwindigkeit* bzw. *Bahnbeschleunigung*.

Tabelle 4.**4** Winkelwerte

| in: | Grad | Radian (rad) | |
|---|---|---|---|
| | 180 | π | π hat einen Wert von 3,14159... |
| | 90 | π/2 | (rechter Winkel) |
| | 60 | π/6 | |
| | 57,7 | 1 | |
| | 45 | π/4 | |
| | 30 | π/12 | |

Bei der Berechnung von Geschwindigkeit und Beschleunigung von Rotationsbewegungen geht man genauso vor wie bei ihrer Berechnung bei Translationsbewegungen. Allerdings werden bei den Rotationsbewegungen anstelle der Werte für den Weg die Winkelwerte verwendet.

Bei Rotationsbewegungen werden alle kinematischen Werte mit griechischen Buchstaben bezeichnet. Der Winkel, der überstrichen wird, wird mit $\phi$ (phi) bezeichnet und in Radian angegeben (s. o.). Die Winkelgeschwindigkeit wird mit $\omega$ (omega) bezeichnet und in [rad/s] angegeben. Die Winkelbeschleunigung wird mit $\alpha$ (alpha) bezeichnet und in [rad/s] angegeben.

Die Winkelgeschwindigkeit ist somit folgendermaßen definiert:

$$\omega = \frac{\text{überstrichener Winkel}}{\text{dabei verstrichene Zeit}} = \frac{\Delta \phi}{\Delta t} = \frac{\phi_2 - \phi_1}{t_2 - t_1}$$

für die mittlere Winkelgeschwindigkeit und $\omega = d\phi/dt$ für die Momentangeschwindigkeit.

Hat der Arm bei seiner Kreisbewegung von 45° also $\pi/4$ in 2 s überstrichen, hätte er sich in dieser Zeit mit folgender mittlerer Winkelgeschwindigkeit bewegt:

$$\omega = \frac{\phi_2 - \phi_0}{t_2 - t_0} = \frac{\frac{\pi}{4} - 0}{0{,}5\,s - 0\,s} = \frac{\frac{\pi}{4}}{0{,}5\,s}$$
$$= \frac{\pi}{0{,}5\,s} = 1{,}57\,\frac{rad}{s}$$

Wollen wir die Bahngeschwindigkeit bestimmen, müssen wir die Winkelgeschwindigkeit wieder mit dem Radius multiplizieren. Das ergibt:

$$1{,}57\,\text{rad/s} * 0{,}7\,\text{m} = 1{,}099\,\text{m/s} \approx 1{,}1\,\text{m/s}$$

Aus den Geschwindigkeitswerten zu verschiedenen Zeiten lässt sich wiederum die Winkelbeschleunigung berechnen. Für die mittlere Beschleunigung ergibt sich:

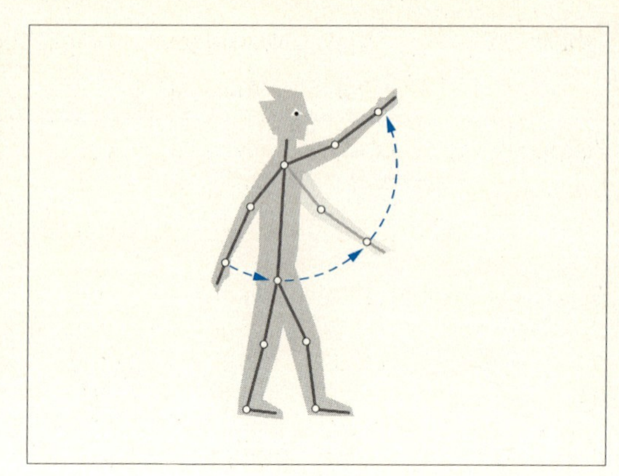

Abb. 4.**22** Bewegungsablauf: Felix hebt den Arm. Es sind 3 Phasen dargestellt: bis –30°, 50°. 120°.

$$\alpha = \frac{\text{Änderung der Geschwindigkeit}}{\text{während der betrachteten Zeit}} = \frac{\Delta \omega}{\Delta t} = \frac{\omega_2 - \omega_1}{t_2 - t_1}$$

und für die augenblickliche Winkelbeschleunigung gilt wieder: $\alpha = d\omega/dt$.

Auch die Winkelbeschleunigung kann in eine Bahnbeschleunigung umgerechnet werden, wenn man den erhaltenen Wert mit dem Radius multipliziert.

Als Beispiel wollen wir noch einmal den Arm von 0,7 m Länge bei einem längeren Bewegungsablauf betrachten.

Der Bewegungsablauf:

Felix führt seine Arme aus der Position neben dem Körper in eine Höhe von 120° vor sich nach oben und lässt sie dann wieder nach unten fallen (Abb. 4.**22**).

Als 0° wird hier die vertikale Position der Arme, also wenn sie herabhängen, definiert. Die Kurve für den Weg (Abb. 4.**23 a**) nimmt einen anderen Verlauf als bei der translatorischen Bewegung. Der bei der Bewegung überstrichene Winkel nimmt zunächst zu, bis 122° erreicht sind, danach nimmt der Winkel wieder ab, zunächst bis 0°. Diese werden überschritten und negative Winkelgrade erreicht.

Tabelle 4.**5** Zeiten, Winkel, Winkelgeschwindigkeiten und Beschleunigungen beim Armheben

| | Kurve a | Kurve d | | Kurve b | | Kurve c |
|---|---|---|---|---|---|---|
| Zeitpunkt [s] | Winkel $\phi$ [°] | Weg [m] | $\Delta\,\phi$ | Winkelgeschwindigkeit $\omega$ [rad/s] | $\Delta\,\omega$ | Winkelbeschleunigung $\alpha$ [rad/s$^2$] |
| 0 | 0 | 0 | 0 | 0 | 0 | 0 |
| 0,05 | 0,5 | 0,006 | 1 | 0,017 | 0,034 | 0,34 |
| 0,1 | 1,5 | 0,02 | 1 | 0,69 | 0,34 | 3,4 |
| 0,2 | 8 | 0,097 | 6,5 | 1,30 | 0,61 | 6,1 |
| 0,3 | 21 | 0,26 | 13 | 2,26 | 0,96 | 9,6 |
| 0,4 | 38 | 0,46 | 17 | 2,97 | 0,71 | 7,1 |
| 0,5 | 57 | 0,69 | 19 | 3,32 | 0,35 | 3,5 |
| 0,6 | 76 | 0,93 | 19 | 3,32 | 0,00 | 0 |
| 0,7 | 94 | 1,15 | 18 | 3,14 | – 0,18 | – 1,8 |
| 0,8 | 110 | 1,34 | 16 | 2,79 | – 0,35 | – 3,5 |
| 0,9 | 119 | 1,45 | 9 | 1,57 | – 1,22 | – 12,2 |
| 1,0 | 122 | 1,492 | 3 | 0,52 | – 1,05 | – 10,5 |
| 1,1 | 122 | 1,49 | 0 | 0 | – 0,52 | – 5,2 |
| 1,2 | 120 | 1,51 | 2 | 0,35 | 0,17 | 1,7 |
| 1,3 | 116 | 1,56 | 4 | 0,69 | 0,43 | 4,3 |
| 1,4 | 107 | 1,67 | 9 | 1,57 | 0,88 | 8,8 |
| 1,5 | 91 | 1,87 | 16 | 2,79 | 1,23 | 12,3 |
| 1,6 | 67 | 2,16 | 24 | 4,18 | 1,39 | 13,9 |
| 1,7 | 36 | 2,54 | 31 | 5,41 | 1,23 | 12,3 |
| 1,8 | 0 | 2,98 | 36 | 6,28 | 0,87 | 8,7 |
| 1,9 | – 36 | 3,42 | 36 | 6,28 | 0 | 0 |
| 2,0 | – 50 | 5,59 | 14 | 5,23 | – 1,04 | 10,4 |

Das ist bei translatorischen Bewegungen nicht möglich –, dort betrachtet man den zurückgelegten Weg. (Dieser ist hier in einer Skizze (d) hinzugefügt und lässt den bekannten Verlauf erkennen.) Die Aufzeichnung der Bewegung wurde nach zwei Sekunden abgebrochen; es folgt noch ein weiteres Auspendeln, bis die Arme wieder in der Null-Grad-Stellung sind.

Bei der Kurve für die Geschwindigkeit (Abb. 4.**23 b**) lassen sich hier zwei Maxima erkennen: eines bei der Aufwärtsbewegung, eines bei der Abwärtsbewegung. Dazwischen liegt eine Stelle, an der die Geschwindigkeit den Wert Null erreicht. Das ist im Umkehrpunkt der Bewegung bei 122°. Von da ist die Geschwindigkeit eigentlich negativ (sie ist eine gerichtete Größe und erfolgt von 122° an in entgegengesetzter Richtung); dies ist hier gestrichelt auch so eingezeichnet. Wegen der besseren Vergleichbarkeit zeichnet man aber den *Betrag* der Geschwindigkeit, wertet sie also positiv. Es fällt weiter auf, dass das Maximum bei der Abwärtsbewegung einen größeren Wert hat als das bei der Aufwärtsbewegung. Das ist dadurch bedingt, dass bei der Abwärtsbewegung die Schwerkraft auf den Arm einwirken kann und dadurch die Geschwindigkeit vergrößert wird.

Die Beschleunigungskurve (Abb. 4.**23 c**) zeigt zwei positive Maxima an, d. h. es gibt zwei Abschnitte mit Beschleunigung. Der erste dieser Abschnitte entsteht bei der Aufwärtsbewegung der Arme. Das Maximum dieser Beschleunigung liegt bei 0,3 s. Das bedeutet, nur während des ersten Drittels der Aufwärtsbewegung nimmt die Beschleunigung zu, danach nimmt sie bereits wieder ab. Es ist eine vor allem bei Zielbewegungen häufig gemachte Beobachtung, dass die Beschleunigung nur im ersten Drittel eines Bewegungsablaufs zunimmt. In diesem Ab-

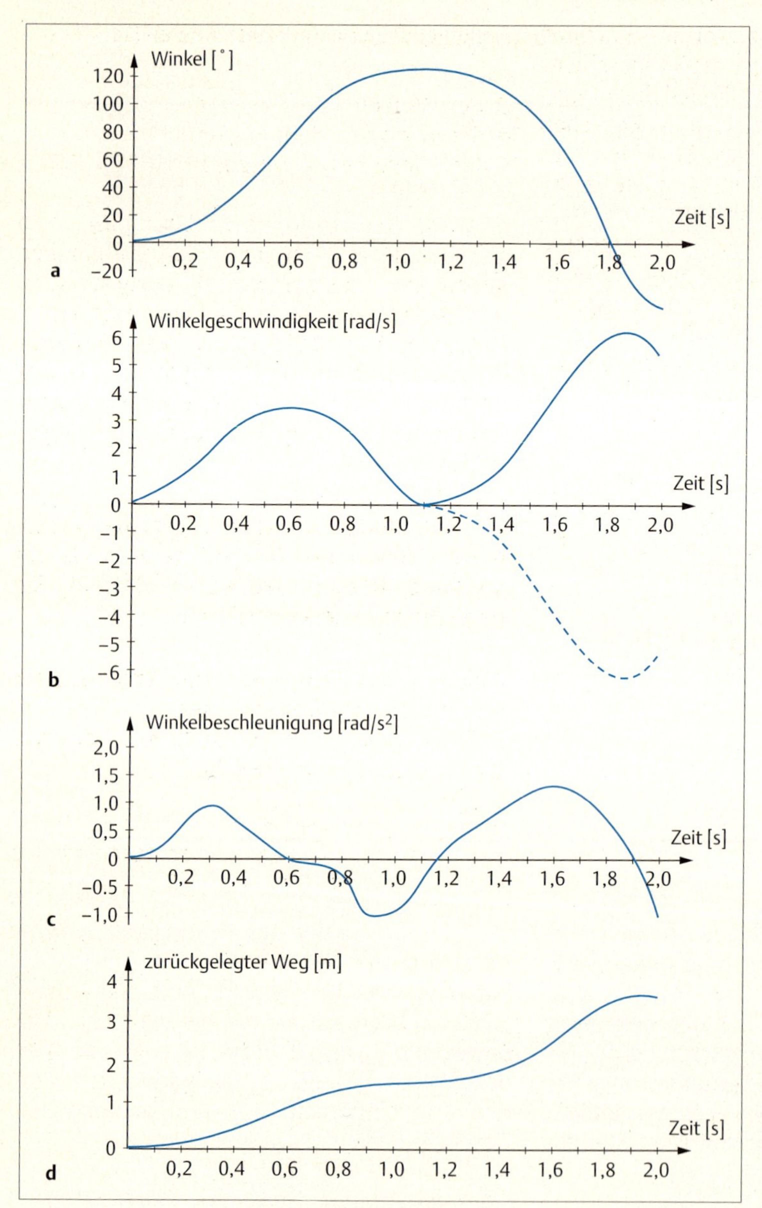


Abb. 4.**23**
Kurven für Weg (a), Winkelgeschwindigkeit (b) und Winkelbeschleunigung (c) zurückgelegter Weg (d)

schnitt wird die Energie für das Überwinden einer Distanz gewonnen, das zweite Drittel der Bewegung wird dann mehr dazu verwendet, das Ziel exakt zu erreichen; das ist unter maximaler Energiegewinnung nicht möglich.

Die Beschleunigung nimmt dann zunächst wieder ab, um bei 0,6 s in einen Bremsvorgang überzugehen. Hier ist keine Aussage darüber möglich, ob die Bremsphase aktiv durch Muskelkraft erfolgt oder allein passiv durch die Schwerkraft. Erwartungsgemäß erreicht die Bremsphase kurz vor Erreichen des Scheitelpunkts der Bewegung ihr Maximum und geht dann bei der Abwärtsbewegung des Armes wieder in eine Beschleunigungsphase über. Der höchste Beschleunigungswert liegt bei 1,39 $rad/s^2$ (bei einem Winkel von 80°), die Bewegungsbahn verläuft hier nahezu senkrecht. Dieser Beschleunigungswert entspricht umgerechnet auf die Bahnbeschleunigung (also mit dem Radius = 0,7 m multipliziert) ungefähr 0,97 m/s², das ist die Erdbeschleunigung (Schwerkraft). Das lässt sich so interpretieren: Man kann aus dem Erreichen dieses Wertes schließen, dass Felix den Arm locker herabschwingen lässt, ohne die Bewegung durch Muskelkraft abzubremsen. Dass dieser Beschleunigungswert nicht überall während der Abwärtsbewegung erreicht wird, hängt damit zusammen, dass zum einen die Bewegung nicht überall in senkrechter Richtung erfolgt, zum anderen Bänder und Kapseln eine Bremswirkung auf den Arm ausüben.

Die beschriebene Bewegung „Felix hebt den Arm und lässt ihn wieder fallen" wurde ergänzend von einem Bewegungsanalyse-System (Vicon 370) aufgenommen.

Die Abbildung 4.**24** zeigt die Bewegung aus verschiedenen Perspektiven:

**a** von hinten,
**b** von der Seite,
**c** von oben.

Dazu gehören die entsprechenden Darstellungen:

**d** des Winkels,
**e** der Winkelgeschwindigkeit,
**f** der Winkelbeschleunigung.

Es wurde die beschriebene Bewegung: Arm anheben bis auf 120° und wieder herabfallen lassen mit einem Bewegungsanalysesystem der Firma Vicon „Vicon 370" aufgezeichnet. Es wurden 100 Bilder (Fields) in jeder Sekunde gemacht, also die 200 Bilder in 2 s. Der Abstand der Bilder beträgt jeweils 1/100 s. Auf der Abszisse sind die Bildnummern abgetragen.

Die Abbildungen 4.**24a–f** zeigen die Person, die die Bewegung ausführt, jeweils als ein Strichmännchen für jedes 25. Bild (Field). Sie bezeichnen folgende Positionen:

1. Figur (Field 25): Der rechte Arm befindet sich in der Aufwärtsbewegung.
2. Figur (Field 50): Der rechte Arm hat etwa die maximale Höhe erreicht.

Abb. 4.**24a** Von hinten. Es ist der rechteckige Oberkörper zu sehen, der Kopf als Dreieck und die beiden Arme. Der linke Arm bleibt während der gesamten Bewegung links am Körper ruhig nach unten hängen (berührt im Bild häufig die Figur links daneben).

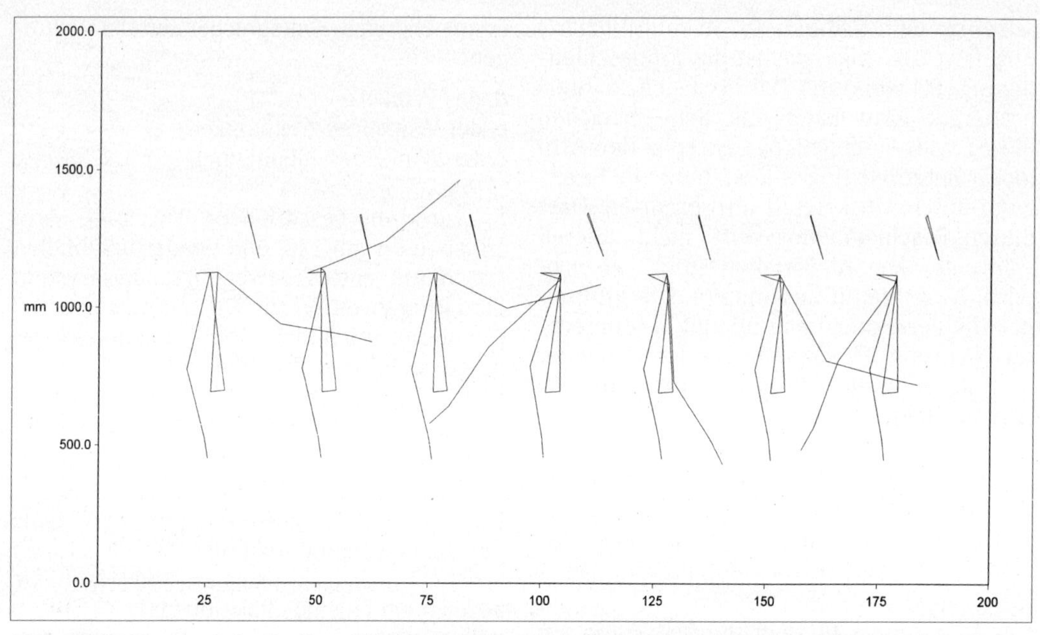


Abb. 4.**24b** Von der Seite. In diese Abbildung muss man sich etwas „einsehen". Man kann sich am linken Arm, der gleichbleibend am Körper herunterhängt, orientieren. Er ist oben mit der Schulter verbunden. Der Oberkörper (von der Seite gesehen) ist hier sehr schmal und ist x- bis dreieckförmig. Der schräge Strich rechts über dem Rumpf stellt den Kopf (Stirn-Nase-Partie) dar. Interessant ist an dieser Folge die Verwringung der Schulter in Abhängigkeit von der augenblicklichen Stellung des rechten Arms, die sowohl die Form des Oberkörpers bestimmt als auch die Form des kleinen Dreiecks zwischen den Schultern und dem Nackenmarker s. S. 42.

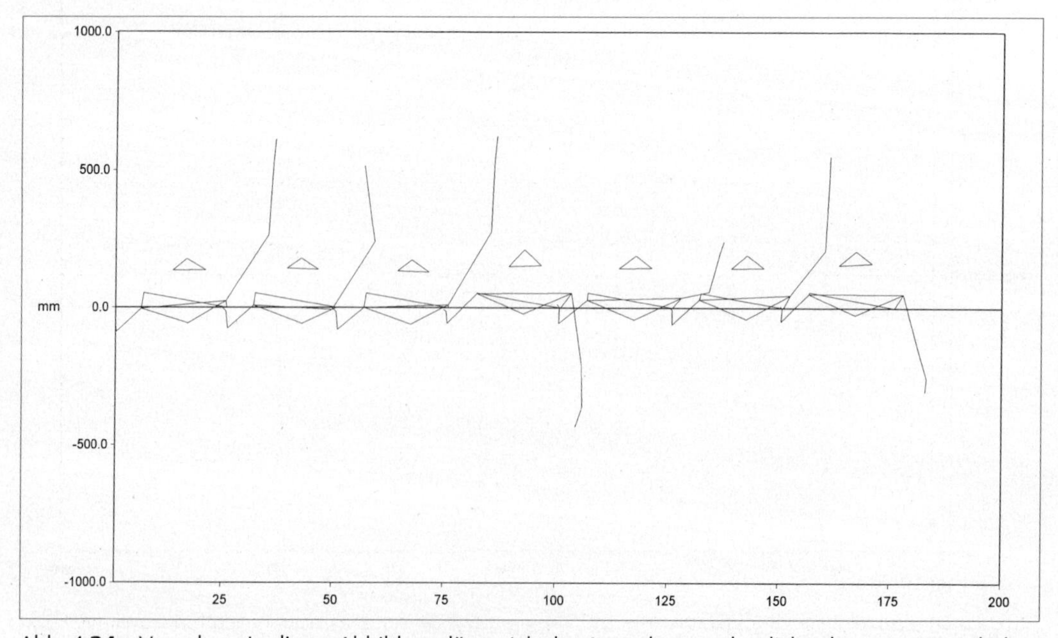


Abb. 4.**24c** Von oben. In dieser Abbildung lässt sich der Armschwung deutlich erkennen. Die Schulterverwringung ist auch wieder zu sehen, ebenso wie das aus Schultern und Nackenmarker gebildete Dreieck. Das vorgelagerte Dreieck stellt den Kopf dar.

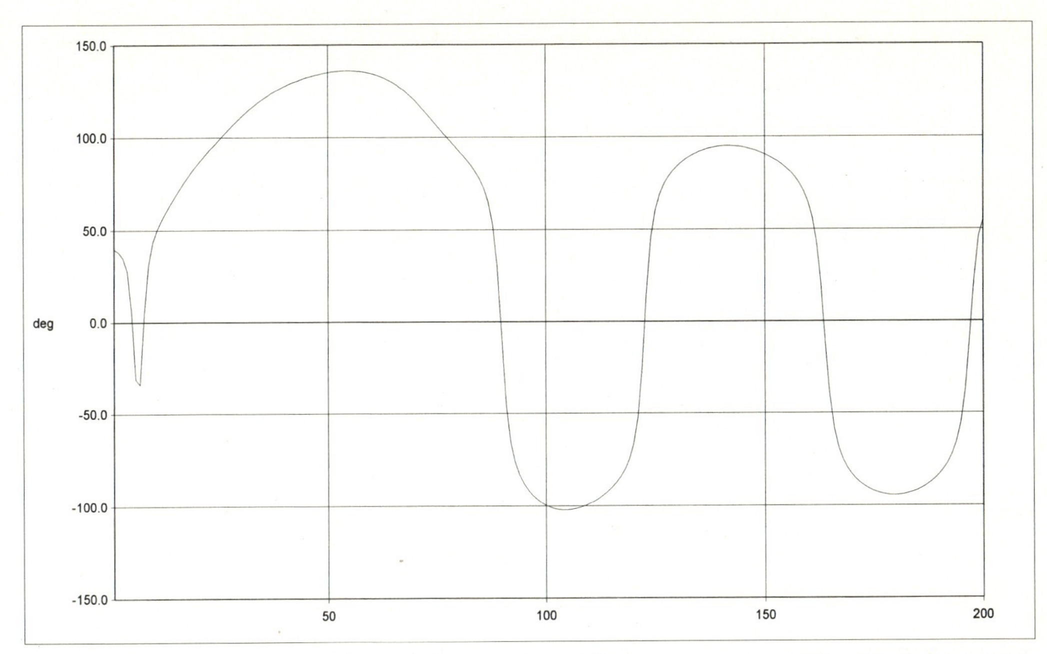


Abb. 4.**24d** Winkel zwischen rechter Schulter – rechtem Ellenbogen – rechter Hüfte. Die Ordinate ist in „deg" eingeteilt. Bei dieser Winkeleinteilung hat ein rechter Winkel 100 deg (= 90°). Ein kleiner Rückschwung (Auftaktbewegung) leitet die Bewegung ein. Dann erfolgt die Aufwärtsbewegung, die hier zum Maximum von ca. 130 deg führt. Es folgen Rückschwung und Auspendeln.

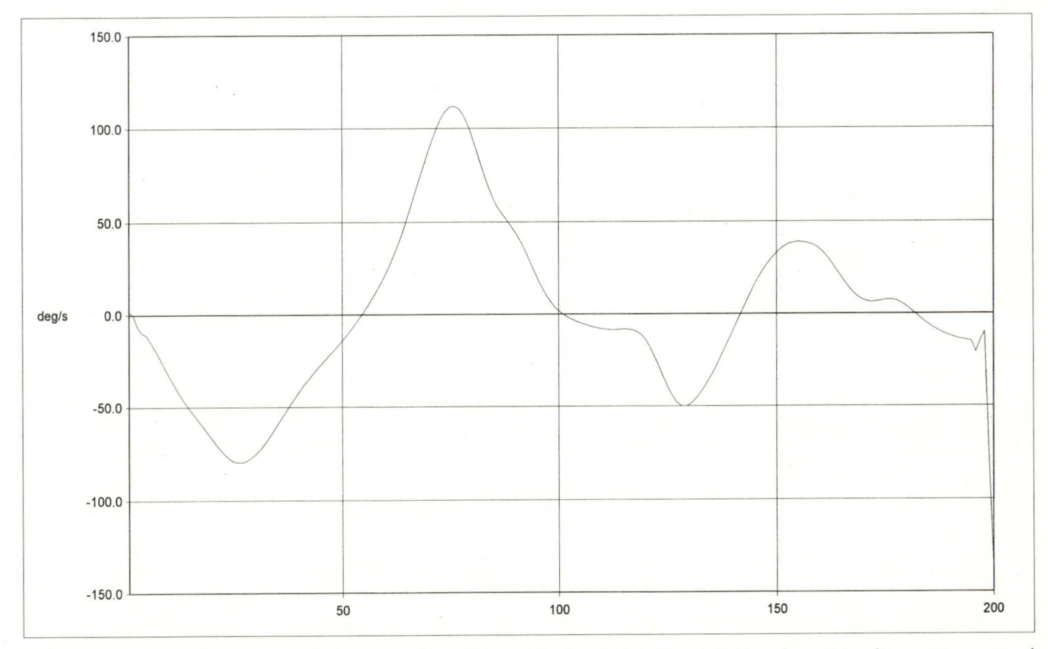


Abb. 4.**24e** Winkelgeschwindigkeit – aufgezeichnet in deg/s (Ordinate). Man beachte die positiven und negativen Winkelgeschwindigkeiten, die durch die Richtungswechsel bedingt sind. Die Kurve schneidet die Nulllinie jeweils in den Umkehrpunkten der Bewegung. (oben). Die Maxima entstehen bei den Abwärtsbewegungen.

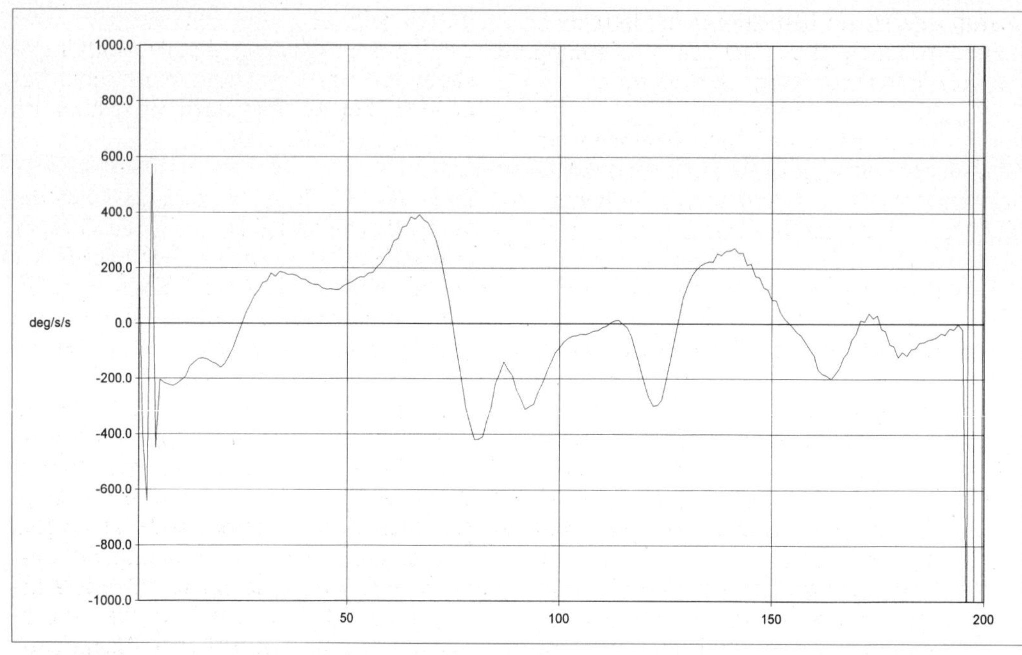


Abb. 4.**24f** Winkelbeschleunigung – aufgezeichnet in deg/s² (Ordinate). Es läßt sich aus dieser Kurve, wie auch bei der berechneten Kurve, die Geschwindigkeitskurve sehr gut erklären (das sei dem Leser überlassen). Auffallend sind die senkrechten Striche am Anfang und Ende der Aufzeichnung – offensichtlich Fehlerdaten. Sie entstehen, weil zur Berechnung von Geschwindigkeit und Beschleunigung jeweils mehrere Positionsdaten benötigt werden. Für die ersten und letzten Bilder stehen deswegen keine Beschleunigungsdaten zur Verfügung. Der Rechner setzt dann „Fantasiedaten" ein. Bei der Berechnung waren diese Stellen in der Tabelle leer geblieben.

3. Figur (Field 75): Der rechte Arm befindet sich im Abschwung.
4. Figur (Field 100): Der rechte Arm befindet sich im Rückschwung.
5. Figur (Field 125): Der rechte Arm befindet sich im Vorschwung.
6. Figur (Field 150): Der rechte Arm befindet sich im Rückschwung.
7. Figur (Field 175): Der rechte Arm befindet sich im Vorschwung.

Das Strichmännchen wird jeweils aus den am Körper der ausführenden Person markierten Stellen konstruiert. Die „Marker" befinden sich an folgenden Körperstellen:
1. auf der Stirn (rechts und links),
2. auf der Nase,
3. auf den Schultern (rechts und links),
4. auf dem Nackenwirbel,
5. auf den Ellenbogen (rechts und links),
6. auf den Händen (rechts und links),
7. auf den Beckenschaufeln (Hüfte, links und rechts).

Auf der Ordinate ist jeweils der Abstand der markierten Punkte vom definierten Ursprung des Koordinatensystems abgetragen. Dieser Koordinatenursprung befindet sich links unten hinter der Person.

Die Bewegung, die im Text besprochen und berechnet wurde, wäre in diese Abbildung etwa beim Bild (Field) 100 beendet.

Im Gegensatz zu den dort berechneten Werten wird die Bewegung des Armes bei der Aufnahme des Bewegungsanalyse-Systems nach dem Abschwung nicht abgebrochen, vielmehr pendelt der Arm noch einmal hin und her.

(Bei der Kurve für die Beschleunigung (Abb. 4.**24f**) sind mehr Richtungsänderungen zu sehen, weil durch zweifache Differenziation der

Positionsdaten zur Berechnung der Beschleunigung minimale Fehler bei der Bestimmung der Positionen stark vergrößert werden.)

Bevor wir zum nächsten Kapitel übergehen, in dem die Bewegungen verursachenden Kräfte betrachtet werden, sollten noch zwei Bemerkungen zur Kinematik erfolgen.

1. Es wurde hier nur die Ermittlung der Geschwindigkeit und der Beschleunigung betrachtet. Dabei wurde davon ausgegangen, dass der Weg gemessen wurde, also für die Berechnung bekannt ist. Es lässt sich aber auch der umgekehrte Weg bei der Berechnung beschreiten. Man kann nämlich, wenn eine Geschwindigkeit bekannt ist, mit der sich ein Körper über einen bestimmten Zeitabschnitt bewegt, den Weg ermitteln, der in der Zeit zurückgelegt wurde. Dazu muss man einfach die Geschwindigkeit mit der Zeit multiplizieren.
   Wenn sich ein Körper z. B. mit 5 m/s 20 s lang bewegt, legt er in diesen 20 s einen Weg von $5 * 20 = 100$ m zurück.
   Etwas schwieriger wird es, wenn man nur die Beschleunigung kennt und daraus die Geschwindigkeit zu einem bestimmten Zeitpunkt und den zurückgelegten Weg ermitteln will.
   Da dieses Problem in der Physiotherapie kaum vorkommt, wurde es hier nicht behandelt. Ein Beispiel dazu wird aber im Anhang E kurz berechnet.

2. Es könnte die Frage aufkommen, was die Winkelgeschwindigkeit mit einer *Drehgeschwindigkeit* zu tun hat. Der Begriff der Drehgeschwindigkeit wird dann benutzt, wenn in einer Bewegung keine Teile von Kreisen überstrichen werden, wie das bei den Bewegungen des menschlichen Körpers der Fall ist, sondern mehrere Kreisbewegungen hintereinander ausgeführt werden. Meist geschieht das mit hoher Winkelgeschwindigkeit, und es werden sehr viele Kreise hintereinander vollzogen. In solchen, in der Technik häufig vorkommenden Fällen, wurde nicht mehr die Winkelgeschwindigkeit, sondern die Anzahl der Umdrehungen pro Minute [U/min] angegeben, z. B. beim Drehzahlmesser im Auto. Bei noch höheren Drehgeschwindigkeiten, die vor allem bei elektrischen Vorgängen vorkommen, wird die Drehzahl als *Frequenz* in der Dimension *Hertz* [Hz] angegeben, das entspricht Umdrehungen pro Sekunde.

# 5 Kinetik

Aufgabe und Inhalt der Kinetik ist es – wie wir bereits wissen – die Kraft, ihre Wirkungsweise und ihre Wirkbedingungen zu analysieren. Bevor wir uns jedoch damit beschäftigen können, wollen wir uns die Aufgabenstellung der Kinetik an einigen Beispielen deutlich machen.

Außerdem müssen wir uns noch überlegen, wie man mehrere Kräften, die gleichzeitig auf einen Körper einwirken, analysieren kann. Dazu müssen wir ein wenig den mathematischen Umgang mit Vektoren betrachten. Doch zunächst die Beispiele:

5.**1** Felix tritt gegen einen Sandsack.

## 5.1 Einführende Beispiele

Bislang haben wir uns weder Gedanken darüber gemacht, woher Kräfte kommen, noch wie sich ein Körper als Reaktion auf eine Krafteinwirkung überhaupt bewegen kann.

Betrachten wir, was passiert, wenn Felix z. B. gegen verschiedene Gegenstände tritt, also mit einer Kraft auf sie einwirkt.

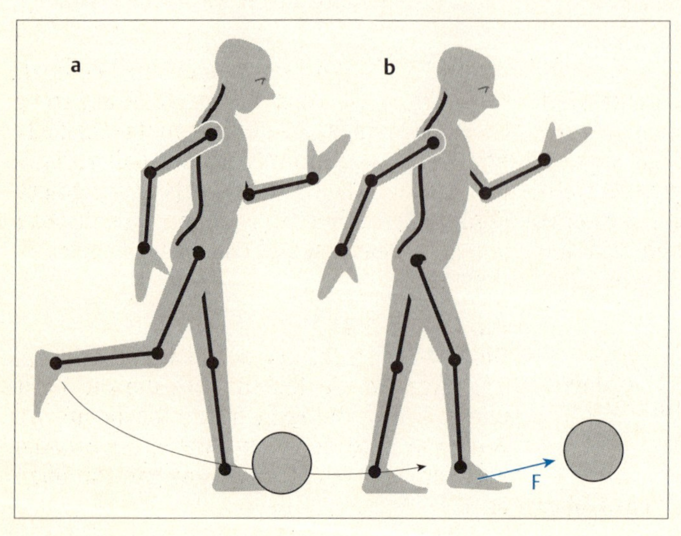


5.**2a** u. **b** Felix tritt gegen einen Ball.

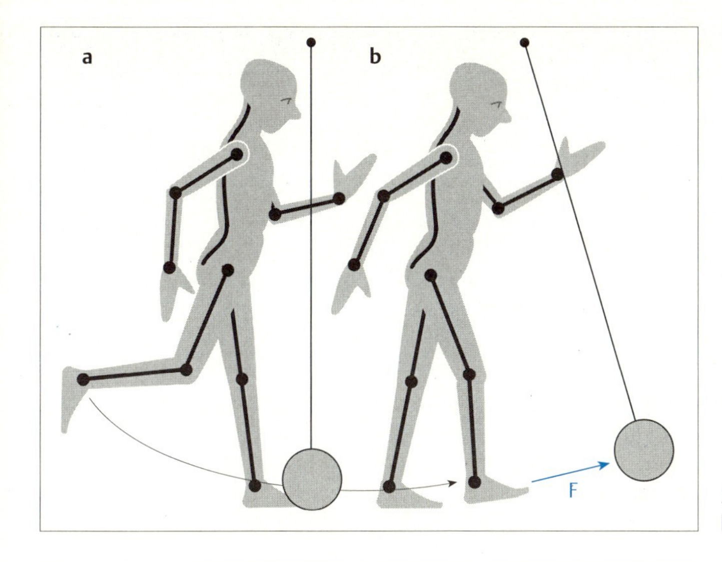


5.3a u. b Felix tritt gegen einen Ball, der an einem Seil hängt.

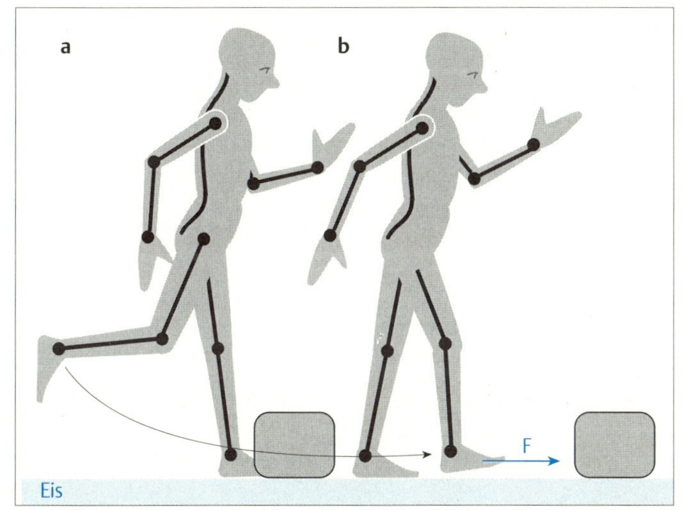


5.4 Felix tritt gegen einen rutschenden Block.

*Fall A* (Abb. 5.**1**)
Wenn Felix gegen den Sandsack tritt, passiert nicht viel. Der Fuß wird eine kleine Höhlung im Sandsack hinterlassen. Wenn das Sackleinen nicht reißt, wird sich Felix vielleicht wehtun. Wenn er den Fuß zurückzieht, wird eine kleine Delle im Sandsack zu sehen sein, die sich aber im Laufe der Zeit auch wieder füllt.

*Fall B* (Abb. 5.**2**)
Der Ball wird wegfliegen. Wohin er fliegt oder rollt, hängt davon ab, wie Felix ihn trifft.

*Fall C* (Abb. 5.**3**)
Der Ball wird zunächst auch wegfliegen, aber durch das Seil wird seine Flugweite begrenzt. Möglicherweise wird sich der Ball auf einer Kreisbahn um den Aufhängepunkt des Seils bewegen. Irgendwann wird der Ball zurückkommen und Felix treffen, falls er an seinem Platz stehen geblieben ist. Dann kann der Ball von ihm abprallen und wieder wegfliegen

*Fall D* (Abb. 5.**4**)
Der Block rutscht auf der Eisfläche entlang, und zwar in die Richtung, in die die Kraft wirkt, also in die Felix tritt. Je nachdem, wo Felix ihn getroffen hat, kann er sich dabei auch drehen. Schauen wir uns das von oben an.

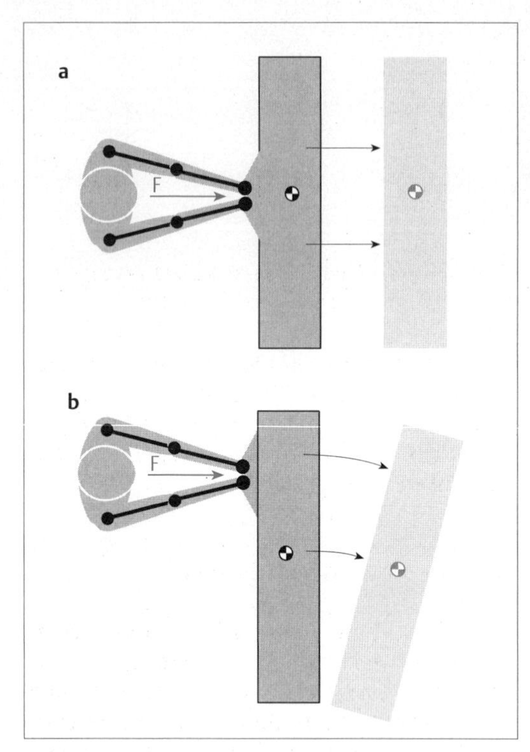


5.**5a** u. **b** **a** Felix trifft den Block in Mitte.
**b** Felix trifft den Block asymmetrisch.

*Fall E* (Abb. 5.**5**)
Trifft Felix den Block genau in der Mitte, rutscht dieser, ohne sich zu drehen. Trifft Felix ihn mehr in der rechten Hälfte, wird er sich nach links drehen, vielleicht auch gleichzeitig in die Trittrichtung rutschen. Trifft Felix den Block mehr an der linken Seite, wird er sich nach rechts drehen und eventuell auch wieder nach vorne rutschen.

*Fall E* (Abb. 5.**6**)
Der Block wird umkippen. Da die Kraft in der unteren Hälfte auf den Block trifft, wird er zu Felix hin kippen.

*Fall F* (Abb. 5.**7**)
Felix muss sich hier anstrengen, um den Wagen die Rampe hinaufzuschieben. Das ist eine der Arbeiten, die er täglich leisten muss.

Aus allen diesen Beispielen können wir sehen, dass allein von der Kraft (Betrag und Richtung) nicht auf die Wirkung geschlossen werden kann, die sie auf die Bewegung eines Körpers hat. Es müssen vielmehr zusätzliche Bedingungen, wie die Masse (Gewicht), Form (Massenverteilung, siehe unten) des Körpers, der Angriffspunkt der Kraft am Körper und die Verankerung des Körpers in seiner Umgebung, mit berücksichtigt werden.

Mit diesen Bedingungen, die außer der Kraft die Art der Bewegung von Körpern bestimmen, werden wir uns in den nächsten Kapiteln beschäftigen. Dazu werden wir uns darüber Gedanken machen, wie es zur Wirkung von Kräften kommt.

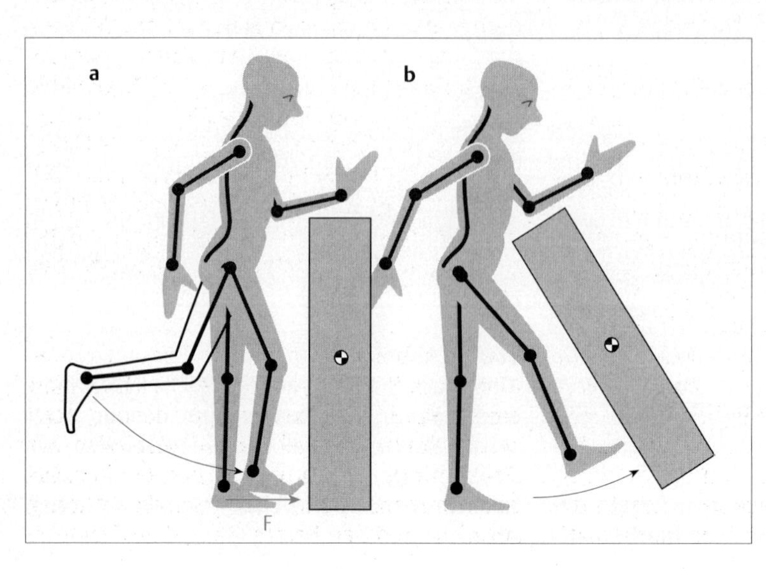


Abb. 5.**6** Felix tritt unten gegen den Block.

Abb. 5.**7** Felix schiebt einen Wagen eine Rampe hinauf.

Schließlich müssen wir uns überlegen, wie man das Ergebnis des Einsatzes von Kraft quantifiziert. Wenn Felix z. B. wie im Fall F Wäsche transportiert, leistet er eine Arbeit, für die er einerseits die notwendige Energie aufbringen muss, die er andererseits später aber auch bezahlt haben möchte.

In der Physiotherapie geht es häufig darum, für einen Patienten ein Bewegungsmuster zu finden und dann zu erarbeiten, das ihm in Zukunft möglichst wenig schadet, für das er möglichst wenig Energie aufbringen muss, und mit dem er doch die für ihn notwendige Leistung erbringen kann. Das ist eine Frage der Ökonomie. Diese Art von Problemen sind typische Fragestellungen in der Biomechanik, die mit den Mitteln gelöst werden können, die in den folgenden Kapiteln erarbeitet werden.

## 5.2 Darstellung und nummerische Auswertung von Vektoren

Da Vektoren in der Biomechanik hauptsächlich dazu verwendet werden, Kräfte darzustellen, soll hier, auch weil es dann anschaulicher wird, der Umgang mit Vektoren an Kräften dargestellt werden. Es werden jedoch bei der Darstellung der Verknüpfung von Vektoren (Kräften) einige Einschränkungen gemacht. Zum einen werden hier nur Addition bzw. Subtraktion von Vektoren (Kräften) sowie die Zerlegung von Vektoren (Kräften) in ihre Komponenten behandelt. Zum anderen werden diese Vorgänge lediglich im zweidimensionalen Bereich, also in der Ebene, betrachtet. Im dreidimensionalen Raum gelten zwar die gleichen grundlegenden Regeln der Verknüpfung, jedoch werden die mathematischen Verfahren etwas komplizierter. Es lassen sich auch in der Praxis die meisten Probleme bei der Betrachtung der Wirkungen von Kräften auf Probleme in der Ebene zurückführen.

### 5.2.1 Darstellung eines Vektors

Ein Vektor (v) lässt sich – wie bereits erwähnt – innerhalb eines räumlichen Bezugssystems (Koordinatensystem) durch seine Richtung (Winkel) und seinen Betrag (Länge) bestimmen und wird als Pfeil dargestellt, dessen Spitze am Ende in Richtung der (Vektor-) Kraftwirkung zeigt und der die Länge des Betrages des Vektors (Kraft = F) hat.

Sind Richtung und Betrag des Vektors bekannt (z. B. $\phi = 30^\circ$ und 500 N), wird der Vektor gezeichnet, indem man im Koordinatenursprung einen Winkel von 30° von der x-Achse im Gegenuhrzeigersinn einzeichnet und auf dem neu entstandenen Schenkel des Winkels die Länge (Betrag) von 5 cm (wenn man als Darstellungsmaßstab 1 cm = 100 N gewählt hat) abträgt (Abb. 5.**8a**). Das kennen wir bereits von den Rotationsbewegungen als Polarkoordinaten-Darstellung. Zeichnet man die Pfeilspitze an das andere Ende des Vektors, bedeutet das eine Umkehrung der Wirkungsrichtung, und der Vektor wird als negativ bezeichnet (Abb. 3.**6a**).

Wird der Vektor durch seine Endpunktkoordinaten, z. B. P (4, 3) angegeben, zeichnet man diesen Punkt von den entsprechenden Achsenabschnitten ausgehend ein, verbindet den Punkt mit dem Ursprung des Koordinatensystems und erhält dadurch grafisch die Richtung (Winkel) und den Betrag (Länge) des Vektors.

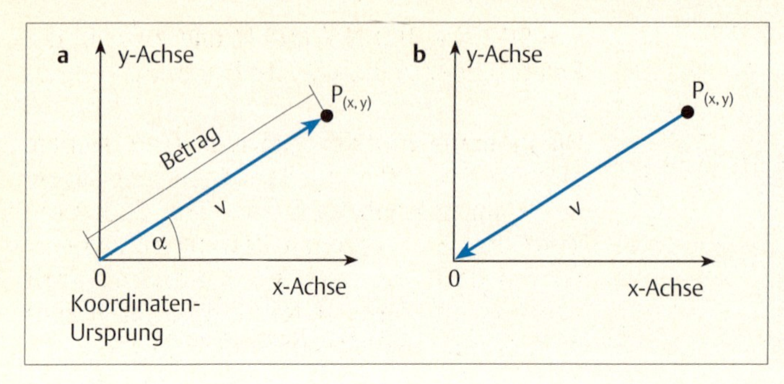


Abb. 5.**8a** u. **b** Darstellung eines Vektors mit Betrag und Richtung. **a** Vektor in positiver Richtung. **b** Der gleiche Vektor in entgegengesetzter (negativer) Richtung.

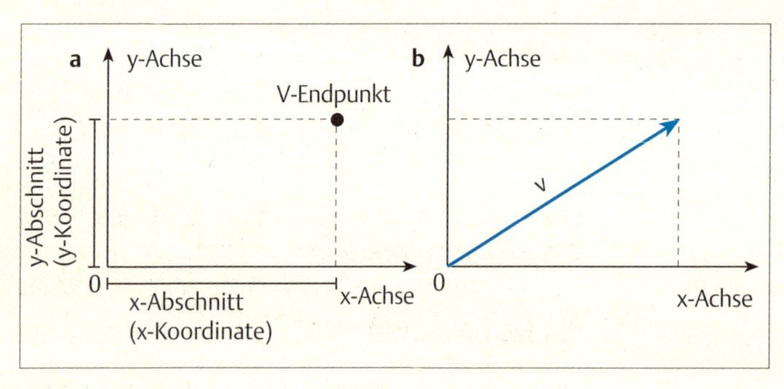


Abb. 5.**9** Darstellung eines Vektors mit Hilfe der x- bzw. y-Koordinaten seines Endpunktes.

Dies ist die Darstellung im kartesischen Koordinatensystem (Abb. 5.**9**).

Beide Darstellungen sind gleichwertig und können daher ineinander übergeführt werden. Grafisch lässt sich das sofort erkennen.

> **! Beachte:** Vektoren werden immer so gezeichnet, dass sie im Koordinatenursprung beginnen bzw. der Koordinatenursprung wird in den Anfangspunkt des Vektors geschoben.

## 5.2.2 Addition von Vektoren (Kräften)

**Vektoren mit gleicher Richtung** (Abb. 5.**10**)

Haben zwei Vektoren (Kräfte) die gleiche Richtung, also den gleichen Winkel im Bezugssystem, werden bei der Addition ($v_1 + v_2$) lediglich ihre Beträge addiert. Grafisch wird der Ursprung des Vektors $v_2$ an die Pfeilspitze des Vektors $v_1$ gezeichnet. Man sagt auch, der Vektor $v_2$ wird an die Pfeilspitze von $v_1$ verschoben. Bei dieser Verschiebung muss natürlich darauf geachtet werden, dass der Vektor seine Richtung beibehält. Deswegen handelt es sich bei der Verschiebung um eine Parallelverschiebung. Das gilt für alle Richtungen eines Vektors.

Will Felix z. B. einen Baumstumpf aus der Erde ziehen und schafft es nicht alleine, bittet er seinen Freund, ihm zu helfen. In diesem Fall ist es zweckmäßig, dass beide in dieselbe Richtung ziehen, dann ist nämlich die gemeinsame Zugkraft die Summe der zwei Einzelkräfte. Die beiden können sich dazu jeder ein Seil nehmen, beide Seile am Baumstumpf befestigen, sich in der gleichen Richtung neben- oder hintereinander stellen und beide ziehen; das wäre, wenn man beide Vektoren im Ursprung einzeichnet (Abb. 5.**11a**).

Der Freund kann aber auch Felix um die Hüfte fassen und seine Kraft auf ihn übertragen, der dann mit der gemeinsamen Kraft an dem Seil zieht; das wäre die Summe der Kräfte mit beiden Vektoren hintereinander gezeichnet (Abb. 5.**11b**). Es ergibt sich dann eine Vektorlinie, die als resultierender Vektor oder als resultierende Kraft ($F_{res}$) bezeichnet wird. Zieht Felix mit einer Kraft von $F_1 = 500$ N und sein Freund mit $F_2 = 300$ N, dann ziehen beide zusammen mit einer Kraft von $F_{res} = F_1 +$

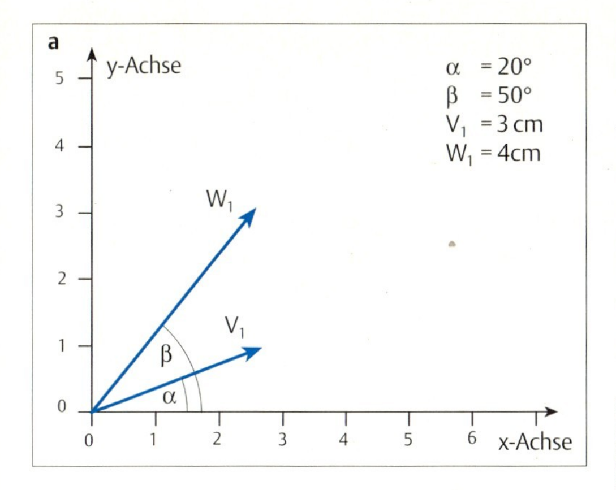


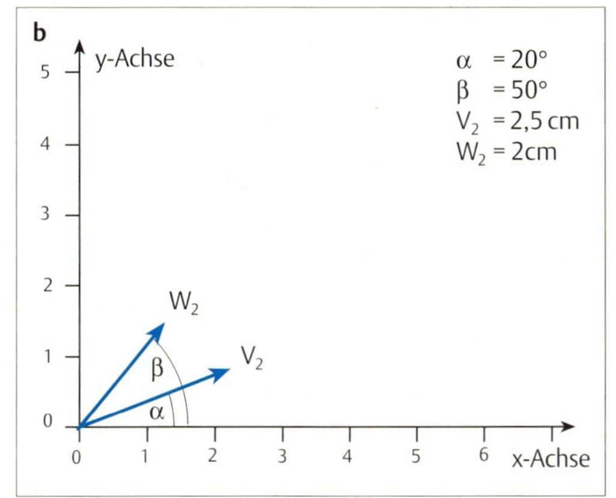


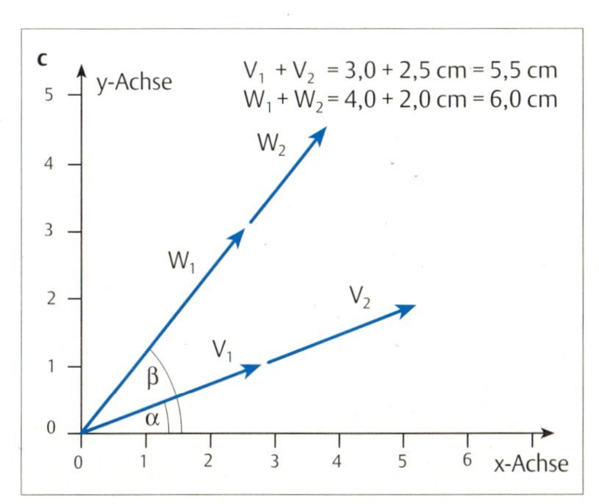


Abb. 5.10**a-c** Addition von Vektoren mit gleicher Richtung.
**a** Die Vektoren $v_1$ und $w_1$ in einer Ebene.
**b** Die Vektoren $v_2$ und $w_2$, $v_2$ hat die gleiche Richtung wie $v_1$, $w_2$ die gleiche Richtung wie $w_1$.
**c** Die Summe der jeweils in gleicher Richtung wirkenden Vektoren: $v_1 + v_2$, sowie $w_1 + w_2$.

$F_2 = 500\ N + 300\ N = 800\ N$ und zwar in die Richtung der beiden Kräfte $F_1$ und $F_2$.

Wenn beide mit der gleichen Kraft ziehen, also $F_1 = F_2 = 500$ N gilt, kann man auch sagen, der Baumstumpf wird mit der doppelten Kraft, also $2 * F_1$ gezogen. Kommt ein weiterer Freund dazu, der auch noch mit einer Kraft von $F_3 = 500$ N ziehen kann, wird der Baumstumpf mit einer Gesamtkraft ($F_{res}$) von

$$F_{res} = 3 * F_1 = 3 * 500\ N = 1500\ N$$

gezogen. Das bedeutet, man kann auch die Beträge von Vektoren multiplizieren, wenn es sich um Vektoren (Kräfte) handelt, die in die gleiche Richtung wirken.

Wenn zwei Kräfte ($F_1$ und $F_2$) in genau entgegengesetzte Richtungen wirken, also auch hier der Richtungswinkel (betragsmäßig) für beide Kräfte gleich ist, braucht man wie bei ihrer Addition auch nur die Beträge zusammenzählen. Allerdings hat die entgegengesetzt gerichtete Kraft ein negatives Vorzeichen. Letztendlich zieht man die Beträge also voneinander ab:

$$v_1 + (-v_2) = v_1 - v_2$$

Das macht man sich am besten wieder grafisch klar (Abb. 5.**12**).

Wir zeichnen beide Kräfte ($F_1$ und $F_2$) in das Koordinatensystem ein, wobei beide im Koordinatenursprung beginnen. Wir sehen, dass beide Kräfte (Vektoren) eine gerade Linie bilden und sich an jedem Ende eine Pfeilspitze befindet. Dann verschieben wir den Anfang des negativen Pfeils an die Pfeilspitze des positiven Pfeils und bewegen uns dabei immer auf derselben Vektorlinie. Dort, wo nach der Verschiebung die Pfeilspitze des verschobenen Pfeils liegt, zeichnen wir die neue Pfeilspitze des resultierenden Kraftvektors ein. Wir können erkennen, dass der Betrag des resultierende Kraftvektors gleich der Diffe-

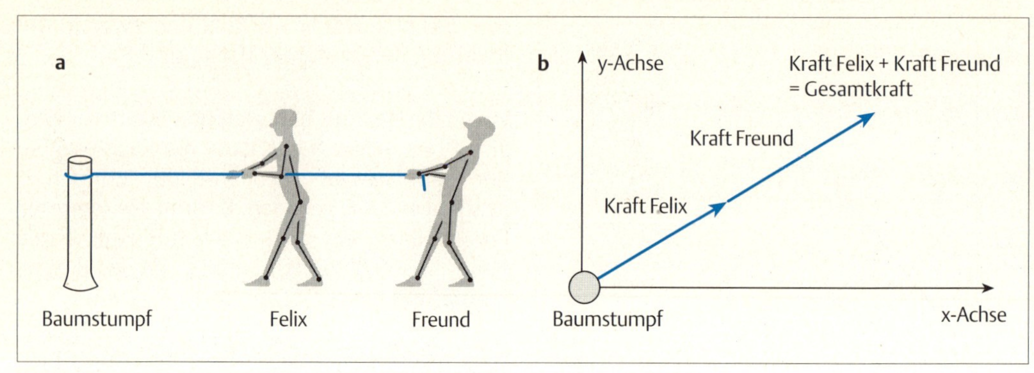


Abb. 5.**11a** u. **b** Felix und sein Freund ziehen einen Baumstumpf aus der Erde.
**a** Die Situation: Hintereinanderschaltung der Kräfte.
**b** Schematische Darstellung der Situation (Addition gleichgerichteter Kräfte).

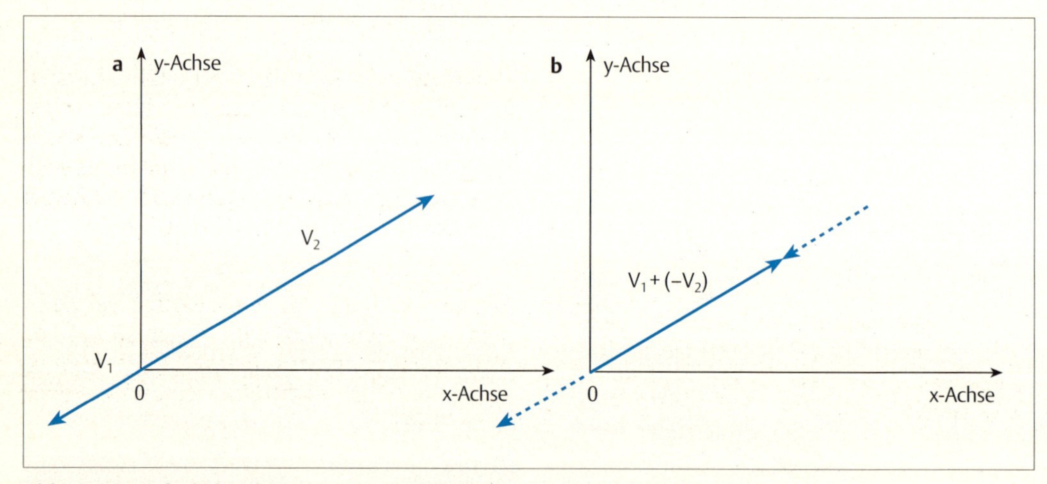


Abb. 5.**12a** u. **b** Subtraktion zweier Kräfte, die in gleicher Richtung wirken.
**a** Die Kraftvektoren $v_1$ und $v_2$.
**b** Die Kraftvektoren $v_1$–$v_2$.

renz der Beträge der beiden einzelnen Kraftvektoren ist.

Mathematisch stellt sich dies folgendermaßen dar:

$$|F_{res}| = |F_1| - |F_2|$$

(Die senkrechten Striche bedeuten, dass wir nur die Beträge der Vektoren betrachten.)

Sind die Beträge der beiden Kraftvektoren gleich groß, liegt das Ende des negativen Pfeils genau im Koordinatenursprung. Das bedeutet, die resultierende Kraft hat den Betrag „0" – die beiden Kräfte heben einander auf. Das ist auch aus unserer Erfahrung anschaulich: Ziehen nämlich zwei Menschen oder auch Motoren mit gleicher Kraft, aber in genau entgegengesetzter Richtung, passiert gar nichts. So sehen wir z. B. beim Tauziehen zweier Personen oder zweier Mannschaften nur das Ergebnis der resultierenden Kraft (Abb. 5.**13**). Wenn die Kräfte auf beiden Seiten gleich sind, sehen wir überhaupt keine Bewegung.

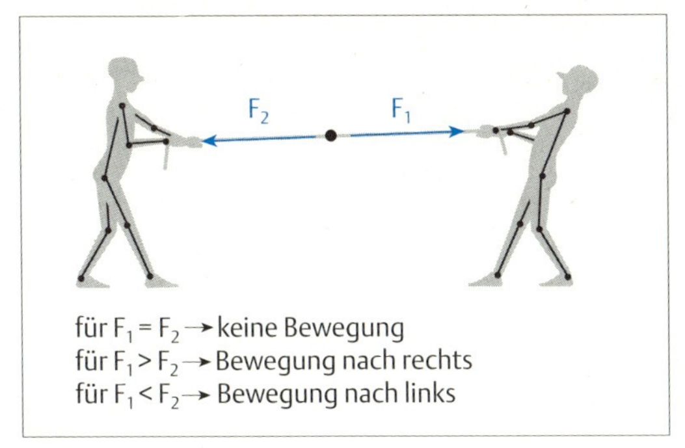


Abb. 5.**13** Felix und sein Freund ziehen am gleichen Seil in entgegengesetzte Richtungen. Sind ihre Kräfte gleich groß, sieht man keine Bewegung. Zieht Felix mit größerer Kraft, wird er das Seil und den Freund zu sich herüberziehen. Zieht der Freund mit größerer Kraft, muss sich Felix zu ihm hin ziehen lassen.

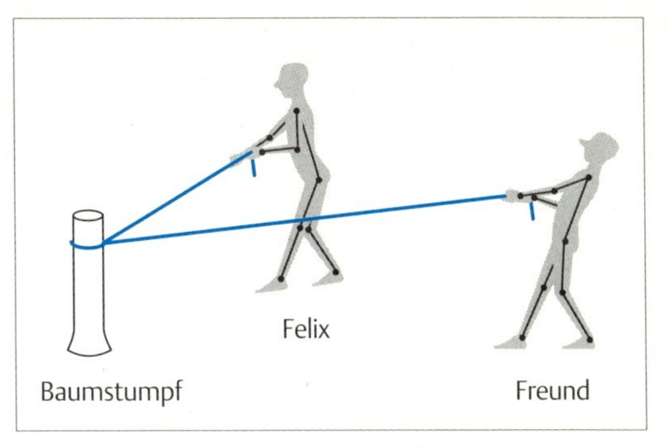


Abb. 5.**14** Felix und sein Freund ziehen in unterschiedliche Richtungen.

**Merke:** Ziehen zwei oder mehr Kräfte in die gleiche (oder genau entgegengesetzte) Richtung, addiert man bei der Summation einfach ihre Beträge. (Im Fall der entgegengesetzt gerichteten Kraft hat die Kraft ein negatives Vorzeichen und der Betrag wird subtrahiert.)

## Vektoren, die in unterschiedliche Richtungen wirken

Wenn wir wissen wollen, was dabei herauskommt, wenn zwei Kräfte auf einen Körper wirken, die nicht die gleiche Wirkungsrichtung haben, kann man nicht mehr einfach ihre Beträge addieren. Man muss vielmehr auch die Richtungen berücksichtigen.

Schauen wir uns das noch einmal bei Felix, seinem Freund und dem Baumstumpf an. Nehmen wir an, aus Platzgründen können sie beim Ziehen nicht hintereinander stehen (Abb. 5.**14**).

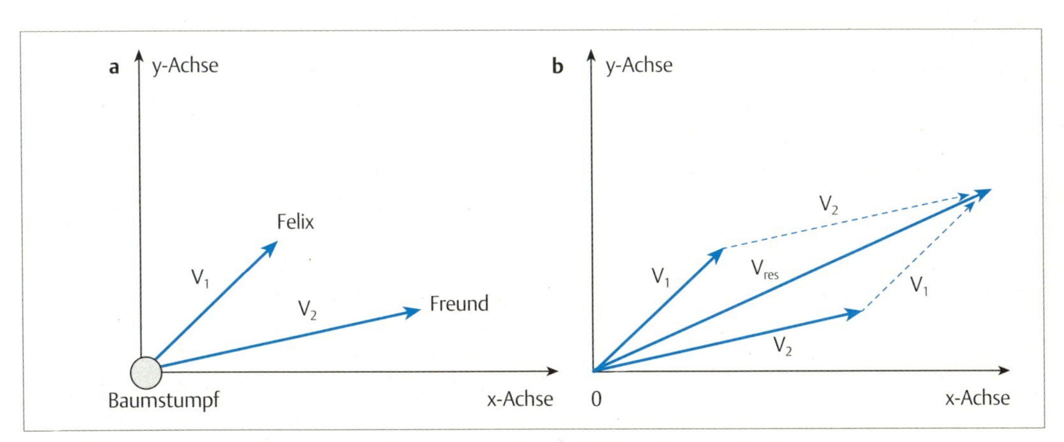


Abb. 5.**15a** u. **b** Die Konstruktion des Kräfteparallelogramms aus den beiden wirkenden Kräften.
**a** Die beiden wirkenden Kräfte $v_1$ und $v_2$.
**b** Durch Aneinanderzeichnen der beiden Kräfte (den Anfangspunkt von $v_2$ an die Pfeilspitze von $v_1$, und den Anfangspunkt von $v_1$ an die Pfeilspitze von $v_2$) entsteht ein Kräfteparallelogramm, und man erhält den resultierenden Kraftvektor $v_{res}$.

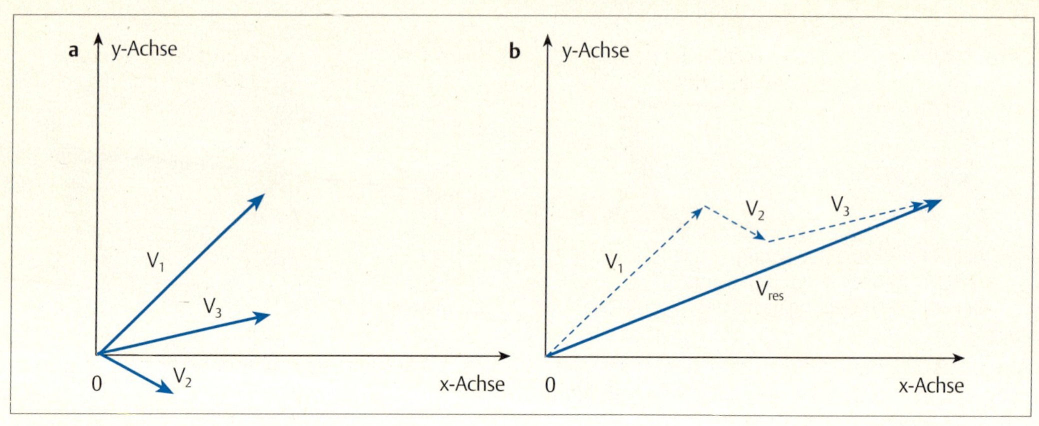


Abb. 5.**16** Addition von drei Vektoren (**a**): Aneinanderzeichnen der Vektoren $v_1$, $v_2$ und $v_3$ (**b**).

Man kann sich das Resultat am besten auch wieder erst einmal grafisch klarmachen (Abb. 5.**15**). Wir machen genau dasselbe wie bei den beiden Kräften, die in einer Richtung wirken: Wir zeichnen den Kraftvektor des Freundes ($v_2$) einfach in seiner Länge und Richtung an den Kraftvektor von Felix ($v_1$), mit dem Anfangspunkt von $v_2$ an der Pfeilspitze von $v_1$. Dann verbinden wir den Endpunkt von $v_2$ mit dem Baumstumpf (seinem Mittelpunkt) und haben auf diese Weise den resultierenden Kraftvektor erhalten. Ebenso könnte man den Kraftvektor $v_1$ von Felix an die Spitze des Vektors $v_2$ zeichnen – das Ergebnis wäre dasselbe. Beide Wege zusammen eingezeichnet, ergeben das bekannte Kräfteparallelogramm.

Wir können erkennen, dass der resultierende Vektor länger als jeder der beiden Einzelvektoren, aber kürzer als der resultierende Vektor ist, der entstand, als beide Jungen in die gleiche Richtung zogen.

**! Merke:** Wirken zwei Kräfte nicht in die gleiche Richtung ist ihre Summe immer kleiner, als wenn sie in eine Richtung wirken würden.

Kommt noch ein dritter Freund dazu, der beim Herausziehen des Baumstumpfes helfen will, können wir in genau der gleichen Weise auch noch einen dritten Vektor ($v_3$) hinzufügen (Abb. 5.**16**). Wir zeichnen den dritten Vektor wieder mit seinem Anfangspunkt an die Pfeilspitze des resultierenden Vektors (dort, wo der angefügte Vektor $v_2$ endete), verbinden dann wieder die Pfeilspitze des hinzugefügten Vektors mit dem Baumstumpf und erhalten dadurch den resultierenden Kraftvektor für die drei Kräfte.

Auf diese Weise kann man beliebig viele Vektoren in beliebiger Richtung aneinander zeichnen und jeweils den resultierenden Kraftvektor ermitteln.

Häufig möchte man aber wissen, wie groß nun die resultierende Kraft zahlenmäßig ist, und auch die Richtung des resultierenden Vektors zahlenmäßig angeben können. Um diese Werte zu ermitteln, benötigen wir wieder unser kartesisches Koordinatensystem mit der x- und der y-Achse.

Wie wir in einem solchen Koordinatensystem Wege (Streckenlängen) berechnen können, die hier den Beträgen entsprechen, haben wir bereits in Kap. 4 gelernt. Das geschah mit Hilfe des Satzes des Pythagoras. Wir benötigen jetzt aber zur Berechnung der Winkel noch ein weiteres mathematisches Hilfsmittel, und zwar die trigonometrischen (Winkel- oder Kreis-) Funktionen. Auch bei ihrer Anwendung wird die Tatsache ausgenutzt, dass die Koordinatenachsen senkrecht aufeinander stehen, also einen rechten Winkel miteinander bilden. (Zur näheren Erläuterung von trigonometrischen Funktionen siehe Anhang C.)

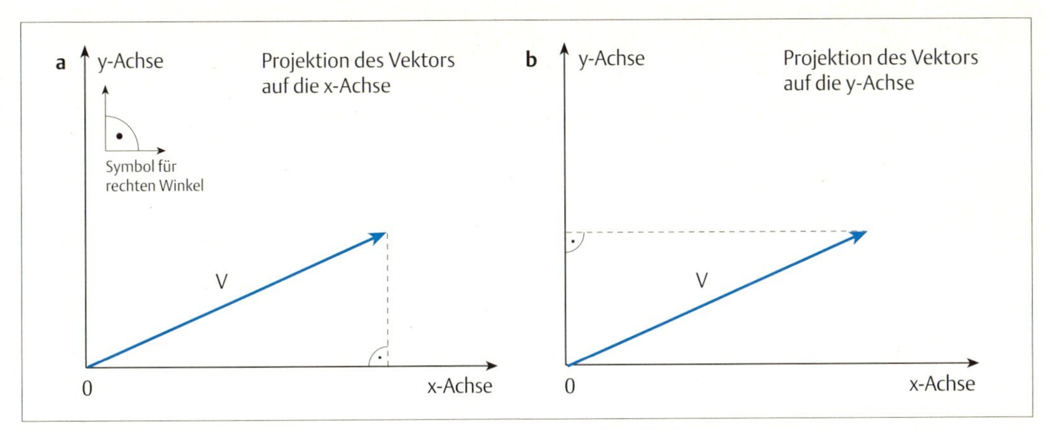


Abb. 5.**17a** u. **b** Projektion eines Vektors auf eine Koordinatenachse. Es wird ein Lot vom Vektorendpunkt auf die entsprechende Achse gefällt. Am Fußpunkt des Lots entsteht ein rechter Winkel.
**a** Projektion des Vektors auf die x-Achse.
**b** Projektion des Vektors auf die y-Achse.

Ein rechtwinkliges Dreieck mit den Koordinatenachsen als Dreiecksseiten erhält man immer dann, wenn man einen Punkt mit dem Ursprung verbindet (das ist der Vektor) und von dem Punkt, der Pfeilspitze des Vektors, das Lot auf eine der Koordinatenachsen fällt. Man sagt auch, dass man den Vektor auf eine der Achsen *projiziert*. Die entsprechenden Achsenabschnitte werden dann als die *Projektion des Vektors* auf die entsprechende Achse bezeichnet (Abb. 5.**17**). Wir sind in Kap. 4 den umgekehrten Weg gegangen: Wir haben uns von den Achsenabschnitten in Richtung der jeweils anderen Achse bewegt und am Schnittpunkt der beiden Wege den Punkt markiert.

Wissen wir von einem Vektor die Koordinaten, kennen wir die Achsenabschnitte und brauchen ihre Länge nicht zu berechnen. Kennen wir aber den Betrag und die Richtung des Vektors, müssen wir die Achsenabschnitte berechnen. Das geschieht für die x-Koordinate über die Winkelfunktion des Kosinus in dem rechtwinkligen Dreieck, das sich aus dem Vektor, seiner Projektion auf die x-Achse und der Verbindungslinie zwischen Vektorspitze und x-Koordinate ergibt (Abb. 5.**18**).

Der *Kosinus* eines Winkels in einem rechtwinkligen Dreieck ist definiert als das Verhältnis zwischen der dem betrachteten Winkel ($\alpha$ = Richtungswinkel des Vektors) anliegenden Seite (Ankathete, b = x-Koordinate ) und der dem rechten Winkel gegenüberliegenden Seite (Hypothenuse, c = Vektorlänge; Abb. 5.**19**):

$$\cos \alpha = b / c$$

Daraus ergibt sich: $b = \cos \alpha * c$

Die y-Koordinate erhalten wir über die *Sinusfunktion*. Der Sinus ist definiert als das Verhältnis zwischen der dem betrachteten Winkel gegenüberliegenden Seite (Gegenkathete, a = y-Koordinate) und der Hypothenuse.

$$\sin \alpha = a / c$$

Daraus ergibt sich: $a = \sin \alpha * c$

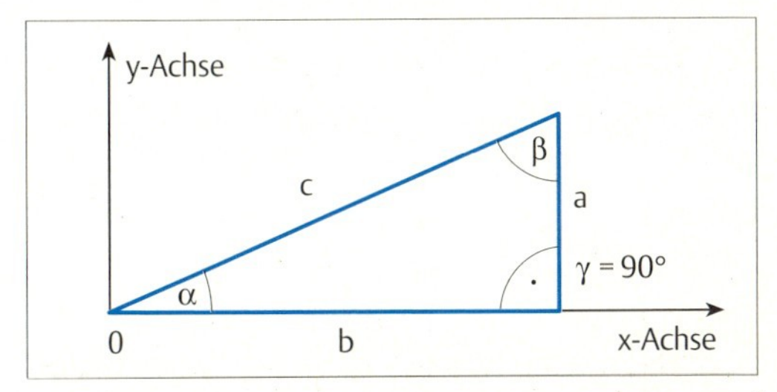


Abb. 5.**18** Seiten und Winkel im rechtwinkligen Dreieck, das sich durch die Projektion auf die x-Achse ergibt.

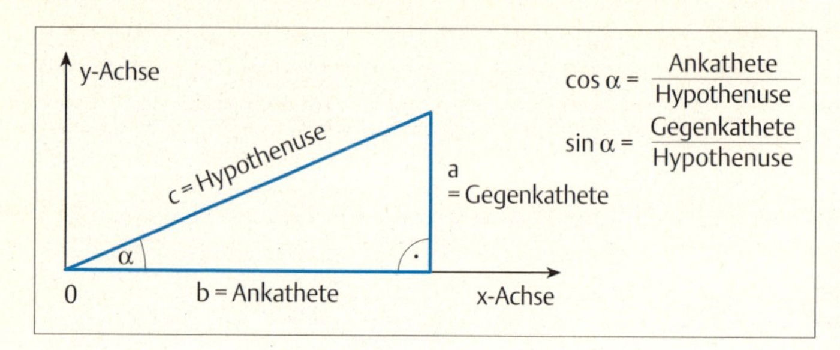


Abb. 5.**19** Bezeichnung der Seiten im rechtwinkligen Dreieck zur Berechnung der Winkelfunktionen.

(Die Winkelfunktionen beschreiben Verhältnisse der Dreiecksseiten zueinander und haben deswegen keine Dimensionsbezeichnung.)

Wenn wir für den von Felix erzeugten Kraftvektor also annehmen, dass er ihn im Winkel von 30° zu einer Bezugslinie erzeugt und wenn Richtung (30°) und Betrag (= 5 cm, die wir für den Betrag von 500 N einzeichnen) bekannt sind (mit cos 30° = 0,866 und sin 30° = 0,50), würde sich folgendes ergeben:

x-Koordinate des Vektor-Endpunktes

$$
\begin{aligned}
x &= \cos\alpha * c \\
&= 0{,}866 * 5\text{ cm} \\
&= 4{,}33\text{ cm} \\
&= 433\text{ N}
\end{aligned}
$$

y-Koordinate des Vektor-Endpunktes

$$
\begin{aligned}
y &= \sin\alpha * c \\
&= 0{,}500 * 5\text{ cm} \\
&= 2{,}5\text{ cm} \\
&= 250\text{ N}
\end{aligned}
$$

Zur Rechnung in umgekehrter Richtung (bekannt sind die Koordinaten des Vektor-Endpunktes, gesucht Richtung und Betrag des Vektors) benötigt man als weitere trigonometrische Funktion den *Tangens*, der als das Verhältnis zwischen der Gegenkathete (y-Koordinate) und der Ankathete (x-Koordinate) definiert ist:

$$\tan\alpha = a / b$$

Für unser Beispiel ergibt sich daraus:

$$
\begin{aligned}
\tan\alpha &= 2{,}5\text{ cm} / 4{,}33\text{ cm} \\
&= 0{,}577
\end{aligned}
$$

Daraus folgt: α = 30° (davon waren wir ausgegangen).

Den Betrag des Vektors erhalten wir durch Anwenden des Satzes des Pythagoras:

$$c^2 = a^2 + b^2$$

In unserem Fall ergibt sich:

$$
\begin{aligned}
c = \sqrt{a^2 + b^2} &= \sqrt{(2{,}5\ cm)^2 + (4{,}33\ cm)^2} \\
&= \sqrt{6{,}25\ cm^2 + 18{,}749\ cm^2} \\
&= \sqrt{24{,}955\ cm^2} \\
&= 4{,}999\ cm
\end{aligned}
$$

(hier ergibt sich ein ganz kleiner Rundungsfehler).

Man erkennt leicht, dass man sich jeden Vektor auch als den resultierenden Vektor vorstellen kann, wenn man ihn als Summe aus den Vektoren bildet, die die Achsenabschnitte seines Endpunktes bilden (Abb. 5.**20**).

Diese Vorstellung nutzt man bei der Zerlegung eines Vektors in Einzelkomponenten. Bevor wir uns diese Zerlegung von Vektoren und ihre Verwendung in der Biomechanik näher ansehen, soll noch kurz die nummerische Addition (Subtraktion) vorgestellt werden.

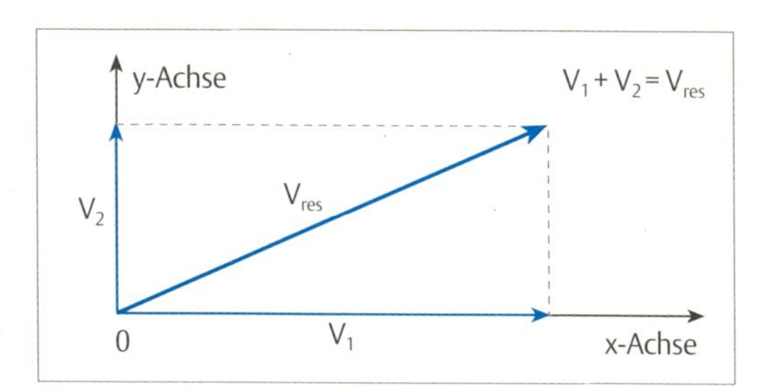


Abb. 5.**20** Der Vektor als resultierender Vektor seiner Achsenabschnitte.

Für die Addition bzw. Subtraktion von Vektoren benötigen wir die x- und y-Koordinatenabschnitte.

Lassen wir wieder Felix und seinen Freund den Baumstumpf ziehen. Felix zieht mit einer Kraft $F_1$ = 300 N (= 3 cm) in eine Richtung im Winkel von 50°, sein Freund mit einer Kraft $F_2$ = 400 N (= 4 cm) in eine Richtung im Winkel von 20° (Abb. 5.**21**).

Zur Berechnung der resultierenden Kraft bestimmen wir für die Endpunkte der beiden Einzelvektoren die Abschnitte (Projektionen) auf der x- bzw. y-Achse:

$F_1$: $x_1 = \cos 50° * 3\text{ cm} = 0{,}6428 * 3\text{ cm} = 1{,}928\text{ cm}$

$y_1 = \sin 50° * 3\text{ cm} = 0{,}7660 * 3\text{ cm} = 2{,}298\text{ cm}$

$F_2$: $x_2 = \cos 20° * 4\text{ cm} = 0{,}9397 * 4\text{ cm} = 3{,}759\text{ cm}$

$y_2 = \sin 20° * 4\text{ cm} = 0{,}3420 * 4\text{ cm} = 1{,}368\text{ cm}$

Wenn wir jetzt die x-Achsenabschnitte der beiden Vektoren addieren, erhalten wir die Endpunktkoordinate des resultierenden Vektors auf der x-Achse:

$x_{res} = x_1 + x_2 = 1{,}928\text{ cm} + 3{,}758\text{ cm} = 5{,}687\text{ cm}$

$y_{res} = y_1 + y_2 = 2{,}298\text{ cm} + 1{,}368\text{ cm} = 3{,}666\text{ cm}$

Tragen wir diese Koordinaten in das Koordinatensystem ein und verbinden den entstandenen Punkt mit dem Koordinatenursprung, erhalten wir den resultierenden Vektor. Verbinden wir ihn mit den Endpunkten der Ein-

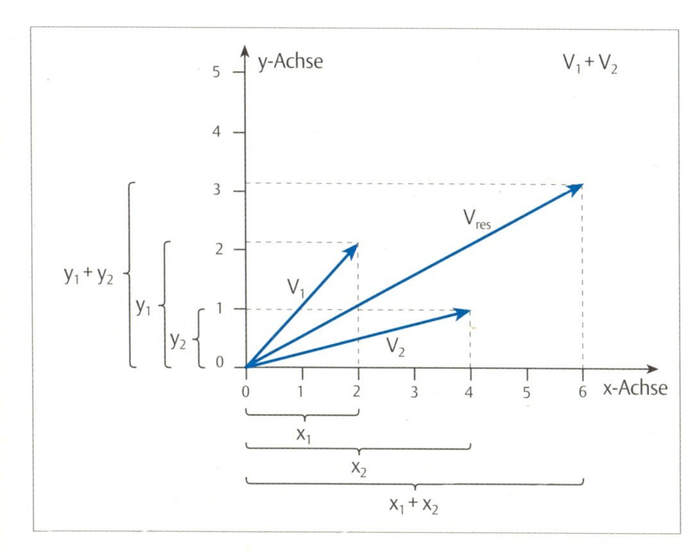


Abb. 5.**21** Addition zweier Vektoren, die unterschiedliche Richtungen haben. Es werden die jeweiligen Achsenabschnitte addiert. Die Verbindung des Punktes, der sich aus den summierten Achsenabschnitten ergibt, mit dem Koordinatenursprung stellt dann den resultierenden Vektor dar.

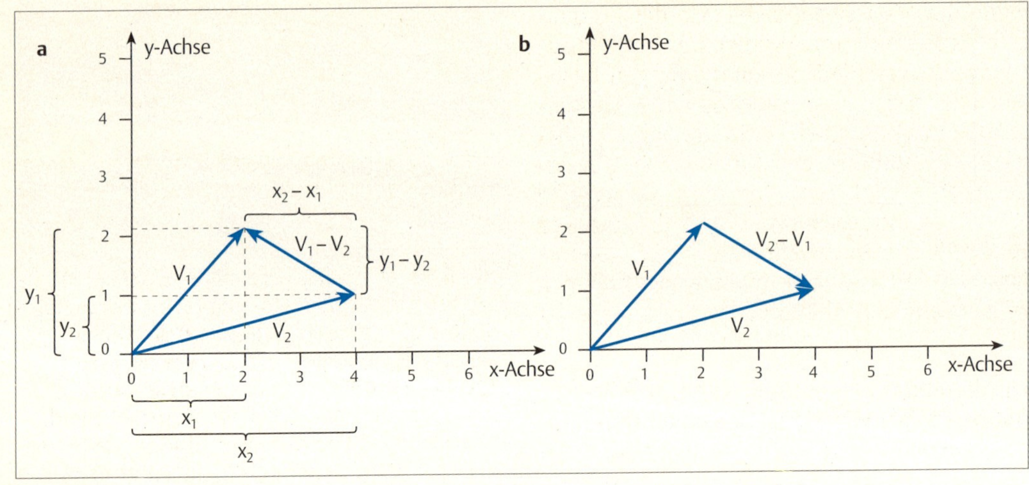


b. 5.**22a** u. **b** Subtraktion zweier Vektoren, die unterschiedliche Richtungen haben.
**a** Darstellung mit Differenzen der Achsenabschnitte.
**b** Umgekehrte Richtung des resultierenden Vektors durch Umkehrung der Subtraktionsreihenfolge.

zelvektoren, ergibt sich auch wieder das Kräfteparallelogramm. Nun können wir über eine Messung das Ergebnis überprüfen.

Den Betrag der resultierenden Kraft erhalten wir durch Anwenden des Satzes des Pythagoras:

$$V_{res} = \sqrt{(x_{res})^2 + (y_{res})^2} = \sqrt{(3{,}666\ cm^2) + (5{,}687\ cm^2)}$$
$$= \sqrt{(13{,}44\ cm^2 + 32{,}34\ cm^2}$$
$$= \sqrt{45{,}782\ cm^2}$$
$$= 6{,}76\ cm$$

(Die entsprechende Zeichnung darf nicht als räumliche Darstellung interpretiert werden, denn der Klotz, den die beiden Freunde ziehen, landet *nicht* an der *Stelle*, an der der resultierende Vektor endet. Die Vektoren repräsentieren jeweils die aufgewendete *Kraft*, und das Ergebnis sagt nur aus, dass der Klotz mit einer Kraft von 676 N gezogen wird, nicht wo er landet und ob z. B. die Kraft ausreichte, um ihn überhaupt zu bewegen.)

Um die Richtung des resultierenden Vektors zu berechnen, dividieren wir die Koordinaten seines Endpunktes (y-Wert/x-Wert) und erhalten über den Tangens den Betrag des Winkels.

$$\tan \gamma = y / x$$
$$= 3{,}666 / 5{,}687$$
$$= 0{,}644$$

Daraus ergibt sich für den Winkel: $\gamma = 32{,}8°$

Eine Messung des Winkels bestätigt, dass wir alles korrekt ausgeführt haben.

Auf die gleiche Weise kann man nun einen dritten oder vierten Vektor zu dem resultierenden Vektor hinzuaddieren.

Bei der Subtraktion zweier Vektoren geht man entsprechend vor. In diesem Fall werden nach der Bestimmung der Projektionen des Vektors auf die Koordinatenachsen lediglich die Projektionswerte voneinander abgezogen. Man muss sich dabei nur überlegen, ob man $v_1$ von $v_2$ oder $v_2$ von $v_1$ abziehen möchte. Das ergibt unterschiedliche Ergebnisse (Abb. 5.**22**).

Auf diese Weise kann man sich auch grafisch oder rechnerisch klarmachen, wie die resultierende Wirkung eines Muskelzuges ist, wenn der Muskel entweder wie der M. quadriceps aus mehreren Köpfen besteht, die geringfügig verschiedene Zugrichtungen besitzen oder wenn eine synergistische Muskelgruppe zusammenwirkt. So können z. B. bei einer Fehlstellung der Kniescheibe Überlegungen hilfreich sein, wie die resultierende Kraft zustande kommt, die eine derartige Fehlstellung verursacht hat. Das Ergebnis lässt sich für die Therapie nutzen, z. B. welche Muskelanteile gekräftigt werden müssen.

### 5.2.3 Zerlegung eines Vektors in seine Komponenten

Häufig kommt es vor, dass ein Körper eine Kraft nicht genau in die Richtung aufnehmen oder in eine Bewegung umsetzen kann, in der sie auf ihn einwirkt. Wenn Felix z. B. eine Lore zieht, die auf Schienen rollt, kann die Kraft nur eine Wirkung in Richtung der Schienen ausüben. Geht Felix nicht auf den Schienen, sondern daneben, dann wird nicht die gesamte Zugkraft in die Bewegung der Lore umgesetzt (Abb. 5.**23**).

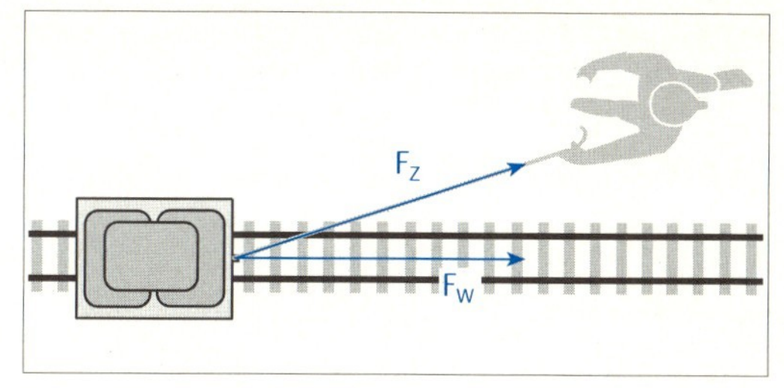


Abb. 5.**23** Zerlegung von Kraft (-vektoren) in ihre Komponenten. Felix zieht eine Lore. Er geht dabei neben den Schienen. Es kann nur der Teil der Zugkraft in die Bewegung der Lore umgesetzt werden, der in Richtung der Schienen wirkt. FZ = Zugkraft, FW = Anteil der Zugkraft, die die Vorwärtsbewegung der Lore bewirkt.

Beim Betrachten der Abb. 5.**23** können wir aufgrund des bisher Gelernten sagen, wie wir die Kraft bestimmen können, die in Richtung der Schienen wirksam wird. Das ist nämlich genau die bereits erwähnte Projektion der Kraft auf die Richtung der Schiene. Um sie zu berechnen, könnten wir aus der Zugkraft von Felix und dem Winkel zur Schiene, in dem Felix zieht, über die Kosinusfunktion diese *Komponente* der Zugkraft – die *zugwirksame Komponente* – ermitteln. Dies ist bereits die Zerlegung einer Kraft. Die zweite Komponente bleibt hier unberücksichtigt, sie wirkt als Scherkraft auf die Lore. Solche Scherkräfte wirken auch in unserem Körper, z. B. auf Knochen und können zum Bruch von Knochen führen.

Die Zerlegung eines Vektors in spezielle, durch die Geometrie von Kraftwirkungsrichtung und Lage sowie Struktur des Körpers bedingte Komponenten ist in der biomechanischen Betrachtung der menschlichen Bewegung häufig notwendig, z. B. wenn man die Wirkung eines Muskels auf einen Körperteil betrachtet.

Will man eine Kraft in ihre Komponenten zerlegen, setzt man den Koordinatenursprung in den Anfangspunkt des Vektors (Verschiebung der Achsen) und dreht es so, dass die Koordinatenachsen – oder wenigstens eine davon – mit der Richtung übereinstimmen, in die die zu berechnende Komponente wirkt. Sowohl für die Verschiebung als auch für die Drehung des Koordinatensystems gibt es mathematische Verfahren. Nun bestimmt man die Projektion des betrachteten Kraftvektors auf die Koordinatenachse.

Am Beispiel der Muskelwirkung auf einen Körperteil (z. B. die Wirkung des M. biceps auf den Unterarm) schiebt man den Koordinatenursprung beispielsweise in den Ansatzpunkt des Muskels und dreht es so, dass eine der Achsen mit der Richtung von Elle und Speiche übereinstimmt (Abb. 5.**24**). Aus der Zugrichtung des Muskels und der Kraft kann man dann einerseits die Kraftwirkung auf das Gelenk (Projektion auf die Achse, die in Richtung der Unterarmknochen verläuft) und andererseits die drehwirksame Komponente der Kraft berechnen (die Komponente auf die Achse, deren Richtung senkrecht zum Unterarmknochen verläuft; siehe Kap. 13).

Wollen wir einen Kraftvektor in Komponenten zerlegen, die entlang der x- bzw. y-Achse wirken, gehen wir genauso vor, wie bei der Bestimmung der x- bzw. y-Achsenabschnitte: wir projizieren den Vektor auf die jeweilige Achse.

Die Zerlegung eines Vektors in seine x- und y-Komponenten wird in der Bewegungsanalyse auch häufig verwendet, wenn man z. B. eine Vorwärtsbewegung bestimmen will, die durch die Bewegung in Richtung der x-Achse charakterisiert wird. Will man wissen, wie viel alle auf den Körper wirkenden Kräfte zu dieser Vorwärtsbewegung beitragen, muss man von allen wirkenden Kräften die Komponenten in x-Richtung bestimmen und addieren, wie wir das bei der Addition der Vektoren gemacht haben. Man erhält dann die resultierende Kraft aller Kräfte, die in x-Richtung wirken.

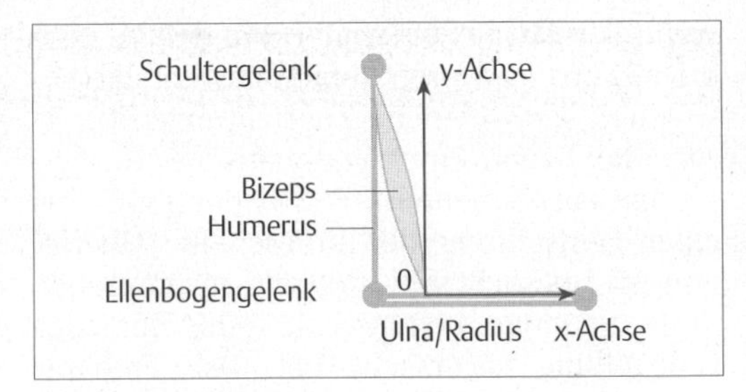


Abb. 5.**24** Zerlegung der Muskelkraft in eine gelenkwirksame und eine drehwirksame Komponente durch Verschieben des Koordinatenursprungs in den Ansatzpunkt des Muskels.

# 6 Kräfte und die Bewegungsgesetze von Isaac Newton

## 6.1 Masse und Trägheit

Bevor wir uns den Kräften zuwenden, muss noch der Begriff *Masse* geklärt werden. Er gehört zu den Grundgrößen der Mechanik. In der Einleitung wurde bereits gesagt, dass Bewegung die Ortsveränderung eines Körpers in einer Zeitspanne bedeutet. Die Masse beschreibt die Größe, die etwas über die materiale Eigenschaft eines bestimmten Körpers aussagt. Jeder Körper besteht aus einem „Stoff", der einen bestimmten Raum einnimmt und – sofern er sich auf der Erde befindet – ein Gewicht hat. Diese Eigenschaft wird als *Masse* bezeichnet (Abb. 6.**1**). Man unterscheidet zwischen der trägen und der schweren Masse.

Als *träge Masse* wird die Eigenschaft eines Körpers bezeichnet, die seinen Widerstand gegen die Änderung seines Bewegungszustands bestimmt und deswegen *Trägheit* genannt wird.

Die *schwere Masse* dagegen ist ein Maß für die Fähigkeit eines Körpers, ein Schwerefeld (Gravitationsfeld) um sich herum zu erzeugen bzw. auf ein solches zu reagieren.

Die Masse ist nicht mit dem Gewicht eines Körpers gleichzusetzen. Das Gewicht eines Körpers ist abhängig von seiner Lage im Schwerefeld. Es hat eine Wirkungsrichtung – nämlich zum Zentrum des Schwerefeldes hin – und ist daher eine vektorielle Größe. Die Masse dagegen ist unabhängig von einem Schwerefeld und von einer Richtung. Sie ist also eine skalare Größe. Auf die Beschaffenheit und Eigenschaften von Materialien wird noch in einem besonderen Kapitel eingegangen werden (siehe Kap. 15). Die Trägheit wird weiter unten als Trägheitskraft beschrieben.

Das Symbol für die Masse ist „m", ihre Dimension Kilogramm [kg]. Ein Kilogramm ist durch den Prototyp des Kilogramms definiert – ein kreisrunder Block von 39 mm Durchmesser und 39 mm Höhe aus Platin-Iridium – , der unter gleich bleibenden klimatischen Bedingungen in Paris aufbewahrt wird. Das Kilogramm stellt eine Basisgröße dar.

## 6.2 Kräfte

Das Symbol für die Kraft ist „F", die Dimension Newton [N]. Dies ist eine abgeleitete Größe. 1 N ist als die Kraft definiert, die einer Masse von 1 Kilogramm eine Beschleunigung von 1 m/s² verleiht. Daher setzt sich die Größe Newton zusammen aus: $N = kg * m/s^2$, also aus den Dimensionen der Masse und der Beschleunigung (siehe unten).

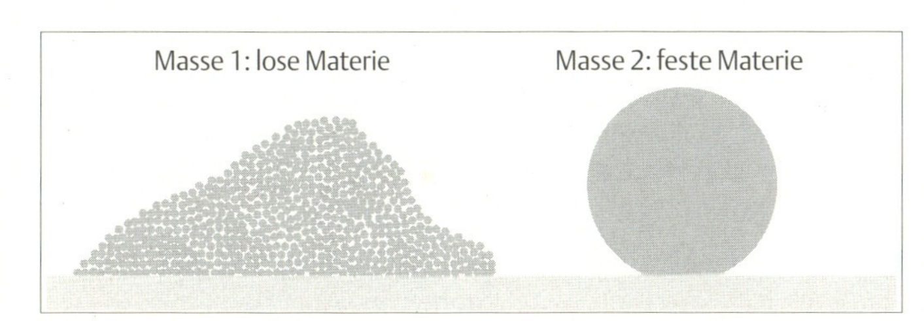


Abb. 6.**1** Massen.
Masse 1: Lose aufgeschüttetes Material (Sandhaufen).
Masse 2: Festes geformtes Material (Kugel).

Kräfte können die Bewegung oder auch keine Bewegung von Massen verursachen. Dies wird durch das erste Bewegungsgesetz beschrieben, das Newton (1642–1727) aufgestellt hat.

**Newtons 1. Gesetz der Bewegung**
*Jeder Körper verharrt in seinem Zustand der Ruhe oder der gleichmäßigen, geradlinigen Bewegung, wenn er nicht durch externe Kräfte, die auf ihn wirken, gezwungen wird, diesen Zustand zu ändern.*

Dieses Bewegungsgesetz drückt die Eigenschaft der Trägheit aus, die ein Körper aufgrund seiner Masse besitzt.

**Beispiele**

1. Man betrachte ein Gefäß mit Wasser. Wenn man das Glas schnell dreht, folgt das Wasser aufgrund seiner Massenträgheit dieser Drehung zunächst nicht.
2. Wenn man eine Lore auf einem Gleis anschieben will, muss man zunächst sehr viel Kraft aufwenden, um sie in Bewegung zu setzen, da man die Trägheit ihrer Masse überwinden muss. Rollt sie erst einmal, braucht man kaum noch Kraft aufzuwenden, um sie am Rollen zu halten. Schwierig wird es erst wieder, wenn man sie anhalten will. Dann muss man die Trägheit ihrer Bewegung überwinden, um ihren Bewegungszustand zu verändern, in diesem Fall um ihren Stillstand zu erzwingen. Dazu muss man wieder sehr viel Kraft aufwenden (Abb. 6.**2**).

Auch das *2. Bewegungsgesetz* von Newton ist für die Betrachtung der Kräfte und ihrer Wirkung auf materielle Körper wichtig.

**Newtons 2. Gesetz der Bewegung**
*Hat ein Körper eine konstante Masse, ist seine Beschleunigung proportional zu der Kraft, die diese Beschleunigung verursacht hat, und sie erfolgt in der Richtung, in der die Kraft wirkt.*

Mathematisch:
$F = m * a$

(F = Kraft, die auf den Körper einwirkt,
m = Masse des Körpers,
a = Beschleunigung.)

Dieses 2. Newton-Gesetz soll hier zunächst so interpretiert werden, dass eine Kraft, die auf einen Körper einwirkt, diesem Körper eine Beschleunigung verleiht. Die Größe dieser Beschleunigung ist abhängig von der Masse des Körpers, auf den die Kraft wirkt, und der Größe der wirkenden Kraft: Die Beschleunigung ist umso größer, je größer die auf den Körper wirkende Kraft ist. (Man sagt auch: Kraft und Beschleunigung verhalten sich zueinander proportional; Abb. 6.**3a**). Andererseits gilt: Je größer die Masse, desto geringer ist die Beschleunigung (Masse und Beschleunigung verhalten sich umgekehrt proportionalzueinander; 6.**3b**).

Da die Kraft ein Vektor ist, also in einer bestimmten Richtung wirkt, erfolgt die Beschleunigung, die auch ein Vektor ist, in die Richtung, in die die Kraft wirkt. Das ist zu beobachten, wenn man einem auf dem Boden liegenden Ball einen Stoß gibt. Er rollt dann in die Richtung, in die der Stoß erfolgte.

Die einzelnen Aspekte dieser beiden Gesetze werden im Laufe dieses Kapitels herausgearbeitet werden.

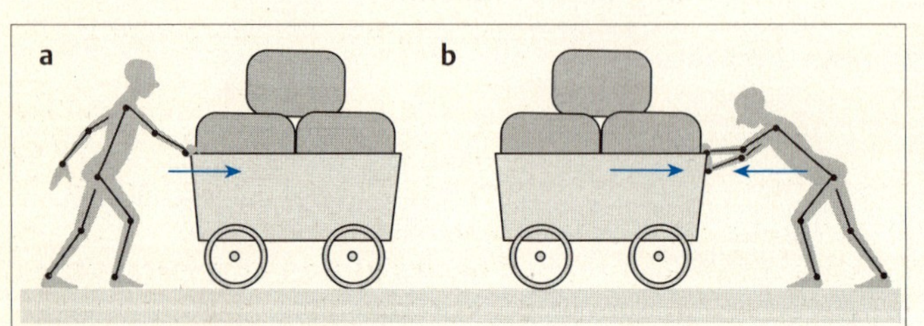


Abb. 6.**2a** u. **b** Trägheit eines Körpers.
**a** Um die Lore anschieben zu können, muss Felix ihre Trägheit überwinden.
**b** Will Felix die Lore anhalten, muss er wieder ihre Trägheit überwinden, um ihren Bewegungszustand (vom Rollen zum Stehen) zu verändern.

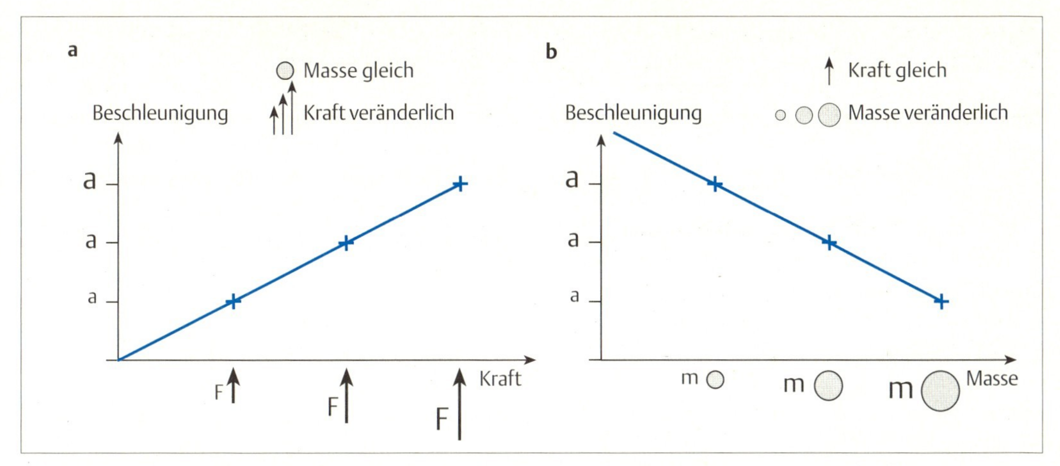


Abb. 6.**3a** u. **b** Zusammenhang zwischen Kraft, Masse und Beschleunigung (nach Kreigbaum).
**a** Es besteht eine direkt proportionaler Zusammenhang zwischen Kraft und Beschleunigung (bei gleichbleibender Masse); das bedeutet: je größer die einwirkende Kraft, desto größer ist auch die durch sie bewirkte Beschleunigung – wenn die Masse gleich bleibt.
**b** Es besteht ein umgekehrt proportionaler Zusammenhang zwischen der Masse und der Beschleunigung (bei gleichbleibender Kraft); das bedeutet: je größer die Masse, die bewegt werden soll, desto geringer ist die Beschleunigung, mit der das geschehen kann – wenn dazu jeweils die gleiche Kraft aufgewendet wird.

## 6.2.1 Innere und äußere Kräfte

Man kann zwischen *inneren* und *äußeren* Kräften unterscheiden. Dabei sind mit *inneren Kräften* solche Kräfte gemeint, die in den Körpern oder der Materie der Körper selbst entstehen und wirken und eine Veränderung der Form oder der Substanz des Körpers bewirken.

Diese Kräfte sind auch Gegenstand der Biomechanik, insofern als im Körper von Lebewesen auch solche Kräfte wirken, wie chemische Kräfte, die Veränderungen hervorrufen, oder „Wachstumskräfte“. Diese Art von Kräften soll aber in dem hier betrachteten Bereich, nämlich der Biomechanik als Mittel der Analyse von Bewegungen des menschlichen Körpers, nicht hauptsächlich betrachtet werden. Es werden aber einige doch von Bedeutung sein, wie z. B. die *restituierenden Kräfte* (siehe unten).

Hier betrachten wir hauptsächlich die äußeren Kräfte, d.h. die Kräfte, die von außen auf einen Körper wirken und dadurch seine Bewegung und/oder eine Veränderung seiner Gestalt hervorrufen können. Es sollen einige dieser Kräfte und deren Wirkung auf einen Körper beschrieben werden.

Unter diesen *äußeren Kräften* kann man weiterhin eine Einteilung vornehmen in *aktive* Kräfte, die eine Bewegung verursachen, und *reaktive* Kräfte, die Bewegung behindern. Die Bewegung eines Körpers ist abhängig von allen Kräften, genauer der Summe aller Kräfte, die auf ihn einwirken. Mathematisch lässt sich das folgendermaßen ausdrücken:

1. Bewegungsgleichung:
$\Sigma F = m * a$

(F = Kraft, die auf den Körper einwirkt,
m = Masse des Körpers,
a = Beschleunigung,
Σ = Summenzeichen in der Mathematik.)

Das bedeutet, wenn die Summe aller Kräfte, die auf einen Körper einwirken, gleich Null ist ($\Sigma F = 0$), also alle Kräfte (Beträge und Richtungen) einander aufheben, dann wird der Körper auch nicht beschleunigt. Daraus folgt, er ändert seinen Bewegungszustand nicht.

**Merke:** Wenn sich ein Körper nicht bewegt, bedeutet das nicht, dass keine Kräfte auf ihn wirken. Es heißt lediglich, dass allen auf ihn einwirkenden Kräften entsprechende Kräfte entgegenwirken, sodass sie einander aufheben und keine Bewegung verursacht wird. Wir sprechen dann vom *statischen* Zustand eines Körpers. Das gilt nicht nur für einen Körper, der sich im Zustand der Ruhe befindet – er bleibt in Ruhe – , sondern es gilt auch für einen Körper, der sich mit gleichmäßiger Geschwindigkeit bewegt. Er bewegt sich dann weiter mit gleichmäßiger Geschwindigkeit, die er geradlinig fortsetzt.

Ergibt die Summe aller auf einen Körper wirkenden Kräfte einen Wert ungleich Null ($\Sigma F \neq 0$), ändert sich der Bewegungszustand des Körpers. War er in Ruhe, wird er sich bewegen; war er bereits in Bewegung, wird er seinen Bewegungszustand ändern, d.h. er wird entweder seine Bewegungsgeschwindigkeit oder seine Bewegungsrichtung ändern. – Wir wissen ja bereits, dass die Kraft ein Vektor ist, d.h. einen Betrag und eine Richtung enthält, in die sie wirkt. Man spricht in diesem Fall von *dynamischer* Situation des Körpers.

### 6.2.2 Aktive Kräfte

#### 1. Schwerkraft (Gravitationskraft)

Wie erwähnt hat die Masse – die schwere Masse – die Eigenschaft, ein Gravitationsfeld um sich herum aufzubauen, das eine auf ihren Mittelpunkt hin gerichtete Gravitationskraft bewirkt. Diese Gravitations- oder Schwerkraft wurde von Newton entdeckt und erstmals beschrieben. Sie ist nicht einfach erklärbar. Sie stellt eine Anziehungskraft zum *Massenmittelpunkt* (siehe unten) dar. Sie ist umso größer, je größer die Masse ist und nimmt mit dem Abstand vom Massenmittelpunkt der Masse ab, und zwar quadratisch. Wenn sich also der Abstand vom Massenmittelpunkt verdoppelt, verringert sich die Gravitationskraft um das Vierfache.

Wenn z. B. ein Körper auf der Erdoberfläche auf Meereshöhe ein Gewicht von 100 N hat, dann wiegt der gleiche Körper auf einem Berg von ca. 6700 m (die doppelte Entfernung vom Erdmittelpunkt) nur noch 25 N. Auf dem Mond würde er nur noch 16,6 N wiegen.

Als Folge dieser Gravitationskräfte üben zwei Massen eine Anziehung aufeinander aus. Ist eine Masse größer als die andere, bedeutet das, dass die kleinere zu der größeren hingezogen wird. Das erfolgt nach der Gesetzmäßigkeit, die von Newton gefunden wurde (Newtons Gravitationsgesetz).

$$F = g * \frac{m_1 * m_2}{d^2}$$

($g$ = Gravitationskonstante,
$m_1$, $m_2$ = Masse der beiden Körper,
$d$ = Abstand zwischen den Körpern.)

Diese Anziehungskraft ist jedoch bei den Gegenständen, mit denen wir in unserem täglichen Leben zu tun haben, sehr klein; deswegen spüren wir sie nicht. Wir haben uns lediglich mit der Gravitationskraft der Erde auseinanderzusetzen, da diese eine sehr große Masse besitzt.

Auf alle auf der Erde vorkommenden materiellen Körper wirkt daher die Schwerkraft (Gravitationskraft) der Erde. Da die Erde nicht vollkommen rund ist, sondern an den Polen etwas abflacht, ist dort die Wirkung der Schwerkraft geringer als beispielsweise am Äquator. Man geht von einer mittleren Anziehungskraft der Erde aus:

*Anziehungskraft der Erde: 9,81 m/s²*

(Die Schwerkraft wird immer im Schwerpunkt des Körpers als repräsentativem Punkt des Körpers eingezeichnet; siehe Kap. 7.)

Aus diesem Grund sind alle Gegenstände und Lebewesen auf der Erde einer Kraft unterworfen, die sie zum Mittelpunkt der Erde hinzieht. Wir kennen diesen Zustand als das Herunterfallen von Gegenständen oder das Hinfallen von Lebewesen. Unser gesamtes Leben ist durch die Schwerkraft bestimmt, da alle unsere Bewegungen von ihr nachhaltig beeinflusst werden.

Auch die Arbeit der Physiotherapeuten wird dadurch bestimmt. Viele ihrer Aufgaben hängen nämlich damit zusammen, den Menschen zu helfen, mit dieser Schwerkraft richtig umzugehen, z. B. Gegenstände anzuheben und selbst nicht hinzufallen, auch wenn man seine Körperteile bewegt oder sich selbst im Raum bewegt.

Durch die Schwerkraft wird das Gewicht eines Körpers definiert. Das Gewicht eines Körpers ist seine Masse multipliziert mit der Gravitationskraft. So hat ein Gegenstand mit der Masse 10 kg ein Gewicht von:

$$10\ [kg] * 9{,}81\ [m/s^2] = 98{,}1\ [N]$$

### 2. Antriebskräfte, „motorische“ Kräfte – auf natürliche und künstliche (technische) Weise erzeugte Kräfte, die Bewegungen bewirken

Als Antriebskräfte sollen alle die Kräfte bezeichnet werden, die entweder von der Natur zur Fortbewegung von Lebewesen (z. B. die Muskelkraft) oder von den Menschen zur Bewegung aller möglichen Teile und Gegenstände, auch zum Transport der eigenen Person (z. B. Motoren) entwickelt wurden. Diese Kräfte werden durch chemische oder elektrische Prozesse hervorgebracht. Um solche Kräfte erzeugen zu können, wird Energie benötigt. Auch damit werden wir uns noch befassen. Die Wirkung dieser „Motoren“ kann durch mechanische Manipulationen – mit einigen davon werden wir uns noch beschäftigen (siehe Kap. 12) – umgeformt werden, sodass sie ihre Aufgaben möglichst wirkungsvoll erfüllen können. Zu diesem Zweck werden z. B. Maschinen konstruiert.

Für die Bewegung und Fortbewegung des Menschen bildet die Muskelkraft die Antriebskraft. (Auf das Zustandekommen und die Regelung der Muskelkraft wird in Kap. 16 eingegangen.) Bei den in diesem Abschnitt behandelten Problemstellungen der allgemeinen Grundlagen der Biomechanik wird diese Kraft als vorhanden vorausgesetzt und nicht besonders behandelt.

In gewisser Weise gehören zu den bewegenden Kräften auch die Auftriebskräfte, die in „durchlässigen“ Medien wie Luft und Wasser unter bestimmten Bedingungen entstehen. Auch mit diesen Kräften werden wir uns noch beschäftigen (Kap. 15).

### 3. Restituierende Kräfte

Auch die restituierenden Kräfte gehören zu den aktiven Kräften. Dabei handelt es sich um Kräfte, die in Körpern aus elastischen Materialien entstehen, wenn von außen eine Kraft auf sie wirkt, und die Körper diese Kraft nicht in Bewegung umsetzen können. Dann wird durch die Kraft das Material verformt und dabei gleichzeitig die Bewegungsenergie als potentielle Energie gespeichert (Kap. 10). Sobald die äußere Kraft nicht mehr wirkt, wird die gespeicherte Energie wieder in eine Kraft – die restituierende Kraft – umgesetzt, die das Material wieder in seine ursprünglich Form zurückkehren lässt. Die restituierende Kraft wirkt daher in die entgegengesetzte Richtung, in die die auf den Körper einwirkende und ihn verformende Kraft gewirkt hat. Insofern ist die restituierende Kraft eine innere Kraft (siehe oben).

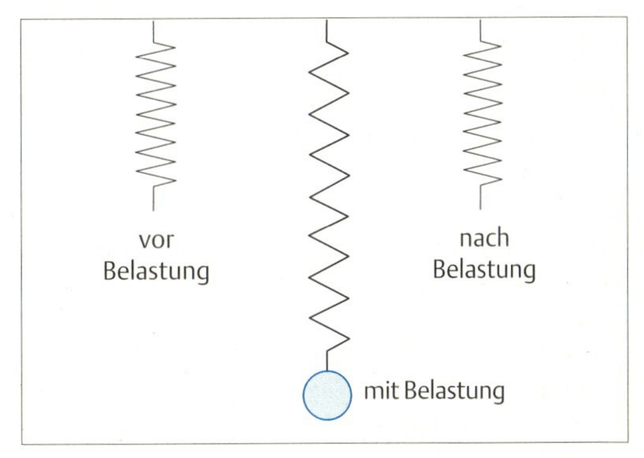


Abb. 6.**4** Spiralfeder: vor einer Belastung, bei Belastung durch ein Gewicht und nach der Belastung. Bei der Belastung dehnt sich die Feder aus. Nachdem die Belastung entfernt wurde, nimmt die Feder aufgrund der inneren Restitutionskraft, die ihr durch die vorangegangene Belastung verliehen wurde, ihre ursprüngliche Form wieder ein.

Beispiele für Körper mit restituierenden Kräfte sind z. B. Gummibänder (Therabänder). In der Mechanik werden häufig Federn verwendet (Abb. 6.**4**), weil man durch deren elastische Eigenschaften die restituierenden Kräfte technisch nutzen kann (siehe Kap. 15).

In unserem Körper verfügen vor allem die Sehnen über restituierende Kräfte (siehe Kap. 16). Sie können die Muskeln bei ihrer Kontraktionskraft unterstützen.

### 6.2.3 Reaktive Kräfte

#### 1. Trägheitskraft

Ebenso wie jeder Körper im Schwerefeld der Erde mit der Schwerkraft behaftet ist, ist jeder Körper, der eine Masse besitzt, der *Trägheitskraft* dieser Masse unterworfen. Man kann diese Kraft auch als eine Beharrungstendenz beschreiben, weil sie den Körper in seinem Zustand der Bewegung bzw. Nichtbewegung beharren lässt. Sie stellt also die Kraft dar, die die Masse des Körpers seiner Bewegung entgegensetzt, wenn er in Ruhe ist, bzw. wenn er in Bewegung ist, der Tendenz entgegensetzt, diese Bewegung zu beenden. Ihre Größe ist daher der Masse des Körpers proportional.

Wenn Felix beispielsweise einen Block auf dem Eis wegstoßen will, muss er, obwohl auf dem Eis die Reibung vernachlässigt werden kann, mit seiner Stoßkraft die Trägheitskraft des Blocks überwinden, damit sich dieser überhaupt in Bewegung setzen kann. Er müsste mindestens die gleiche Kraft aufbringen, wenn er den Block in seiner Rutschbewegung wieder anhalten wollte.

Diese Trägheitskraft tritt sehr deutlich in Erscheinung, wenn z. B. größere Hunde einem weggeworfenen Stock nachrennen. Dabei kann man nämlich beobachten, dass sie nach dem Erreichen des Stockes diesen zwar mit dem Maul schnappen und auf diese Weise den Kopf abbremsen. Da aber der Körper noch in der Laufrichtung weiterschießt, muss der Hund mit seinem Körper zum Stock „zurückkehren".

Wir alle haben schon die Erfahrung der Trägheit unseres Körpers gemacht. Fährt z. B. ein Fahrzeug, in dem wir sitzen oder stehen, schnell an, bleibt unser nicht beschleunigter Körper aufgrund seiner Trägheit zunächst gegenüber dem Fahrzeug zurück. Wir werden in den Sitz gedrückt oder können, wenn wir stehen auch umfallen. Umgekehrt ist es, wenn das Fahrzeug bremst: Dann bewegt sich unser Körper noch weiter in die alte Bewegungsrichtung, und es besteht die Gefahr, dass wir in diese Richtung fallen.

Auch unser Organismus nutzt die Wirkung der Trägheit. Die Signale über unsere Kopfbewegungen im Raum oder bezüglich des Schwerefeldes der Erde werden nämlich durch die Trägheit der Flüssigkeit im Vestibularsystem erzeugt, die sich bei Bewegungen des Kopfes zunächst dieser Bewegung widersetzt. Der dadurch entstehende Flüssigkeitsdruck knickt spezifische Sinneshaare. Deren Sensoren setzen dies in ein elektrisches Signal um, das von den Nervenzellen weitergeleitet wird.

#### 2. „Stützkräfte"

Für das Verständnis von Stützkräften benötigen wir das *3. Bewegungsgesetz von Newton.*

> **Newtons 3. Gesetz der Bewegung**
> *Zu jeder wirkenden Kraft existiert eine gleich große, aber dieser Kraft entgegengesetzt wirkende Reaktionskraft.*

In einer Art Kurzform wird dieses Gesetz auch als: *Actio = Reactio* zitiert.

Das Gesetz bedeutet, dass nie eine einzelne Kraft existiert, sondern jede Kraft – die *Aktionskraft* – eine ihr entgegenwirkende Kraft – die *Reaktionskraft* hervorruft. Wenn wir mit unserer Gewichtskraft auf dem Boden stehen, wird der Aktionskraft unseres Gewichts eine Reaktionskraft aus dem Boden entgegengesetzt. So wie die Gewichtskraft von unserem Körper auf den Boden einwirkt, wirkt die Reaktionskraft vom Boden auf unseren Körper ein (Abb. 6.**5**).

Kann der Boden die Reaktionskraft aufgrund seiner Struktur nicht aufbringen, z. B. wenn

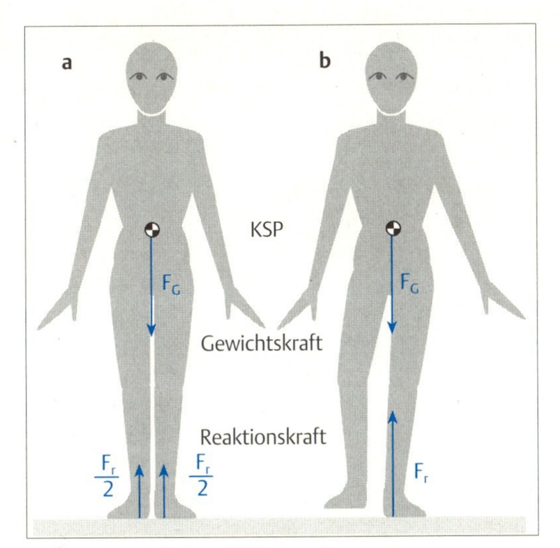


Abb. 6.**5a** u. **b** Gewichtskraft und Reaktionskraft.
**a** Die durch die Gewichtskraft hervorgerufene Reaktionskraft verteilt sich gleichmäßig auf die beiden Stützstellen, nämlich die Beine.
**b** Beim Stand auf einem Bein muss das eine Bein (Standbein) die gesamte Reaktionskraft kompensieren, die durch die Gewichtskraft hervorgerufen wird.

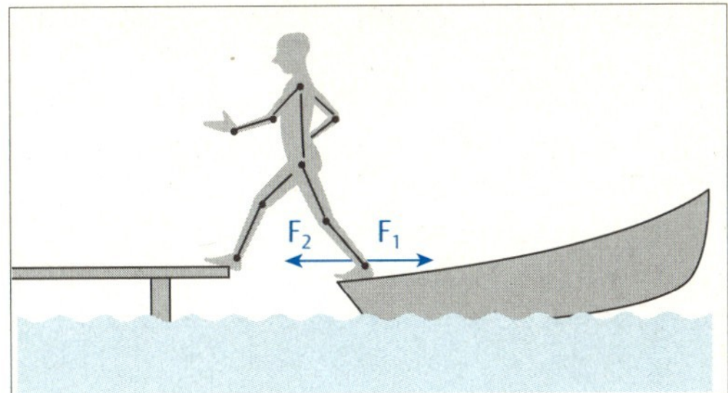


Abb. 6.**6** Will Felix vom Boot auf den Steg steigen, muss er sich dazu mit einer Abstoßkraft vom Boot abstoßen. Diese Abstoßkraft ruft eine Reaktionskraft im Boot hervor, die das Boot vom Steg wegdrückt ($F_1$ = Abstoßkraft, $F_2$ = Reaktionskraft).

wir auf einem zu dünnen Brett oder einer Eisschicht stehen, dann bricht das Brett bzw. das Eis. Wir interpretieren das meist folgendermaßen: Das Körpergewicht hat das Eis gebrochen. Das Problem liegt aber in der mangelnden materiellen Fähigkeit des Eises, der Gewichtskraft die Reaktionskraft „entgegenhalten" zu können. Wir nehmen meist nicht die Wirkungen von Kräften, sondern die ihrer Reaktionskräfte wahr. Daraus folgend sollten wir uns merken:

**Merke:** Wir können in der Regel nicht die Wirkung von Kräften, sondern meist nur die Wirkung der Reaktionskräfte beobachten.

Dies ist auch ein wichtiger Punkt bei der Kraftmessung: Man kann keine wirkenden Kräfte, sondern nur ihre Reaktionskräfte messen (siehe Kap. 17).

**Beispiele**

1. Wir können eine solche Reaktionskraft auf eine von uns ausgelöste Kraft beobachten, wenn wir von einem kleinen Boot auf einen Steg steigen wollen. Dabei stoßen wir uns mit einer Abstoßkraft vom Boot ab, um unser Körpergewicht zum Steg hin zu beschleunigen. Mit dieser Abstoßkraft lösen wir aber gleichzeitig eine Reaktionskraft aus, die von unserem Fuß auf das Boot wirkt und das Boot vom Steg wegdrückt. Sind wir nicht schnell genug auf den Steg gestiegen, besteht dann die Gefahr, dass wir zwischen Boot und Steg ins Wasser fallen (Abb. 6.**6**).
2. Die gleiche Beobachtung kann man machen, wenn man von einem Skateboard steigt oder springt. Das Skateboard setzt sich vom Körper weg in Bewegung.

In statischen Situationen ist die Reaktionskraft genauso groß wie die herrschenden Gewichtskräfte, die proportional der Masse der Körpers sind – , sie ist diesen allerdings in der Richtung entgegengesetzt. Man muss dabei jedoch bedenken, dass das, was wir im allgemeinen als *die* Reaktionskraft bezeichnen, der resultierende Vektor aller Reaktionskräfte ist, die an allen Punkten wirkt, an denen der Körper den Boden berührt (Abb. 6.**7**).

Es ist beispielsweise bekannt, dass dünnes Eis einen Menschen tragen kann, wenn er sich flach auf das Eis oder gar auf eine Leiter legt, weil er damit die Kontaktfläche mit dem Eis vergrößert und dadurch die Gesamtreaktionskraft auf mehrere kleine Reaktionskraftvektoren verteilt.

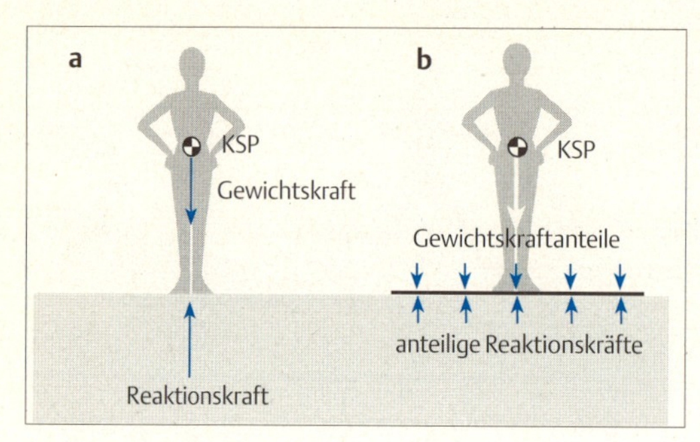


Abb. 6.**7a** u. **b** Darstellung von Gewichtskraft und Reaktionskräften.
**a** Zur besseren Übersicht wird die Reaktionskraft als resultierender Vektor auf einen Punkt konzentriert und der ebenfalls auf einen Punkt konzentriert eingezeichneten Gewichtskraft gegenübergestellt.
**b** Die Reaktionskraft verteilt sich aber eigentlich auf die ganze Berührungsfläche des Körpers mit der unterstützenden Fläche – ebenso wie sich die Gewichtskraft eigentlich auf alle Gewichtselemente des Körpers verteilt ($F_R$ = Reaktionskraft).

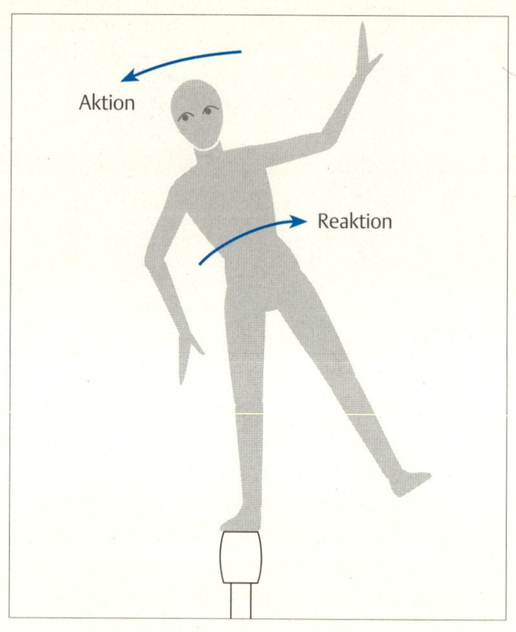


Abb. 6.**8** Auch in einem in sich beweglichen Körper entstehen Reaktionskräfte. Wird der Oberkörper der Figur auf eine Seite bewegt, muss dies durch eine entgegengesetzt gerichtete Reaktionskraft im unteren Teil des Körpers kompensiert werden.

In dynamischen Situationen treten viel größere Reaktionskräfte auf, weil sie die Reaktion auf Bewegungskräfte darstellen, die außer durch die Masse der bewegten Körper durch deren Beschleunigung bestimmt werden ($F = m * a$). Dies muss z. B. bei der Konstruktion aller Unterstützungsflächen bedacht werden, auf die bewegte Gegenstände auftreffen können. Wer hat nicht schon einmal erlebt, dass Lattenroste von Betten brachen, wenn Kinder darauf sprangen, weil sie nicht für solche „Übungen" konstruiert sind. In diesen Bereich gehören auch die Armbrüche, die bei Stürzen auf den Boden entstehen können, weil die Armknochen nicht stabil genug sind, um der Reaktionskraft standzuhalten, deren Größe sich aus dem Körpergewicht der fallenden Person multipliziert mit der Fallbeschleunigung ergibt. Auf diese Kräfte, die von bewegten Körpern ausgeübt werden, wird in Kap. 11 eingegangen.

Schließlich entstehen Reaktionskräfte auch innerhalb unseres Körpers, wenn wir uns bewegen. Wir nehmen sie nur meist nicht wahr, weil sie durch den Boden kompensiert werden. Wenn wir uns aber ganz oder zum großen Teil in der Luft befinden, können diese Reaktionskräfte auch wahrgenommen werden, wie die Abb. 6.**8** zeigt. Neigt die auf dem Balken balancierende Person aus irgendeinem Grund ihren Oberkörper nach einer Seite, wirkt der dazu aufgewendeten Kraft eine Reaktionskraft in dem am Balken fixierten unteren Teil des Körpers entgegen.

### 3. Reibungskräfte

Die vielfältigsten Kräfte, die auf der Erde Bewegungen hemmen, sind *Reibungskräfte.* Sie entstehen immer dann, wenn sich zwei Körper aneinander oder gegeneinander – relativ zueinander – bewegen, oder auch nur die Tendenz haben, sich relativ zueinander zu bewegen. Die Reibungskräfte kommen durch den molekularen Aufbau der Stoffe an ihren Berührungsflächen zustande und hängen daher von den Materialien ab, die sich relativ zueinander bewegen. Man unterscheidet die Reibung von festen Körpern aneinander *(Oberflächenreibung)* von der Reibung von fe-

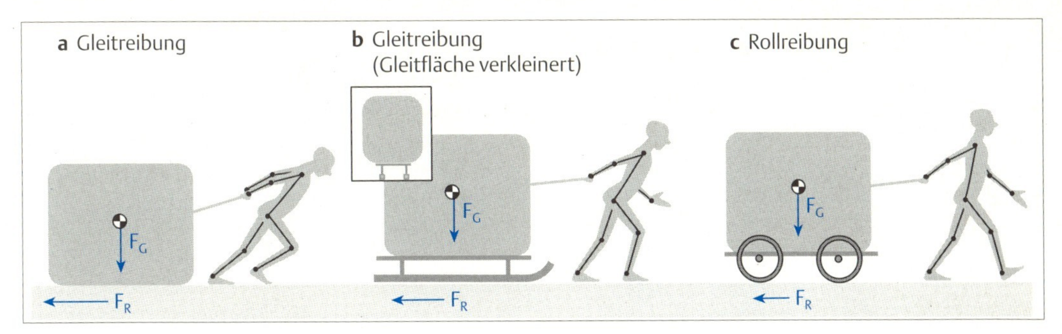


Abb. 6.**9a–c** Reibungskräfte.
**a** Die Gleitreibung unter einem auf dem Boden liegenden Klotz erschwert es erheblich, ihn von der Stelle zu ziehen. ($F_G$ = Gewichtskraft, $R_R$ = Reibungskraft)
**b** Verringert man die Berührungsfläche mit dem Boden (z.B. durch einen Schlitten mit schmalen Kufen), wird eine geringere Zugkraft benötigt.
**c** Noch weniger Zugkraft wird benötigt, wenn man den Klotz auf Rollen oder Räder hebt, wodurch die Gleitreibung durch die geringere Rollreibung ersetzt wird.

sten Körpern in flüssigen oder gasförmigen Medien *(Strömungswiderstände)*.

Wir wollen uns hier mit der Oberflächenreibung beschäftigen. Auch hierbei gibt es wiederum verschiedene Arten in Abhängigkeit davon, wie die Körper relativ zueinander bewegt werden. Wenn zwei feste Körper aufeinander gleiten, sprechen wir von *Gleitreibung*, rollt ein Körper auf dem anderen ab, sprechen wir von *Rollreibung* (Abb. 6.**9**).

Bei der Gleitreibung kann noch weiter unterschieden werden zwischen der *Trockenreibung* und der *Flüssigkeitsreibung*, die dann eintritt, wenn die Flächen der aneinander bewegten Körper durch einen Flüssigkeitsfilm voneinander getrennt werden.

Wird ein Körper aus einer Ruhelage heraus bewegt, muss – wie wir bereits wissen – zu Beginn der Bewegung die Trägheitskraft des Körpers überwunden werden. Diese leistet dann zusätzlich zur Reibungskraft einen Widerstand gegen das Bewegtwerden. Dieser durch die Trägheitskraft bedingte erhöhte Reibungswiderstand zu Beginn einer Bewegung wird als *Haftreibung* bezeichnet.

In ihrer Größenordnung lassen sich diese unterschiedlichen Reibungskräfte in folgender Reihenfolge anordnen:

Haftreibung > Gleitreibung (Trockenreibung) > Rollreibung > Gleitreibung (Flüssigkeitsreibung).

Will man beispielsweise eine schwere Kommode oder einen Schrank in der Wohnung an einen anderen Platz schaffen, kann man dies relativ einfach bewerkstelligen, indem man drei Besenstiele benutzt, über die man den Schrank abwechselnd rollen lässt (Abb. 6.**10**).

Das Gleiten auf Schnee und Eis mit Ski, Schlitten oder Schlittschuhen ist eine Form der Flüssigkeitsreibung. Durch den Gewichtsdruck wird nämlich das Eis bzw. der Schnee unter der Gleitfläche erwärmt. Es schmilzt und man gleitet auf einem dünnen Wasserfilm.

Während die Gewichtskraft eines Körpers immer zum Erdmittelpunkt hin, also senkrecht auf den Boden gerichtet ist, wirken die Reibungskräfte in Bewegungsrichtung. Sie sind aber der Bewegung entgegen gerichtet. Reibungskräfte sind proportional zur Geschwindigkeit, das bedeutet je größer die Geschwindigkeit ist, mit der zwei Körper sich relativ zueinander bewegen, desto größer ist die Reibung – solange sich die Materialien nicht ändern.

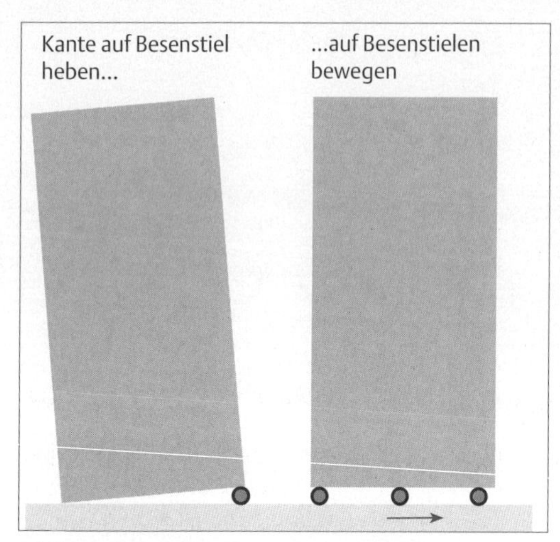


Abb. 6.**10** Selbst schwere Gegenstände, wie z.B. einen Schrank, kann man mit verhältnismäßig wenig Kraft transportieren, wenn man ihn auf rollenden Gegenständen (z.B. Besenstielen) transportiert. Man hebt den Schrank zunächst an einer Kante leicht an, legt einen Besenstiel darunter und schiebt den Schrank dann darüber. Unter den jeweils vorne frei werdenden Teil des Schrankes schiebt man einen neuen Besenstiel. Auf diese Weise kann man die hinten frei werdenden Besenstiele vorne wieder neu einsetzen und den Schrank vorwärts bewegen.

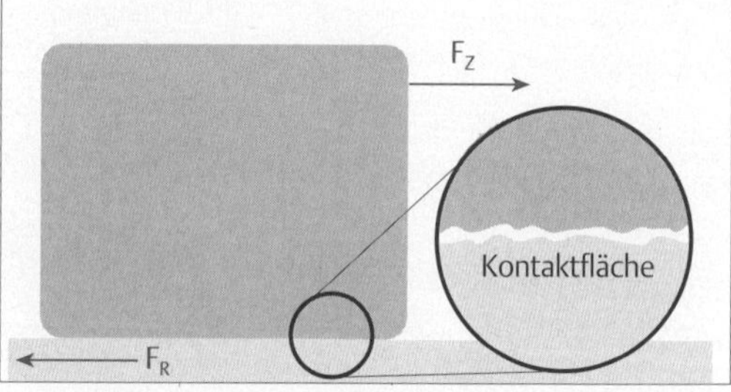


Abb. 6.**11** Kraftvektoren bei Reibung.
Betrachtet man den gesamten aufliegenden Körper, scheint die aufliegende Oberfläche des Körpers glatt zu sein ($F_Z$ = Zugkraft, $F_R$ = Reibungskraft).
Betrachtet man die Oberfläche und die Berührungsfläche des Untergrunds z.B. unter einem Mikroskop genau, stellt man fest, dass beide sehr viele Rauigkeiten enthalten – ebenso wie die Oberfläche der Berührungsfläche.

Es ist einleuchtend, dass die Reibung umso geringer ist, je „glatter" die Oberflächenmaterialien der beteiligten Körper sind. Es gibt jedoch keine ganz glatten Oberflächen, sie sind vielmehr nur unterschiedlich rau (Abb. 6.**11**). Das beeinflusst natürlich das Ausmaß der Reibungskräfte, die sie bei der Bewegung relativ zu einem anderen Körper erzeugen können. Dieser Einfluss des Oberflächenmaterials auf die Reibung wird als *Reibungskoeffizient* ($\mu$) eines bestimmten Materials bezeichnet (Tab. 6.**1**). Er lässt sich experimentell bestimmen.

Die Gleitreibungskoeffizienten ($\mu_g$) liegen etwa 25% niedriger als die Haftreibungskoeffizienten.

Der aktuelle Wert einer Reibungskraft ist nicht nur abhängig vom Reibungskoeffizienten seines Materials, sondern auch vom Druck, der auf die relativ zueinander bewegten Oberflächen ausgeübt wird. Wird ein Körper über den Boden gezogen, wirkt die Gewichtskraft des Körpers als Druck auf die gegeneinander bewegten Flächen. Würde man den Körper eine Rampe hinaufziehen, wäre die aktuelle Reibungskraft nicht so groß, weil dann nur ein Teil des Körpergewichts (senkrechte Komponente der Kraft auf die

Tabelle 6.**1** Haftreibung verschiedener Materialien (aus Hibbeler RC. Engineering Mechanics. Macmillan; 1986)

| Kontaktmaterialien | Haftreibungskoeffizienten ($\mu_h$) |
|---|---|
| Metall auf Eis (s.u.) | 0,03–0,05 |
| Holz auf Holz | 0,30–0,70 |
| Leder auf Metall | 0,30–0,60 |
| Aluminium auf Aluminium | 1,10–1,70 |

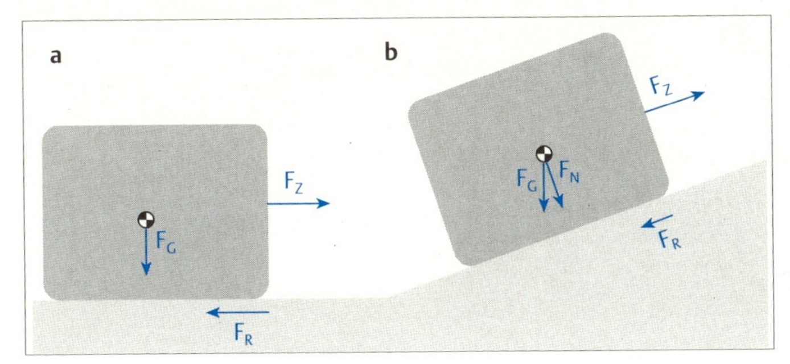


Abb. 6.**12a** u. **b** Die Größe der Reibungskraft hängt auch vom Gewicht des Körpers ab.
**a** Ein auf einer waagerechten Fläche aufliegender Körper mit $F_G$ = Gewichtskraft – sie wirkt senkrecht auf die Unterstützungsfläche ($F_Z$ = Zugkraft, $F_R$ = Reibungskraft).
**b** Wird der Körper eine schiefe Ebene hochgezogen, beeinflusst nicht mehr die gesamte Gewichtskraft die Reibungskraft, sondern nur noch ihre Komponente (Normalkomponente), die senkrecht auf die schiefe Ebene wirkt ($F_N$ = Normalkomponente der Gewichtskraft).

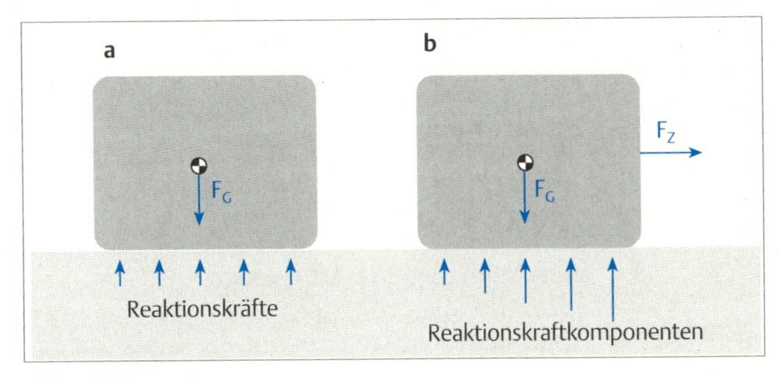


Abb. 6.**13a** u. **b**
**a** Aufliegender Block mit konzentrierter Gewichtskraft ($F_G$) und verteilten Reaktionskraftkomponenten.
**b** Bei Einsetzen einer Zugkraft ($F_Z$) werden die Gewichtskraft des Blocks mehr in Zugrichtung verlagert und entsprechend die Reaktionskraftkomponenten auf der Zugseite vergrößert. Die Reibungskraftkomponenten ($F_R$) verteilen sich dann entsprechend.

Berührungsfläche) als Druck auf die Reibungsflächen wirkte (Abb. 6.**12**; siehe unten und Kap. 12, Schiefe Ebene).

Wir wollen diese Situation mit dem Ziehen des Blocks etwas genauer betrachten, weil sie einen Einblick in die Wirkungsweise der Reibung gibt (Abb. 6.**13**).

Auf den Block wirken in Ruhe seine Gewichtskraft – senkrecht zum Boden – sowie die Reaktionskraft, die dieser Gewichtskraft entgegengerichtet ist und vom Boden auf den Block wirkt. Die Reaktionskraft ist in Abb. 6.13 wieder auf mehrere Kraftvektoren verteilt, die an den aktuellen Berührungsstellen zwischen Block und Boden wirken. Wirkt zusätzlich eine Zugkraft auf den Block, entsteht gleichzeitig die Reibungskraft, die der Zugkraft entgegengerichtet ist. Die aktuelle Kraft, die dann der Bewegung entgegenwirkt, ist die resultierende Kraft aus der Reaktionskraft auf die Gewichtskraft und der Reibungskraft. Man bezeichnet meist diese gesamte Widerstandskraft als Reibungskraft und die beiden Komponenten als *Normalkomponente* (Reaktionskraft zur Gewichtskraft) – sie wirkt senkrecht auf die Berührungsfläche – bzw. *Tangentialkomponente* (Reaktionskraft zur Zugkraft) – sie wirkt parallel zur Berührungsfläche (lat. *tangere* = berühren). Für die Reibungskraft gilt daher folgende Gleichung:

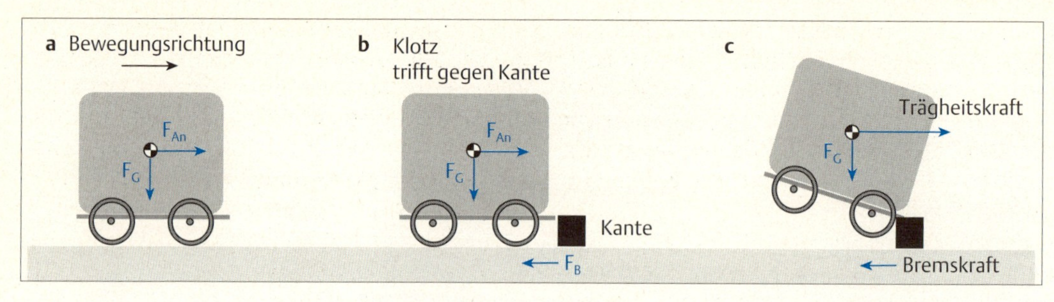


Abb. 6.**14a–c** Kipptendenz durch Abbremsen eines Fahrzeugs.
**a** Ein rollendes Fahrzeug mit im Körperschwerpunkt eingezeichneter Gewichtskraft ($F_G$) und Antriebskraft ($F_{An}$).
**b** Das Fahrzeug fährt gegen eine Kante und wird dadurch plötzlich gestoppt – es wird eine Bremskraft ausgelöst ($F_B$ = Reaktionskraft zur Antriebskraft).
**c** Da die weiter wirkende Trägheitskraft des Fahrzeugs und die Bremskraft auf verschiedenen Ebenen wirken, wird eine Kipptendenz des Fahrzeugs ausgelöst.

$$F_R = \mu * N$$

($F_R$ = Reibungskraft,
$\mu$ = Reibungskoeffizient [materialabhängig],
N = Normalkraft [senkrecht zur Berührungsfläche].)

Der Block bleibt so lange in Ruhe liegen (statische Situation), bis die Zugkraft größer ist als die Summe aller anderen Kräfte, die auf ihn einwirken bzw. ihre Komponenten, die der Zugkraft entgegenwirken. Dann erst wird der Block bewegt, und er geht in einen dynamischen Bewegungszustand über.

In Abb. 6.13b ist weiterhin zu sehen, dass sich die Vektoren der Reaktionskraft zur Blockkante zur Bewegungsrichtung hin verlängern. Dies kommt dadurch zustande, dass durch die Zugkraft auch eine Kipptendenz des Blocks ausgelöst wird. Eine Kipptendenz von Körpern wird auch immer dann ausgelöst, wenn ein Körper durch Reibung aus einer Bewegung abgebremst wird – wenn die Bremskraft der Reibung und die Trägheitskraft des Körpers nicht in einer Ebene liegen (Kap. 8). Das ist dadurch bedingt, dass die Reibung nur an einer Seite des Körpers wirkt (Berührungsfläche), während die Wirkungslinie der Trägheitskraft in Bewegungsrichtung durch den Körperschwerpunkt des Körpers verläuft, und der Körper durch die Trägheitskraft noch eine Bewegungstendenz besitzt. Die wirkenden Kräfte, die außerdem entgegengesetzt gerichtet sind, wirken auf verschiedenen Ebenen des Körpers (Abb. 6.**14**).

Aus dem gleichen Grund besteht auch immer die Gefahr des Kippens, wenn z. B. Rollstühle zu schnell abgebremst werden.

Rollreibung entsteht durch die Deformation der Kontaktstellen zweier Körper. Je weniger sich diese Flächen verformen lassen – je härter sie also sind – , desto geringer ist die Rollreibung. Ein Rad, das aus einem harten Material wie beispielsweise Stahl besteht, eine ebensolche Oberfläche hat und auf einer Stahloberfläche rollt (z. B. ein Eisenbahnrad auf den Schienen) erzeugt eine wesentlich geringere Reibungskraft als ein weiches Gummirad auf matschigem oder sandigem Untergrund.

Reibungskräfte werden auch mechanisch genutzt. So werden die meisten Bremsvorgänge von Fahrzeugen durch Reibungskräfte hervorgerufen und gesteuert. Das ist beim Fahrrad (Gummiklötze bei Felgenbremsen), bei Autos (Trommel- oder Scheibenbremsen), der Eisenbahn bis hin zum rollenden Flugzeug der Fall, bei dem zusätzlich zu den mechanischen Bremsen an den Rädern der Luftwiderstand vergrößert wird. Bei allen diesen Bremsvorgängen wird auch deutlich, dass durch die hohe mechanische Belastung aufgrund der

Reibung ein hoher mechanischer Verlust entsteht; – zusätzlich entstehen mechanische Verlust durch Umwandlung der mechanischen Energie in Wärmeenergie. Mechanische Bremsen müssen regelmäßig gewartet und die Klötze, Scheiben etc. ersetzt werden.

Um die Reibung für eine bessere Bremswirkung zu vergrößern, kann man die Berührungsflächen der sich aneinander bewegenden Körper vergrößern. Ist das nicht möglich, kann man das Material der Oberfläche durch ein anderes mit einem höheren Reibungskoeffizienten ersetzen. Schließlich lässt sich die Wirkung der Normalkraft vergrößern. Dies geschieht beispielsweise dadurch, dass man elastisches Material auf der Oberfläche des sich bewegenden Körpers aufbringt, z. B. gummiähnliche Materialien auf Reifen und Schuhen. Durch den kombinierten Gewichts- und Reibungsdruck beim Bremsen wird das elastische Material auf der Masseseite des bewegten Körpers zusammengedrückt. Um dies auszugleichen, versucht es sich auf der anderen Seite auszudehnen und erhöht dadurch den Druck auf die Bremsfläche. Der Druck ist an der der Bewegungsrichtung zugewendeten Seite am höchsten (siehe oben). Um diesen Effekt weiter auszunutzen, konstruiert man mehrere solcher Kanten quer zur Bewegungsrichtung – , das sind die Profile bei Reifen und Schuhen.

Auf der anderen Seite ist man in der Mechanik häufig daran interessiert, die Reibung zu verringern, um Energie und Material zu sparen und Bewegungsabläufe zu fördern. Dies geschieht, indem man versucht, die Oberflächen der Materialien „glatter" zu machen bzw. härtere Materialien mit glatteren Oberflächen zu verwenden, Gleitreibung durch Rollreibung zu ersetzen (deswegen fahren die meisten Fahrzeuge auf Rädern), die Normalkraft zu verringern oder den Gleitreibungskoeffizienten durch Verringerung der Kontaktfläche (Kufen anstelle der gesamten Fläche) oder durch leichter gleitende Materialien zu verbessern. Ist dies alles nicht möglich oder nicht ausreichend, verwendet man sogenannte Schmiermittel. Dazu eignen sich Flüssigkeiten mit einer hohen Viskosität (Kap. 15) und vor allem auch ölige Stoffe.

Bei den Reifen von Straßenfahrzeugen – das gleiche gilt auch für Schuhsohlen – muss man bedenken, dass zwar einerseits der Gesamtreibungswiderstand gering sein soll, um das Vorwärtskommen zu erleichtern, andererseits aber eine gewisse Reibung notwendig ist, um überhaupt ein Anfahren bzw. Abstoßen zu ermöglichen, und außerdem ein sicherer Halt beim Bremsen gegeben sein muss.

Diese Verfahren zur Verbesserung der Bewegungseigenschaften einerseits sowie der Verringerung der Reibung und damit des Materialverschleißes zwischen festen Körpern, die sich häufig gegeneinander bewegen andererseits, hat die Natur schon seit langem berücksichtigt. Sie hat nämlich die Gelenkflächen der Wirbeltiere – also auch des Menschen – , die die Stellen des Körpers sind, an denen die Teile seines Bewegungssystems aufeinander treffen und sich relativ zueinander bewegen müssen, mit einem nicht zu harten Material (Knorpel) überzogen und überdies die Gelenkspalten mit einer Flüssigkeit (Synovialflüssigkeit) ausgestattet, die als Gleitmittel dient. Die Schmerzhaftigkeit und Bewegungseinschränkungen, die bei zerstörten Knorpelüberzügen entstehen und/oder wenn die Gelenkflüssigkeit nicht in der richtigen Menge oder Konsistenz vorhanden ist, hat schon manchen Patienten in eine physiotherapeutische Praxis geführt.

In manchen Fällen ist es wichtig, dass ein Physiotherapeut seinen Patienten auch in Bezug auf Reibungsverhältnisse beraten kann. Dies ist vor allem für eine richtige Schuhauswahl entscheidend. Das gilt sowohl für ältere Menschen, die unsicher im Gehen sind, als auch für Hobbysportler, die selten wissen, wie sehr geeignetes Schuhwerk und deren Sohlen zur Sicherheit – und dadurch auch zur Freude – beim Sporttreiben beitragen können. (Spitzensportler werden heute in der Regel in diesen Fragen von Sportschuhfirmen beraten.)

Die wesentliche Aufgabe der Schuhsohlen ist es einerseits, genügend Reibung zu erzeugen, damit sie einen sicheren Halt auf dem Boden geben und man nicht ausrutscht. Andererseits darf die Reibung jedoch auch nicht so groß

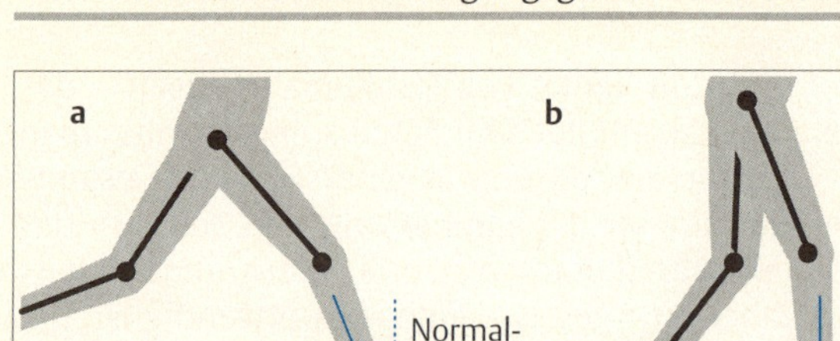


Abb. 6.**15a** u. **b** Das Aufsetzen des Fußes beim Gehen kann je nach Bodenbeschaffenheit variiert werden.
**a** Auf „normalem„ Boden (mit ausreichender Rauigkeit zur Erzeugung einer Reibungskraft) wird der Fuß in einem stumpfen Winkel zum Boden aufgesetzt. Die Gewichtskraft und die „Bewegungskraft", die vom Fuß auf den Boden übertragen werden, lassen sich dann in eine Normal- und eine Tangentialkomponente zerlegen. Letztere muss durch die Reibungskraft kompensiert werden, will man nicht ausrutschen.
**b** Ist der Boden glatt, sodass eine ausreichende Reibungskraft nicht erwartet werden kann, muss versucht werden, durch ein möglichst senkrechtes Aufsetzen des Fußes die Tangentialkomponente möglichst gering zu halten.

sein, dass jegliches Gleiten auf dem Boden verhindert wird, weil dann die Verletzungsgefahr für die Knöchel vor allem bei schnellen Stops und Richtungswechseln – wegen der Trägheit der Körpermasse – sehr groß wird.

Die Wahl der Sohlen hängt zum einen davon ab, ob man im Freien oder in der Halle Sport treibt und natürlich von der Art des Sports, den man ausübt. Für Sportarten im Freien, vor allem im Gelände bei unbekanntem Untergrund sollte man Schuhe mit gutem Profil tragen. Das gilt besonders im Winter. In der Halle braucht man für Spielsportarten ein gewisses Profil unter den Sohlen, das aber wiederum auch mit dem Fußboden zusammenstimmen muss. Das Tennisspielen auf Asche erfordert ein anderes Profil als auf Hartböden. Neue Hallenböden haben in der Regel einen sehr hohen Reibungskoeffizienten.

Im Übrigen kann es durchaus auch sinnvoll sein, älteren Menschen zum alltäglichen Gehen Sportschuhe zu empfehlen, da diese sehr viel mehr für eine günstige Anpassung zwischen Fuß und Boden konstruiert sind.

Bei im Gehen unsicheren Patienten kann es auch sinnvoll sein, mit ihnen zu üben, ihre Gangtechnik unterschiedlichen Bodenverhältnissen anzupassen. Man kann nämlich durch die Art, wie man das Körpergewicht verlagert und den Fuß aufsetzt, Einfluss auf die entstehenden Reibungskräfte nehmen. So setzt man beispielsweise bei Glatteis den Fuß ganz anders auf als auf trockenem Boden (Abb. 6.**15**).

### 6.2.4 Kräfte bei rotatorischen Bewegungen

Bei unseren Körperbewegungen handelt es sich in der Regel um rotatorische oder Kreisbewegungen, bei denen sich Teile des Körpers um Achsen oder Drehpunkte herum bewegen. Es ist deswegen wichtig, die grundlegenden Gesetzmäßigkeiten der Kräfte bei rotatorischen Bewegungen zu kennen.

Wenn wir unsere Hand ausgestreckt halten und jemand einen Stein darauf legt, der zu schwer ist, als dass wir ihn halten könnten, wird unsere Hand in Richtung der Schwerkraft zum Boden gedrückt. Können wir den Stein nicht mehr halten, fällt er von dem Augenblick an, in dem wir ihn loslassen, senkrecht nach unten – entsprechend der Wirkungslinie seiner Gewichtskraft. Unsere Hand aber, die sich auch ihrer Gewichtskraft

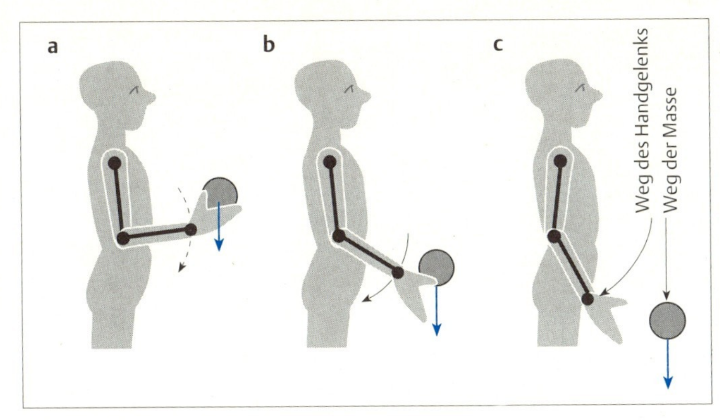


Abb. 6.**16a–c**
**a** In der Hand wird mit angewinkeltem Unterarm eine schwere Kugel gehalten.
**b** Kann der Arm die Kugel nicht mehr halten , drückt die Kugel den Unterarm aufgrund ihrer Gewichtskraft nach unten.
**c** An einem bestimmten Punkt löst sich die Kugel (die Masse) von der Hand, weil sie in senkrechter Richtung weiter fällt, während der Unterarm sich auf einer kreisförmigen Bahn um den Ellenbogen bewegt.

folgend senkrecht zum Boden bewegen müsste, löst sich von dem Stein und beschreibt einen Kreisbogen, bis sie unterhalb des Ellenbogens zum Stillstand kommt (Abb. 6.**16**).

Die Tatsache, dass die Hand nicht zu Boden fällt, sondern am Ellenbogen hängen bleibt, weist schon darauf hin, dass hier innerhalb des Unterarms eine Kraft wirksam ist, die die Gewichtskraft von Unterarm und Hand kompensiert, also als Reaktionskraft wirkt. Dies ist außer durch die Haut, Sehnen und Kapseln, die den Ellenbogen umgeben, durch die starre Verbindung der Hand mit dem Ellenbogen und den Unterarm bedingt. Diese starre Verbindung war auch dafür verantwortlich, dass sich die Hand mit dem Stein nicht senkrecht nach unten, sondern auf dem Kreisbogen in gleichmäßigem Abstand um das Ellenbogengelenk bewegte. Die starre Verbindung zwang also die Hand, von der Wirkungslinie der Kraft abzuweichen, die durch den Stein auf sie wirkte. Das kann nur durch eine zusätzliche Kraft geschehen.

Man bezeichnet diese Kraft, die bei Kreisbewegungen einen Gegenstand zwingt, von seiner durch die Trägheit oder anderen Kräften bedingten geradlinigen Bewegung abzuweichen, als *Zentripetalkraft*. Sie wirkt in Richtung auf den Kreismittelpunkt und in der materialen Verbindung zwischen dem Körper auf der Kreisbahn und der Drehachse.

Diese Zentripetalkraft ruft eine ihr entgegengerichtete Reaktionskraft hervor, die *Zentrifugalkraft*. Auch sie wirkt in der materialen Verbindung zwischen dem Drehpunkt und dem Körper, der sich auf der Kreisbahn bewegt (Abb. 6.**17**).

Lässt man beispielsweise einen Gegenstand an einem Faden um die Hand kreisen, wirken im Faden die Zentripetalkraft und die Zentrifugalkraft. Reißt der Faden, ist die materiale Verbindung zwischen dem Drehpunkt und dem kreisenden Körper aufgehoben. Es kann dann weder die Zentripetalkraft noch die Zentrifugalkraft weiter wirken. In diesem Augenblick wirken außer der Drehbeschleunigung und der Schwerkraft keine Kräfte mehr auf den Gegenstand. Das hat zur Folge, dass er den Bewegungszustand beibehält, den er im Augenblick des reißenden Fadens hat – 1. Bewegungsgesetz von Newton. Nach diesem Gesetz handelt es sich um eine geradlinige Bewegung. Der Gegenstand setzt also seine Bewegung vom Punkt des Fadenreißens aus geradeaus fort und fliegt auf dieser geraden Linie weiter, bis er durch eine andere Kraft,

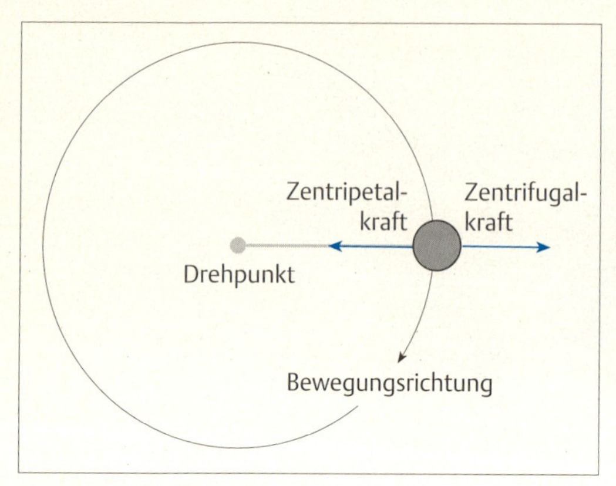


Abb. 6.**17** Kräfte bei einer kreisförmigen Bewegung.

z. B. die Gravitationskraft oder eine Reibungskraft, in einen anderen Bewegungszustand gezwungen wird (Abb. 6.**18**).

Es gilt noch zu überlegen, wann der Faden reißt. Offensichtlich ist dann die Zentrifugalkraft zu groß, als dass ihn die Materie des Fadens kompensieren könnte. Kreist der Gegenstand mit gleichmäßiger Geschwindigkeit um den Drehpunkt, bleiben alle Kräfte gleich und außer einem möglichen Materialverschleiß des Fadens gibt es keinen Grund dafür, dass der Faden reißt. Erhöht man aber die Drehgeschwindigkeit, vergrößert sich auch die Zentripetalkraft, da sie den Gegenstand auf der durch den Faden erzwungenen Kreisbahn halten muss. Dementsprechend erhöht sich auch deren Reaktionskraft, die Zentrifugalkraft, und der Faden reißt, wenn sie größer wird als das Material der Verbindung kompensieren kann.

Es besteht folgender Zusammenhang zwischen Zentripetalkraft (Zentrifugalkraft) und der Drehgeschwindigkeit:

$$F_z = \frac{\text{Masse} * (\text{Geschwindigkeit})^2}{\text{Radius des Kreises}} = \frac{m * v^2}{r}$$

(Es muss darauf hingewiesen werden, dass in diesem Zusammenhang die Geschwindigkeit als lineare Geschwindigkeit – sie wird dann auch als Bahngeschwindigkeit bezeichnet; siehe Kap. 4 – und nicht als Rotationsgeschwindigkeit angegeben wird, wie man das auch erwarten könnte.)

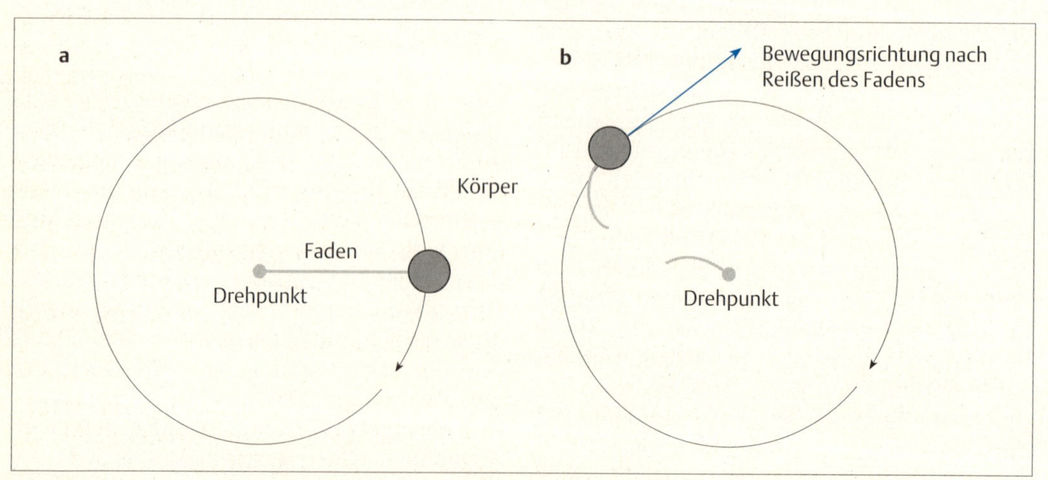


Abb. 6.**18a** u. **b** Wirkung der Zentripetal- und der Zentrifugalkraft.
**a** Ein Körper wird durch die im Faden wirkende Zentripetalkraft auf eine kreisförmige Bewegungsbahn um den Drehpunkt gezwungen.
**b** Nach dem Reißen des Fadens kann die Zentripetalkraft nicht mehr wirken. Der Körper setzt von diesem Augenblick an seine Bewegung in der Richtung geradlinig und gleichmäßig (schnell) fort, die er beim Reißen des Fadens innehatte.

Die Gleichung besagt, dass ein proportionaler Zusammenhang zwischen der Masse des Gegenstandes und der auftretenden Kraft als auch ein proportionaler aber quadratischer Zusammenhang zwischen der Bahngeschwindigkeit und der Zentripetalkraft besteht. Das bedeutet zum einen, die Zentripetalkraft ist umso größer, je schwerer der kreisende Gegenstand ist. Zum anderen erhöht sich die wirkende Kraft mit zunehmender Bahngeschwindigkeit quadratisch, d.h. sie vervierfacht sich, wenn sich die Geschwindigkeit verdoppelt. Weiterhin wird deutlich, dass mit zunehmendem Radius die Zentrifugal- und die Zentripetalkraft abnehmen.

Diese Informationen über die Zusammenhänge der einzelnen Größen sind wichtig, wenn man konstruktiv Bewegungssituationen beeinflussen will.

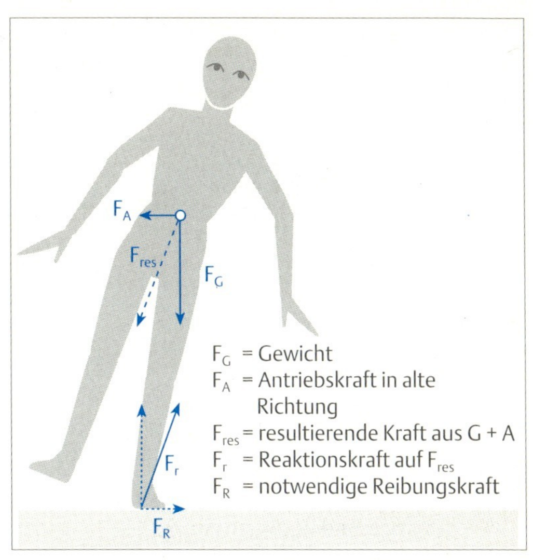


Abb. 6.**19** Kräfte beim Neigen während des Kurvenlaufens.

Die Zentrifugal- bzw. Fliehkraft spielt beispielsweise eine Rolle, wenn wir um eine Kurve laufen oder Fahrzeuge um die Kurve fahren. In diesen Fällen fehlt die materiale Verbindung zwischen dem kreisenden Gegenstand und der Drehachse. Die Reaktionskraft auf die Fliehkraft muss hier also auf andere Weise kompensiert werden. Die einzige materiale Möglichkeit dazu bietet der Boden unter den Füßen (unter dem Fahrzeug). Die Zentrifugalkraft muss also durch die Reibungskraft kompensiert werden. Da aber die Fliehkraft auf den Körperschwerpunkt des Körpers (des Fahrzeugs), also auf einer anderen Wirkungsebene als die Reibungskraft wirkt, entsteht auch eine Kipptendenz nach außen, die beim Laufen, beim Fahrrad- und Motorradfahren deutlich spürbar wird. Auch hier wissen wir aus eigener Erfahrung, dass die Gefahr, „aus der Kurve zu kippen" umso größer ist, je enger die Kurve, d.h. je kleiner der Kurvenradius ist. Diese Kipptendenz wird dadurch kompensiert, dass man ausreichend viel Masse zum Drehzentrum hin verlagert, sodass zum einen der Körperschwerpunkt tiefer gelagert wird und zum Kippen erst angehoben werden müßte (Kap. 7 u. 8). Zum anderen soll dadurch der Kraftvektor zwischen dem Körperschwerpunkt und dem Bodenkontaktpunkt die Resultierende aus der Fliehkraft und der Gewichtskraft des Körpers eine günstigere Angriffsfläche und -richtung für die Reibungskraft bilden (Abb. 6.**19**).

In dieser Situation ist man darauf angewiesen, dass die Reibungskraft am Kontaktpunkt mit dem Boden groß genug ist, sodass dieser schräg nach unten führende resultierende Kraftvektor den Körper nicht zum Rutschen bringt – , bei winterlichen Straßenverhältnissen passiert das leider sehr häufig. Um dem „Nach-außen-Wegrutschen" vorzubeugen, kann man zum einen versuchen, die Reibungskraft an der Kontaktstelle durch rutschfeste Schuhe, rauen Straßenbelag oder Reifenprofile zu erhöhen. Zum anderen kann man durch Neigung der Lauf- oder Fahrbahn den Winkel zwischen resultierendem Vektor und Boden verkleinern, bis im Extremfall ein rechter Winkel entsteht. Das wird beispielsweise bei Radrennbahnen deutlich.

Ist das nicht möglich – z. B. wenn auf Hallenspielflächen beim Rollstuhl-Basketball die Spieler mit relativ hohem Tempo enge Kurven fahren müssen, besteht noch die Möglichkeit, dadurch einen günstigeren Winkel zu erreichen, indem man die Rollstuhlräder schräg am Rollstuhl befestigt (Abb. 6.**20**). Rollstühle für Leistungssportler sind derart konstruiert.

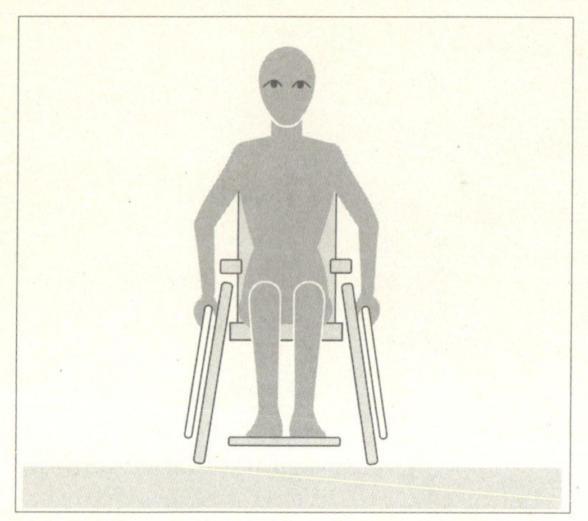

Abb. 6.**20** Schräg gestellte Räder des Rollstuhls bilden günstige Bedingungen für die Haftung der Räder bei schnellem Richtungswechsel.

Zentripetal- und Zentrifugalkräfte, die bei Körperbewegungen durch die Drehbewegungen entstehen, sind bei Alltagsbewegungen in der Regel recht gering und spielen daher für die Aufgaben der Physiotherapeuten nur eine geringe Rolle. Anders sieht dies bei Leistungssportlern aus, vor allem wenn Gegenstände (Fuß- oder Handbälle, Speere, Disken, Hämmer, etc.) mit großen Geschwindigkeiten transportiert werden sollen. Dann kommt es zu hohen Zentrifugalkräften, die durch die Strukturen des Bewegungsapparats (Bänder, Sehnen, Muskeln) kompensiert werden müssen. Kommt noch eine ungünstige technische Ausführung des Bewegungsablaufs hinzu, kann dies zu akuten oder auch chronischen Verletzungen des Bewegungsapparats führen. Hier ist der Physiotherapeut sowohl als Therapeut als auch als Berater zur Vermeidung zukünftiger Verletzungen gefordert.

### 6.2.5 Druck

Häufig – vor allem in der Alltagssprache – werden die Begriffe „Kraft“ und „Druck“ synonym gebraucht. Es ist ja auch so, dass wenn ein Druck ausgeübt wird, eine Kraft wirken muss. In der Mechanik wird zwischen diesen beiden Begriffen in der Weise unterschieden, dass der Druck die Kraft bezeichnet, die auf einer bestimmten Fläche wirkt. Es wird beim Druck also die Fläche berücksichtigt, auf der eine Kraft wirksam wird. Druckmessungen sind daher immer auf die Fläche bezogen, auf die bestimmte Teilkräfte wirken.

Als Druck wird das Verhältnis (Quotient) der Kraftkomponente senkrecht zur Größe der Fläche bezeichnet:

$$\text{Druck} = \frac{\text{Kraft}}{\text{Fläche}}, \quad P_{(pressure)} = \frac{F_{(force)}}{A_{(area)}}$$

Der Druck wird in *Pascal (*Pa [N/m²]) gemessen. (Die Dimension „bar“ steht für $10^5$ Pa.)

Aus der Gleichung lässt sich ableiten, dass der Druck abnimmt, wenn die Fläche auf die er wirkt, größer wird. Er nimmt zu, wenn sich die Fläche verkleinert. Dieses Prinzip wurde bereits bei der Reaktionskraft (Reaktionskraft einer Eisfläche) erwähnt.

Über die Flächenwirkung des Drucks lassen sich Kräfte verteilen (siehe Beispiel Eisfläche) oder auch konzentrieren, wie das bei einem Beil geschieht, bei dem die Kraft des herabschwingenden Beils auf die schmale Fläche der Schneide konzentriert wird, wodurch eine sehr viel größere Wirkung erzielt werden kann.

Druckwerte werden in der Biomechanik bei Druckmessungen unter den Fußsohlen (Druckverteilung) zur Analyse der statischen und dynamischen Verhältnisse beim Stehen und Gehen erhoben (Abb. 6.**21**).

Auch bei auf Gelenke wirkenden Kräften wird gelegentlich von Druck gesprochen, weil dabei Kräfte zwischen Gelenkflächen wirksam werden. Dies kann jedoch auch missverstanden werden, weil der Druck in Gelenken sich beispielsweise auch durch Änderungen der Gelenkflüssigkeit ergeben kann. So kann sich dann ein hydrostatischer Druck bilden, der nicht durch die äußeren Kräfte bewirkt wird. Um hier Missverständnisse zu vermeiden, sollte man bei den Folgen von Kräften, die von außen auf das Gelenk einwirken (Lasten,

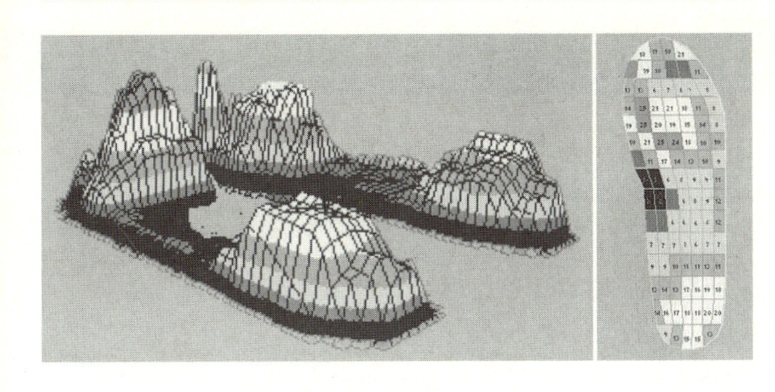

Abb. 6.**21** Gemessene Druckverteilung unter dem Fuß (Pedar-System von Novel)

Muskelzüge) nur von Kräften (z. B. Kompressionskräften) sprechen.

Druckverhältnisse werden in der Biomechanik vor allem bei Bewegungen im Wasser und in der Luft untersucht.

# 7 Körperschwerpunkt

## 7.1 Konzept des Körperschwerpunktes

Für das Berechnen von mechanischen Größen ist es manchmal zweckmäßig, wenn man das Verhalten (z. B. eine bestimmte Bewegung) eines ausgedehnten Körpers (z. B. eines Würfels) durch das Verhalten eines einzelnen Punktes beschreiben kann –, wenn beispielsweise eine Kraft auf den Körper wirkt und ihn in Bewegung setzt. Das mechanische Verhalten dieses Punktes muss dann natürlich repräsentativ für das mechanische Verhalten des gesamten Körpers sein.

Ein solcher repräsentativer Punkt eines Körpers ist sein *Körperschwerpunkt* oder *Massenmittelpunkt*. Man kann sich diesen Körperschwerpunkt oder Massenmittelpunkt am besten vorstellen, wenn man sich den ganzen Körper aus sehr vielen kleinen einzelnen Teilchen zusammengesetzt denkt (Abb. 7.**1**), z. B. seinen Molekülen oder Atomen, die miteinander starr verbunden sind. Jedes dieser einzelnen kleinen Teilchen besitzt dann ein eigenes Gewicht, weil eine Gewichtskraft darauf wirkt.

Nimmt man zwei dieser kleinen Teilchen, die zunächst gleich schwer sein sollen, und will sie an einem Faden so aufhängen oder so auf eine Nadel stecken, dass beide nebeneinander auf gleicher Höhe (waagerecht) im Gleichgewicht hängen, ist es einleuchtend, dass man den Faden bzw. die Nadelspitze genau in der Mitte zwischen den beiden Teilchen befestigen muss. (Befestigt man den Faden bzw. die Nadel nicht genau in der Mitte, werden die beiden Teilchen nicht waagerecht nebeneinander hängen, sondern das Teilchen, das sich dichter am Faden (Nadel) befindet, wird etwas höher hängen. Warum das so ist, wird in Kap. 8 erklärt.)

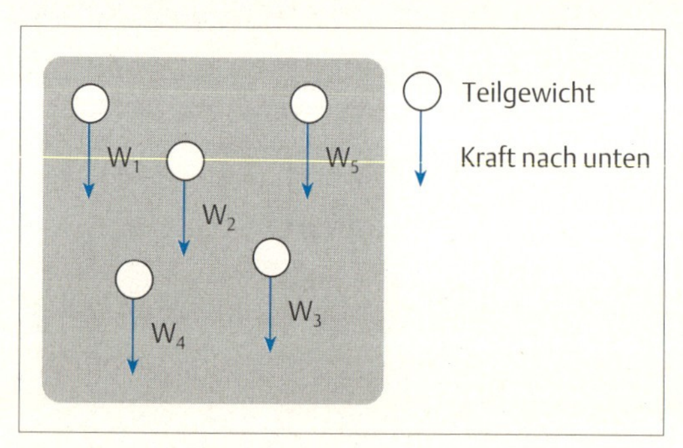


Abb. 7.**1** Einzelne Massenpunkte eines Körpers mit ihren Teilgewichten (Schwerkraftvektoren).

Nimmt man drei Teilchen, die nebeneinander liegen, muss der Faden am mittleren Teil befestigt werden, bei vier Teilchen in einer Reihe wieder in der Mitte. Dabei müssen dann jeweils rechts und links des Fadens zwei Teilchen hängen. Sind die vier Teilchen im Viereck angeordnet, muss man den Faden bzw. die Nadelspitze in der Mitte des Vierecks befestigen. Man kann natürlich auch oben und unten Teilchen hinzufügen, es müssen nur immer auf jeder Seite des Aufhängepunktes gleich viele sein, wenn der ganze Teilchenkörper im Gleichgewicht bleiben soll.

Man kann sich jetzt weiter vorstellen, wo jeweils der Faden befestigt werden muss, wenn man immer mehr Teilchen hinzufügt, bis der ganze Würfel zusammengesetzt ist. Dabei ist allerdings zu berücksichtigen, dass der Faden nicht einfach „oben“, sondern im Körper selbst angeheftet werden muss, sodass sich wirklich in allen Richtungen – auch oben und unten – jeweils gleich viele Teilchen befinden, und daher der Würfel immer nach allen Bewegungsrichtungen im Gleichgewicht ist (Abb. 7.**2**). Wir haben dann den Faden im

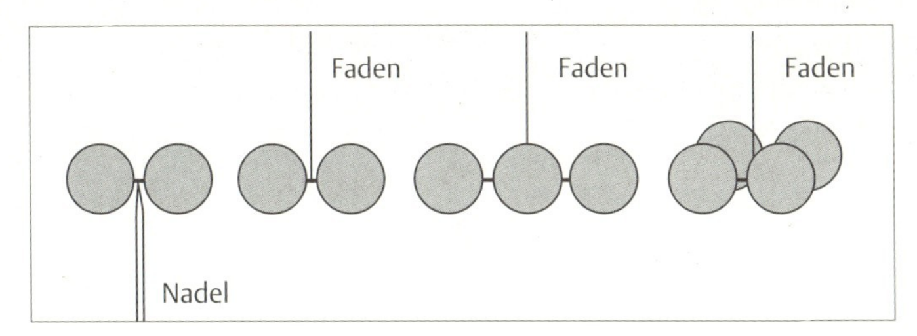


Abb. 7.2 Lage des gemeinsamen Massenmittelpunktes (Angriffspunkt des gemeinsamen Schwerkraftvektors = Körperschwerpunkt) bei unterschiedlicher Anordnung einzelner Teile.

Körperschwerpunkt oder Massenmittelpunkt befestigt.

## 7.2 Bestimmung der Lage des Körperschwerpunktes

Will man zwei Teilchen, die zwar nicht gleich schwer, aber auch starr miteinander verbunden sind, auf die gleiche Weise an einem Faden aufhängen oder auf eine Nadelspitze stecken, sodass beide Teilchen gerade im Gleichgewicht nebeneinander hängen, dann müssen der Faden bzw. die Nadelspitzen mehr in die Nähe des schwereren Teilchens rücken. Der Punkt lässt sich genau bestimmen, weil das Produkt von Masse und Entfernung vom Aufhängepunkt auf beiden Seiten gleich sein muss:

$$m_{rechts} * d_{rechts} = m_{links} * d_{links}$$

(m = Masse;
d = Abstand vom Aufhängepunkt.)

Das gleiche Prinzip gilt auch wieder für beliebig viele Teilchen mit unterschiedlichem Gewicht: Das Produkt von Masse und Abstand muss für alle Teilchen vom Körperschwerpunkt gleich sein. Insgesamt muss die Summe dieser Produkte Null ergeben, wenn man zu den Abständen jeweils das Vorzeichen für die Richtung des Abstands hinzufügt (Abb. 7.3).

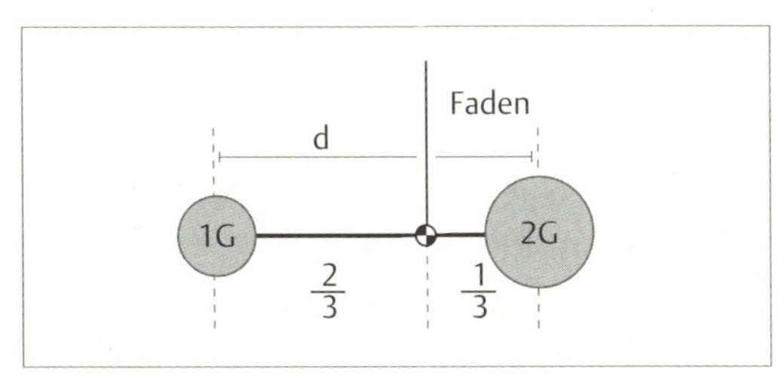


Abb. 7.3 Bestimmung des gemeinsamen Körperschwerpunktes bei Teilen mit unterschiedlichem Gewicht (G = Gewicht, d = Abstand).

$$\Sigma (m * d) = 0$$

Muss man für eine mechanische Analyse diesen Körperschwerpunkt konstruieren, kann man sich das so vorstellen, als wenn man die resultierende Gewichtskraft für alle Teilchen des Körpers konstruiert, wie das bei der Konstruktion eines resultierenden Vektors gezeigt wurde (Kap. 5.2). Der Angriffspunkt des resultierenden Vektors ist dann die „gewogene Mitte" („mittlerer Wert" von [Abstand * Gewicht der Teilchen] aller Teilchen).

Bei Körpern, die aus einem homogenen Material bestehen und eine gleichmäßige Form haben (z. B. Kugel oder Würfel) ist dieser Körperschwerpunkt sehr leicht zu bestimmen. Er liegt genau in der Mitte des Körpers. Mathematisch kann man den Körperschwerpunkt dadurch berechnen, dass man tatsächlich alle winzig kleinen Teilchen zusammenzählt – man integriert über alle Teilchen des Körpers – und teilt die Summe durch das Gewicht des Körpers, d.h. durch das mit dem spezifischen Gewicht (Kap. 15) des Körpers multiplizierte Volumen des Körpers bezüglich jeder der drei Raumdimensionen.

Bei Körpern aus inhomogenem Material und/oder mit unregelmäßiger Form kann man den Körperschwerpunkt experimentell bestimmen, indem man eine Form des oben beschriebenen „Aufhängens" anwendet. Da man den Faden aber im allgemeinen nicht im Mittelpunkt des Körpers befestigen kann, befestigt man ihn an irgendeiner Stelle des

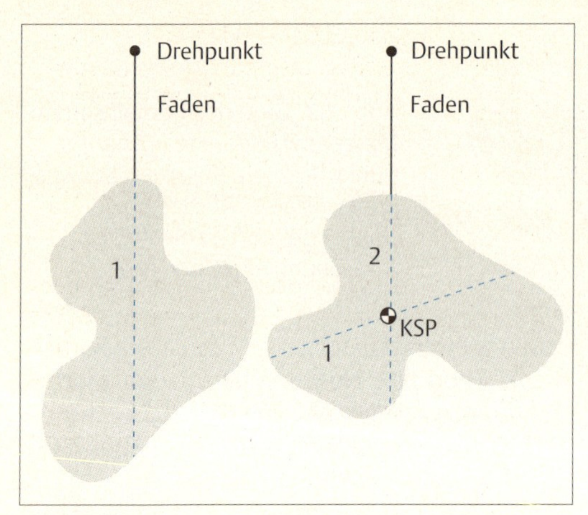


Abb. 7.**4** Bestimmung des Körperschwerpunktes in zwei Dimensionen eines unregelmäßig geformten Körpers mithilfe der „Aufhängemethode" (KSP = Körperschwerpunkt).

Körpers und hängt den Körper auf. Der Körper dreht sich dann aufgrund seiner Massenverteilung so, dass rechts und links von der Verlängerung des Fadens gleiche Massenteile hängen. (Man kann das auch folgendermaßen ausdrücken: Bei einem Körper, der so aufgehängt ist, dass er frei um den Aufhängepunkt rotieren kann, liegt der Körperschwerpunkt immer senkrecht unterhalb des Aufhängepunktes –, bei der Besprechung des Gleichgewichts wird dieser Fall noch einmal erwähnt). Man zeichnet also in Verlängerung des Aufhängefadens eine Linie auf dem Körper auf. Anschließend befestigt man den Faden an einer anderen Stelle des Körpers und hängt den Körper wieder auf. Der Körper dreht sich dann wieder in eine solche Lage, dass sich auf beiden Seiten der Verlängerung des Fadens gleiche Massenanteile finden (Abb. 7.**4**). Man zeichnet auch diese Linie auf dem Körper ein. Im Schnittpunkt der beiden eingezeichneten Linien liegt der Körperschwerpunkt – , aber nur in zwei Dimensionen. Meist reicht es jedoch aus, wenn man von diesem Schnittpunkt die dritte Dimension abschätzt, also die Richtung in den Körper hinein. Für eine genaue Bestimmung des Körperschwerpunktes in drei Dimensionen, z. B. für eine exakte Bewegungsanalyse, ist dieses Verfahren aber zu ungenau.

Ebenso wie die Aufhängemethode kann man auch ein der „Nadelmethode" ähnliches Verfahren zur Bestimmung des Körperschwerpunktes in ein oder zwei Dimensionen verwenden. Man bildet dabei eine Art Waage, bei der wiederum ausgenutzt wird, dass sich auf allen Seiten des Schwerpunktes gleich schwere Massen befinden müssen, wenn die Waagekonstruktion im Gleichgewicht sein soll (Abb. 7.**5**).

Die Tatsache, dass viele unterschiedliche Methoden zur Bestimmung des Körperschwerpunktes entwickelt worden sind, ist ein Zeichen für die große Bedeutung, die der Körperschwerpunkt für die Analyse von Bewegungen hat. Wir werden nämlich sehen, dass die Wirkung, die eine Kraft auf einen Körper ausübt, davon abhängt, an welcher Stelle bezüglich

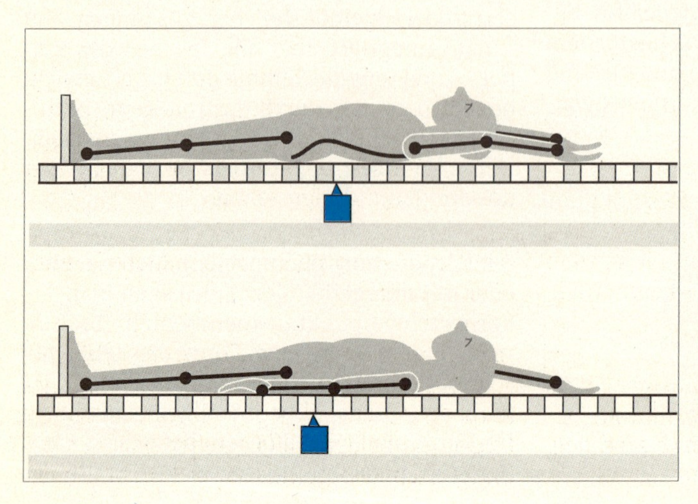

Abb. 7.**5** Bestimmung des Körperschwerpunktes in zwei Dimensionen mit Hilfe der „Waagemethode„: Bei Verlagerung eines Armes von der Überkopfhalte zur Seithalte verschiebt sich der Drehpunkt der Waage. (Der Drehpunkt ist durch den kleinen blauen Pfeil unter der Liegefläche gekennzeichnet.)

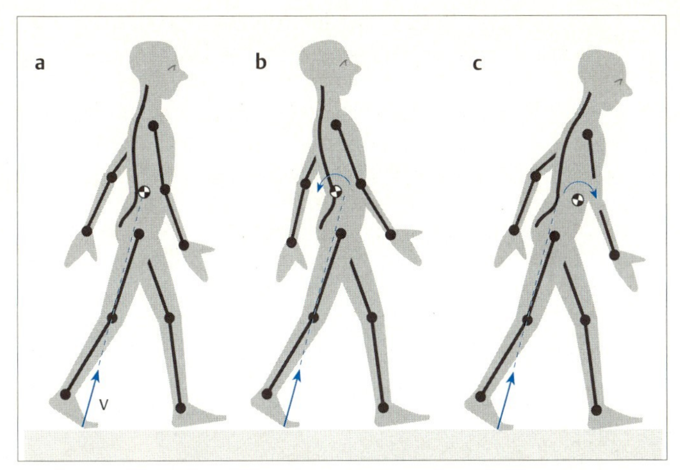


Abb. 7.**6a–c** Wirkung des Abstoßvektors (v), der vom Boden nach schräg vorne-oben zeigt, beim Gehen.
**a** Der Abstoßvektor trifft auf den Körperschwerpunkt und ein Vorwärtsgehen ist möglich.
**b** Der Abstoßvektor verläuft vor dem Körperschwerpunkt und bewirkt eine Rückwärtsdrehtendenz des Körpers.
**c** Der Abstoßvektor verläuft hinter dem Körperschwerpunkt und bewirkt eine Vorwärtsdrehtendenz des Körpers.

seines Schwerpunktes sie auf den Körper einwirkt. Wir hatten beispielsweise gesehen, dass bei dem Stoß, den Felix den Blöcken auf dem Eis gibt (Kap. 5.1), immer dann, wenn der Stoß den Block in seiner Mitte traf, der Block losrutschte, ohne sich zu drehen. Traf der Stoß den Block dagegen nicht in der Mitte, begann sich der Block zu drehen. Traf der Stoß die Mitte der Blöcke, lag auf seiner Wirkungslinie – wie wir jetzt wissen – der Körperschwerpunkt.

Eine wichtige Rolle spielt die Lage des Massenmittelpunktes bzw. Körperschwerpunktes für die Stabilität der Lage eines Körpers bzw. seines Gleichgewichts. Das gilt auch für den menschlichen Körper. Wir werden uns mit dieser Problematik in Kap. 9 ausführlich beschäftigen.

Aber auch bei der Fortbewegung, wie z. B. beim Gehen des Menschen ist die Lage des Körperschwerpunktes beim Abstoß des hinteren Fußes für den Erfolg des Gehens wichtig. Liegt der Körperschwerpunkt nämlich hinter der Linie (der sogenannten *Kraftwirkungslinie*), auf der der Vektor der Abstoßkraft wirkt und die durch die Abstoßkraft des Fußes erzeugt wird, kann man nicht vorwärts gehen – , es entsteht vielmehr eine Tendenz, rückwärts zu fallen.

Befindet sich der Körperschwerpunkt zu weit vor der Wirkungslinie der Abstoßkraft, besteht die große Gefahr, nach vorne zu fallen. Nur wenn die Wirkungslinie der Abstoßkraft auf den Körperschwerpunkt trifft, der leicht vor dem Fußabdruckpunkt liegen muss, ist ein Vorwärtsgehen möglich (Abb. 7.**6**).

Wir können aus diesen Beispielen folgern, dass immer wenn eine Kraft auf einen Körper einwirkt und die Kraftwirkungslinie nicht durch den Körperschwerpunkt verläuft, eine Drehtendenz des Körpers ausgelöst wird. Die Kraft erzeugt dann ein *Drehmoment* des Körpers. In Kap. 8 werden wir uns näher mir diesem Drehmoment beschäftigen.

Im folgenden wollen wir uns überlegen, wie wir den Massenmittelpunkt eines Körpers finden können, der – wie der menschliche Körper – nicht aus einem gleichmäßigen Stück, sondern aus mehreren Teilen besteht, die nicht starr, sondern beweglich miteinander verbunden sind.

Schauen wir uns erst einmal zwei miteinander verbundene Blöcke an, die zunächst gleich groß und gleich schwer sein sollen. Wir wissen, dass der Körperschwerpunkt jedes einzelnen dieser Blöcke in deren Mitte liegt. Die Frage ist: Wo liegt der gemeinsame Körperschwerpunkt der beiden miteinander verbundenen Böcke?

Das ist nicht schwer zu sagen, denn das ist genauso wie bei den einzelnen Teilchen eines Körpers, die wir zu Beginn betrachtet haben. Liegen die beiden Blöcke nebeneinander, befindet sich der gemeinsame Körperschwer-

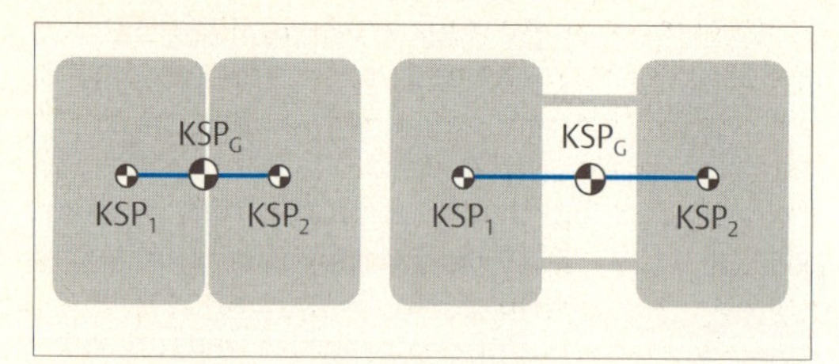


Abb. 7.**7** Bestimmung des gemeinsamen Körperschwerpunktes zweier nebeneinander liegender gleich schwerer Körper, deren Einzelkörperschwerpunkte bekannt sind ($KSP_G$ = gemeinsamer Körperschwerpunkt).

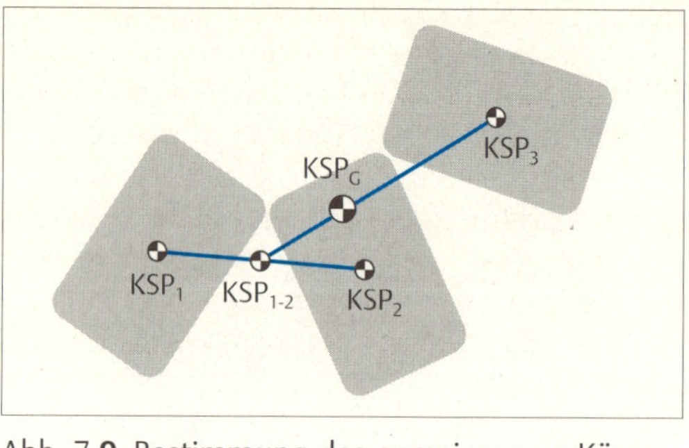


Abb. 7.**9** Bestimmung des gemeinsamen Körperschwerpunktes dreier gleich schwerer Körper, deren Einzelkörperschwerpunkte bekannt sind.

punkt genau zwischen ihnen, genauer gesagt: in der Mitte der Verbindungslinie zwischen den beiden Körperschwerpunkten der einzelnen Blöcke – , der gemeinsame Körperschwerpunkt muss nicht innerhalb eines der Blöcke liegen (Abb. 7.**7**).

Enthält die Verbindung zwischen den beiden Blöcken ein Gelenk, spielt das für die Bestimmung des gemeinsamen Körperschwerpunktes keine Rolle. Er liegt immer in der Mitte auf der Verbindungslinie zwischen den beiden einzelnen Blöcken; wo der dann liegt, kann allerdings – in Abhängigkeit von der Lage der beiden Blöcke – unterschiedlich sein. Auch die Form der Blöcke spielt keine Rolle, solange sie gleich schwer sind (Abb. 7.**8**).

Sind die beiden Blöcke oder Körper, deren gemeinsamer Massenmittelpunkt bestimmt werden soll, nicht gleich schwer, müssen wir wieder so verfahren wie mit den oben erwähnten Teilchen des Körpers, die auch nicht gleich schwer waren. Denn es gilt hier genau wie dort, dass „Abstand * Gewicht" – in diesem Fall nicht der Teilchen, sondern der Körperschwerpunkte der einzelnen Blöcke oder Körper – auf allen Seiten des gemeinsamen Körperschwerpunktes gleich groß sein müssen. Ist also der eine Körper doppelt so schwer wie der andere, liegt der gemeinsame Körperschwerpunkt nicht in der Mitte der Verbindungslinie zwischen den Körperschwerpunkten der beiden einzelnen Körper, sondern doppelt so weit entfernt vom Schwerpunkt des leichteren wie von dem des schwereren Körpers (Abb. 7.3).

Auf die gleiche Weise können wir auch den gemeinsamen Massenmittelpunkt von drei Körpern konstruieren. Wir müssen nur wieder die Körperschwerpunkte der einzelnen Körper miteinander verbinden und sozusagen deren Mitte bestimmen. Man geht dabei so vor, dass man erst den gemeinsamen Körperschwerpunkt von zwei Teilkörpern bestimmt. Diesen gemeinsamen Teilkörperschwerpunkt verbindet man mit dem des dritten Teils. Auf dieser Verbindungslinie bestimmt man dann entsprechend den Teilgewichten den Gesamtkörperschwerpunkt. Dies ist auf der einen Seite das Gewicht der beiden schon verbun-

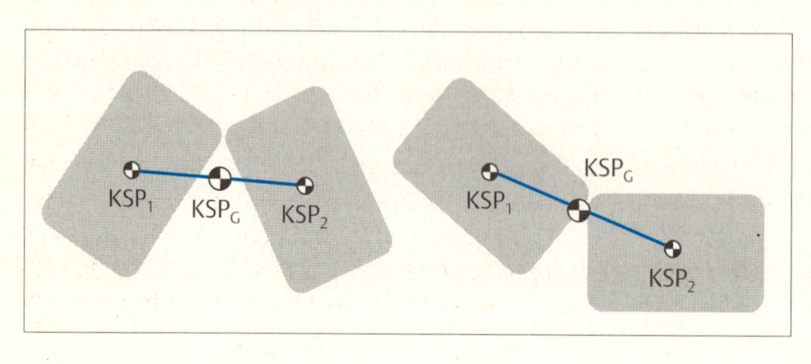


Abb. 7.**8** Bestimmung des gemeinsamen Körperschwerpunktes zweier miteinander verbundener Körper bei unterschiedlicher Stellung der Körper zueinander.

denen Teilkörper, auf der anderen Seite das Gewicht des dritten Teilkörpers (Abb. 7.**9**). Mit diesem Verfahren kann man den gemeinsamen Körperschwerpunkt von beliebig vielen, auch unterschiedlich schweren Teilkörpern konstruieren, wenn man ihr relatives Gewicht (Gewicht des Teilkörpers bezogen auf das Gewicht des gesamten Körpers) sowie die Lage der Teilkörperschwerpunkte kennt.

Für die Analyse der Bewegungen des Menschen benötigen wir häufig die Kenntnis über die Lage des Gesamtkörperschwerpunktes seines Körpers. Für dessen Berechnung kann man sich folgendes zunutze machen, wenn man ein kinematografisches Aufnahmesystem verwendet. Man kann nämlich die Koordinaten der Teilkörperschwerpunkte sowie ihrer Bewegung im Raum mit den Methoden bestimmen, die im Kap. 4 beschrieben wurden. Voraussetzung ist allerdings, dass man sowohl die Lage der Teilkörperschwerpunkte innerhalb der Körperteile als auch die relativen Gewichte der Körperteile kennt.

Wenn wir also die Bewegungen von Menschen analysieren und z. B. herausfinden wollen, wie sein Körper auf Kräfte reagiert, die auf ihn einwirken, dann müssen wir wissen, wo der Gesamtkörperschwerpunkt liegt. Um diese Lage zu ermitteln, müssen wir die Lage der Teilkörperschwerpunkte der einzelnen Körperteile sowie die relativen Gewichte der Körperteile kennen.

Bevor wir uns genauer mit der Berechnung dieses Gesamtkörperschwerpunktes beschäftigen, wollen wir einige intuitive Überlegungen zur Lage dieses Gesamtkörperschwerpunktes anstellen.

Wir haben in der Regel ein „Gefühl" dafür, wo sich unser Gesamtkörperschwerpunkt befindet, nämlich wenn wir ruhig stehen, „irgendwo in der Mitte" zwischen Bauchnabel und Leiste. Wir wissen jetzt, dass dann die Summe aus allen Teilgewichten von allen Massenteilen des Körpers multipliziert mit ihrer Entfernung von diesem Gesamtkörperschwerpunkt gleich Null sein muss. Wenn wir aus der Stellung des ruhigen Standes einen Körperteil, z. B. einen Arm, nach vorne bewegen, vergrößert sich sein Abstand vom ursprünglichen Gesamtkörperschwerpunkt. Da aber die Summe aus „Teilgewichte * Abstand" immer gleich bleiben – immer gleich Null – sein muss, muss der Gesamtkörperschwerpunkt dem einen Körperteil folgen, wenn auch nur so viel, wie das Teilgewicht des Armes bezüglich des gesamten Körpergewichts beträgt (Abb. 7.5). Auf diese Weise verschiebt sich unser Körperschwerpunkt ständig in Abhängigkeit von der Körperstellung, die wir gerade einnehmen.

Dies ist das Prinzip eines Viel-Teile-Systems, bei dem die einzelnen Teile starr und miteinander verbunden sind und das ganze System beweglich ist:

**! Merke:** Der Gesamtkörperschwerpunkt bewegt sich entsprechend der räumlichen Anordnung der einzelnen Teilkörper und deren anteilmäßigem Gewicht am Gesamtkörpergewicht.

## 7.3 Konstruktion des Gesamtkörperschwerpunktes des menschlichen Körpers

Nicht immer gelingt es jedoch, die Lage des Gesamtkörperschwerpunktes des *Viel-Teile-Systems menschlicher Körper* auf diese intuitive Weise genau genug zu bestimmen, sodass er konstruiert werden muss. Zu diesem Zweck gehen wir von einem „Endteil" aus und beziehen dann einen Körperteil nach dem anderen mit ein. Beim menschlichen Körper geht man also vom Fuß oder von der Hand aus und arbeitet sich von distal nach proximal voran.

Wir wollen mit dem Fuß beginnen. Zuerst verbinden wir den Teilkörperschwerpunkt des Fußes mit dem des Unterschenkels, und zwar für beide Beine getrennt. Die Verbindungslinie zwischen jeweils beiden Körperteilen teilen wir dann entsprechend den Teilgewichten von Fuß und Unterschenkel, bezogen auf das gesamte Körpergewicht. Das Gewicht des Fußes beträgt ca. 2%, das des Unterschenkels ca. 5% des Gesamtkörpergewichts. Wir teilen also die Verbindungsstrek-

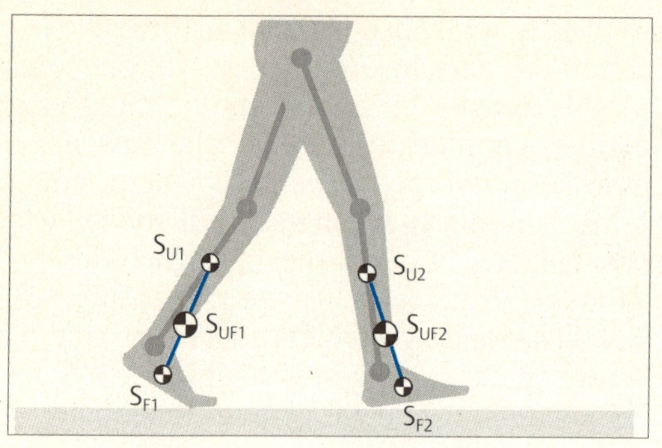


Abb. 7.**10a** Bestimmung des Körperschwerpunktes eines Menschen beim Gehen; hier: Bestimmung des gemeinsamen Schwerpunktes von Fuß und Unterschenkel.

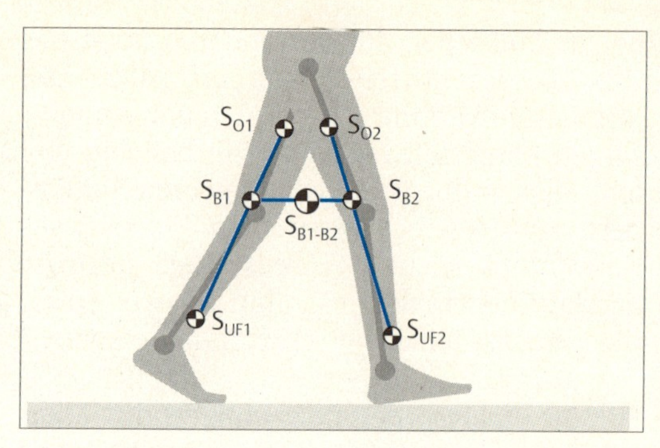


Abb. 7.**10b** Bestimmung des Körperschwerpunktes eines Menschen beim Gehen; hier: Bestimmung des gemeinsamen Körperschwerpunktes der Beine..

ke zwischen den Teilkörperschwerpunkten Fuß – Unterschenkel in sieben gleich große Teile (Durchführung siehe Anhang D) und zeichnen den gemeinsamen Schwerpunkt im Abstand zweier dieser Teile vom Teilkörperschwerpunkt des Unterschenkels auf dieser Linie ein (Abb. 7.**10**).

Als nächstes muss nun der gemeinsame Teilkörperschwerpunkt des ganzen Beines – also unter Einbeziehung des Oberschenkels – konstruiert werden. Der Oberschenkel besitzt ca. 12% des Gesamtkörpergewichts. Daher muss man den Teilkörperschwerpunkt von Fuß + Unterschenkel mit dem des Oberschenkels verbinden. Die resultierende Gerade wird folgendermaßen geteilt:

12 (Oberschenkelteilgewicht) + 7 (Teilgewicht Unterschenkel und Fuß) = 19 gleich große Teile.

Beim siebten Teilstrich vom Oberschenkelschwerpunkt aus gezählt, liegt dann der gemeinsame Teilkörperschwerpunkt für das ganze Bein. Dies führt man für beide Beine durch und konstruiert dann nach dem gleichen Verfahren – beide Beine sind in der Regel gleich schwer, also nimmt man genau die Mitte der Verbindungslinie – den gemeinsamen Teilkörperschwerpunkt beider Beine (Abb. 7.**11**).

Ebenso verfährt man, um die Teilkörperschwerpunkte der Arme, des Kopfes und des Rumpfes zu finden. Aus den Teilkörperschwerpunkten der Gliedmaßen und dem von Kopf und Rumpf konstruiert man dann den Gesamtkörperschwerpunkt, indem man immer einen neuen Teilkörperschwerpunkt mit einbezieht, bis alle Teile des Körpers berücksichtigt wurden. Dieses Verfahren lässt sich zur zwei- und dreidimensionalen Analyse, also auch für die dreidimensionale (räumliche) Bestimmung des Gesamtkörperschwerpunktes einsetzen.

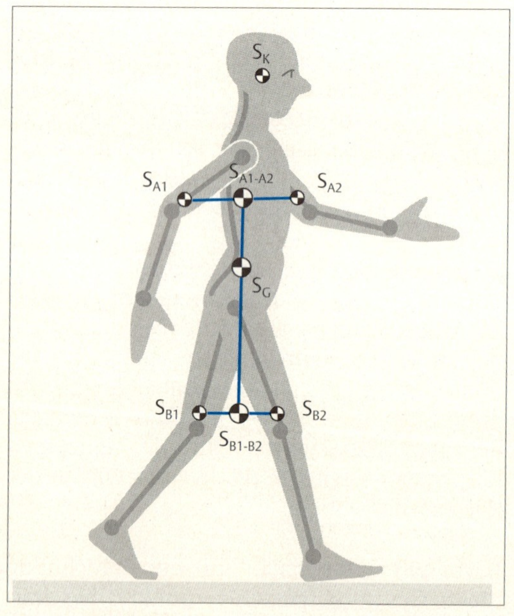


Abb. 7.**11** Bestimmung des Gesamtkörperschwerpunktes eines Menschen beim Gehen.

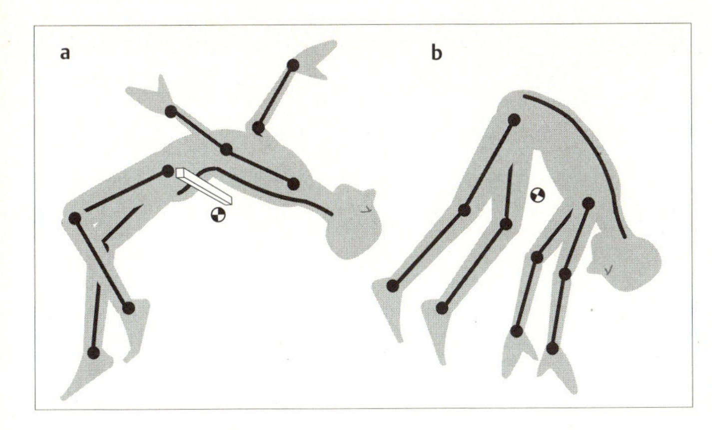


Abb 7.**12** Ausnutzen des Phänomens, dass der Gesamtkörperschwerpunkt zur Überwindung größerer Höhen nicht innerhalb des Körpers liegen muss, z.B. beim Fosburyflop (a).

Hat man den Vorgang einmal Stück für Stück durchgeführt, gewinnt man ein gutes Gefühl dafür, wo sich der Körperschwerpunkt bei unterschiedlichen Körperstellungen ungefähr befindet. Er muss durchaus nicht im Körper selbst liegen. Diese Tatsache wird beispielsweise im Sport genutzt, denn z. B. beim Hochsprung muss zwar der Körper über die Latte gebracht werden, aber der Körperschwerpunkt, auf den die Absprungbeschleunigung wirkt, kann durchaus unter der Latte hindurch geführt werden – , es ist ja kein echter Massenpunkt. Bei einer solchen Technik muss natürlich weniger Kraft aufgebracht werden als wenn der Körperschwerpunkt über die Latte gebracht werden muss (Abb. 7.**12**).

Die Angaben für die relativen Gewichte der einzelnen Körperteile sind aus gutem Grund als Zirkawerte angegeben, da sie nicht ganz exakt und auch nicht bei jedem Menschen genau gleich sind. Das Gleiche gilt für die Lage der Teilkörperschwerpunkte der einzelnen Körperteile, die wir hier als bekannt vorausgesetzt hatten. Es soll an dieser Stelle etwas zu deren Bestimmung gesagt werden.

Man kann sich leicht vorstellen, dass diese Werte sehr schwer zu bestimmen sind, da wirklich die Teile einzeln gewogen und in Beziehung zum Gesamtgewicht des Körpers gesetzt werden müssen. Das kann man natürlich nicht am lebenden Menschen durchführen. Aus diesem Grund wurden mit Beginn der Bewegungsforschung etwa um die letzte Jahrhundertwende, die sich schon damals zu Zwecken der Rehabilitation mit den Gesetzen des Gehens beschäftigte, in verschiedenen Laboratorien Leichen vermessen und gewogen, um so die Teilgewichte und Teilkörperschwerpunkte zu bestimmen. Es mussten natürlich sehr viele Körper auf diese Weise vermessen werden, um Werte zu erhalten, die im „Großen und Ganzen" für jeden Menschen verwendet werden können. Das ergab zunächst grobe Anhaltswerte, die ausreichen, um eine Vorstellung über die Verhältnisse am menschlichen Körper zu geben. Für die physiotherapeutische Ausbildung sind diese Werte zur Schaffung eines Überblicks ausreichend genau.

Es liegen aber inzwischen genauere Daten vor, die beispielsweise auch mehr dem Körperbau unterschiedlicher Menschen angepasst werden können. Um sie zu erhalten, ist jedoch ein größerer Rechenaufwand notwendig, weil unter anderem anthropometrische Daten und mathematische Näherungsverfahren verwendet werden. Entsprechende Tabellen und die Rechenvorschriften sind in manchen Büchern über Biomechanik zu finden. Meist werden für die Teilgewichte Werte angegeben, bei denen die Prozentbewertung bereits eingeschlossen ist. Die angegebenen Werte sind dann lediglich mit dem Körpergewicht der Person zu multiplizieren, für den die Teilgewichte berechnet werden sollen (Tab. 7.**1**).

In diesen Tabellen sind außer den Werten für die Teilgewichte auch die statistisch mittleren Werte für die Lage der Teilkörperschwer-

Tabelle 7.1 Teilgewichte der Körperteile und Orientierungspunkte für die Teilkörperschwerpunkte

| Körperteil | Teilgewicht [%] | Faktor (D) (schwer) | Faktor (D) (leicht) | Faktor (B) Frau | Faktor (B) Mann | Abstand TKSP (%) |
|---|---|---|---|---|---|---|
| Kopf | 7 | – | – | 0,0812 | 0,0672 | – |
| Rumpf | 43 | 0,488 | 0,518 | 0,4390 | 0,4630 | 60,4[1] |
| Oberarm | 3 | 0,033 | 0,030 | 0,0260 | 0,0265 | 43,6 |
| Unterarm | 2 | 0,015 | 0,016 | 0,0182 | 0,0182 | 43,0 |
| Hand | 1 | 0,004 | 0,006 | 0,0055 | 0,0070 | 50,6 |
| Unterarm + Hand | 3 | 0,020 | 0,022 | – | – | 67,7[2] |
| Oberschenkel | 12 | 0,148 | 0,129 | 0,1289 | 0,1221 | 43,3 |
| Unterschenkel | 5 | 0,045 | 0,048 | 0,0434 | 0,0465 | 43,3 |
| Fuß | 2 | 0,011 | 0,015 | 0,0129 | 0,0146 | 42,9 |
| Unterschenkel + Fuß | 7 | 0,055 | 0,063 | – | – | 43,4 |
| Ganzes Bein | 19 | 0,203 | 0,191 | – | – | 43,4 |

D = Dempster 1955; B = Bernstein, zit. nach Donskoi (1975) TKSP = Teilkörperschwerpunkt
[1] Abstand vom Scheitel,
[2] Abstand vom Ellenbogengelenk.

punkte der einzelnen Körperteile angegeben. Sie werden in Prozent der Länge der Verbindungslinie zwischen den benachbarten Gelenken angegeben – , meist ist es nur der Wert für die Entfernung vom proximalen Gelenk. Die Punkte (Koordinatenwerte) für die Gelenke werden wie bereits erwähnt aus den Bildern der fotografischen bzw. kinematografischen Aufnahmen gewonnen. Mit den in Kap. 4 (Kinematik) beschriebenen Methoden können dann die Koordinaten für den Schwerpunkt bestimmt und weitere Größen berechnet werden.

# 8 Drehmoment

## 8.1 Ursache von Dreh- bzw. Rotationsbewegungen

Bis jetzt haben wir uns nur damit auseinandergesetzt, was generell passiert, wenn eine Kraft auf einen Körper trifft. Dabei haben wir festgestellt, dass diese Kraft ihn bewegt, falls sie größer ist als seine Trägheits- oder Beharrungskraft. Nachdem wir jetzt das Konzept des Körperschwerpunktes kennen gelernt haben, können wir genauer erklären, wie sich ein Körper bewegt.

Denken wir zurück an die Beispiele, bei denen Felix verschiedene Gegenstände mit dem Fuß tritt. Im zweiten Beispiel trat Felix gegen einen an einem Seil aufgehängten Ball. Die dadurch ausgelöste Bewegung des Balles geht spätestens bei seinem Zurückschwingen in eine Kreisbewegung um den Aufhängepunkt des Seils über. Wir werden uns im folgenden mit den Bedingungen solcher Kreis- oder Drehbewegungen beschäftigen.

Eine Kreis- oder Drehbewegung entstand auch, als Felix den Blöcken auf dem Eis einen Stoß gab; aber nur dann, wenn Felix den Block nicht genau in der Mitte traf. Traf Felix den Block dagegen in der Mitte – wir wissen jetzt, dass dann die Wirkungslinie der Krafteinwirkung durch den Körperschwerpunkt geht –, rutschte der Block geradeaus, ohne sich zu drehen. In diesem Fall liegt eine einfache Translationsbewegung des Blocks vor (Kap. 4). Im vorigen Kapitel (Körperschwerpunkt) wurde bereits erwähnt, dass man die Drehtendenz eines Körpers, die entsteht, wenn die Wirkungslinie einer auf einen Körper wirkenden Kraft nicht durch seinen Körperschwerpunkt verläuft, als *Drehmoment* bezeichnet.

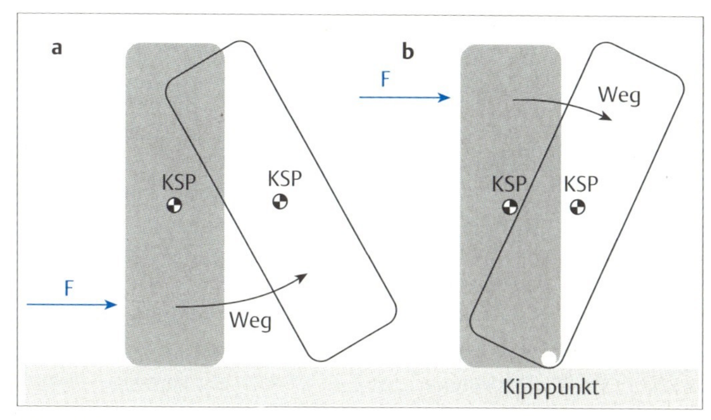


Abb. 8.**1a** u. **b**

**a** Auf einen schmalen Block wirkt unterhalb seines Massenmittelpunktes (KSP) eine Kraft (F) ein. Ist sie groß genug, um die entsprechende Trägheit zu überwinden, wird der Block in eine Drehbewegung nach rückwärts versetzt und kippt um.

**b** Wirkt die Kraft oberhalb des Massenmittelpunktes auf den Körper ein, wird eine Drehung nach vorwärts ausgelöst und der Block kippt nach vorn um einen Drehpunkt zwischen der vorderen Blockkante und dem Boden (Kipppunkt).

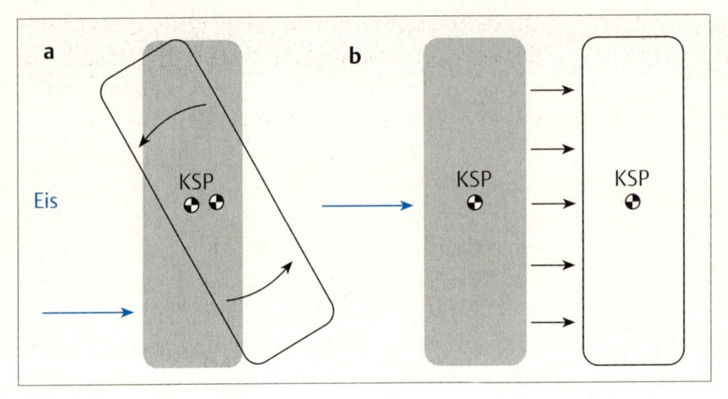


Abb. 8.**2a** u. **b**
**a** Wirkt auf einen auf einer Eisfläche liegenden Block eine Kraft auf einer Wirkungslinie ein, die nicht durch den Massenmittelpunkt (= KSP) des Körpers verläuft, erzeugt die Kraft eine Drehtendenz des Blocks zusätzlich (wegen der geringen Reibung zwischen Block und Eisfläche) zu der durch die Kraft ausgelösten Translationsbewegung.
**b** Verläuft die Wirkungslinie der Kraft durch den Körperschwerpunkt, wird eine reine Translationsbewegung ausgelöst.

Auch beim aufrecht stehenden Block, gegen den Felix tritt, entsteht ein Drehmoment, wenn Felix ihn nicht genau auf der Höhe seines Körperschwerpunktes trifft. Und zwar kippt der Block nach vorne, wenn Felix ihn oberhalb der Körperschwerpunktes trifft und nach hinten, wenn er ihn unterhalb trifft (Abb. 8.**1**).

Bei einem Block auf dem Eis, der sich nach dem Stoß zu drehen beginnt, kann man in der Regel beobachten, dass er sich nicht nur dreht, sondern auch in Richtung der Krafteinwirkung rutscht (Abb. 8.**2**). Es liegt dann eine kombinierte Translations- und Rotationsbewegung des Körpers vor.

$F_1$
KSP
$F_2$
(Körper
in der Aufsicht)

Abb. 8.**3** Wirken zwei einander entgegengesetzt wirkende Kräfte ($F_1$ und $F_2$) auf unterschiedlichen Wirkungslinien auf einen Körper ein, lösen sie eine reine Drehbewegung des Körpers aus.

Als Gedankenspiel kann man sich überlegen, dass man zwei Kräfte benötigt, wenn man eine reine Rotationsbewegung eines Blocks auf dem Eis erzeugen will. Die zweite Kraft muss nämlich die Translationsbewegung verhindern, d.h. sie muss der anderen wirkenden Kraft entgegengerichtet sein. Sie darf aber nicht auf der gleichen Wirkungslinie wirken, da sie dann die erste Kraft kompensieren würde: ist sie gleich groß, bewegt sich der Block überhaupt nicht. Sie würde die Translation nicht verhindern, wenn sie kleiner ist und eine Translation in die andere Richtung bewirken, wenn sie größer ist. Eine reine Rotationsbewegung entsteht demnach nur dann – einschränkend gilt: in einem reibungsfrei gelagerten Körper (siehe unten) – , wenn zwei gleich große, in entgegengesetzter Richtung wirkende Kräfte den Körper an verschiedenen Punkten treffen. Man spricht dann von einem *Kräftepaar*, das den Körper zur Rotation bringt (Abb. 8.**3**).

Das *Drehmoment* bezeichnet das Bestreben eines Körpers, sich um einen Drehpunkt oder eine Drehachse zu drehen. In dieser Hinsicht ist es einer Kraft vergleichbar, die den Bewegungszustand eines Körpers verändert.

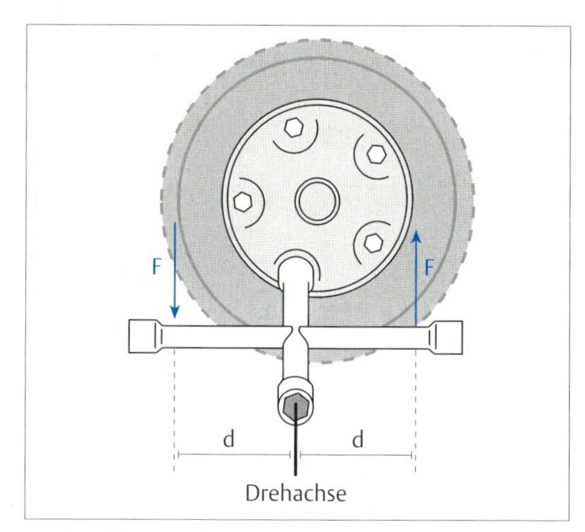


Abb. 8.**4** Zum Lösen der Radmuttern eines Autorades bedient man sich eines Drehkreuzes. Mit dessen Hilfe kann man durch Einwirken der Kraft an einem Hebel in einem Abstand von der Drehachse das Drehmoment vergrößern (F = Kraft, d = Abstand des Krafteinwirkungspunktes von der Drehachse).

Im Gegensatz jedoch zu einer Kraft, die eine translatorische Bewegung auslöst, bewirkt ein Drehmoment eine *rotatorische Bewegung.*

Es wird immer dann ein Drehmoment erzeugt, wenn die Wirkungslinie einer Kraft, die auf einen Körper wirkt:

- nicht durch dessen Körperschwerpunkt
- und/oder nicht durch seinen Drehpunkt verläuft.

Im folgenden werden wir uns mit den Gesetzmäßigkeiten des Drehmoments beschäftigen.

## 8.2 Berechnung des Drehmoments

Wollen wir ein Rad vom Auto lösen, müssen wir die Muttern auf den Schrauben lösen, mit denen das Rad an der Achse befestigt ist. Dazu müssen wir sie drehen. Dies ist uns mit unseren Fingern nicht möglich, weil wir die zum Drehen notwendige Kraft nicht aufbringen können. Aus diesem Grund benutzen wir ein Drehkreuz, das wir an einem Ende auf die Mutter aufsetzen, halten das andere Ende fest und drehen an den senkrecht zu dieser starren Achse befindlichen „Stäben". Mit Hilfe dieser Konstruktion ist es uns nun möglich, ein so großes Drehmoment aufzubringen, dass wir die Radmutter und damit die Schraube lösen können (Abb. 8.**4**).

Um die Drehtendenz zu vergrößern, haben wir für die Krafteinwirkung einen größeren Abstand von der Drehachse gewählt. Daraus können wir schließen, dass die Größe des Drehmoments vom Abstand von der Drehachse abhängig ist, in dem die aufgewendete Kraft wirkt. Sie muss wie im Fall des Drehkreuzes jedoch auf einen starren Stab – auch Hebel genannt – treffen, wenn sie ein Drehmoment erzeugen soll. Zur Auslösung eines Drehmoments sind also eine Kraft, die das Drehmoment erzeugt, sowie eine starre Verbindung notwendig, die den Krafteinwirkungspunkt mit einem Drehpunkt oder einer Drehachse verbindet.

Weiterhin haben wir gesehen, dass das Drehmoment umso größer wird, je größer der Abstand vom Drehpunkt oder der Drehachse ist, in der die Kraft ansetzt. Dieser Abstand von der Drehachse wird auch als *Drehmomentenarm* oder einfach Momentenarm bezeichnet.

Das Drehmoment ist daher als das Produkt von der einwirkenden Kraft (Einheit: [N]) und der Länge des Drehmomentenarms (Einheit: [m]) definiert, und es gilt:

Drehmoment = Kraft * Momentenarm

oder als Formel:

$$M\,[Nm] = F\,[N] * d\,[m].$$

Das Symbol für das Drehmoment ist „M" (lat. *momentum*; im Englischen wird das Drehmoment als „torque" bezeichnet). Das Drehmoment ist also eine abgeleitete Größe und hat die Einheit [Nm].

Wir gehen bei der theoretischen Betrachtung des Drehmoments immer davon aus, dass an der Drehachse keine Reibungskraft wirksam

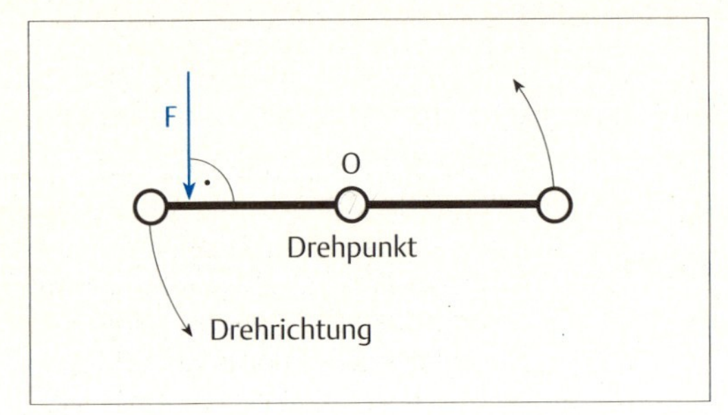


Abb. 8.**5** Das Drehkreuz (schematisch) von oben. Die Schraube befindet sich senkrecht unterhalb des Drehpunktes (O).

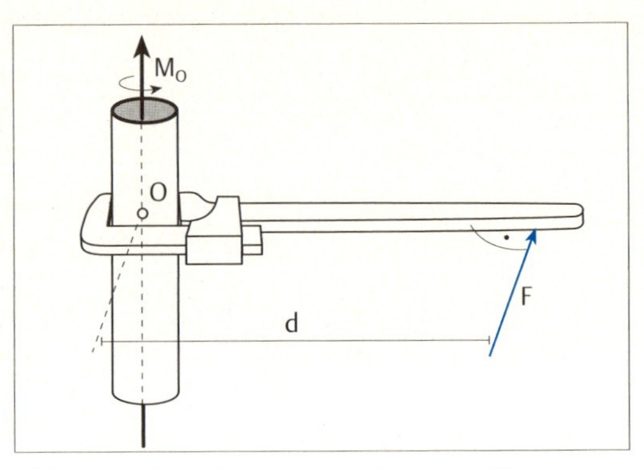


Abb. 8.**6** Die Rohrzange wird in einer Ebene um das Rohr herum gedreht. Der Drehmomentenvektor verläuft in der Mitte des Rohrs (= Drehachse). Die Kraft (F) wirkt senkrecht auf den Hebel der Zange im Abstand d vom Drehpunkt.

wird. In der Praxis muss man eine solche aber berücksichtigen.

Wenn wir also zum Lösen der Radmuttern eine Kraft von 50 N aufbringen und diese Kraft auf die Stäbe des Drehkreuzes im Abstand von 20 cm von der Drehachse (= Mittelpunkt der Radmutter) einwirken lassen, erzeugen wir ein Drehmoment von:

$$\begin{aligned} M &= F * d \\ &= 50\,\text{N} * 0{,}2\,\text{m} \\ &= 1\,\text{Nm} \end{aligned}$$

Dies gilt allerdings nur, wenn wir die Kraft in der gleichen Ebene einwirken lassen, in der sich die Stäbe des Drehkreuzes drehen. Und auch dann nur, wenn die Kraft senkrecht auf einen Stab des Drehkreuzes einwirkt (Abb. 8.**5**).

Der Grund für diese Einschränkung ist darin zu suchen, dass das Drehmoment ein Vektor ist – , es wird durch eine Kraft erzeugt, die ein Vektor ist. Da auch der Hebel als starre Verbindung zwischen Drehachse und Einwirkungspunkt der Kraft eine Richtung und eine Länge besitzt, ist auch er als Vektor zu betrachten. Multipliziert man zwei Vektoren miteinander, ist es nur dann korrekt, das einfache Produkt der Beträge der Vektoren als Drehmoment zu berechnen, wenn die beiden Vektoren in einem Winkel von 90° zueinander wirksam sind. Der sich als Produkt ergebende Vektor – also der Drehmomentenvektor – zeigt dann in die Richtung, die senkrecht zu der Ebene steht, in der die beiden Ausgangsvektoren liegen. Er zeigt also in die dritte Dimension.

Dies wollen wir uns an einem weiteren Beispiel mit einer Rohrzange noch einmal deutlich machen (Abb. 8.**6**).

Wenn die Zange fest geschlossen ist, dreht sie sich in einer Ebene um das Rohr. In dieser Ebene wirkt die Kraft F, die das Drehmoment um das Rohr auslöst. Sie wirkt senkrecht auf den Hebel, der durch die Stange des Griffs gebildet wird. Der resultierende Drehmomentenvektor ($M_0$) schaut dann senkrecht aus dieser Fläche heraus. Er lässt sich als Verlängerung des Rohrmittelpunktes denken.

Wir wissen nun, wie der Betrag des Drehmomentenvektors unter den genannten Bedingungen ermittelt wird und kennen die Richtung im Raum, die der Vektor hat. Was wir noch nicht wissen, ist, in welche Richtung der Drehmomentenvektor wirksam ist, an welchem Ende des Vektors also sozusagen seine Spitze eingezeichnet werden muss.

Die Richtung des Vektorpfeils ist durch die sogenannte Rechte-Hand-Regel bestimmt. Zur groben Vorstellung: Man betrachtet seine flache rechte Hand. Lässt man eine Kraft auf den Handrücken wirken – oder sich die Fingerflexoren kontrahieren –, beugt sich die

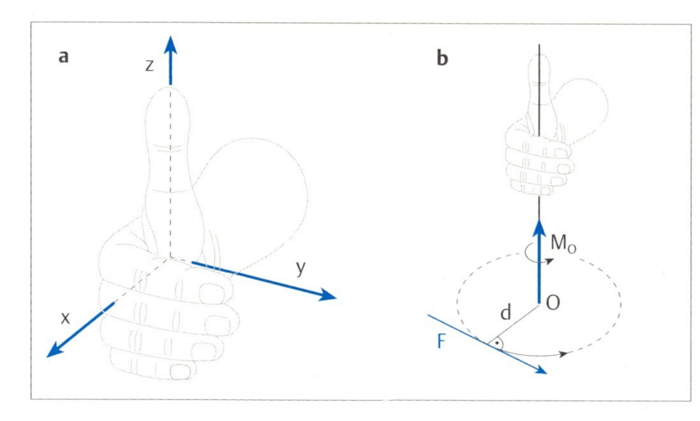


Abb. 8.**7a** u. **b** „Rechte-Hand-Regel".
**a** Beugt man die Finger der ausgestreckten Hand – Drehung von der x-Achse zur y-Achse – dann zeigt der Drehmomentenvektor in die Richtung, in die der Daumen zeigt.
**b** Schematische Darstellung der gleichen Situation.

Hand in einer Drehebene um den Daumen (sozusagen in Richtung von der x-Achse zur y-Achse; Abb. 8.**7**). Die Richtung, in die der ausgestreckte Daumen dann zeigt, ist die Richtung des Drehmomentenvektors für diese Anordnung.

Es ist etwas schwierig, sich diese geometrische Anordnung mit dem Vektor des Drehmoments vorzustellen. Man sollte sich aber darum bemühen, weil es hilft, auch die Bewegungen des Menschen zu verstehen, da es sich dabei meist um Drehbewegungen handelt.

Man kann sich den Drehmomentenvektor und seine Wirkungsrichtung vielleicht auch anschaulich machen, wenn man sich vorstellt, man sitzt im Auto und hält mit beiden Händen das Lenkrad. Dann stellt die Fläche innerhalb des Lenkradringes die Drehebene und die Lenksäule den Drehmomentenvektor dar. Drehen wir das Lenkrad nach rechts – rechte Hand nach unten, linke Hand nach oben (also im Uhrzeigersinn) –, dann zeigt der Drehmomentenvektor mit der Lenksäule in den Motorraum hinein. Drehen wir das Lenkrad nach links – rechte Hand nach oben, linke Hand nach unten (also im Gegenuhrzeigersinn) –, dann zeigt der Drehmomentenvektor auf unseren Körper.

Schließlich kann man sich die Situation auch mit einem Schraubenzieher und einer Schraube klarmachen. Zieht man die Schraube fest, dreht man den Schraubenzieher im Uhrzeigersinn, und die Schraube bewegt sich mit ihrer Spitze in das Material hinein – der Richtung des Drehmomentenvektors folgend. Löst man die Schraube, dreht man den Schraubenzieher im Gegenuhrzeigersinn, und die Schraube bewegt sich aus dem Material heraus auf den Körper des Schraubenden zu – auch der Richtung des Drehmomentenvektors bei dieser Drehrichtung folgend (Abb. 8.**8**).

Diese Vorstellung vom Drehmomentenvektor ist eher theoretischer Natur. Für das praktische Berechnen von Drehmomenten spielt er häufig nicht eine derart große Rolle. Im Ge-

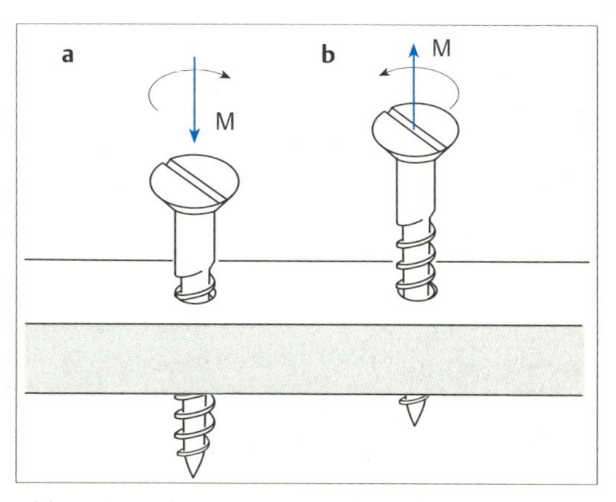


Abb. 8.**8a** u. **b** Schraube und Drehmomentenvektor.
**a** Beim Hineindrehen – Drehung der Schraube im Uhrzeigersinn – folgt der Drehmomentenvektor der Schraubenspitze und zeigt in das Material hinein.
**b** Beim Herausdrehen der Schraube – im Gegenuhrzeigersinn – folgt der Drehmomentenvektor ebenfalls der Schraubenspitze, bewegt sich aber aus dem Material heraus.

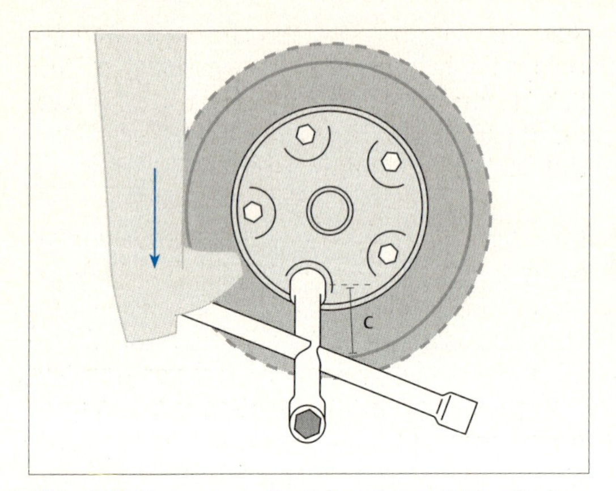


Abb. 8.**9** Kann man die Schrauben nicht mit der Hand lösen und versucht, das Drehkreuz durch Treten in Bewegung zu setzen, dann wirkt die Kraft in der Regel nicht in der Drehebene und nicht im rechten Winkel auf den Drehhebel ein. In diesem Fall wird nicht die gesamte aufgewendete Kraft in Drehkraft umgesetzt.

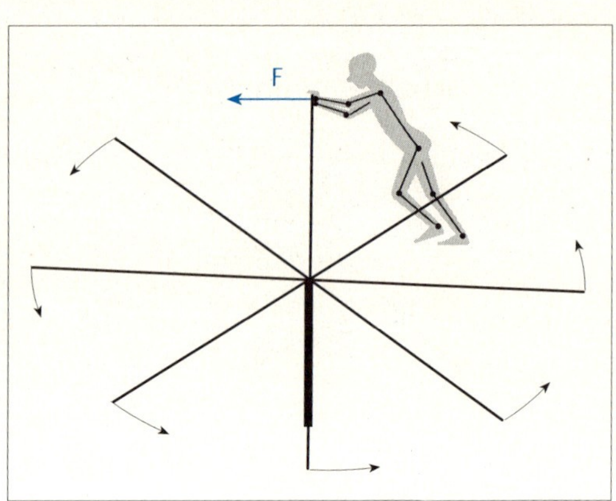


Abb. 8.**10** Felix dreht das Schöpfrad. Die Drehhebel befinden auf Felix' Schulterhöhe, sodass er beim Ausstrecken der Arme seine gesamte Körperkraft zum Drehen einsetzen kann (sie wirkt in der Drehebene und im rechten Winkel zum Drehhebel).

gensatz dazu haben wir es in der Praxis fast immer mit dem Problem zu tun, dass die wirkenden Kräfte weder in der Drehebene noch senkrecht auf die Momentenarme wirken. Vom Lösen der Muttern am Autorad weiß jeder, der das einmal gemacht hat, dass man häufig vor dem Drehkreuz anstatt direkt über ihm steht und die Kraft aus allen möglichen Winkeln anzusetzen versucht (Abb. 8.**9**).

Es wurde bereits darauf hingewiesen, dass immer wenn diese Bedingungen nicht erfüllt sind (Kraft wirkt in der Drehebene und senkrecht auf den Momentenarm), der Betrag des Drehmoments nicht dem Produkt der Beträge aus Kraft (F) und Abstand zwischen Drehachse und Einwirkungspunkt der Kraft (d) entspricht. In der Mathematik wird in diesem Fall das *Vektorprodukt* aus der Kraft und dem Drehmomentenarm berechnet, sodass man dann sowohl den Betrag des Drehmoments als auch seine Richtung erhält. Das Vektorprodukt ist jedoch etwas kompliziert zu berechnen. In der Praxis kommt man mit einigen Hilfsüberlegungen auch zu einem korrekten Ergebnis für das Drehmoment. Dieser Lösungsweg soll im folgenden aufgezeigt werden.

Für unsere Vorstellung lassen wir Felix ein großes Drehkreuz drehen, wie es z. B. früher zum Wasserschöpfen zur Bewässerung von Feldern aus einem Brunnen verwendet wurde. Wir können uns nun leicht vorstellen, dass es für Felix am leichtesten wäre, wenn sich die Arme des Drehkreuzes auf der Höhe seiner Schultern befänden. Dann brauchte er seine Arme nur horizontal nach vorne zu strecken und könnte das Kreuz mit seinem gesamten Körpergewicht drehen. Die gesamte Kraft, deren Kraftvektor sich entlang seiner Arme erstreckt, könnte somit zum Drehen des Kreuzes eingesetzt werden. Wir hätten dann die ideale Situation, dass der Kraftvektor in der Drehebene wirkt. Das ist aber nur der Fall, wenn sich das Drehkreuz in der richtigen Höhe befindet – nämlich genau in der von Felix' Schultern (Abb. 8.**10**).

Liegt das Kreuz höher oder tiefer, muss Felix seine Arme in eine Richtung nach oben oder nach unten strecken, um den Drehhebel schieben zu können. In diesem Fall liegen der Kraftvektor und die Drehebene nicht mehr in einer Ebene, sodass wir nicht mehr die ideale Situation haben. Das bedeutet, Felix kann nicht mehr seine gesamte Armkraft zum Drehen des Kreuzes einsetzen, weil nur der Anteil der Kraft eine Drehwirkung besitzt, der in der Drehebene liegt.

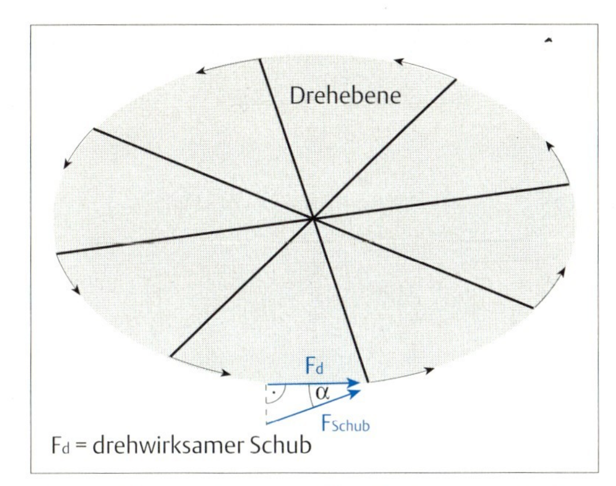


Abb. 8.**11** Um den Anteil der Kraft zu ermitteln, die als Schubkraft wirksam wird, wenn Felix das Rad oberhalb seiner Schultern drehen muss, muss der Kraftvektor auf die Drehebene projiziert werden. Der Anteil der Kraft, der dann in dieser Ebene liegt, kann für die Drehung genutzt werden.

**Merke:** Drehwirksam ist immer nur der Anteil einer Kraft, deren Kraftvektor in der Drehebene wirksam ist.

Um nun herauszufinden, wie groß der Anteil der Kraft ist, den Felix von seiner aufgewendeten Kraft zum Drehen des Drehkreuzes wirksam einsetzen kann, müssen wir die Projektion des von Felix aufgebrachten Kraftvektors auf die Drehebene bestimmen. Wie das geht, haben wir bei der Zerlegung der Vektoren in ihre Komponenten gelernt: Wir multiplizieren den Betrag des Gesamtvektors mit dem Kosinus des Winkels zwischen dem Kraftvektor und der Drehebene (Abb. 8.**11**):

$$F_d = F_g * \cos \alpha$$

($F_d$ = drehwirksame Kraftkomponente,
$F_g$ = Gesamtkraft der Arme,
$\alpha$ = Winkel zwischen Kraftvektor und Drehebene.)

Dieses Problem lässt sich also rechnerisch einfach lösen. Es wäre noch zu überlegen, was mit der Restkraft geschieht, die bei dieser geometrischen Anordnung nicht drehwirksam ist. Bei der Kraft, die als „vektorieller Rest" in diesem Fall senkrecht nach oben gerichtet ist, handelt es sich wiederum um eine Scherkraft, die auf das Material des Hebels wirkt und auf die Dauer zu Schäden am Material (Hebel und Drehgelenk) führen kann.

Im Fall mit dem großen Drehkreuz haben wir nicht so sehr das Problem, dass der Kraftvektor der Schubkraft nicht im rechten Winkel zum Dreharm wirkt. Denn wenn Felix einfach dem Kreis folgt und den Hebel vor sich herschiebt, wirkt seine Armkraft in jedem Augenblick senkrecht auf den Drehhebel. Er würde auch sofort merken, wenn er diese Anordnung verlässt, da dann das Drehen deutlich schwerer wird, und er würde das schnell korrigieren. In der geschilderten Situation würde ein nicht senkrechtes Einwirken des Kraftvektors auf den Drehhebel nur dann eintreten, wenn die Laufspur z. B. vom Regen aufgeweicht ist, sodass Felix dort nicht laufen kann oder will. Er läuft dann weiter außen – beschreibt also einen größeren Kreis – und muss deswegen dann die Arme schräg nach innen strecken (Abb. 8.**12**).

Auch in diesem Fall wäre nur ein Anteil der von Felix aufgebrachten Schubkraft drehwirksam, nämlich der, der die Projektion der Kraft auf eine Linie bildet, die senkrecht auf dem Drehhebel steht. Aber auch diesen Anteil können wir wieder entsprechend der Vektorzerlegung berechnen. Wir müssen dann allerdings die Projektion des gesamten Kraftvektors auf die Richtung bestimmen, die einen rechten Winkel mit dem Dreharm bildet (Abb. 8.**13**).

Wie in Abb. 8.13 deutlich wird, müssen wir in diesem Fall die Gesamtkraft mit dem Sinus des Winkels zwischen dem Vektor der Gesamtkraft und der Richtung des Dreharms multiplizieren:

$$F_d = F_g * \sin \beta$$

($F_d$ und $F_g$ wie vorher,
$\beta$ = Winkel zwischen Kraftvektor und Dreharm.)

Die Situation, dass der Kraftvektor der aufgewendeten Kraft nicht im rechten Winkel auf

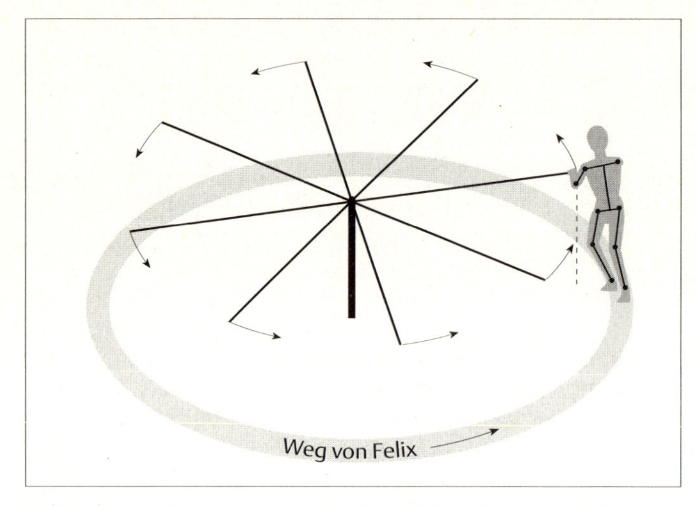


Abb. 8.**12** Kann Felix nicht innerhalb des Kreises gehen, der von den Drehhebeln überstrichen wird, sondern weiter außen, muss er, um die Hebel zu erreichen, nach innen greifen. Dadurch kann noch weniger von seiner aufgewendeten Kraft unmittelbar drehwirksam werden.

den Dreharm wirkt, ist bei unserem Körperbau häufig gegeben – Zugrichtung der Muskeln bezüglich der Knochen als Dreharme.

Es kann durchaus der Fall eintreten, dass von der aufgewendeten Gesamtkraft zunächst eine Komponente für die Drehebene berechnet und von dieser wiederum der Anteil bestimmt werden muss, der senkrecht auf den Dreharm wirkt. Das träte beispielsweise ein, wenn das große Drehkreuz für Felix sehr hoch ist und er außerdem auf einem Kreis außerhalb des Drehhebels laufen muss. In diesem Fall würde er natürlich seine Kraft sehr ineffektiv einsetzen. Nicht nur, weil sie nicht vollständig ausgenutzt wird, sondern auch weil seine Körperhaltung für die Ausführung einer solchen Arbeit nicht günstig (unphysiologisch) ist.

Derartige Situationen, bei denen wegen einer ungünstigen geometrischen Konstruktion einer Arbeitssituation Körperkräfte nicht effektiv eingesetzt werden können, kommen im Arbeitsleben gelegentlich vor. Sie können auf Dauer wegen der dabei entstehenden Fehlbelastungen zu Schäden am Bewegungsapparat führen, der die Betroffenen in eine physiotherapeutische Praxis führt. Um einer solchen Fehlbelastung abzuhelfen, bedarf es einer ergonomischen Analyse und angemessenen Umstrukturierung des Arbeitsplatzes.

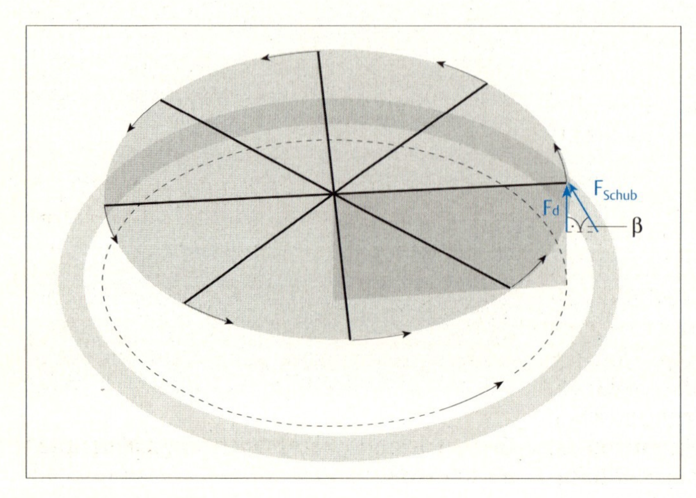


Abb. 8.**13** Projektion der Kraft, die Felix zum Drehen des Drehhebels aufbringt, auf eine Richtung im rechten Winkel zum Drehhebel.

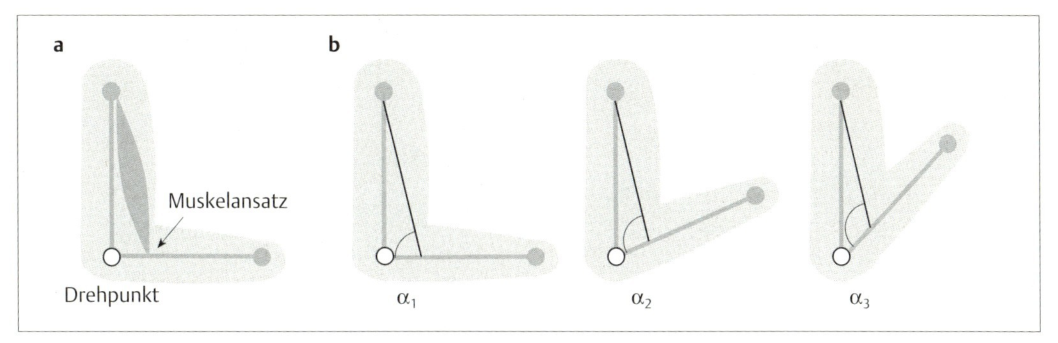


Abb. 8.**14a** u. **b** Oberarm, Unterarm und M. biceps.
**a** Die Zugrichtung des M. biceps wirkt nicht im rechten Winkel auf den Drehhebel (Unterarm).
**b** Die gleiche Situation (schematisch) mit verschiedenen Winkeln.

> **! Merke:** Schäden am Bewegungsapparat können am Arbeitsplatz entstehen, wenn für eine Arbeit die aufgewendete Kraft nicht optimal (unphysiologisch) ausgenutzt werden kann und deswegen in einer ungünstigen Körperhaltung ausgeführt wird.

Es wurde gerade erwähnt, dass bei der Muskelzugkraft, die eine Drehung (Beugung/Streckung) in einem Gelenk erzeugt, diese Zugkraft nicht senkrecht auf den Hebelarm des Knochens wirkt (Abb. 8.**14**). Ein Problem bei der Berechnung des von der Muskelkraft erzeugten Drehmoments ist es dann häufig, dass sich der Winkel zwischen dem Vektor der Muskelkraft und dem Drehhebel (Knochen) während der Muskelkontraktion ständig ändert, also aktuell nicht bekannt ist, sodass die Projektion auf den Hebel nicht berechnet werden kann. Die geometrischen Verhältnisse an einem solchen Muskel-Hebel-System lassen in diesem Fall für die Berechnung des Drehmoments aber auch eine andere Lösung zu.

Dazu betrachten wir Abb. 8.**15a**: Der Vektor der Muskelzugkraft (nicht der Muskelzug!) ist als $F_M$ zwischen den Punkten O und A eingezeichnet, die drehwirksame Komponente der Muskelzugkraft ($F_d$), also die Projektion der Muskelzugkraft auf eine Linie, die senkrecht auf dem Drehhebel (Knochen) steht, zwischen den Punkten O und E. Das Drehmoment ist dann aus dem Produkt zwischen dieser Komponente $F_d$ und dem Abstand des Muskelansatzpunktes vom Drehpunkt – die Strecke zwischen den Punkten D und A – zu berechnen.

In Abb. 8.**15b** sind die Winkel mit eingezeichnet, und wir können sehen, dass das Dreieck DAP die Winkel $\alpha$, $\beta$ und einen rechten Winkel hat. Aber auch das Dreieck EAO hat die Winkel $\alpha$, $\beta$ und einen rechten Winkel. Das bedeutet, diese Dreiecke sind ähnlich. Daraus folgt, dass alle Seitenlängen in dem größeren Dreieck (DAP) um den gleichen Faktor größer sind als die Seiten in dem kleineren Dreieck (EAO). (In Abb. 8.**15c** sind die beiden Dreiecke so nebeneinander gezeichnet, dass die entsprechenden Seiten besser erkennbar sind.) Für die Seitenlängen der beiden Dreiecke gilt also:

$$\frac{\overline{DA}}{\overline{OA}} = \frac{\overline{AP}}{\overline{AE}} = \frac{\overline{PD}}{\overline{EO}}$$

Für die Bedingung des Drehmoments gilt: DA ∗ EO. Diese sind in der Ähnlichkeitsbeziehung in folgender Weise vertreten:

$$\frac{\overline{DA}}{\overline{OA}} = \frac{\overline{PD}}{\overline{EO}}$$

Diese Gleichung lässt sich folgendermaßen umschreiben:

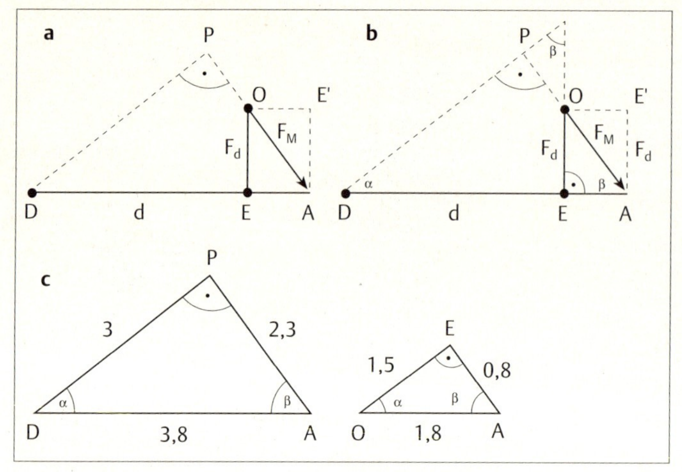


Abb. 8.**15a–c** Darstellung der Dreiecke und Winkel zur Verdeutlichung der Situation, wenn eine Kraft nicht senkrecht auf den Hebelarm wirkt.
**a** Darstellung der Kräfte ($F_M$ = Kraftvektor der gesamten Muskelkraft, $F_d$ = drehwirksame Komponente der Muskelkraft,
D = Drehpunkt [Ellenbogengelenk]; A = Ansatzpunkt des Muskels; O = Ursprung des Muskelkraftvektors; E = Fußpunkt des Lots vom Muskelvektorursprung auf den Drehhebel; P = Fußpunkt des Lots vom Drehpunkt auf die Wirkungslinie des Muskelkraftvektors).
**b** Das gleiche Dreieck, zusätzlich sind jedoch die Winkel α und β sowie die rechten Winkel eingezeichnet. Beachte, dass der Winkel α sowohl bei D als auch bei O auftritt.
**c** Die beiden ähnlichen Dreiecke so nebeneinander gezeichnet, dass man ihre Ähnlichkeit erkennen kann (Dreieck OEA wurde gedreht und gekippt).

$$\overline{DA} * \overline{EO} = \overline{PD} * \overline{OA}$$

($\overline{PD}$ = senkrechter Abstand der Wirkungslinie des Muskelkraftvektors vom Drehpunkt, $\overline{OA}$ = Muskelkraftvektor.)

**Merke:** Das Drehmoment, das durch eine Muskelkraft erzeugt wird, lässt sich auch berechnen, indem man die gesamte erzeugte Kraft mit dem senkrechten Abstand der Kraftwirkungslinie vom Drehpunkt (Lot vom Drehpunkt auf die Kraftwirkungslinie) multipliziert.

Sind jedoch der Winkel (β), in dem die Muskelkraft auf den Hebelarm (Knochen) wirkt, sowie die Größe der Muskelkraft ($F_M$) bekannt, dann kann man die drehwirksame Komponente der Muskelkraft ($F_d$) wie bereits erwähnt über folgende Beziehung berechnen:

$$F_d = F_M * \sin \beta$$

Umgekehrt kann man, wenn man das zur Kompensation einer durch eine Last erzeugte Drehmoment sowie die Länge des Hebelarms (Gelenk bzw. Ansatzpunkt des Muskels) kennt, zunächst die drehwirksame Komponente der Muskelkraft wie folgt ermitteln:

$$F_d = M / d$$

Aus $F_d$ lässt sich dann nach folgender Beziehung die gesamte notwendige Muskelkraft berechnen (Abb. 8.**16**):

$$F_M = F_d / \sin \beta$$

Aus dieser Überlegung ergibt sich ein weiteres wichtiges Ergebnis. Entfernen wir nämlich aus der gesamten auf den Momentenarm wirkenden Kraft die Komponente, die senkrecht

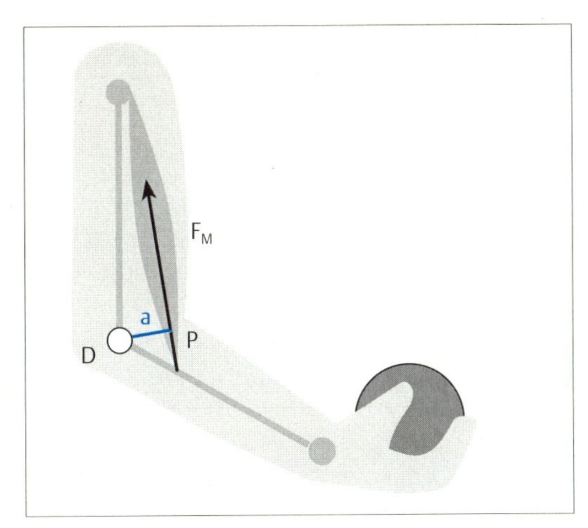


Abb. 8.**16** Oberarm, Unterarm und M. biceps. Hier sind jetzt der Muskelkraftvektor ($F_M$) und der senkrechte Abstand zwischen dem Drehpunkt und der Wirkungslinie der Muskelkraft (a) eingezeichnet.

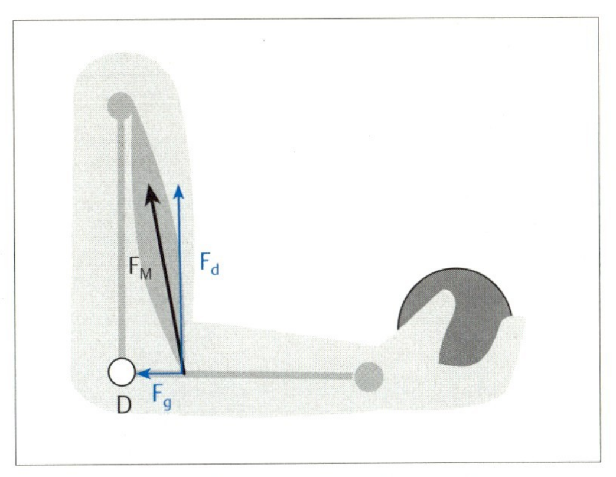


Abb. 8.**17** Muskelkraftvektor ($F_M$) sowie seine drehwirksame ($F_d$) und seine gelenkwirksame ($F_g$) Komponente.

auf den Hebelarm wirkt, dann bleibt eine Komponente der Kraft übrig. Diese kann nur in Richtung auf den Drehpunkt wirken – , sie ist also eine Zentripetalkraft (siehe Kap. 13). Diese Kraft wirkt im Gelenk als Kompressionskraft (Abb. 8.**17**). Sie kann bei sportlichen Bewegungen erheblich groß werden, wenn mit hohen Muskelkräften, wie z. B. bei Armbewegungen (Würfe, Schmetterbälle) und schnellen Kontraktionen, gearbeitet wird und kann dann zu Verletzungen und Verschleißerscheinungen im Gelenk führen. Auf diese Zusammenhänge wird noch einmal genauer in Kap. 13 eingegangen.

## 8.3 Trägheitsmoment

Das Drehmoment hat für rotatorische Bewegungen eine Bedeutung, die mit der vergleichbar ist, die die Kraft für translatorische (lineare) Bewegungen hat. Ebenso wie bei der translatorischen Bewegung die Trägheitskraft der Bewegungsänderung ein Beharrungsvermögen entgegensetzt, setzt bei der rotatorischen Bewegung das *Trägheitsmoment* der Änderung der Drehtendenz ein Beharrungsvermögen entgegen. Sowohl die Trägheitskraft als auch das Trägheitsmoment sind in ihrer Größe proportional zur Masse des Körpers, dessen Bewegungszustand betrachtet wird. Allerdings ist die Größe des Trägheitsmoments nicht nur von der Masse des Körpers abhängig (siehe unten).

Aus dem Beharrungsvermögen eines Körpers gegenüber einer rotatorischen Bewegung, die durch ein Drehmoment ausgelöst wird, lässt sich ebenso wie bei der translatorischen Bewegung aus der Trägheit, die durch eine Kraft überwunden wird, eine grundlegende Bewegungsgleichung, die zweite Bewegungsgleichung ableiten:

2. Bewegungsgleichung
$$\Sigma M = I * \alpha$$

I = Trägheitsmoment (siehe unten),
$\alpha$ = Winkelbeschleunigung.

Das bedeutet, dass wenn alle auf einen Körper wirkenden Drehmomente einander aufheben, keine oder keine zusätzliche Drehung ausgelöst wird, weil $I * \alpha = 0$ sind. Auf der anderen Seite wird dann, wenn die Drehmomente einander nicht aufheben, ein Drehmoment erzeugt, das den betreffenden Körper um die jeweilige (vorhandene) Drehachse mit der Winkelbeschleunigung $\alpha$ zu drehen beginnt oder allgemein seinen Rotationszustand verändert.

Die Bewegungsgleichungen sind für die Analyse von Bewegungen wichtig. Da man die Winkelbeschleunigung messen und das Trägheitsmoment bestimmen kann, und meist einige Drehmomente oder Kräfte und Hebelarmlängen bekannt sind, lassen sich unbekannte Drehmomente berechnen. Dies wird beispielsweise bei der Ganganalyse gemacht (Kap. 14).

Bei der Bewegung des Menschen im Raum sind immer gleichzeitig translatorische und rotatorische Bewegungen vorhanden. Es müssen also bei der Analyse von Bewegungen immer die Bewegungsgleichungen sowohl für die translatorischen als auch für die rotatorischen Bewegungen gelöst werden.

Ebenso wie sich die Trägheitskraft nicht nur einer Kraft, die einen Körper in Bewegung setzen will, wenn er in Ruhe ist, sondern auch der Beendigung oder Verlangsamung seiner Bewegung widersetzt, wenn er in Bewegung ist, verhält es sich auch beim Trägheitsmoment. Ist der Körper in Ruhe, widersetzt er sich einer Drehung mit seiner um die Drehachse verteilten Masse. Dreht sich der Körper aber um eine Drehachse, muss auch erst wieder das Trägheitsmoment überwunden werden, wenn die Drehung verlangsamt oder zum Stillstand gebracht werden soll.

Im Gegensatz zu der Trägheitskraft, bei der die Verteilung der Masse (Massenpunkte) keinen Einfluss auf die Größe der Trägheit hat, gilt für das Trägheitsmoment, dass seine Größe sowohl von der Lage der Drehachse als auch von der Lage der einzelnen Massenpunkte in Bezug auf die jeweilige Drehachse abhängt. Das macht ihre Berechnung etwas schwierig, weil wir wieder – wie bei der Berechnung des Körperschwerpunktes – alle Gewichtsteilchen multipliziert mit ihrem Abstand – in diesem Fall von der Drehachse – zusammenzählen müssen. Das Trägheitsmoment wird daher wie folgt berechnet:

$$I = \Sigma m_j * r^2$$

($\Sigma$ = Summe über alle j; $j \in N$,
$m_j$ = die einzelnen Masseteilchen,
r = Abstand von der Drehachse.)

Man findet auch die Form $\int r^2 dm$, die hier aber nicht näher erläutert werden soll.

Das Trägheitsmoment hat das Symbol „I" (lat. *inertia* = Trägheit) und die Einheit [$kgm^2$].

Für regelmäßig geformte Körper lässt sich das Trägheitsmoment nach dieser Gleichung relativ einfach berechnen. Es beträgt beispielsweise (m = Masse des Körpers, r = Radius, l = Seitenlänge) für:

Zylinder: $I = \frac{1}{2} (m * r^2)$,
Kugel: $I = \frac{2}{5} (m * r^2)$,
Stab: $I = \frac{1}{12} (m * l^2)$ (mit der Achse senkrecht in der Mitte),
Würfel: $I = \frac{1}{6} (m * l^2)$ (mit der Achse senkrecht zur Fläche).

Für unregelmäßig geformte Körper, die gerade bei den Bewegungen des menschlichen Körpers häufig vorkommen, eignet sich zur Bestimmung des Trägheitsmoments eher das experimentelle Vorgehen. Dazu gibt es verschiedene Verfahren, auf die hier jedoch nicht eingegangen werden kann.

Es ist darauf hinzuweisen, dass das Trägheitsmoment mit dem Abstand der Drehmasse von der Drehachse quadratisch zunimmt. Verdoppelt man also den Abstand eines Körperteils von der Drehachse, vervierfacht sich das Trägheitsmoment. Dies lässt sich an einem Drehteller (drehbare Tortenplatte oder Servierteller) ausprobieren (Abb. 8.**18**): Legt man nämlich einen schweren Gegenstand in die Nähe des Drehzentrums, lässt sich der Teller durch leichtes Anstoßen in Drehung versetzen. Legt man den gleichen Gegenstand dagegen an den Tellerrand, muss man deutlich mehr Kraft aufbringen, um den Teller in Bewegung zu bringen. Wir gehen dabei davon aus, dass der Teller „reibungsfrei" um seine Drehachse rotieren kann – das wurde im ganzen Kapitel für die Drehungen vorausgesetzt (siehe S. 89). Ist nämlich im Drehpunkt noch eine Reibungskraft zu überwinden, ist eine entsprechend größere Kraft (Drehmoment) notwendig, um den Drehzustand eines Körpers zu ändern. Diese erhöhte Kraft hat dann aber

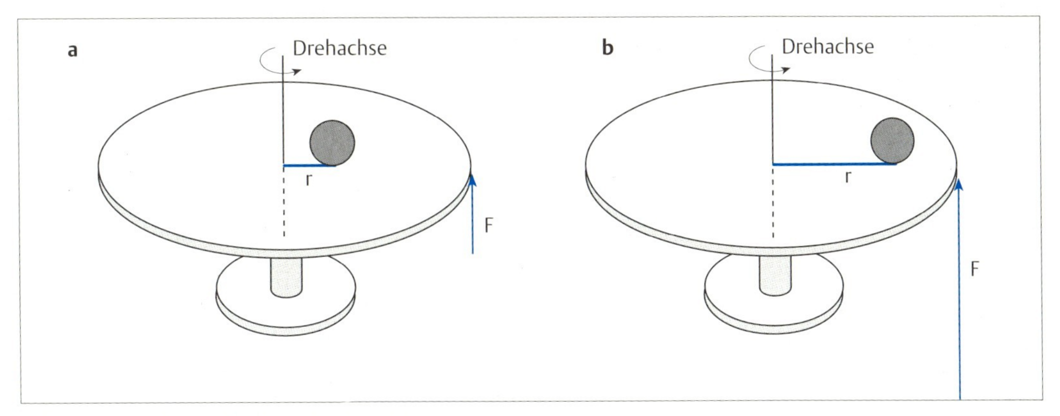


Abb. 8.**18a** u. **b** Drehteller mit einer Masse.
**a** Die Masse liegt dicht an der Drehachse und hat deswegen ein geringes Trägheitsmoment. Es wird eine relativ geringe Kraft benötigt, um den Drehteller in Bewegung zu versetzen.
**b** Die Masse liegt weiter außen. Das Trägheitsmoment nimmt quadratisch mit dem Abstand von der Drehachse zu. Es ist eine entsprechend größere Kraft notwendig, um den Drehteller in Bewegung zu versetzen.

nichts mit dem Prinzip des Drehmoments zu tun.

Beim Drehteller verläuft die Drehachse durch den Körper selbst, der sich drehen soll. Es wurde deutlich, dass es sehr viel einfacher ist, den Drehzustand des Körpers zu ändern, wenn sich die Masse nahe der Drehachse konzentriert als wenn dieselbe Masse weiter vom Drehpunkt entfernt ist. Kleinkinder nutzen diesen Effekt beispielsweise beim Halten eines Löffels oder der Schaufel im Sandkasten (Abb. 8.**19**). Sie fassen nämlich den Stiel nicht am Ende – sie könnten dann den gefüllten Löffel bzw. die Schaufel nicht so gut handhaben – , sondern nahe der gefüllten Mulde an. Damit schieben sie den Drehpunkt von Löffel bzw. Schaufel an die größere Masse heran, um sie so besser kontrollieren zu können.

Im Fall des Löffels bzw. der Schaufel legt das Kind dadurch, dass es dort anfaßt, selbst fest, wo sich die Drehachse befindet. Grundsätzlich lässt sich auf diese Weise – Fixierung von außen an zwei Punkten – eine beliebige Drehachse durch einen Körper legen.

Dreht sich ein Körper jedoch ohne eine ihm durch eine äußere Fixierung aufgezwungene Drehachse, verlaufen alle möglichen Drehachsen durch den Körperschwerpunkt des betreffenden Körpers. Die Richtung der Drehung hängt dann davon ab, in welcher Richtung eine Kraft auf den Körper einwirkt, die das entsprechende Drehmoment bewirkt. Diese Drehung von frei rotierenden Körpers kann

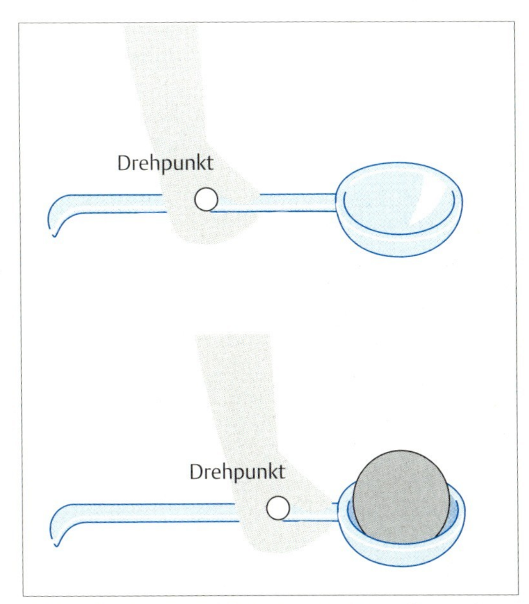


Abb. 8.**19** Das Kind hält den Löffel dicht an der Laffe, damit der Drehpunkt näher an der größeren Masse ist. So kann es das Drehmoment besser kontrollieren.

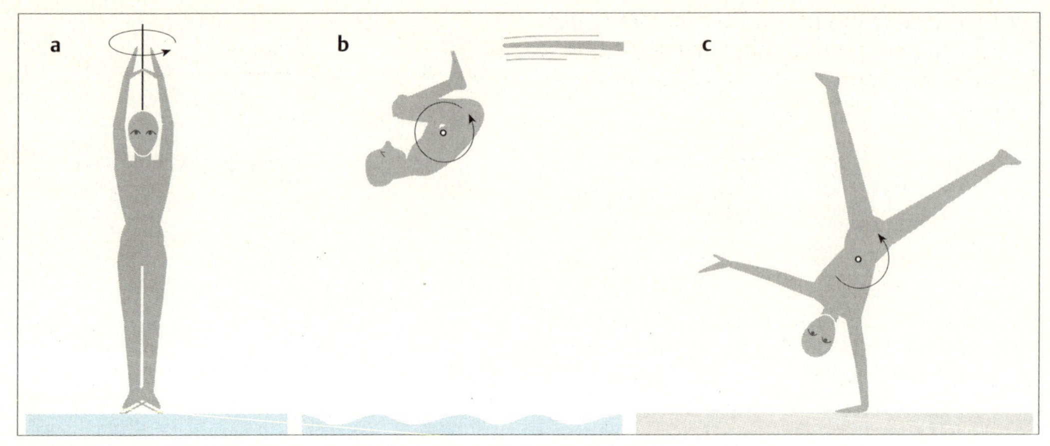


Abb. 8.**20a–c** Die Hauptdrehachsen des menschlichen Körpers.
**a** Drehung um die Körperlängsachse (mit kleinem Trägheitsmoment, weil die Arme am Körper angelegt sind).
**b** Drehung um die Körperbreitenachse (mit kleinem Trägheitsmoment bei gehocktem Körper).
**c** Drehung um die Körpertiefenachse (Radschlagen).

man beobachten, indem man unterschiedlich geformte Gegenstände in die Luft wirft, ihnen beim Abwurf ein Drehmoment verleiht und dann die Drehungen beobachtet. Man kann so feststellen, dass sich beispielsweise eine Kugel tatsächlich in jeder beliebigen Richtung drehen kann und diese Drehrichtung auch beibehält, wenn nur die Drehachse durch den Körperschwerpunkt der Kugel verläuft. Das liegt daran, dass bei der Kugel die Massenpunkte ganz gleichmäßig um ihren Körperschwerpunkt herum verteilt sind.

Bei Körpern, die jedoch nicht so gleichmäßig geformt sind, wird man feststellen, dass Drehungen um bestimmte Achsen leichter zu erzeugen sind, als wenn eine Drehung nicht um eine solche Achse initiiert wird. Gelingt das doch, wird man beobachten können, dass der Körper allmählich in eine Drehung um eine dieser „bevorzugten" Achsen übergeht. Man nennt diese Achsen die *Hauptdrehachsen* eines Körpers. Sie stehen senkrecht aufeinander und schneiden einander im Körperschwerpunkt.

Beim menschlichen Körper sind die Hauptdrehachsen (Abb. 8.**20**) die Achsen in der Frontalebene (Tiefenachse), in der Transversalebene (Körperlängsachse) und in der Sagittalebene (Breitenachse). Dies lässt sich beim Springen auf dem Trampolin ausprobieren. Es ist sehr schwer, eine andere als die Drehung um eine dieser Achsen zu initiieren. Selbst wenn man das erreicht, bleibt die Drehung nicht konstant und geht in eine Drehung um eine der Hauptachsen über.

Aus diesem Grund gibt es bei sportlichen Übungen und Wettkämpfen – Turnen, Trampolinspringen, Wasserspringen (Turmspringen), Akrobatik, etc. – nur Übungen mit Drehungen um diese Achsen. Dabei lässt sich auch gut nachvollziehen, wie das Trägheitsmoment durch Veränderung des Abstands von Teilmassen vom Drehpunkt verändert werden kann. Wir wissen, dass es sehr viel einfacher ist, einen Salto in gehockter Körperstellung auszuführen – die Teilmassen des Körpers sind dann dicht am Körperschwerpunkt konzentriert, durch den die Drehachse verläuft – als in gestreckter Haltung, wenn einige Körperteile teilweise recht weit von der Drehachse entfernt sind.

Verläuft die Drehachse jedoch nicht durch den Körper selbst, sondern der Körper dreht sich um eine außerhalb des Körpers gelegene Achse – wie bei dem am Seil aufgehängten Ball, der um den Aufhängepunkt schwingt – , dann wird zur Bestimmung des Drehmoments des Körpers der Satz von Steiner herangezogen, der auf dem Theorem der „parallelen Achsen" beruht:

$$I = I_{KSP} + m * d^2$$

($I_{KSP}$ = Trägheitsmoment bezüglich des Körperschwerpunktes um eine Achse, die parallel zur aktuellen Drehachse ist (daher Theorem der parallelen Achsen),
m = Masse des Körpers,
d = Abstand zwischen dem aktuellen Drehpunkt und dem Körperschwerpunkt des Körpers.)

In diesem Fall muss also zum Trägheitsmoment, das der Körper aufgrund seiner Körperhaltung bezüglich seines eigenen Körperschwerpunktes besitzt, noch die Masse seines Körpers – multipliziert mit dem Quadrat des Abstands seines Körperschwerpunktes von der aktuellen Drehachse – hinzuaddiert werden. Dabei wird als Drehachse, um die sich der Körper dreht, eine Achse angenommen, die parallel zu der Achse verläuft, um die sich der Körper tatsächlich dreht, die aber außerhalb des Körpers verläuft (Abb. 8.**21**).

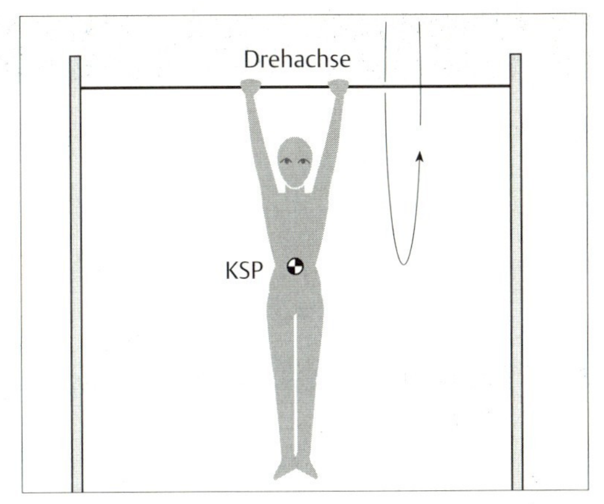


Abb. 8.**21** Drehung um eine Achse, die außerhalb des Körpers liegt.

Bei dem Turner in Abb. 8.21 verläuft die Drehachse durch seine Hände. Das Trägheitsmoment des Systems berechnet sich hier aus der Summe, die sich aus dem Trägheitsmoment des Turners um seine Breitenachse ergibt, und der Masse des Turners multipliziert mit dem Abstand zwischen der Reckstange und seinem Körperschwerpunkt.

# 9 Gleichgewicht und Stabilität

## 9.1 Bedingungen für das Gleichgewicht

Als Gleichgewicht wird ein Bewegungszustand bezeichnet, bei dem der betrachtete Körper bzw. Körperteil entweder in Ruhe ist (statisches Gleichgewicht) – wenn er ursprünglich in Ruhe ist – oder sich mit gleichförmiger Geschwindigkeit weiter fortbewegt (dynamisches Gleichgewicht) – wenn er ursprünglich in Bewegung ist.

Um diesen Zustand des Gleichgewichts aufrecht zu erhalten, ist es notwendig, dass die beiden Bewegungsgesetze (von Newton) erfüllt sind. Das bedeutet, zum einen muss gelten: $\Sigma F = 0$, d.h. die auf den Körper einwirkende resultierende Kraft ist gleich Null bzw. alle auf den Körper einwirkenden Kräfte addieren sich zum Wert Null. Das gilt ebenso für die Drehmomente – alle auf den Körper wirkenden Drehmomente müssen sich zum Wert Null addieren ($\Sigma M = 0$), wenn der Körper im Gleichgewicht sein soll – und sowohl für das statische als auch für das dynamische Gleichgewicht.

Betrachten wir beispielsweise einen kleinen Sandsack, der an einem Haken und einem kurzen Seil aufgehängt ist, um das Bein eines im Bett liegenden Patienten anzuheben (Abb. 9.**1**). Auf den Sandsack wirken zwei Kräfte. Zum einen seine Gewichtskraft, die senkrecht nach unten wirkt, und zum anderen die Reaktionskraft, die genauso groß ist wie die Gewichtskraft, aber in die entgegengesetzte Richtung (im Seil) wirkt. Da diese beiden Kräfte gleich groß und einander entgegengerichtet sind und außerdem in einer Wirkungslinie liegen, heben die Kräfte einander auf, d.h. sie addieren sich zu Null. Der Sandsack befindet sich also im Gleichgewicht, d.h. er bewegt sich nicht.

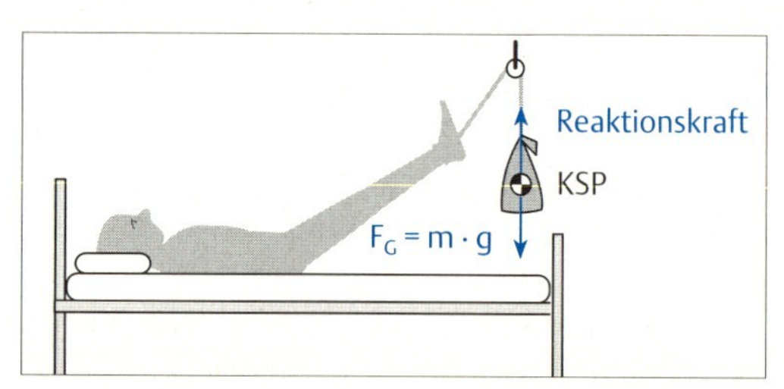


Abb. 9.**1** Ein Sandsack am Seil, der als Gewicht für einen Längszug dient. Die Gewichts- sowie die Reaktionskraft sind gleich groß und liegen in einer Wirkungslinie. Die auf den Sandsack wirkenden Kräfte addieren sich zum Wert Null: der Sack befindet sich im Gleichgewicht. ($F_G$ = Gewichtskraft)

Stößt jedoch jemand gegen diesen Sandsack, lässt er also eine zusätzliche Kraft auf ihn einwirken, und diese Kraft ist größer als das Trägheitsmoment des aufgehängten Sandsacks, bewegt sich dieser aus seiner Ruhelage heraus – man sagt, er wird aus seiner Ruhelage ausgelenkt (Abb. 9.**2**).

Ist der Sandsack auf diese Weise ausgelenkt, liegen die Kraftwirkungslinien von Gewichtskraft und Reaktionskraft – diese wirkt ja in Richtung des Seils zwischen Sandsack und Haken – nicht mehr in einer Linie. Da die Gewichtskraft weiterhin senkrecht nach unten wirkt und der einzige Weg, auf dem der Sandsack der Kraftwirkung folgen kann, der Radius um den Haken herum ist, bewegt er sich auf dieser Kreisbahn zurück, bis die beiden auf den Sandsack wirkenden Kraftwirkungslinien wieder in einer Linie liegen. Dann ist die Ausgangsposition erreicht, und auf den Sandsack wirken wieder die zwei gleich großen, aber in entgegengesetzter

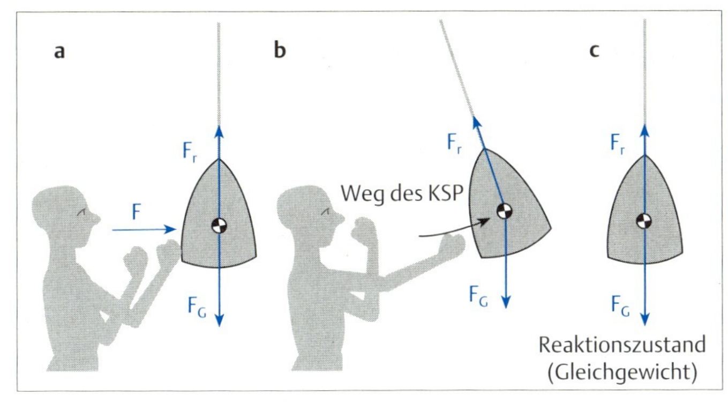


Abb. 9.**2a–c** Der Sandsack wird durch eine Krafteinwirkung aus seiner Ruhelage ausgelenkt. Die Wirkungsrichtung der Gewichtskraft zwingt ihn wieder in die Ruhelage zurück: der Sandsack befindet sich im *stabilen Gleichgewicht.* ($F_G$ = Gewichtskraft, $F_r$ = Reaktionskraft)
**a** Ausgangsstellung.
**b** Der Sack ist ausgelenkt (Gewichtskraft und Reaktionskraft kompensieren einander nicht mehr: $\Sigma F \neq 0$).
**c** Der Sack ist wieder in seine Ruhelage zurückgekehrt.

Richtung wirkenden Kräfte in der gleichen Wirkungslinie. Der Sandsack befindet sich wieder im statischen Gleichgewicht.

In diesem Fall sagen wir, er befindet sich im *stabilen Gleichgewicht*, weil er sich auch dann, wenn er aus seiner Ruhelage ausgelenkt wurde, aufgrund der auf ihn wirkenden Kräftekonstellation wieder in seine Ausgangsruhelage zurückbewegt, ohne dass eine zusätzliche Kraft aufgebracht werden muss.

Nehmen wir als anderes Beispiel an, Felix will einen 1 m langen Stab mit einem Durchmesser von 2 cm auf dem Boden aufstellen (Abb. 9.**3**). Ist der Stab unten gerade abgeschnitten und diese Grundfläche senkrecht zur Länge des Stabes orientiert, kann es Felix gelingen, den Stab hinzustellen – , er befindet sich dann im statischen Gleichgewicht. Stößt Felix aber mit einer auch nur sehr geringen Kraft oben gegen den Stab – er lenkt ihn aus seiner Ruhelage aus – wird der Stab umfallen, weil die Gewichtskraft, die an seinem Körperschwerpunkt angreift und senkrecht nach unten gerichtet ist, leicht über den Rand des Stabes hinausbewegt und nicht mehr durch eine Gegenkraft kompensiert wird. Dies ge-

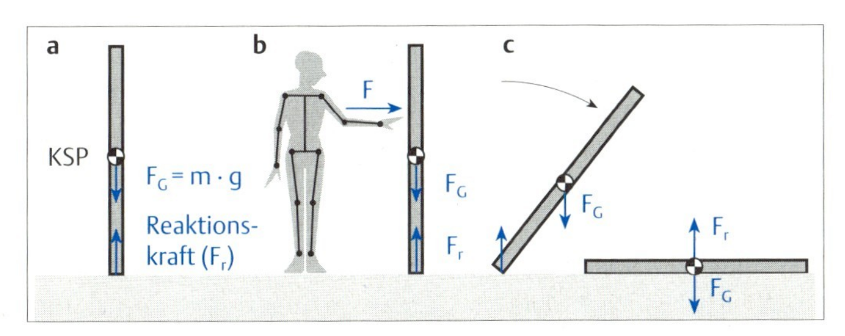


Abb. 9.**3a–c** Felix hat einen dünnen Stab aufgestellt. Durch leichtes Anstoßen fällt der Stab um und kommt erst wieder auf dem Boden in eine Ruhelage: Der Stab befand sich im labilen Gleichgewicht.
**a** Ausgangsstellung.
**b** Die Krafteinwirkung bewirkt die Auslenkung aus der Ruhelage.
**c** Die Gewichtskraft wird nicht durch die Reaktionskraft kompensiert. Als Folge fällt der Stab und kommt erst wieder in eine Ruhelage, wenn die Gewichtskraft durch die Reaktionskraft kompensiert ist, d.h. wenn er am Boden liegt.

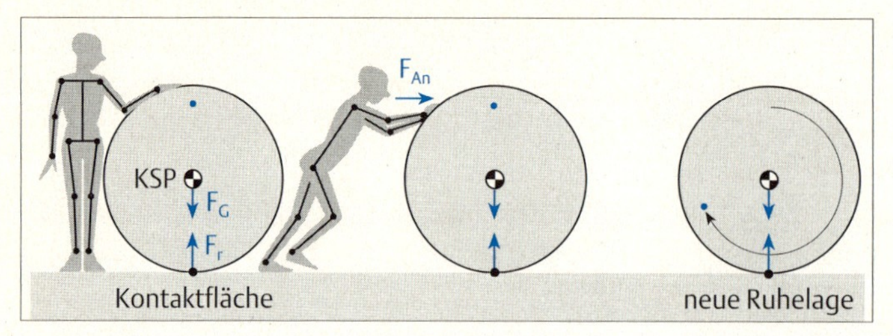


Abb. 9.**4a–c** Eine Kugel liegt auf dem Boden. Durch leichtes Anstoßen rollt sie so lange weiter, bis die Anstoßkraft durch die beim Rollen entstehende Reibungskraft kompensiert, d.h. „verbraucht„ ist: Die Kugel befand sich im indifferenten Gleichgewicht. ($F_G$ = Gewichtskraft, $F_r$ = Reaktionskraft, $F_{An}$ = Antriebskraft)
**a** Ruhestellung.
**b** Die Krafteinwirkung bewirkt die Auslenkung aus der Ruhelage.
**c** Neue Ruhestellung.

schieht erst dann wieder, wenn der Stab auf dem Boden liegt – durch die Reaktionskraft des Bodens. Unter keinen Umständen kann sich der Stab alleine gegen die Schwerkraft wieder in seine ursprüngliche Ruhelage zurückbegeben.

In diesem Fall wird die durch die geringe Kraft ausgelöste Auslenkbewegung fortgesetzt und durch eine neu hinzukommende Kraft – hier die Gewichtskraft – eine Bewegungsfortsetzung bewirkt, bis der Körper in eine neue, durch andere Kräfte bedingte – die Reaktionskraft des Bodens – Ruhelage gelangt. Den Zustand, wenn ein Körper, nachdem er aus seiner Ruhelage ausgelenkt wurde, nicht wieder aus eigenen Kräften in diese Ruhelage zurückkehren kann, bezeichnet man als *labiles Gleichgewicht*.

Stellen wir uns schließlich eine große, auf dem Bogen liegende Holzkugel vor. Ohne dass eine Kraft auf sie einwirkt, wird sie sich nicht bewegen (Abb. 9.**4**). Stößt Felix sie aber ein wenig an, sodass sie sich gerade aus ihrer Ruhelage herausbewegt, wird sie so lange rollen, bis die Kraft des Stoßes durch die aufgrund des Rollens auf dem Boden entstehende Reibungskraft kompensiert ist. Dann wird sie liegen bleiben und sich wieder im statischen Gleichgewicht befinden. Man spricht in diesem Fall vom *indifferenten Gleichgewicht*, weil nur die Einwirkungskraft eine Bewegung verursacht, und der Körper in dem Augenblick, in dem sie „verbraucht" ist – hier durch die Reibungskraft kompensiert wird – sozusagen auf der Stelle liegen bleibt und sich sofort wieder im statischen Gleichgewicht befindet. – Würde die Einwirkungskraft nicht durch eine andere Kraft kompensiert, könnte sich die Kugel „unendlich" gleichförmig weiterbewegen und befände sich dann im dynamischen Gleichgewicht.

Da wir wegen der Form und Funktion des menschlichen Körpers in der Regel an einem stabilen Gleichgewicht interessiert sind, müssen wir überlegen, wie wir Körper derart manipulieren können, dass sie aus labilen in stabile Gleichgewichtszustände gelangen und dort bleiben.

Aufhängen ist, was das Gleichgewicht betrifft, offensichtlich eine sichere Sache, aber nicht immer praktikabel, da wir uns meist auf dem Boden bewegen und dort beispielsweise stehen müssen. Betrachten wir deswegen zunächst wieder unseren Stab. Bei ihm lag bei einer Länge von 1 m und einem Durchmesser von 2 cm der Körperschwerpunkt in 50 cm Höhe und nur 1 cm vom „Rand" entfernt. Es bedurfte nur einer geringen Kraft, um ein solches Drehmoment aufzubringen, dass der Körperschwerpunkt über den Rand hinaus bewegt und daher aus dem Bereich der Reaktionskraft hinaus gelangte, die dem Stab selbst durch seine Unterstützungsfläche entgegenwirkt. Danach hatte die Gewichtskraft keine „Gegenkraft" mehr zur „Unterstützung"

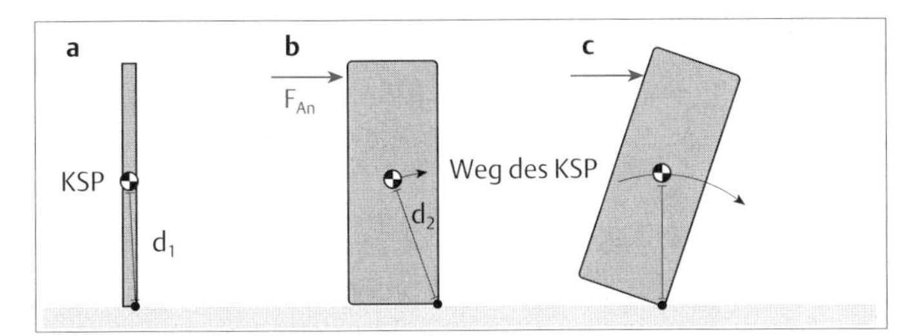


Abb. 9.**5a–c** Die Stabilität des dünnen Stabes lässt sich erhöhen, indem man ihn verbreitert. Dann muss der Körperschwerpunkt zunächst leicht angehoben werden, bevor er über den Drehpunkt (Rand) gelangen kann und der Stab umfällt.
**a** Dünner Stab (Drehhebellänge: 50,0009 cm).
**b** Breiterer Stab (Drehhebellänge: 50,9 cm).
**c** Zum Kippen muss der Körperschwerpunkt nach oben – gegen die Schwerkraft – über die Kippkante angehoben werden.

und der Stab fiel – der Gewichtskraft folgend – auf den Boden.

Unser Ziel sollte es also sein, das Drehmoment, das notwendig ist, um den Stab zum Kippen zu bringen, zu vergrößern. Außer der aufgewendeten Kraft, auf die wir wenig Einfluss haben, wird das Drehmoment durch den Hebelarm zwischen Körperschwerpunkt und Drehachse bestimmt. Die Drehachse geht durch den unteren Rand des Stabes. Wir können den Hebelarm verlängern, indem wir diese Drehachse weiter vom Projektionspunkt des Köperschwerpunktes entfernen, den Stab also dicker machen (Abb. 9.**5**). Dies hat außerdem den Vorteil, dass in dieser Konstellation der Schwerpunkt des Stabes, um über die Drehachse zu gelangen, ein wenig angehoben werden muss. Dazu muss zusätzlich zu der Kraft, die den Stab seitlich auslenkt, die Gewichtskraft überwunden werden, um den Körperschwerpunkt des Stabes anzuheben.

Es ist einzusehen, dass der Körperschwerpunkt umso mehr angehoben werden muss, je weiter er in horizontaler Richtung von der Drehachse entfernt ist. Dies können wir dadurch erreichen, dass wir die Standfläche vergrößern. Besonders günstig wirkt es sich bei einer derartigen Konstruktion auch aus, wenn sich dabei ein größerer Teil des Körpergewichts nahe am Boden befindet. Dadurch erhält der Körperschwerpunkt eine tiefere Lage und muss, um über die Drehachse oder Kippkante zu gelangen, noch mehr angehoben werden.

Die zuletzt genannte Strategie, die Stellung eines Körpers stabiler zu machen, nämlich den Schwerpunkt zu senken, kann man bei Körpern, auf deren Material man Einfluss hat, auch dadurch erreichen, dass man besonders schweres Material möglichst nahe der Grundfläche und weiter oben leichtere Materialien verwendet. Bekannt ist das sogenannte Stehaufmännchen, mit dem Kleinkinder spielen. Es ist nach diesem Prinzip konstruiert und ein typisches Beispiel für einen Körper mit stabilem Gleichgewicht. Diese Stabilität des Gleichgewichts wird dadurch unterstützt, dass die Unterseite eine runde Form hat, die das Zurückkehren in die Ausgangslage ebenfalls fördert.

Diese Strategien zur Erhöhung der Stabilität eines auf der Erde stehenden Körpers lassen sich folgendermaßen zusammenfassen (Abb. 9.**6**):

- Den Körper insgesamt breiter machen.
- Die Standfläche des Körpers besonders breit machen.
- Möglichst viel des Körpergewichts möglichst weit nach unten bringen.
- Aus allen diesen Punkten ergibt sich: den Körperschwerpunkt so tief wie möglich legen.

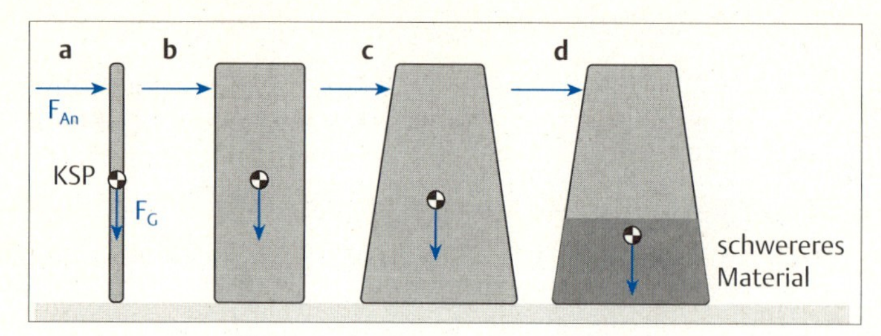


Abb. 9.**6a–d** Konstruktionen zur Verbesserung der Standstabilität eines Körpers. ($F_G$ = Gewichtskraft, $F_A$ = Anschubkraft)
**a** Schmaler Körper.
**b** Verbreiterung des Körpers.
**c** Verbreiterung besonders der Standfläche.
**d** Anfertigung des unteren Teiles des Körpers aus schwererem Material.

> **Merke:** Ganz allgemein gilt, dass ein Körper so lange im Gleichgewicht ist, wie sich die senkrechte Projektion seines Körperschwerpunktes im Bereich der Standfläche des Körpers befindet.

Bislang haben wir uns bei der Betrachtung des Gleichgewichts wenig Gedanken darüber gemacht, ob der Körper, dessen Stabilität wir betrachten, aus einheitlichem Material oder aus verschiedenen Materialien besteht, die möglicherweise unterschiedliche spezifische Gewichte haben. Besteht der Körper aus unterschiedlichen Materialien mit unterschiedlichen spezifischen Gewichten, gilt im Prinzip das Gleiche wie für Körper aus homogenem Material. Für die Standsicherheit des Körpers ist es entscheidend, ob die Projektion des Körperschwerpunktes innerhalb seiner Standfläche liegt. Dieser Körperschwerpunkt (Massenmittelpunkt) befindet sich in dem Fall, dass der Körper nicht aus einheitlichem Material besteht, natürlich in der Regel nicht mehr einfach in der Mitte des Körpers.

Zu den unterschiedlichen Materialien soll hier nur ein besonderer Fall betrachtet werden. Wir stellen uns wieder die auf dem Boden liegende große Holzkugel vor. An einer Stelle wurde nun aber ein Loch in die Kugel gebohrt und Blei hineingefüllt. Durch das Einfüllen des Bleis verschiebt sich der Körperschwerpunkt ein wenig zur Bleimenge hin und befindet sich nicht mehr genau in der Mitte der Kugel. Da die Kontaktfläche der Kugel mit dem Boden gerade nur ein Punkt ist, muss der Körperschwerpunkt immer genau über diesem Kontaktpunkt liegen, wenn die Kugel im Gleichgewicht sein soll. Wir wollen nun überlegen, wie sich die Kugel verhält, in Abhängigkeit davon, wo sich die Bleimenge befindet (Abb. 9.**7**).

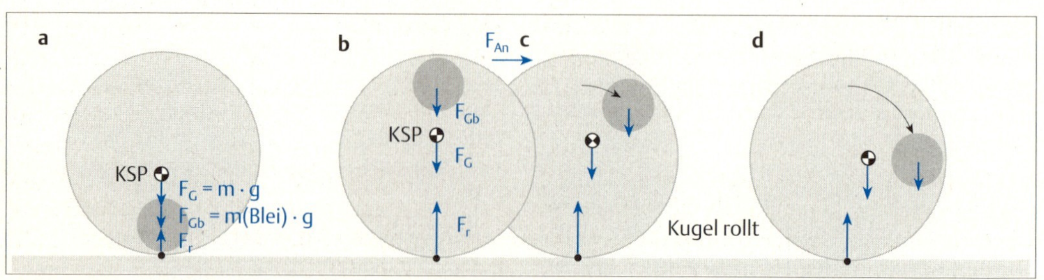


Abb. 9.**7a–d** Gleichgewichtsüberlegungen bei einer Kugel, die einen Bleiteil enthält.
**a** Die Bleimenge befindet sich direkt unterhalb des Körperschwerpunktes: das Gleichgewicht wird stabiler. ($F_G$ = Gewichtskraft, $F_{Gb}$ = Gewichtskraft (Bleiteil), $F_{An}$ = Anschubkraft, $F_r$ = Reaktionskraft)
**b** Die Bleimenge liegt direkt oberhalb des Körperschwerpunktes: das Gleichgewicht wird labiler.
**c** Nach geringer Krafteinwirkung befindet sich die Bleimenge (und die Schwerelinie) nicht mehr über der Reaktionskraftlinie: die Kugel rollt weiter.
**d** Die Bleimenge liegt seitlich vom Körperschwerpunkt: die Kugel bleibt nicht liegen, sondern sucht eine neue Gleichgewichtsstellung.

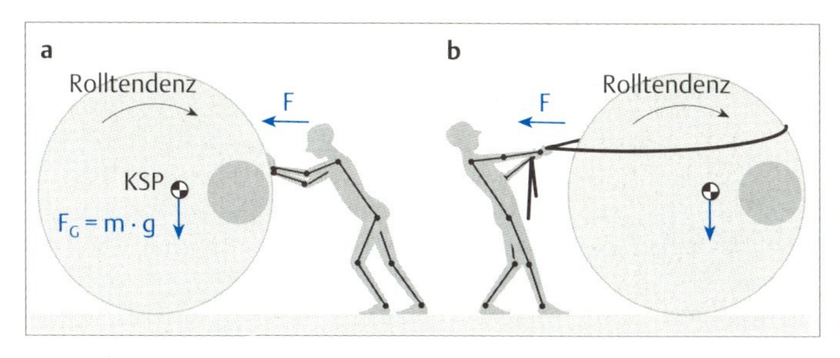


Abb. 9.**8a** u. **b** Felix versucht, die Kugel mit der Bleimenge (kleiner dunkler Kreis) seitlich vom Körperschwerpunkt in ihrer Lage zu fixieren.
**a** Er drückt entgegen der Rollrichtung.
**b** Er hält die Kugel zurück.

Der Fall in Abb. 9.**7a** ist klar: Der Körperschwerpunkt und die Bleimenge befinden sich über der Kontaktfläche. Die Gewichtskraftvektoren der Kugel insgesamt, aber auch die der Bleimenge alleine liegen in einer Wirkungslinie. Auf derselben Linie liegt auch die Wirkung der Reaktionskraft, die vom Kontaktpunkt mit dem Boden senkrecht nach oben wirkt. Daher kompensieren sich alle wirkenden Kräfte, sodass die Kugel ruhig liegen bleibt. Ihr Gleichgewicht ist sogar etwas stabiler geworden als ohne die Bleimenge, da der Körperschwerpunkt der Kugel jetzt tiefer liegt als ohne die Bleimenge.

In Abb. **9.7b** liegen die Schwerkraftlinien des Körperschwerpunktes der gesamten Kugel und der Bleimenge auch auf einer Geraden, die ebenfalls durch den Kontaktpunkt mit dem Boden verläuft. Auch hier können sich also alle Kräfte kompensieren. Das bedeutet, die Kugel befindet sich im Gleichgewicht. Es handelt sich aber um ein sehr labiles Gleichgewicht, denn der Körperschwerpunkt liegt jetzt höher, d.h. näher an der Bleimenge. Kritischer für das Gleichgewicht ist jedoch, dass auch bei nur ganz geringer Kraftanwendung in horizontaler Richtung die Schwerkraftlinien der Kugel insgesamt und der Bleimenge nicht mehr auf einer Linie liegen. Sie verlaufen vor allem auch nicht mehr durch den Unterstützungspunkt. Dadurch würde die Drehbewegung der Kugel weiter gehen, als wenn sie nur durch die einwirkende Kraft ausgelöst worden wäre. Nach der Definition bedeutet das, dass sich die Kugel in einem labilen Gleichgewicht befindet.

In Abb. **9.7c** schließlich wird die Kugel überhaupt nicht so liegen bleiben, da sich die Projektion des Körperschwerpunktes nicht mehr im Bereich des Kontaktpunktes mit dem Boden befindet, weil er zur Bleimenge hin verschoben ist. Die Kugel wird also in jedem Fall zur Seite der Bleimenge hinrollen. Sie wird erst in dann eine Möglichkeit zum Liegenbleiben haben, wenn der Körperschwerpunkt oberhalb der Kontaktfläche liegt. Hat die Kugel aber beim Rollen mehr Schwung, wird sie weiterrollen, bis sich die Bleimenge zwischen Körperschwerpunkt und Kontaktstelle mit dem Boden befindet. Das ist in Abb. 9.7a der Fall, der ein stabiles Gleichgewicht bedeutet.

Nehmen wir an, es sei für Felix aus irgendeinem Grund ganz wichtig, dass die Kugel in der Lage wie in Abb. 9.7c liegen bleibt. Die einzige Möglichkeit, dies zu erreichen, wäre dann, die Kugel festzuhalten. Er kann das von der Seite aus tun, auf der sich die Bleimenge befindet – dann muss er gegen die Kugel drükken. Er kann sie aber auch von der anderen Seite festhalten – in diesem Fall muss er die Kugel zurückhalten. Mit dem Drücken oder Festhalten würde Felix nun die notwendige Kraft aufbringen, um die Gewichtskraft, die nicht durch die Reaktionskraft des Bodens kompensiert wird, weil sich der Körperschwerpunkt nicht in der Mitte der Kugel befindet, doch noch zu Null zu kompensieren. Damit könnte er die Kugel im Gleichgewicht halten (Abb. 9.**8**).

Soll die Kugel länger in dieser Lage verharren, wäre es sinnvoll, sich eine Konstruktion zu überlegen, die Felix‘ Haltefunktion übernehmen kann. Dies könnte beispielsweise ein Seil sei, das am Boden und auf der Kugel festgemacht wird.

## 9.2 Regelung des Gleichgewichts beim Menschen

### 1. Im Stand

Am menschlichen Körper haben wir häufig eine ähnliche Situation beim Zurückhalten bei verschobenem Körperschwerpunkt. Das ist immer dann der Fall, wenn wir einen Arm ausstrecken oder gar einen Gegenstand mit ausgestrecktem Arm in die Hand nehmen und dadurch unseren Körperschwerpunkt zur entsprechenden Seite hin verlagern. Dann müssen nämlich die Muskeln auf der dem Gegenstand entgegengesetzten Seite angespannt werden und gleichsam den Körperschwerpunkt „zurückhalten", damit er nicht über die Standfläche hinausgelangt und der Körper umfällt. Dieses gezielte Muskelanspannen erfolgt bei gesunden Menschen nach sehr früher Lernphase im Kleinkindalter reflektorisch und setzt bereits mit der Absicht ein, den Gegenstand zu ergreifen, noch bevor die Hand auch nur ausgestreckt wird (Cordo u. Nashner 1982). Bei Kindern mit Störungen des Zentralnervensystems sind entsprechende Übungen zur Wahrnehmung und zur Korrektur des Gleichgewichts ständig erforderlich.

(Diese schnelle und rechtzeitige Kompensation von Kräften, die den Körperschwerpunkt über die Standfläche hinaus bewegen könnten, ist ein wichtiger Beweis dafür, dass die menschliche Motorik nicht (ausschließlich) auf einer Folgeregelung beruhen kann, sondern die Feed-Forward-Regelung eine bedeutende Rolle spielt. Würde die Regelung nämlich erst durch das Fehlersignals ausgelöst, das besagt, der Körperschwerpunkt befindet sich außerhalb der Standfläche und der Körper droht zu fallen, wäre es in jedem Fall zu spät. Es müssen also schon frühere Signale die Gefahr anzeigen, die dem Gleichgewicht möglicherweise droht, sodass die entsprechenden Muskeln rechtzeitig angespannt werden können und dadurch der Körperschwerpunkt wieder in einen sicheren Abstand vom Rand der Standfläche gebracht wird.)

Die Möglichkeit und Notwendigkeit, durch die Anspannung verschiedener Muskeln den Körperschwerpunkt über unserer Standfläche halten zu können, ist auch dadurch bedingt, dass es sich beim menschlichen Körper nicht wie bei allen bisher betrachteten Gegenstände um einen starren Körper, sondern um ein Viel-Teile-System handelt. Außerdem ist die Massenverteilung beim menschlichen Körper nicht gerade günstig für die Stabilität. Es ruht nämlich der meist massige Rumpf auf den weniger massigen Beinen. Dadurch stehen die Höhe des Körperschwerpunkts und die Größe der Standfläche nicht unbedingt in einer für das Gleichgewicht günstigen Relation zueinander.

Da die Gleichgewichtsschulung häufig ein wichtiges Anliegen der physiotherapeutischen Behandlung ist, müssen wir also überlegen, wie in einem solchen Viel-Teile-System das Gleichgewicht aufrechterhalten bzw. verbessert werden kann. Das gilt für den Stand – dabei müssen zusätzlich unterschiedliche Manipulationen mit dem Körper möglich sein –, aber auch für die Bewegung, also hauptsächlich für das Gehen.

Grundsätzlich gelten auch für Viel-Teile-Systeme die allgemeinen Regeln für das Gleichgewicht, dass sich beispielsweise der Körperschwerpunkt über der Standfläche befinden muss, damit der Körper stehen bleiben kann. Daraus ergibt sich, dass sich die Stabilität erhöht, wenn die Standfläche vergrößert und/oder der Körperschwerpunkt gesenkt wird. Die erste Bedingung (Vergrößerung der Standfläche) ist durch Erfahrung oder Lehre – wie z. B. bei Sportspielen oder Kampfsportarten – leicht erlernbar und kann so auch für die Physiotherapie genutzt werden. Man geht in eine breitbeinige Fußstellung (Füße leicht versetzt). Leichtes Beugen der Knie, wenn man hauptsächlich eine horizontale Krafteinwirkung auf den Körper erwartet. Die zweite Bedingung (Senkung des Körperschwerpunktes) ist bei dieser genannten Stellung auch leicht durchführbar (Abb. 9.**9**).

Bei Kräften jedoch, die unerwartet auf den Körper einwirken, oder wenn aus anderen Gründen – vor allem in einer Bewegung – die Stabilität gefährdet wird, kann es zu Problemen kommen. In diesen Fällen werden durch neurophysiologische Bedingungen die

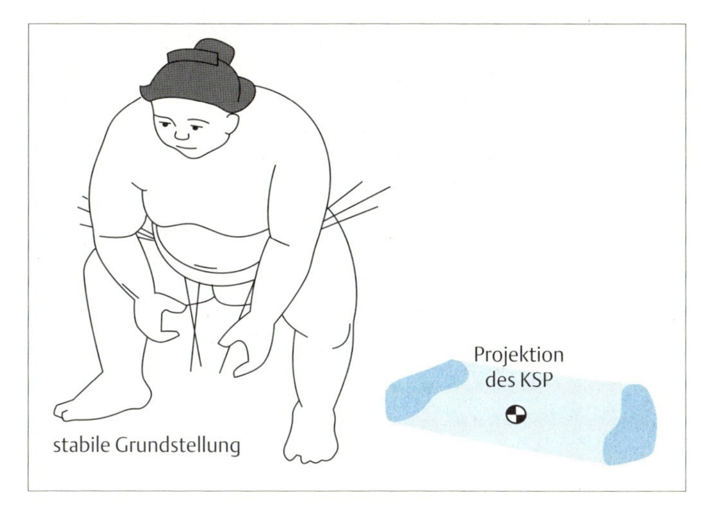


Abb. 9.**9** Gleichgewichtsstabile „Grundstellung" in Spiel- und Kampfsportarten mit breiter Fußstellung. Zusätzlich wird durch ein leichtes Beugen der Knie der Körperschwerpunkt gesenkt.

Extensoren der Beine reflexmäßig aktiviert. Dadurch wird genau das Gegenteil von dem erreicht, was man will: Der Körperschwerpunkt wird angehoben. Beispiele hierzu sind alle Balancierübungen und das Skilaufen. Das Senken des Körperschwerpunkts in solchen Situationen muss so lange aktiv erlernt und geübt werden, bis die Streckreflexe nicht mehr wirksam werden.

Eine weitere Möglichkeit für den Menschen, seine Stabilität bzw. seine Standsicherheit zu erhöhen, besteht darin, die Standfläche dadurch zu vergrößern, dass ein oder mehrere Unterstützungspunkte hinzugenommen werden. Am einfachsten ist das Verfahren, das Kleinkinder beim Krabbeln wählen (Abb. 9.**10**). Sie haben dann vier Punkte zur Unterstützung, der Körperschwerpunkt liegt extrem tief und kann kaum über die durch die vier Stützpunkte begrenzte Unterstützungsfläche hinausgeschoben werden; es sei denn, die Kinder versuchen vorwärts beispielsweise von einer erhöhten Fläche herunterzukrabbeln.

Auch im Alter, wenn das natürliche Gleichgewichtsvermögen nicht mehr so sicher funktioniert oder durch neurologische und/oder orthopädische Schäden – z. B. auch durch Schwäche der Muskulatur – beeinträchtigt ist, wird dieses Verfahren verwendet, um trotzdem im Stand, vor allem aber auch beim Gehen die notwendige Stand- bzw. Gehsicherheit zu behalten. Dann wird nämlich ein Stock zu Hilfe genommen, der zudem die Standfläche vergrößert und dadurch für die Schwankungen des Körperschwerpunktes einen größeren Spielraum lässt. Bei Bedarf können auch zwei Stöcke oder andere großflächige Gehhilfen verwendet werden.

Bei allen diesen Vorgängen spielen die Muskeln und ihre richtige und vor allem rechtzeitige Anspannung eine wichtige Rolle zur Ma-

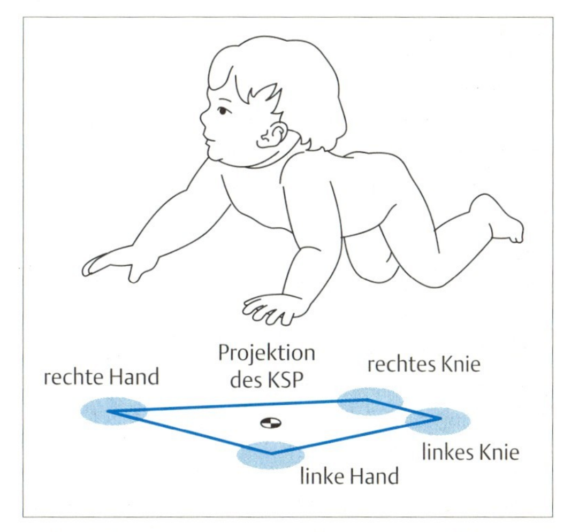


Abb. 9.**10** Stabile Körperhaltung eines Kleinkindes beim Krabbeln.
Grundfläche mit den vier Unterstützungspunkten und dem Projektionspunkt des Körperschwerpunktes (KSP).

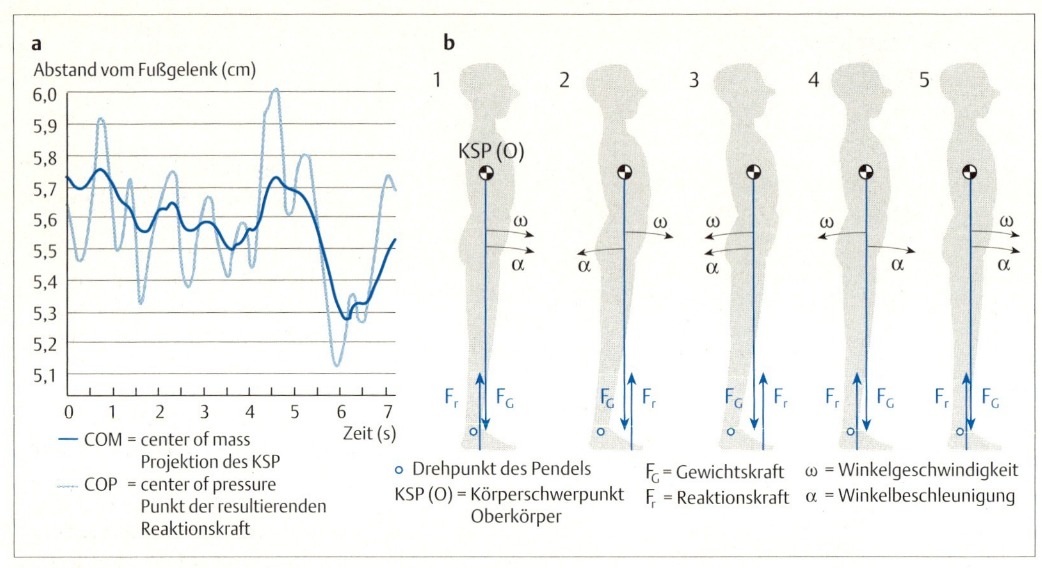


Abb. 9.**11a** u. **b** Bewegung des Körperschwerpunktes im Stand (aus Winter 1995)
**a** Verlauf der Projektion des Körperschwerpunktes (COM) über 7 Sekunden und Verlauf des COP oszillierend um diese Projektion herum zur Stabilisierung des Gleichgewichts im Stand.
**b** Stehender Mensch als umgekehrtes Pendel mit Drehpunkt in den Fußgelenken. Wechsel von Winkelgeschwindigkeit und -beschleunigung des Pendels aufgrund der Verschiebung des COP.

nipulation des Körperschwerpunktes, um ihn über der Standfläche zu halten.

Um die Standfestigkeit einer Körperstellung beurteilen zu können, ist es notwendig zu wissen, wo sich in dieser Stellung der Körperschwerpunkt befindet. Das wurde bereits in Kap. 7 erläutert.

Da sich der Körper des Menschen aber nie in vollständiger Ruhe befindet, muss der Organismus zum einen ständig „wissen" wo sich der Körperschwerpunkt bezüglich seiner Standfläche gerade befindet. Zum anderen muss er in der Lage sein, ihn bei Abweichungen wieder in eine „gute", d.h. möglichst mittlere Position über der Standfläche zu bringen. Dies besorgt ein Regelsystem des Organismus. Als Fehlersignal dient dabei der Vergleich zwischen dem Punkt der resultierenden Reaktionskraft durch den Boden (*center of pressure*, COP) und der Projektion des Körperschwerpunktes auf den Boden. Außerdem wird die Beschleunigung des Kopfes durch das Vestibularsystem ausgewertet. Das Zentralnervensystem verarbeitet ständig die einlaufenden Signale über diese Werte und setzt entsprechende Korrekturmechanismen – Muskelkontraktionen – in Gang (Abb. 9.**11**).

In Abb. 9.**11a** ist deutlich zu sehen, dass selbst im ruhigen Stand der COP ständig leicht um den Körperschwerpunkt (KSP) oszilliert, um das Regelsystem aktiv zu halten. Durch den COP wird jeweils ein Kraftvektor (der Reaktionskraft) erzeugt, der auf den Körperschwerpunkt einwirkt und ihn wieder in die andere Richtung bewegt. Die Funktion dieses Regelsystems ist wichtig für die Stabilität des Standes. Der Körper verhält sich also ähnlich wie ein Pendel, das seinen Drehpunkt am Boden hat – genau genommen in den Fußgelenken. Die Muskeln, die diese Pendelbewegungen in anterior-posteriorer (a.-p.) Richtung ausführen, sind die, die über das Fußgelenk (Plantar- und Dorsalflexoren) ziehen. Sie sind auch für die letzten Korrekturen der Standfestigkeit in a.-p.-Richtung verantwortlich (Winter 1995). Für die medial-laterale Korrektur der Körperstabilität sind in ähnlicher Weise hauptsächlich die Hüftabduktoren und -adduktoren verantwortlich.

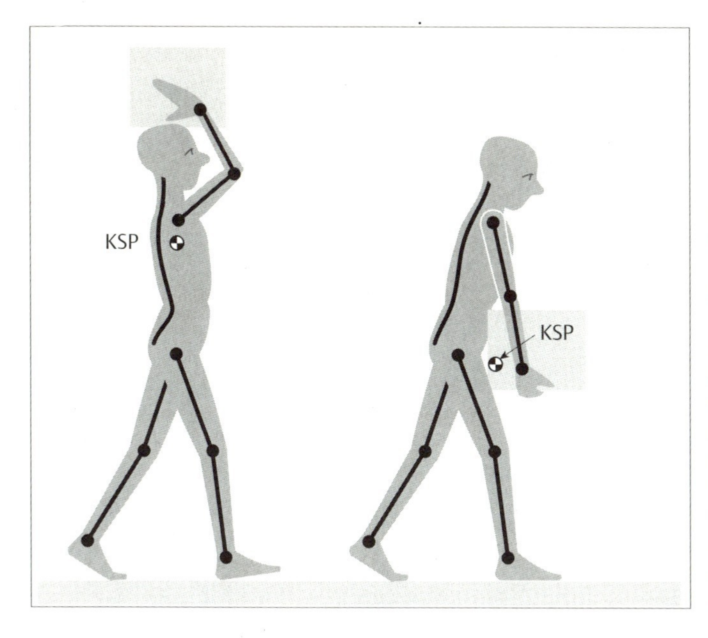


Abb. 9.**12a** u. **b** Tragen einer Last im Stand.
**a** Das Tragen der Last auf dem Kopf stellt nur dadurch höhere Anforderungen an die Gleichgewichtskontrolle, weil der Gesamtkörperschwerpunkt dann höher liegt.
**b** Das Tragen der Last vor dem Körper zwingt die Rückenmuskulatur nicht nur zur Bewältigung der Last, sondern zur Doppelbelastung der gleichzeitigen Kompensation durch die ungünstige Lage des Gesamtkörperschwerpunktes.

Bei den medial-lateralen Bewegungen muss immer bedacht werden, dass sich gleichzeitig mit den Bewegungen die Belastungsverteilung auf die beiden Füße verändert, die normalerweise 50/50% beträgt. Dies ist vor allem bei allen Erkrankungen oder Lähmungen zu berücksichtigen, bei denen krankheitsbedingt die Lastverteilung auf die beiden Füße nicht dieser 50/50%-Verteilung entspricht. In diesen Fällen ist die Standsicherheit in Mitleidenschaft gezogen, sodass zu ihrer Verbesserung entsprechende Maßnahmen bzw. Übungen durchgeführt werden müssen – , auch damit der Patient ein Gefühl dafür erhält, wo sich sein Körperschwerpunkt befindet. Dies geschieht außerdem, damit der körperinterne Regler auf die neue Situation eingestellt wird.

Auch aus den vorangegangenen Überlegungen zur Stabilität des Standes heraus ist immer zu empfehlen, beim Tragen von Gegenständen diese möglichst über der Standfläche – also nahe am Körper – zu halten, damit nicht zu große Anforderungen an die Muskulatur gestellt werden. Dies gilt nicht nur, was die reine Bewältigung der Last, sondern auch die Regelung des Gleichgewichts in einer einseitig belasteten Situation betrifft. Zudem ist aus diesen Überlegungen auch einleuchtend, dass die zweckmäßigste Art des Tragens einer Last die auf dem Kopf oder auf den Schultern ist (Abb. 9.**12**). Dort befindet sie sich nämlich innerhalb der Unterstützungsfläche des Körpers.

### 2. Beim Gehen

Eine besondere Anforderung an das menschliche Gleichgewichtssystem stellt der Umstand dar, dass wir uns nicht immer im Stand befinden, sondern uns im Raum bewegen wollen. Während es nämlich das Ziel der Gleichgewichtsregelung während des Stehens ist, den Körperschwerpunkt sicher innerhalb der Unterstützungsfläche durch die Füße zu halten, ist es das Ziel bei der Vorwärtsbewegung, den Körper über seine Standfläche hinaus zu bewegen und trotzdem nicht hinzufallen: Beim Gehen und auch beim Laufen befindet sich die Projektion des Körperschwerpunktes immer (bis auf die kurze Phase, wenn beim Gehen beide Füße belastet sind) außerhalb der Unterstützungsfläche (Abb. 9.**13**)! Dieser Gleichgewichtszustand des dynamisches Gleichgewichts bedeutet, dass das Schwungbein eine Bewegungskurve beschreiben muss, die die notwendigen Gleichgewichtsbedingungen beim nächsten Schritt erfüllt. Beim Übergang vom Stehen zum Gehen muss nämlich der Körperschwerpunkt aus seiner stabilen Lage oberhalb der

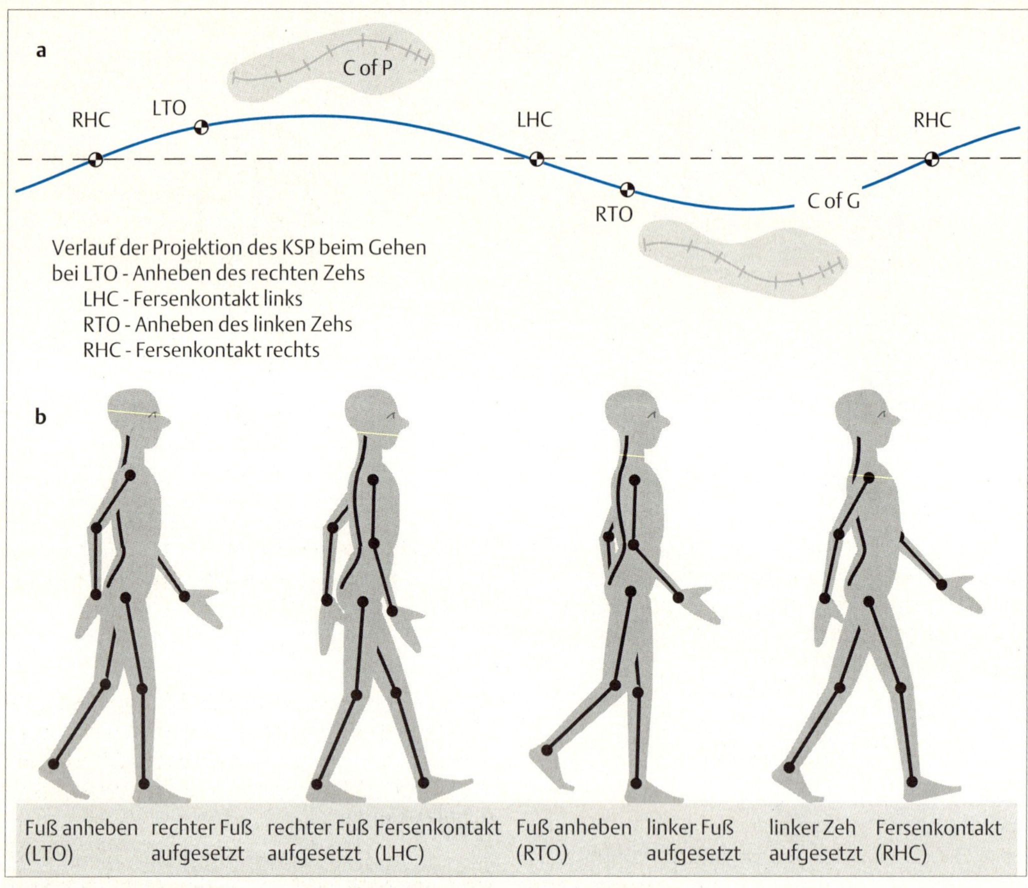


Abb. 9.**13a** u. **b** Der Körperschwerpunkt beim Gehen (aus Winter 1995)
**a** Verlauf der Projektion des KSP (COG) und des COP beim Gehen.
**b** Die entsprechenden Phasen beim Gehen.

Standfläche herausgebracht und in die Richtung – über den Rand der Standfläche hinaus – geschoben werden, in die man sich bewegen will. Dies entspricht jedoch der gleichen Aktion, die auch beim Fallen nach der entsprechenden Seite geschieht. Der Fall kann nur dadurch verhindert werden, dass beim Gehen das Schwungbein beim Aufsetzen in eine sichere Position gesetzt wird.

Beim Beginn des Gehens wird der COP zunächst leicht hinter das Fußgelenk auf die Seite des Schwungbeins gebracht, um einen Kraftvektor zu erzeugen, der den Körperschwerpunkt zum Standbein hin verlagert. Der M. gastrocnemius und der M. soleus sind in diesem Augenblick besonders aktiv, um die Projektion des Körperschwerpunktes (*center of gravity*, COG) knapp vor den Fußgelenken zu halten. Ihre Entspannung löst die Vorwärtsbewegung aus – das Pendel des Körpers bewegt sich nach vorne. Dies wird durch eine starke Aktivität des M. tibialis anterior unterstützt. Dadurch erhält der Körper eine ausreichende Vorwärtsneigung und Beschleunigung nach vorne. Diese Bewegung wird durch einen kraftvollen Abstoß der Plantarflexoren unterstützt.

Ist die Vorwärtsbewegung in Gang gekommen, bewegt sich die Projektion des Massenmittelpunktes des Körpers (COG) entlang des medialen Randes des jeweiligen Standbeins. Die Fußgelenkmuskeln alleine können jetzt nicht mehr die Stabilität in Vorwärtsrichtung garantieren. Die Problematik besteht nämlich

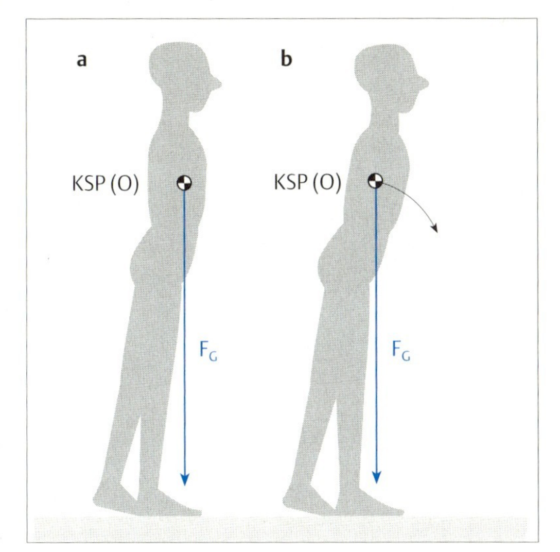


Abb. 9.**14a** u. **b** Stabilitätsprobleme in anteriorer-posteriorer Richtung beim Gehen. Oberkörperhaltungen, die zu Schwierigkeiten beim Halten des Gleichgewichts führen – beide müssen durch Anspannen der Rücken- und Hüftstrecker und der Muskeln der Beinrückseite kompensiert werden.
**a** Zu große Vorwärts- (= Fall-) Neigung.
**b** Nach vorwärts rotierter Oberkörper (O).

darin, dass zwei Drittel des Körpergewichts – die Masse von Rumpf, Kopf und Armen – sich relativ hoch über dem Boden befinden und durch ihr Trägheitsmoment sowohl beim Beginn als auch während der Bewegung die gesamte Körperlage sehr instabil macht (Abb. 9.**14**). Diese Masse ist ständig zwei Kräften ausgesetzt:

- Der Schwerkraft, die im Körperschwerpunkt angreift, der jedoch nicht über der Standfläche liegt, und die ein Drehmoment um das Hüftgelenk erzeugt.
- Der Vorwärtsbeschleunigungskraft, die über die Beinmuskeln und die Hüfte auf den Oberkörper übertragen wird und das Drehmoment im Hüftgelenk verstärkt, wenn der Teilkörperschwerpunkt des Oberkörpers nicht in der Wirkungslinie der beschleunigenden Kraft liegt.

Um eine Rotation des Oberkörpers zu verhindern, müssen also vor allem die Hüftstrecker und die Rückenmuskeln aktiv sein, um den

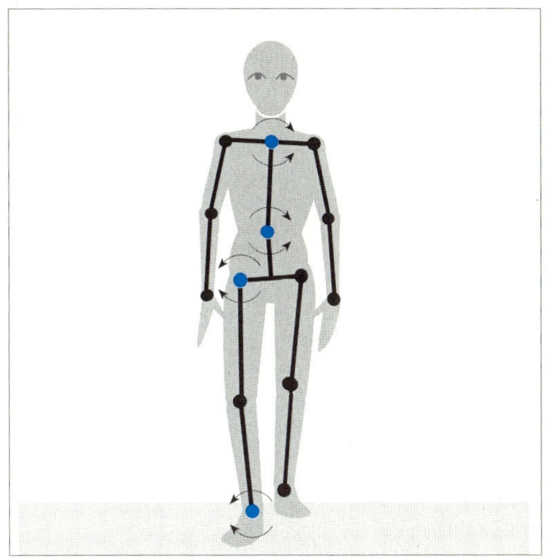

Abb. 9.**15** Seitwärtsstabilität beim Gehen – Drehmomente in verschiedenen Gelenken (aus Gait u. Posture 1995).

Teilkörperschwerpunkt des Oberkörpers „zurückzuhalten" und seine Vorwärtsrotation zu verhindern. Trotzdem muss der Oberkörper durch seine Lage mit dazu beitragen, dass insgesamt die zum Vorwärtsgehen notwendige „Fallsituation" immer gewährleistet ist. Dies alles erfordert komplexe Kontrollprozesse, die bislang erst zum Teil erforscht sind.

Das medial-laterale Gleichgewicht wird beim Gehen dadurch gesichert, dass sich der COP jeweils unter dem Standfuß befindet und dadurch wie beim Stand in anterior-posteriorer Richtung durch einen Kraftvektor den Körperschwerpunkt wieder in die andere Richtung – zum anderen Fuß hin – beschleunigen kann (Abb. 9.**15**).

Beim Beenden des Gehens ist die umgekehrte Situation wie beim Beginn des Gehens zu beachten. Zum Anhalten werden mehrere Fußkontakte benötigt. Beim Aufsetzen der Ferse zum vorletzten Kontakt wird der COP durch eine kräftige Kontraktion der Plantarflexoren des abstoßenden Beins schnell nach vorne bewegt. Hierbei wird mechanische Energie verbraucht und durch die Vorwärtsverlagerung des COP ein nach rückwärts gerichteter Bremsvektor erzeugt. Erfolgt dann der letzte Fußkontakt, wird der COP schnell wieder in eine Position zwischen den beiden Füßen gebracht. Um das Gleichgewicht im nachfolgenden Stand zu gewährleisten, muss dabei der COP vor die Projektion des Körperschwerpunktes gebracht werden, damit dieser ausreichend abgebremst und dann innerhalb der Unterstützungsfläche durch die Füße gehalten werden kann.

Bei diesen Vorgängen sind komplexe Regelungsprozesse notwendig, die bei gesunden Menschen im frühen Kindesalter erlernt werden. Sind jedoch durch Krankheit, Verletzung oder auch mangelnde Übung einzelne Systemteile (Zentralnerven- oder Muskelsystem) nicht in der Lage, ihre Aufgaben reibungslos und sicher zu erfüllen, kommt es zu Störungen des Gleichgewichts im Stand, beim Beginn oder beim Beenden des Gehens und/oder beim Gehen selbst. In diesem Fall ist es notwendig, dass der behandelnde Physiotherapeut zunächst analysiert, wo das Problem liegt, um dann mit den entsprechenden Übungen dem Patienten zu helfen, sein Gleichgewicht für die Aufgaben des täglichen Lebens stabil zu halten bzw. es zu korrigieren.

# 10 Betrachtung der Effizienz von Bewegungen

Bislang wurden die Beziehungen zwischen Kräften und Bewegungen betrachtet, ohne zu berücksichtigen, wie Kräfte entstehen können, welche Kosten sie verursachen und in welchem Verhältnis diese Kosten zum Nutzen der Bewegungen stehen.

Diese Kosten-Nutzen-Betrachtung der Bewegungen des Menschen ist jedoch von großer Bedeutung für die Physiotherapie, denn wenn die Kosten für die Bewegung zu hoch werden, wird das Bewegungsverhalten eingeschränkt. Das wird bei älteren und bei Menschen mit Körperbehinderungen deutlich. Bei ihnen ist der Erfolg ihrer Bewegungen oft trotz eines hohen Energieaufwandes nicht mit dem junger und „gesunder" Menschen zu vergleichen, und die Bewegungen führen häufig zu frühzeitiger Ermüdung oder Erschöpfung. Eine Betrachtung von Kosten und Nutzen ist auch für Bewegungen im Beruf und im Sport, vor allem für Leistungssportler und ihre Trainer wichtig.

Beim Sportler kann es bei einer Verbesserung der Effizienz seiner Bewegungen darum gehen, die Technik zu optimieren, sodass er bei gleichem (Energie-) Aufwand eine höhere Leistung erzielt. Bei einem Arbeiter oder beispielsweise einem beinamputierten Menschen kommt es darauf an, dass er ohne übermäßige Erschöpfung einen Tag, eine Woche usw. übersteht.

## 10.1 Wirkungsgrad

Ganz grob lässt sich festhalten, die Effizienz oder der *Wirkungsgrad* ($\eta$) eines *Arbeit* verrichtenden Systems – wie es der Mensch ist – ist dann groß, wenn das Verhältnis (Quotient) der verrichteten zur aufgewendeten Arbeit bzw. Leistung möglichst groß ist (Abb. 10.**1**).

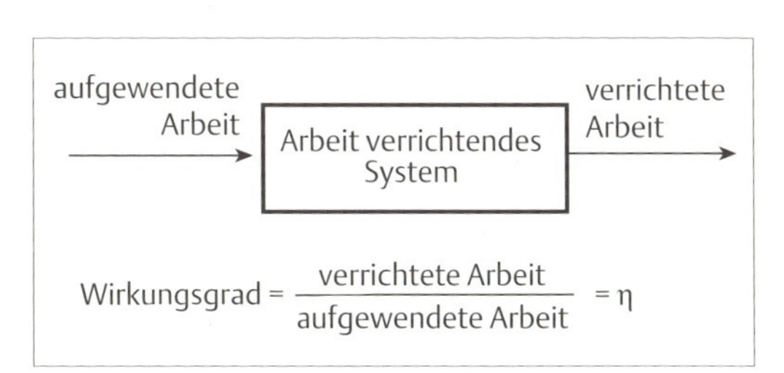


Abb. 10.**1** Zusammenhang zwischen Wirkungsgrad und Arbeit.

Ebenso gilt:

*Wirkungsgrad* = $\eta$

$$\eta = \frac{\textit{Nutzleistung}}{\textit{dem System zugeführte Leistung}}$$

*oder:*

$$\eta = \frac{\textit{Energieabgabe des Systems}}{\textit{Energieaufnahme des Systems}}$$

Um dies auch quantitativ überschaubar zu machen, müssen zunächst die Begriffe *Arbeit, Leistung* und *Energie* sowie deren Zusammenhänge untereinander geklärt werden.

## 10.2 Mechanische Arbeit

Wirkt eine Kraft auf einen Körper ein, dann ist die Arbeit, die von der Kraft verrichtet wird, gleich dem Produkt (Betrag) aus der Kraft und der Strecke (Weg), die der Körper in Richtung der Kraftwirkung unter ihrer Einwirkung bewegt wird:

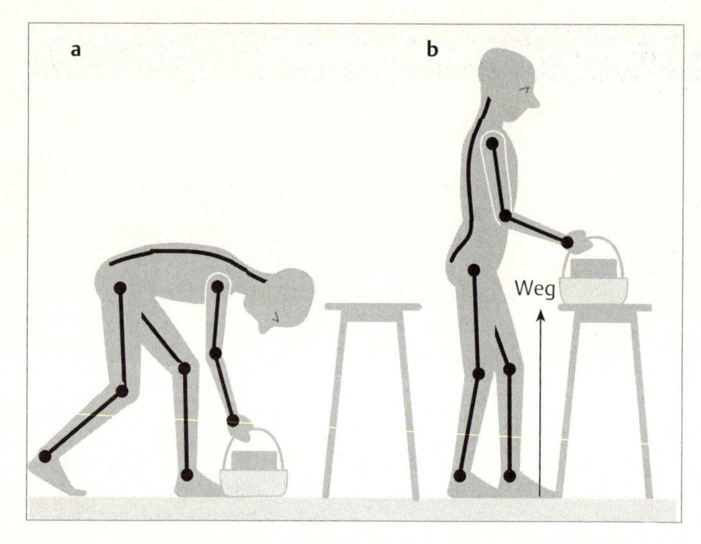


Abb. 10.**2** Felix hebt eine Einkaufstasche auf den Tisch und verrichtet dabei Hubarbeit.

$$W = F * d$$

(F = Kraft [N],
d = Weg [m].
W = mechanische Arbeit [work; Nm],)

Das Symbol für die mechanische Arbeit ist „W" (gelegentlich wird auch noch „A" verwendet), die Einheit ist [Nm]. Arbeit ist also eine abgeleitete Größe. Der Einheit 1 Nm wurde der Namen *Joule* [J] gegeben – nach dem englischen Physiker James Joule (1818–1889): 1 Nm = 1 J.

Die Einheit Nm sollte nicht mit der Einheit für das Drehmoment verwechselt werden, das auch in [Nm] angegeben wird – die geometrische Anordnung von Kraftwirkung und Abstand sind bei diesen beiden Größen jedoch unterschiedlich. Bei der mechanischen Arbeit geht der Weg in Richtung der Kraft in die Berechnung ein. Die Arbeit (W) ist also eine skalare Größe, da nur der Betrag der Kraft berücksichtigt wird. Das Drehmoment dagegen, bei dem die Kraft im rechten Winkel auf den Abstand (vom Drehpunkt) einwirkt, ist eine vektorielle Größe.

Hebt Felix beispielsweise eine Einkaufstasche von 20 N Gewicht auf einen Tisch in einer Höhe von 80 cm (Abb. 10.**2**), lässt sich die verrichtete mechanische Arbeit folgendermaßen berechnen:

$$\begin{aligned} W &= F_G * d \\ &= 20\ N * 0{,}8\ m \\ &= 16\ Nm \end{aligned}$$

($F_G$ = Gewichtskraft)

In diesem Fall leistet Felix eine Hubarbeit von 16 Nm gegen die Gewichtskraft der Einkaufstasche. Schiebt Felix die Tasche 80 cm über den Boden, muss er im ersten Augenblick des Schiebens die Haftreibung der Tasche, danach nur noch die Gleitreibung überwinden (Abb. 10.**3**).

Nehmen wir an, der Haftreibungskoeffizient zwischen der Tasche und dem Fußboden beträgt $\mu_H$ = 0,5 und wirkt nur auf dem ersten Zentimeter der Strecke (in Wirklichkeit ist die Wirkungszeit der Haftreibung noch viel kürzer, d.h. hier entsprechend die Strecke, auf der sie wirkt). Betrüge der Gleitreibungskoeffizient $\mu_G$ = 0,3, dann würde sich für die geleistete Arbeit folgendes ergeben:

### Berechnung der Reibungskräfte

$$\begin{aligned} F_{R1} &= No * 0{,}5 \\ &= 20\ N * 0{,}5 \\ &= 10\ N \end{aligned}$$

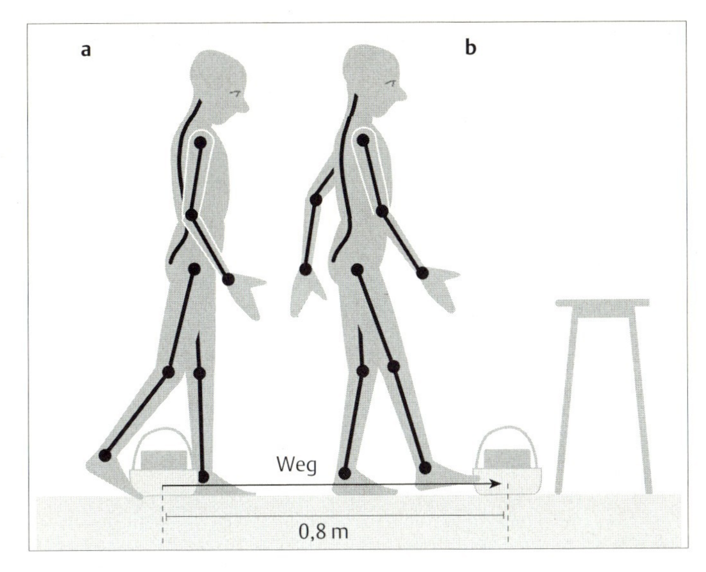


Abb. 10.**3** Felix schiebt die Einkaufstasche auf dem Boden entlang und verrichtet dabei Arbeit gegen Reibungskräfte.

$$F_{R2} = No * 0,3 = 20\,N * 0,3 = 6\,N$$

(Mit No wird die Normalkraft bezeichnet, die hier der Gewichtskraft entspricht.)

## Berechnung der Arbeit

$$W_1 = F_{R1} * d_1 = 10\,N * 0,01\,m = 0,1\,Nm$$

$$W_2 = F_{R2} * d_2 = 6\,N * 0,79\,m = 4,74\,Nm$$

$$W_1 + W_2 = 0,1\,Nm + 4,74\,Nm = 4,84\,Nm$$

Es ergibt sich also, dass zum Schieben der Tasche kaum mehr als ein Viertel der Arbeit für das Anheben der Tasche verrichtet werden muss, obwohl gleich lange Wegstrecken zu überwinden sind. Dieses Ergebnis entspricht durchaus unseren Erfahrungen.

**! Merke:** Für die Berechnung einer verrichteten mechanischen Arbeit ist es nicht entscheidend, über welche Strecke ein Körper durch eine Kraft bewegt wird. Vielmehr sind die Kräfte ausschlaggebend, die bei der Bewegung des Körpers über diese Strecke durch Arbeitskraft überwunden werden müssen.

Man kann die verrichtete Arbeit als eine Fläche darstellen, die über der Wegachse eingetragen wird und die Höhe der aufgewendeten Kraft hat (Abb. 10.**4**).

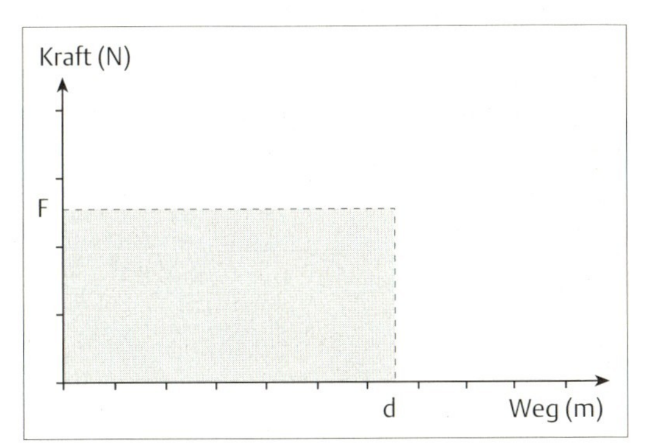


Abb. 10.**4** Darstellung der Arbeit als Fläche über dem zurückgelegten Weg mit der Höhe der auf gewendeten Kraft.

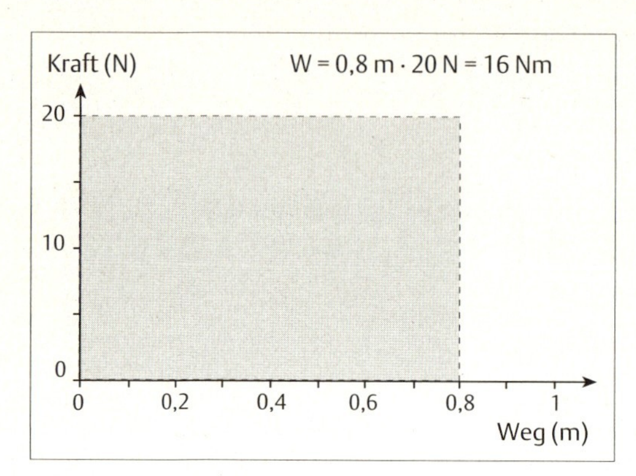


Abb. 10.**5** Darstellung der Fläche der von Felix geleisteten Hubarbeit, bei der er über einen Weg von 0,8 m eine Kraft von 20 N aufgewendet hat.

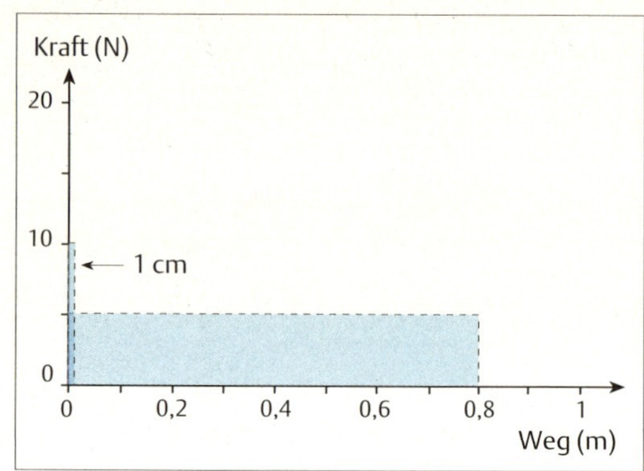


Abb. 10.**6** Darstellung der „Arbeit" zur Überwindung der Reibungskraft. Zu Beginn musste die Haftreibung (1. Zentimeter), danach nur noch die sehr viel geringere Gleitreibung überwunden werden.

Wenn Felix die Tasche auf den Tisch stellt, muss er über die gesamte Wegstrecke (Hubweg) eine gleichmäßige Kraft von 20 N aufwenden. Als verrichtete Arbeit ergibt sich dann folgende Fläche (Abb. 10.**5**):

$$
\begin{aligned}
W &= F * d \\
&= 20\ N * 0{,}8\ m \\
&= 16\ Nm
\end{aligned}
$$

Schiebt Felix die Tasche über den Boden, muss er – wie wir festgestellt haben – nicht über die gesamte Strecke dieselbe Kraft aufbringen, sondern am Anfang eine größere (Überwindung der Haftreibung) und danach eine kleinere (Überwindung der Gleitreibung) Kraft. Auch hierfür lassen sich die Wegstrecken mit den verschiedenen aufgewendeten Kräften als zwei Flächen oder Arbeitsabschnitte darstellen (Abb. 10.**6**).

Es wird hier aber ein Problem deutlich. Denn so wie in Abb. 10.6 dargestellt – dass sich die Kraft sprunghaft vom 1. zum 2. Zentimeter der Wegstrecke ändert –, ist es in der Realität nicht. Wir kennen dieses Problem schon von der Betrachtung von Geschwindigkeiten. Gäbe es einen solchen Sprung beim Übergang von der Haftreibung zur Gleitreibung, müsste Felix mit der Tasche einen Ruck verspüren. Das tut er aber nicht, weil ein kontinuierlicher Übergang von der Haftreibungskraft auf die Gleitreibungskraft erfolgt. Auch das lässt sich grafisch darstellen (Abb. 10.**7**).

Allerdings wird nun die Flächen- und damit die Arbeitsberechnung schwieriger. Man kann nicht mehr einfach die aufgewendete Kraft mit der Wegstrecke multiplizieren. Eine solche Situation, die schwieriger zu berechnen ist, liegt immer dann vor, wenn die eine Arbeit verrichtende Kraft nicht über die gesamte Wegstrecke gleich (konstant) bleibt. Diese Fälle kommen in der Realität häufiger vor.

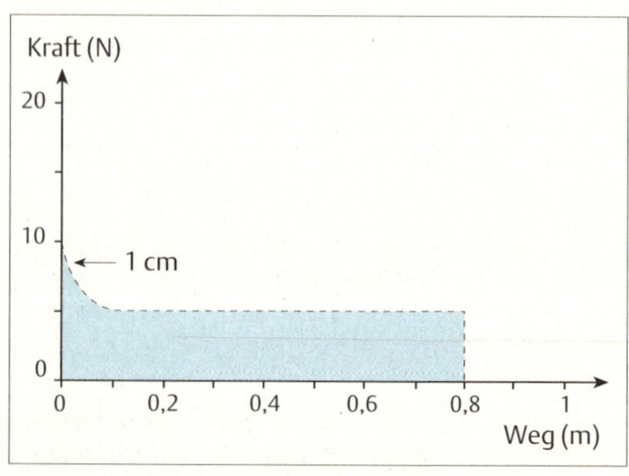


Abb. 10.**7** Realistischerer Verlauf der verrichteten Arbeit durch allmählichen Übergang von der Haftreibung zur Gleitreibung. Die sich dann ergebende Fläche ist jedoch schwieriger zu berechnen.

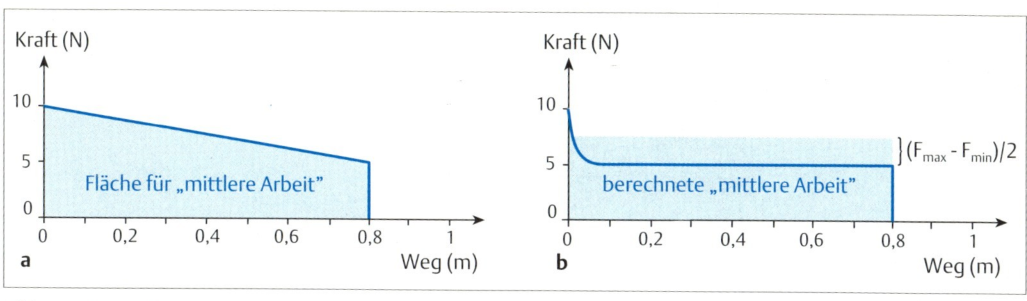


Abb. 10.**8a** u. **b**

**a** Ansätze zur Berechnung der „Arbeitsfläche„ als „mittlere Arbeit" über der Wegstrecke.

**b** Darstellung der berechneten Fläche für die „mittlere Arbeit„ im Vergleich zur „tatsächlichen Arbeit".

Man kann hier wieder so vorgehen, wie das auch schon bei der Berechnung von Geschwindigkeit und Beschleunigung geschehen ist, dass wir eine mittlere Arbeit berechnen. Zu diesem Zweck verbinden wir den Kraftwert zu Beginn der Wegstrecke mit dem an deren Ende und berechnen die Fläche unter dieser Linie (Abb. 10.**8a**). Sie besteht aus dem Viereck, das sich besser berechnen lässt, wenn es folgendermaßen dargestellt wird (Abb. 10.**8b**):

Niedrigerer Kraftwert * Wegstrecke + (höherer Kraftwert – niedrigerer Kraftwert) / 2 * Wegstrecke

$$\begin{aligned} W_m &= 6\,N * 0{,}8\,m + (10\,N - 4{,}74\,N) / 2 * 0{,}8\,m \\ &= 4{,}8\,Nm + 2{,}63\,Nm \\ &= 7{,}43\,Nm \end{aligned}$$

Das ergibt die *mittlere aufgewendete Arbeit* über den gesamten Weg.

Es lässt sich sofort erkennen, dass dieser Wert viel zu hoch ist. Man kann nun aber weiter genauso vorgehen wie bei der Berechnung von Geschwindigkeit und Beschleunigung beschrieben, sodass – in diesem Fall – die Wegstrecke in kleinere Abschnitte geteilt und für jeden dieser Abschnitte die mittlere verrichtete Arbeit berechnet wird (Abb. 10.**9**). Wenn wir in unserem Fall mit dem Schieben der Tasche die Wegstrecke z. B. in 80 Teilstrecken von je einem Zentimeter teilen, für jeden dieser Teile die verrichtete Arbeit berechnen und alles addieren, erhalten wir:

- Für den 1. Zentimeter:
  1 cm * 10 N = 0,1 Nm,
- Für die restlichen 79 Zentimeter:
  je 1 cm * 6 N = 0,06 Nm,
- Für die restlichen 79 Zentimeter insgesamt:
  79 * 0,06 Nm = 4,74 Nm,
- Für die gesamten 80 cm:
  0,1 Nm+4,74 Nm = 4,84 Nm.

Das ist dasselbe Ergebnis, das wir bereits berechnet hatten, mit der Bemerkung, dass das mit dem 1 cm für die Haftreibung „wohl" zu viel ist, eben weil der Übergang der Reibungskräfte in Wirklichkeit nicht abrupt verläuft.

Der Wert lässt sich genauer berechnen, wenn man die Wegabschnitte auch hier wieder „unendlich" klein macht. Man erhält dann für jedes dieser „differentiellen" Wegelemente multipliziert mit der in diesem Streckenpunkt

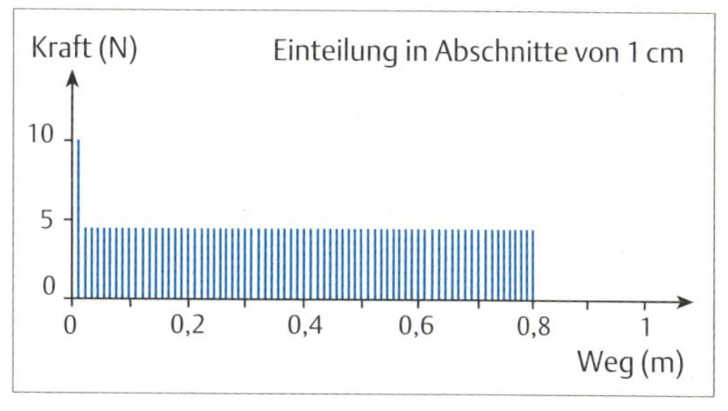


Abb. 10.**9** Berechnung der wirklichen Arbeit durch die Einteilung der Wegstrecke in kleine Teilabschnitte und Multiplikation dieser Abschnitte mit der in diesem Zeitabschnitt tatsächlich aufgewendeten Kraft.

aufgewendeten Kraft die *Augenblicksarbeit* oder die *momentane Arbeit*. Anschließend werden die Ergebnisse für alle differentiellen Wegstrecken addiert, um die insgesamt verrichtete Arbeit zu erhalten. Mathematisch wird dieses Vorgehen *Integration* genannt:

$$\int_{0}^{0,8} W = F\,ds$$

Das „∫" ist das mathematische Zeichen für das Integral. Es steht für die Summation von differentiellen (in diesem Fall) Wegelementen. Die Daten unter und über dem Integralzeichen geben an, zwischen welchen Punkten (in diesem Fall Streckenpunkten) das Integral gebildet werden soll (in unserem Fall von 0 m bis 0,8 m). Das „d" in „ds" kennzeichnet das differentielle Element (hier das differentielle Wegelement).

**Zwischenbemerkung:** Die Integration ist die umgekehrte (inverse) mathematische Operation zur Differenziation, mit deren Hilfe in Kap. 4 aus (Wegstrecken / Zeiteinheiten; ds / dt) die Geschwindigkeit und aus (Geschwindigkeiten / Zeiteinheiten; dv / dt) Beschleunigungen berechnet wurden. Mithilfe der Integration kann man dann aus der Beschleunigung die Geschwindigkeit (∫ a dt) und aus der Geschwindigkeit die zurückgelegte Wegstrecke (∫ v dt) berechnen. Das ist leicht einzusehen, denn will man wissen, welche Wegstrecke ein Körper in 2 s zurücklegt, wenn er eine Geschwindigkeit von 10 m/s hat, ist nachzuvollziehen, dass er 2 * 10 m, also 20 m zurücklegt. Die Formel sieht folgendermaßen aus:

$$\begin{aligned}\text{Weg} &= \int_{0}^{2} 10\,m/s\,dt \\ &= 10\,m\,\Big|_{0}^{2} \\ &= (2 * 10m) - (0 * 10m) \\ &= 20\,m\end{aligned}$$

Man muss also anstatt wie bei der Differenziation eine Division durchzuführen, eine Multiplikation durchführen. Mithilfe der Integration lässt sich die verrichtete Arbeit auch dann berechnen, wenn die aufgewendete Kraft sich ständig ändert (siehe auch Anhang E).

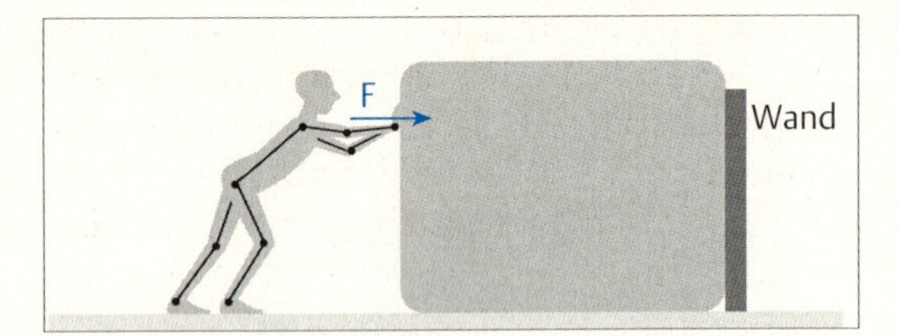


Abb. 10.**10** Felix versucht, eine große Kiste zu schieben, kann sie aber nicht vom Fleck bewegen – er leistet keine mechanische Arbeit.

## 10.3 Überlegungen zur Muskelarbeit

Für die Beurteilung mechanischer Muskelarbeit ergibt sich jedoch ein Problem. Hält Felix nämlich die Einkaufstasche in der Hand und wartet darauf, dass jemand den Tisch freiräumt, damit er sie darauf stellen kann, dann muss er sich durchaus anstrengen, weil seine Muskeln die notwendige Spannung aufbringen müssen, um die Tasche zu halten. Trotzdem verrichtet er keine mechanische Arbeit, da die Tasche die ganze Zeit über an derselben Stelle bleibt und über keine Distanz bewegt wird.

Auch wenn Felix eine sehr schwere Kiste zu schieben versucht, sie aber nicht von der Stelle bewegen kann, verrichtet er trotz aller Anstrengung keine mechanische Arbeit (Abb. 10.**10**). Dies ist eine sehr unbefriedigende Situation, wenn man die bei einer Körperbewegung verrichtete Arbeit beurteilen soll. Man muss also überlegen, ob sich die Muskeltätigkeit auf andere Weise bewerten lässt.

In der Leistungsphysiologie steht man vor dem gleichen Problem, da auch bei der Beurteilung der Leistungsfähigkeit von Menschen die Effektivität ihrer Muskelarbeit bewertet werden muss. Dort bedient man sich zur Beurteilung der Leistungsfähigkeit des Menschen der Energieumsatzmessung. Dabei wird die verrichtete Arbeit berechnet und durch die metabolischen Kosten dividiert. Die verrichtete Arbeit wird als die Arbeit definiert, die vom Körper nach außen abgegeben wird. Sie wird mithilfe eines Ergometers (Fahrrad, Laufband, Stufen steigen oder Gewichte heben) gemessen. Es wird aber im allgemeinen nicht berücksichtigt, dass der Körper auch zur Bewegung seiner eigenen Körperteile Arbeit verrichten muss.

Zu Kontrollzwecken wird auch in der Biomechanik die Energieumsatzmessung herangezogen. Allerdings wird die verrichtete Arbeit im allgemeinen etwas anders beurteilt (siehe unten). Um das besser zu verstehen, muss zunächst die Beziehung zwischen Arbeit und Energie geklärt werden.

## 10.4 Energie

Wenn Felix die Einkaufstasche anhebt, sie aber nicht auf den Tisch stellt, sondern einfach wieder loslässt, fällt sie auf den Fußboden. Sie setzt sich also sozusagen „aus eigener Kraft" wieder entgegen der Richtung in Bewegung, in der Felix sie angehoben hatte. Offensichtlich wird ihr mit dem Anheben die Möglichkeit (Potential) gegeben, die gleiche Arbeit, die Felix durch sein Anheben auf sie verwendet hat, jetzt wieder „freizusetzen" und sich in die entgegengesetzte Richtung zu bewegen, in der sie von Felix gegen die Schwerkraft bewegt wurde. Diese Fähigkeit eines Körpers, selbst Arbeit zu verrichten, nennt man in der Physik *Energie*.

### Potentielle Energie

Die Energie wurde der Tasche offensichtlich beim Anheben gegen die Schwerkraft zugeführt, also dadurch, dass die Höhe ihrer Lage bezüglich des Erdmittelpunktes vergrößert wurde. Man nennt diese Art der Energie daher auch *Lageenergie* oder *potentielle Energie* ($E_{POT}$). Ihre Größe ist abhängig von der gewonnenen Höhe und der Kraft, die die mögliche Bewegung bewirkt. Das ist die Gewichtskraft des betreffenden Körpers. Es gilt also:

$$E_{POT} = m * g * h$$ mit den Dimensionen

($F_G$ = Gewichtskraft)
m = [kg]
g = Erdbeschleunigung [m/s²]
h = Höhe [m]

Das Symbol für die Energie ist „E". Sie wird in Newtonmeter [Nm] – wie die Arbeit – oder in Watt * Sekunde [Ws] gemessen (siehe unter Leistung). Mathematisch stellt die potentielle Energie – wie die Arbeit – eine Summation der bewegenden Kraft über die Wegstrecke dar, also das Integral

$$E_{POT} = \int F_G \, ds$$

Energie kommt aber auch in anderen Formen als der potentiellen Energie vor, z. B. als Verformungsenergie.

### Verformungsenergie

Wenn man eine Feder zusammendrückt oder auseinanderzieht und sie dann wieder loslässt, nimmt sie wieder ihre ursprüngliche Länge ein (Kap. 15). Das bedeutet, eine innere Kraft, die der Feder beim Zusammendrücken bzw. Auseinanderziehen verliehen wurde, wird beim Loslassen wieder freigesetzt und bewirkt die Formänderung in der entgegengesetzten Richtung. Dies ist möglich, weil auch die Feder beim Zusammendrücken bzw. Auseinanderziehen Energie speichert, die sie beim Loslassen in Form von Arbeit verrichtender Kraft wieder abgibt. Diese Art der Energie wird als *Verformungsenergie* bezeichnet. Sie wird wie folgt berechnet:

$$E_{FORM} = {}^1/_2 \, k * d^2$$

mit (d = Distanz, um die die Feder zusammengedrückt bzw. auseinandergezogen wurde [m²];
k = Feder- oder Elastizitätskonstante, die durch das Material der Feder gegeben ist [kg/ms²])

Auch diese Berechnung der Energie lässt sich als Integral darstellen. Dies geschieht als Summation der Kraft, die aufgrund der Federkonstanten über die Wegstrecke aufgenommen wird, die die Feder zusammengedrückt bzw. auseinandergezogen wurde:

$$E_{FORM} = \int (k * d) \, ds$$

### Bewegungs- bzw. kinetische Energie

Auch wenn ein Körper in Bewegung ist, kann er auf einen anderen Körper eine Kraft ausüben – also eine Arbeit an ihm verrichten –, die diesen Körper beispielsweise ebenfalls in Bewegung versetzt (siehe Kap. 11). Daher besitzt auch ein Körper, der in Bewegung ist, Energie. Diese ist, wie sich denken lässt, abhängig von der Masse des Körpers, der sich bewegt, und seiner Geschwindigkeit, also von seinem Impuls. Diese Form der Energie wird auch als *kinetische Energie* bezeichnet und folgendermaßen berechnet:

Für die translatorische Bewegung

$$E_{KIN} = {}^1/_2\, m * v^2$$

(m = Masse [kg],
v = Geschwindigkeit [$m/s^2$].)

(Das ist das Ergebnis der Integration des Impulses über die Geschwindigkeit.)

Für die rotatorische Bewegung ergibt sich als rotatorische kinetische Energie:

$$E_{KIN} = {}^1/_2\, I * \omega^2$$

(I = Trägheitsmoment des Körpers um seine Schwerpunktachse [Es wird in der Physik für das Trägheitsmoment auch das Symbol Θ – griech. Theta – verwendet],
ω = Winkelgeschwindigkeit.)

Es gibt noch weitere Formen, in denen Energie auftritt, z. B. *die metabolische Energie*, die – wie bereits erwähnt – unsere Lebensfunktionen sowie unsere Körperbewegungen gewährleistet, die *elektrische Energie*, aus der wir beispielsweise elektrisches Licht und die Arbeit unserer Haushaltsgeräte beziehen, sowie die *Wärmeenergie*, die auch aus der elektrischen Energie gewonnen werden kann. Letzteres ist bereits ein Hinweis dafür, dass die einzelnen Energieformen ineinander überführbar sind.

Hat Felix nämlich die Einkaufstasche angehoben, ihr also durch Anwendung seiner Hubkraft eine bestimmte Höhenlage und dadurch potentielle Energie verliehen, und lässt er sie los, bevor sie sich über dem Tisch befindet, setzt sie sich aufgrund der gespeicherten potentiellen Energie wieder in Bewegung. Dabei wird die potentielle Energie in kinetische (Bewegungs-) Energie umgesetzt. Es gilt dann:

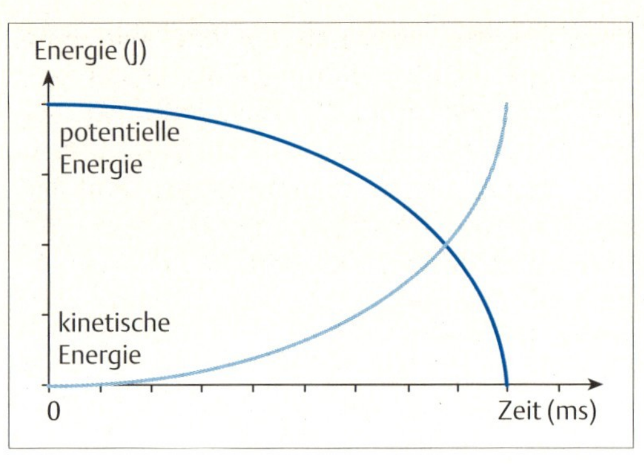


Abb. 10.**11** Beim Fall wird potentielle in kinetische Energie umgewandelt. Darstellung der Verläufe von potentieller (abnehmend) und kinetischer (zunehmend) Energie.

$$\begin{aligned} E_{ges} &= E_{POT} + E_{KIN} \\ &= m * g * h + 1/2\, m * v^2 \end{aligned}$$

Das gilt zu jedem Zeitpunkt. Bevor Felix die Tasche loslässt, ist die Geschwindigkeit Null, und die gesamte Energie ist potentielle Energie. Beim Aufprall auf den Boden ist die Höhe gleich Null, und alle Energie ist kinetische Energie –, hier hat die Tasche ihre höchste Fallgeschwindigkeit. Wir können daraus erkennen, dass die potentielle Energie mit abnehmender Höhe zunehmend in kinetische Energie umgesetzt wird (Abb. 10.**11**).

Insgesamt folgt daraus, dass während aller dieser Vorgänge die Menge an Energie, die in dem System ist, gleich bleibt.

**! Merke:** *Erhaltungssatz:* In einem abgeschlossenen System ist es in keiner Weise möglich, die Gesamtenergie zu verändern. Sie kann weder erzeugt noch vernichtet, sondern nur von einer Energieform in eine andere umgewandelt werden.

Einem abgeschlossenen System, wie einer Maschine oder auch dem menschlichen Körper, kann von außen Energie zugeführt werden. Das geschieht unter Verrichtung von Arbeit. Ebenso kann einem System dadurch, dass es Arbeit leistet, Energie entzogen werden. Insofern lässt sich dann Arbeit auch als Veränderung des Energieniveaus eines Systems definieren.

Formelmäßig Formel lässt sich das folgendermaßen beschreiben:

| | |
|---|---|
| Arbeit | = Änderung des Energieniveaus |
| W | = $\Delta$ E |

Hält Felix einen Ball in gleicher Weise wie die Tasche hoch und lässt ihn fallen, wird auch bei dem Ball die potentielle Energie, die er beim Anheben aufnimmt und speichert, beim Fallen in kinetische Energie umgewandelt. Erreicht der Ball jedoch den Fußboden, geschieht etwas anderes als bei der Einkaufstasche. Während nämlich die Einkaufstasche am Boden liegen bleibt – wenn eine Flasche darin ist, zerbricht sie möglicherweise –, springt der Ball wieder vom Boden nach oben. Das bedeutet, am Boden wird die kinetische Energie beim Aufprall durch Verformung des Balles in Verformungs- oder elastische Energie umgesetzt. Diese bringt den Ball dazu, die durch den Aufprall erlittene Verformung wieder rückgängig zu machen. Das geschieht mit der gleichen Geschwindigkeit, mit der die Verformung erfolgte. Diese verleiht dem Ball so viel kinetische Energie, dass er sich wieder nach oben bewegt und dadurch erneut potentielle Energie gewinnt. Ist die kinetische Energie ganz in potentielle Energie übergegangen, kommt der Ball zum Stillstand. Nun hat er aber durch seine Lage wieder potentielle Energie und fällt wieder nach unten; dieser Vorgang setzt sich fort:

$E_{POT} \rightarrow E_{KIN} \rightarrow E_{FORM} \rightarrow E_{KIN} \rightarrow E_{POT} \rightarrow E_{KIN} \rightarrow E_{Form}$ ... usw.

Nach dem Energie-Erhaltungssatz müsste das nun unendlich lange so weitergehen. Wir können jedoch beobachten, dass die Höhen, in die der Ball zurückspringt, immer geringer werden, bis er schließlich am Boden liegenbleibt –, falls Felix nicht z. B. durch Daraufschlagen dafür sorgt, dass ihm wieder neue Energie zugeführt wird.

Abb. 10.**12** Wird ein Stein ins Wasser geworfen, überträgt sich seine Bewegungsenergie teilweise auf das Wasser. Durch diese Energie werden Wellenkreise erzeugt, die sich vom Ort des Auftreffens des Steines entfernen. Dabei nehmen sie an Höhe ab, da ihr Radius größer wird.

Es sieht also so aus, als ob doch Energie verloren ginge. Dies ist jedoch nicht der Fall, denn die Energie, die verloren zu gehen scheint, wird beim Flug durch die Luft in Luftbewegung (also kinetische Energie) und beim Aufprall auf den Boden in Wärmeenergie (bei Verformung der plastischen Anteile des Balles) umgesetzt. Diese Energieelemente, die dem Ball für den Luftwiderstand und die Verformung plastischer Elemente Ball entzogen werden, sind für uns dann nicht mehr direkt wahrnehmbar.

Ein gutes Beispiel für das Phänomen der Energieübertragung und -erhaltung, deren Wirksamkeit immer weniger wahrnehmbar wird, lässt sich auch beobachten, wenn man einen Stein in ein größeres Gewässer (Teich, Kanal, Meer) wirft. Die Bewegungsenergie des Steines wird bei seinem Auftreffen auf das Wasser teilweise auf dieses übertragen und verursacht dort die bekannten ringförmigen Wellen, die sich kreisförmig ausbreiten. Dabei nimmt die Höhe der Wellen immer mehr ab, bis sie kaum noch wahrnehmbar sind (Abb. 10.**12**). Man könnte nun denken, die Bewegungsenergie sei verschwunden. Sie ist jedoch nur aufgrund der räumlich weiten Verteilung – da die Radien der Wellenkreise, d.h. der Wellenzug auf der Kreisbahn, immer größer werden – immer weniger wahrnehmbar.

Tatsächlich setzen sich die Wellen auch kilometerweit fort, wie man leicht am Meer feststellen kann. Führt eine Schiffsroute in großer Entfernung vorbei, kommen die Bugwellen nach einer ganz bestimmten Zeit, nachdem ein Schiff vorbeigefahren ist, deutlich wahrnehmbar an der Küste an.

Es geht also tatsächlich keine Energie verloren. Wir können die Situation im praktischen Fall aber durch konstruktive Maßnahmen für unseren jeweiligen Zweck so manipulieren, wie es für uns am günstigsten ist: Beispielsweise können wir die elastischen und plastischen Elemente in einem Gerät so mischen, dass bei einem Aufprall die für den betreffenden Fall benötigte Art von Energie – Verformungs- oder Wärmeenergie – in höherem Maß auftritt. Wir können den Luftwiderstand je nach Notwendigkeit optimieren, d.h. erhöhen oder vermindern oder die Reibung in vorhandenen Gelenken günstiger gestalten.

Ein System, bei dem sich die Energieerhaltung gut demonstrieren lässt, ist das Pendel, das in einem luftleeren Raum – wenn es reibungsfrei gelagert ist – fast unendlich lange schwingt (Abb. 10.**13**). Bei einem solchen System wird ständig potentielle Energie in kinetische Energie umgewandelt und umgekehrt.

Auch an unserem Bewegungssystem befinden sich Pendel; Arme und Beine können nämlich als Pendel angesehen werden. Beide unterstützen durch ihr Pendeln die Vorwärtsbewegung unseres Körpers. Nutzt man diese Pendeleigenschaften optimal aus, lässt sich der Energieverbrauch beim Gehen oder Laufen verringern. Das bedeutet, die Vorwärtsbewegung wird ökonomischer bzw. effizienter gestaltet.

Die Pendeleigenschaft auszunutzen bedeutet: Am Ende des Durchschwingens der Armes (Beines) wird die kinetische Energie des Teilkörpers (Arm/Bein) auf den Gesamtkörper

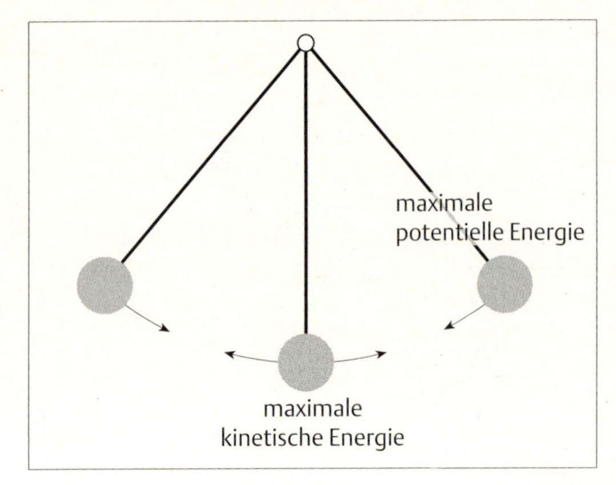


Abb. 10.**13** Beim Pendel wird ständig potentielle Energie in kinetische Energie, anschließend wieder kinetische Energie in potentielle Energie umgewandelt, usw.

übertragen –, dadurch kann Muskelkraft für den Gesamtkörper gespart werden. Nach dem Hochschwingen des Armes (Beines) kann man Energie für sein Rückführen dadurch sparen, dass man die Schwerkraft auf ihn wirken lässt, dadurch die Pendelkraft ausnutzt und Muskelkraft für die Arm- bzw. Beinführung spart (Abb. 10.**14**).

## 10.5 Leistung

Bisher wurden für die Beurteilung der Effizienz von Bewegungen die Arbeit und die Energie betrachtet. Es ging dabei jeweils um die Beträge (das Ausmaß) von umgesetzter Energie oder verrichteter Arbeit. Nicht berücksichtigt wurde dabei die Zeit, in der eine Arbeit verrichtet bzw. eine Energie umgesetzt wurde. Für eine Leistungsbeurteilung ist es aber bedeutsam, ob eine bestimmte Arbeit beispielsweise im Laufe einer Woche oder eines Tages verrichtet wird. Die *Leistung* ist die Größe, die die Zeit in die Beurteilung einbezieht.

Unter *mechanischer Leistung* versteht man die Arbeit, die innerhalb eines bestimmten Zeitabschnitts verrichtet wird. Das Symbol für die Leistung ist „P" (engl: power). Sie berechnet sich aus der verrichteten Arbeit und der dabei verstrichenen Zeit:

Abb. 10.**14** Arme und Beine können beim Gehen und Laufen wie Pendel eingesetzt werden und helfen dadurch, Muskelarbeit zu sparen.

$P = {}^{W}/_{t}$

(Dies ist als Durchschnittswert zu verstehen, siehe unten.)

Die Einheit für die Leistung ist dann entsprechend [Nm/s] oder [J/s] und wird als *Watt* bezeichnet (nach dem englischen Ingenieur James Watt, 1736–1819). Es gilt:

| 1 Newtonmeter/Sekunde | | |
|---|---|---|
| | = 1 Joule/Sekunde | = 1 Watt |
| 1 Nm/s | = 1J/s | = 1 W |

(Es ist zu beachten, dass das Symbol „W" sowohl für die mechanische Größe „Arbeit" als auch als Einheit für die mechanische Leistung verwendet wird. Die Identifizierung ist aus dem Zusammenhang immer eindeutig erkennbar.)

Die Gleichung für die Leistung lässt sich auch als mittlere Leistung folgendermaßen schreiben:

$$P = \frac{\Delta (F * d)}{\Delta t} = \frac{\Delta W}{\Delta t} = F * \frac{\Delta d}{\Delta t} = F * v$$

(F = Kraft
d = Entfernung
W = Arbeit)

Dies gilt für eine translatorische Bewegungsleistung. Für die rotatorische Bewegung gilt entsprechend:

$P = M * \omega$
(Drehmoment * Winkelgeschwindigkeit)

Das bedeutet – und das ist einsichtig –, dass eine erbrachte Leistung von der aufgewendeten Kraft (Drehmoment) und der Geschwindigkeit abhängt, mit der ein Körper bewegt wird.

Schleppt Felix beispielsweise einen Kasten Sprudel (= 12,2 kg) 4 Treppen (= 10 m) nach oben (Abb. 10.**15**), muss er dabei eine mechanische Arbeit verrichten. (Dabei ist die mechanische Arbeit – und entsprechend die Leistung –unabhängig davon, ob sie direkt nach oben gehoben oder über eine schiefe Ebene wie die Treppe getragen wird; siehe Kap. 12, Schiefe Ebene.) Wollen wir wissen, welche Leistung Felix dabei erbringt, müssen wir die dafür benötigte Zeit berücksichtigen.

### 1. Berechnung der Arbeit

Gegeben: $F_H$ = 12,2 kg * 9,81 m/s² = 120 N
d = 10 m
($F_H$ = Hubkraft)

$W = F * d$
$= 120\ N * 10\ m$
$= 1200\ Nm$

### 2. Berechnung der Leistung

a) Benötigt Felix 2 Minuten (= 120 s), vollbringt er folgende Leistung:

$P_1 = W / t$
$= 1200\ Nm / 120\ s$
$= 10\ Watt$

b) Benötigt er nur eine Minute (= 60 s), vollbringt er folgende Leistung:

$P_2 = W / t$
$= 1200\ Nm / 60\ s$
$= 20\ Watt$

Im ersten Fall betrug die durchschnittliche (Hub-) Geschwindigkeit 8,33 cm/s (10m / 120s = 0,0833 m/s), im zweiten Fall 0,166 m/s bzw. 16,66 cm/s (10 m / 60 s). Das bedeutet, im zweiten Fall ist die Hubgeschwindigkeit doppelt so hoch. Er könnte den Kasten also in 2 Minuten ins 8. Stockwerk tragen – wenn er dabei nicht ermüden oder außer Atem geraten würde.

Bei dieser Berechnung muss aber berücksichtigt werden, dass Felix nicht nur den Kasten Sprudel, sondern zusätzlich noch seinen Körper die Treppe hinaufbewegen muss. Auch dazu muss er Hubarbeit verrichten und eine entsprechende mechanische Leistung erbringen. Bei einem Körpergewicht von 67 kg müsste er folgende Arbeit leisten:

Abb. 10.**15** Felix trägt einen Kasten die Treppe hinauf.

Hubarbeit = Hubkraft * Höhe
$W_H = 67\ kg * 9,81\ m/s^2 * 10\ m$
$= 657\ N * 10\ m$
$= 6570\ Nm$

Beim Hochtragen in 2 Minuten vollbringt er folgende Leistung (nur für das Hinaufbewegen seines Körpers):

$P_{K1} = 6570\ Nm / 120\ s$
$= 54,77\ W$

Beim Hinaufbewegen des Körpers und der Kiste vollbringt er eine insgesamte mechanische Leistung von:

$P_{ges} = 54,77\ W + 10\ W$
$= 64,77\ W$

Trägt er die Kiste in 1 Minute nach oben, ergibt sich eine mechanische Leistung von:

$P_{K2} = (6570\ Nm / 60\ s) + 20\ W$
$= 109,5\ W + 20\ W$
$= 129,5\ W$

Hiermit wird deutlich, wie groß die mechanische Leistung ist, die allein für die Bewegung des Körpers erbracht werden muss. Sie stellt jedoch noch nicht einmal die gesamte Arbeit dar, die für das Bewegen des eigenen Körpers geleistet werden muss, wie wir noch sehen werden.

Bisher wurden die für die Berechnung der mechanischen Effizienz notwendigen Begriffe erläutert. Wie bereits weiter oben bemerkt, bestehen aber für die Beurteilung der Arbeit und Leistung von Körperbewegungen des Menschen besondere Probleme, zu deren Lösung nachfolgend einige Überlegungen angestellt werden sollen.

## 10.6 Muskelarbeit, Leistung und Energietransfer bei Körperbewegungen des Menschen (nach Winter 1979, S. 84 ff)

Aufgabe der Muskeln ist es, Spannung zu erzeugen. Dies wird durch Umsetzen von metabolischer Energie (chemische Reaktionen) in Muskelspannung erreicht. Bereits dieser Vorgang kann mit unterschiedlicher Effizienz erfolgen, die davon abhängt, in welchem Ausmaß die im Organismus zur Verfügung stehenden chemischen Produkte (Sauerstoff, Glykogen, Kreatinphosphat, etc.) zur Spannungsentwicklung genutzt werden können. Die metabolische Effizienz sagt jedoch noch nichts darüber aus, ob mit der erzeugten Spannung auch effiziente Bewegungen ausgeführt werden können. So kann beispielsweise die metabolische Effizienz der Muskelarbeit bei Kindern mit Zerebralparesen durchaus sehr hoch sein. Dennoch sind diesen Kindern aufgrund vermehrter Kokontraktionen, überschießender Kontraktionen und mangelhafter Bewegungskoordination effiziente Bewegungsabläufe nicht möglich –, ihnen mangelt es an der neuralen Kontrolle der Bewegungen.

Auf der anderen Seite kann ein gesunder Mensch durch Übung lernen, Bewegungsabläufe gut koordiniert, d.h. mit einem minimalen mechanischen Aufwand auszuführen. Hat er jedoch einen ungenügenden Trainingszustand, ist die metabolische Effizienz seiner Muskelarbeit gering und die Gesamteffizienz seiner Bewegung verbesserungsfähig. Das Ziel der Trainingsarbeit eines Leistungssportlers ist es daher, sowohl die metabolische als auch die mechanische Effizienz seiner Bewegungsabläufe zu optimieren.

Praktisch ist es jedoch nicht möglich, für einen bestimmten Bewegungsablauf diese beiden Arten der Effizienz getrennt zu messen. Daher lässt sich bei Körperbewegungen immer nur die Gesamteffizienz bestimmen.

Zudem hat es sich als zweckmäßig erwiesen, bei den Bewegungen des Menschen zwischen zwei Arten von Muskelarbeit zu unterscheiden. Die eine Art bezieht sich darauf, dass die Körperteile selbst durch Muskelarbeit in bestimmten Bewegungsmustern bewegt werden. Diese Art der Arbeit wird als *interne Muskelarbeit* bezeichnet.

Die zweite Art der von Muskeln verrichteten Arbeit besteht darin, Gegenstände außerhalb des Körpers zu bewegen, wie z. B. eine Kiste anheben, einen Wagen schieben oder Fahrrad fahren. Hierzu gehört es auch, wenn man seinen Körper auf eine andere Höhe bewegt, z. B. durch Treppen steigen. Diese Art von Arbeit – dabei handelt es sich um die bislang meist betrachtete – wird als *externe Muskelarbeit* bezeichnet.

Die gesamte verrichtete körperliche Arbeit ist dann die Summe aus der internen und der externen Muskelarbeit:

> Mechanische Muskelarbeit =
> int. Muskelarbeit + ext. Muskelarbeit

Für die Beschreibung der Muskelarbeit hat es sich weiterhin als zweckmäßig erwiesen, zwischen positiver und negativer Muskelarbeit zu unterscheiden. Als *positive Muskelarbeit* bezeichnet man es, wenn das durch die Muskelkontraktion erzeugte Drehmoment in dieselbe Richtung wirkt wie die Winkelgeschwindigkeit des bewegten Körperteils. Das ist der Fall, wenn man einen Gegenstand anhebt und dabei beispielsweise den M. biceps bracchii kontrahiert (Abb. 10.**16**). Es wird ein Drehmoment in der Richtung vom Unterarm zum Oberarm erzeugt. Gleichzeitig verkleinert sich der Winkel zwischen Unterarm und Oberarm – Drehmoment und Winkelgeschwindigkeit haben also die gleiche Richtung.

Auf der anderen Seite – beispielsweise beim Einschlagen eines Nagels – kontrahiert sich der M. triceps bracchii, d.h. es wird ein Drehmoment erzeugt, das den Unterarm vom Oberarm entfernt. Gleichzeitig vergrößert sich der Winkel zwischen Unterarm und Oberarm. Auch hier haben Drehmoment und Winkelgeschwindigkeit die gleiche Richtung. Diese Art der Muskelkontraktion wird auch als *konzentrische Muskelkontraktion* bezeichnet.

Als *negative Muskelarbeit* bezeichnet man es entsprechend, wenn das durch die Muskelkontraktion erzeugte Drehmoment und die Winkelgeschwindigkeit des bewegten Körperteils unterschiedliche Richtungen haben. Das ist der Fall, wenn man einen Gegenstand angehoben hat und ihn langsam wieder absetzt, also der Fall verhindert wird (Abb. 10.**17**). Dann kontrahiert sich zwar der M. biceps bracchii – das Drehmoment wirkt also in Richtung vom Unterarm zum Oberarm –; da der Gegenstand sich jedoch mit der Schwerkraft nach unten bewegt, vergrößert sich der Winkel zwischen dem Unterarm und dem Oberarm. Somit haben Drehmoment und Winkelgeschwindigkeit eine unterschiedliche Richtung.

Das ist beispielsweise auch der Fall, wenn man einen großen Hund an der Leine zu halten versucht, der Hund aber stärker ist und der gesamte Arm allmählich vollkommen gestreckt wird (Abb. 10.**18**). Diese Art der Muskelarbeit nennt man auch *exzentrische Muskelkontraktion.*

**Merke:** Bei einer konzentrischen Muskelkontraktion wird positive Muskelarbeit, bei einer exzentrischen Muskelkontraktion negative Muskelarbeit verrichtet.

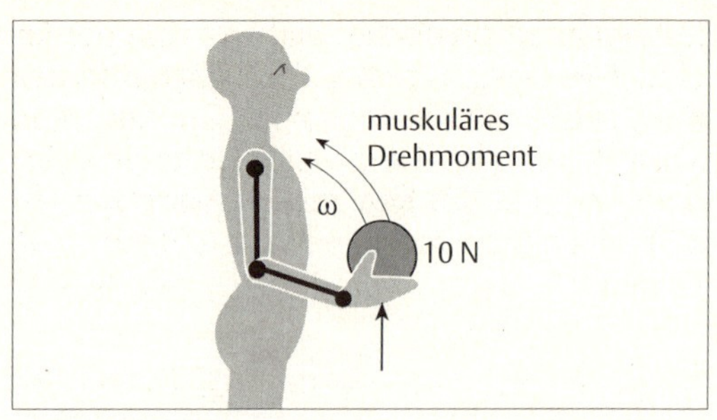


Abb. 10.**16** Beim Anheben der Kugel wirken die Winkelgeschwindigkeit (ω) und das muskuläre Drehmoment in dieselbe Richtung.

Bei der konzentrischen Muskelkontraktion (positive Muskelarbeit) erzeugt der Muskel eine Kraft, die Arbeit an dem Gegenstand verrichtet. Der Muskel produziert also Energie, die dem bewegten Gegenstand zugeführt wird (wie beim Nageleinschlagen), und es fließt Energie vom Muskel zum Gegenstand. Man nennt dies *Erzeugen von Energie durch den Muskel.*

Bei der exzentrischen Muskelkontraktion dagegen verrichtet der Gegenstand Arbeit am Muskel (z. B. der Hund zieht an der Leine und am Arm). Dem Muskel wird also vom Hund Energie zugeführt, und es fließt Energie vom Hund zum Muskel. Man nennt das auch *Absorption* (Aufnahme) *von Energie durch den Muskel.*

Betrachtet man lediglich die rein mechanische Arbeit, würde in dem Fall, in dem eine Last zunächst angehoben und dann wieder langsam abgesetzt wird, keine Arbeit verrichtet werden. Die gleiche Distanz nämlich, die beim Anheben von Arm und Last durch die Muskelkraft überwunden wird ($W_1 = (F_{G\text{-}LAST} + F_{G\text{-}ARM}) * d$) wird beim Absetzen der Last in entgegengesetzter Richtung überwunden ($W_2 = (F_{G\text{-}LAST} + F_{G\text{-}ARM}) * (-d)$). Die potentielle Energie, die Arm und Last beim Anheben aufnehmen, geben sie beim Absenken wieder ab. Aus diesem Grund ist die insgesamt verrichtete mechanische Arbeit gleich Null.

Es wird aber bei dieser Tätigkeit sowohl beim Anheben als auch beim Absetzen der Last

Muskelarbeit verrichtet, und zwar interne Arbeit. Für diese gilt: Bei der konzentrischen Kontraktion (Anheben) wird Energie vom Muskel auf den Unterarm übertragen, bei der exzentrischen Kontraktion (Absetzen der Last) wird Energie (Bewegungsenergie) vom Unterarm auf den Muskel übertragen.

Betrachtet man also das Übertragen von Energie von einem Teilsystem auf ein anderes Teilsystem (bei dieser Betrachtung werden die einzelnen Körperteile als getrennte Teilsysteme behandelt) als Arbeit, dann wird sowohl beim Anheben als auch beim Absetzen der Last Arbeit (Muskelarbeit = interne Arbeit) verrichtet. Es gilt:

$$W = \Delta \mid E \mid$$

Hierbei bedeutet „Δ" die Änderung der Energie, die beiden senkrechten Striche, dass unabhängig von der Richtung, in die die Energie übertragen wird, alle Energie-Teilelemente addiert werden. (Man sagt auch, es wird nur der Betrag der Größe und nicht das Vorzeichen berücksichtigt.)

Mithilfe dieser Überlegungen und der Betrachtung der einzelnen Körperteile als Teilsysteme, zwischen denen Energie – durch Muskelkräfte oder durch Reaktionskräfte – übertragen werden kann, lässt sich für die einzelnen Körperteile der Energietransfer und damit die verrichtete interne (Muskel-) Arbeit berechnen. (Dies ist hier nur eine sehr verkürzte Darstellung.)

Betrachtet man einen Körperteil als einen starren festen Körper, setzt sich seine Gesamtenergie aus potentieller, translatorischer kinetischer und rotatorischer kinetischer Energie zusammen:

$$E_{ges} = E_{POT} + \text{Trans-}E_{KIN} + \text{Rot-}E_{KIN}$$

$$E_{ges} = mgh + {}^{1}/_{2}\, m * v^{2} + {}^{1}/_{2}\, I\, \omega^{2}$$

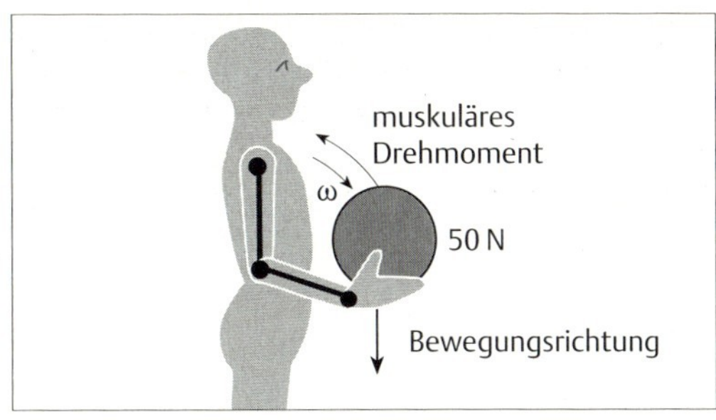


Abb. 10.**17** Ist die Kugel zu schwer als dass Felix sie halten kann, sie aber nicht fallen lassen will, senkt sich der Arm mit der Kugel nach unten. Dann wirken Winkelgeschwindigkeit und Muskeldrehmoment in entgegengesetzte Richtungen.

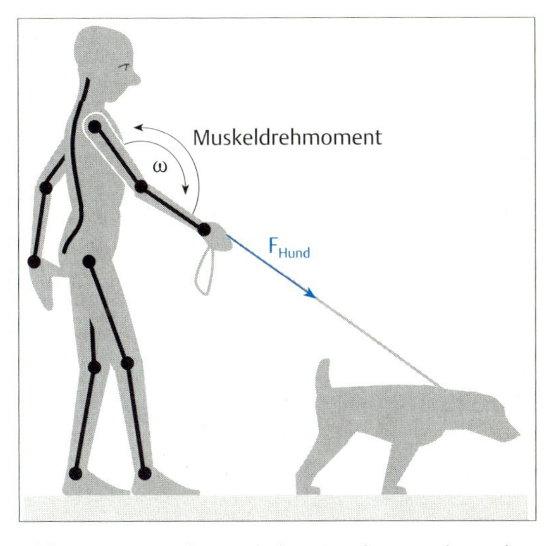


Abb. 10.**18** Auch wenn der Hund zu stark an der Leine zieht, sodass der haltende Arm ihm nachgeben muss, wirken Winkelgeschwindigkeit und Muskeldrehmoment in entgegengesetzte Richtungen. Auch dann wird negative Muskelarbeit verrichtet, und es fließt Energie zu Felix' Arm.

Anteile dieser Energieformen können bei der Bewegung von einem Körperteil aufgenommen bzw. abgegeben werden.

Die Daten für eine solche Berechnung werden in einem Bewegungsanalyse-Labor zum Teil durch kinematografische Verfahren (die kinematischen Daten: Raumkoordinaten, Wege, Geschwindigkeiten, Beschleunigungen, heute meist auf Video), zum Teil durch Kraftmessplatten (Reaktionskräfte, Reaktionsmomente) erhoben. Aus diesen beiden Datensätzen werden unter Hinzunahme von anthropometrischen Daten die Werte für Dreh- sowie Trägheitsmomente etc. berechnet. Man kann dann daraus die von einem Menschen verrichtete Arbeit und seine Leistung berechnen. Vergleicht man damit die aufgenommene Energie oder Leistung, lässt sich die Effizienz der menschlichen Bewegung bestimmen. Der Hauptanwendungsbereich für derartige Analysen ist heute die instrumentelle Ganganalyse.

# 11 Impuls

## 11.1 Linearer Impuls

Bei der Diskussion der Reaktionskräfte wurde darauf hingewiesen, dass in dynamischen Situationen – wenn die Körper also in Bewegung sind – sehr viel höhere Reaktionskräfte gefordert werden als in statischen Situationen, in denen meist nicht mehr als der Gewichtskraft von Körpern (Gegenständen) widerstanden werden muss.

Ein Körper, der sich in Bewegung befindet, besitzt nämlich eine bestimmte Bewegungsgeschwindigkeit, die ihm durch eine Kraft verliehen wurde, die auf ihn eingewirkt hat. Wie in Kap. 10 erläutert wurde, verfügt er damit über kinetische Energie, die wiederum in der Lage ist, an anderen Gegenständen Arbeit zu verrichten. Wir bemerken dies immer dann, wenn ein bewegter Gegenstand auf einen anderen Gegenstand auftrifft.

Die Bewegungsgröße, die einem Körper durch eine auf ihn einwirkende Kraft verliehen wird, wird als *Impuls* bezeichnet. Das Symbol für den Impuls ist „p". Die Größe des Impulses ergibt sich aus der Multiplikation der Masse des Körpers mit seiner Geschwindigkeit. Der Impuls ist also umso größer, je größer seine Masse und/oder seine Geschwindigkeit ist:

| | |
|---|---|
| Impuls | = Masse * Geschwindigkeit |
| p | = m [kg] * v [m/s] |

Dementsprechend hat der Impuls die Einheit [kgm/s]. Im englischen Sprachraum spricht man von „momentum". Beim Impuls handelt es sich um eine vektorielle Größe, die dieselbe Richtung wie die Kraft hat, die ihn bewirkte.

In unserer Vorstellung ist der Impuls ein sehr kurzzeitiger Vorgang – häufig wirkt eine Kraft auf einen Gegenstand nur für einen sehr kurzen Augenblick –, man spricht dann auch von einem Kraftstoß. Diese Vorstellung wird eher durch die folgende Gleichung ausgedrückt:

| | |
|---|---|
| Impuls | = Kraft * Einwirkungszeit der Kraft |
| p | = F * t |

Dabei ergibt sich dann als Dimension [Ns], die aber mit [kgm/s] identisch ist, da die Dimension N aus [kgm/s$^2$] zusammengesetzt ist (Kap. 6.2).

Diese beiden Berechnungsvorschriften für den Impuls stehen nicht im Widerspruch zueinander. Man kann sie vielmehr ineinander überführen. Wie wir wissen, gilt für die Kraft:

$$F = m * a$$

Die Beschleunigung „a" lässt sich folgendermaßen bestimmen:

$$a = \frac{\textit{Endgeschwindigkeit} - \textit{Anfangsgeschwindigkeit}}{\textit{verstrichene Zeit}}$$

$$= \frac{v_e - v_a}{t}$$

Daraus ergibt sich (als Durchschnittswerte) für den Impuls:

$$
\begin{aligned}
p &= F * t \\
&= m * (v_e - v_a) \\
&= m * \Delta v \\
&= \Delta (m * v)
\end{aligned}
$$

Der Ausdruck „F * t" lässt sich wieder als Fläche des Kraftverlaufs über der Zeitachse darstellen. Ist die Kraft über die gesamte Zeit gleich, kann der Impuls wieder einfach durch Multiplikation von Kraft und Zeit berechnet werden. Ändert sich jedoch während der Einwirkungszeit die Kraft, muss man die Fläche wieder – wie das auch bei der Arbeit geschah – entweder über die mittlere Kraft oder über „unendlich viele unendlich kleine" Zeitintervalle berechnen, für die man dann die entsprechenden Kraftwerte aufsummiert.

Als Beispiel dazu betrachten wir die Kurve der Reaktionskraft, die beim Gehen während der Kontaktzeit des Fußes auf dem Boden mithilfe einer Kraftmessplatte aufgezeichnet werden kann. Die Fläche unter der Kurve stellt den Impuls dar, der dem Boden beim Auftreten des Fußes vom Körper verliehen wird (Abb. 11.**1**).

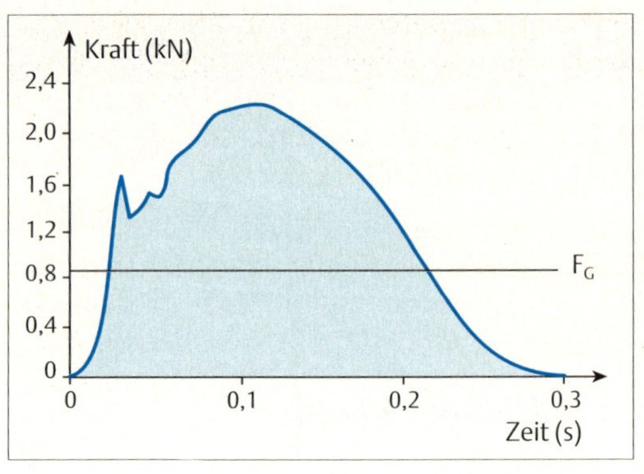


Abb. 11.**1** Aufzeichnung der vertikalen Kraftkomponente beim Gehen (Abrollen des Standbeins über dem Boden). $F_G$ = Körpergewicht (nach: Enoka 1994)

Die waagerechte Linie in Abb. 11.1 stellt das Körpergewicht ($F_G$) dar. Es ist zu erkennen, dass der aufgrund der Körperbewegung erfolgte Impuls deutlich größer als die Fläche zwischen der Gewichtskraft ($F_G$) und der Zeitachse ist.

Man kann sich den Impuls als so ähnlich wie eine „Wucht" vorstellen, die ein bewegter Körper besitzt. Diese Wucht hat vor allem dann eine große Wirkung, wenn ein bewegter Körper auf einen anderen Körper trifft. Aus diesem Auftreffen eines bewegten Körpers auf einen anderen ergibt sich auch die praktische Bedeutung des Impulses.

Wird beispielsweise im Rahmen der Bewegungserziehung ein Medizinball geworfen, und eine andere Person wird von ihm getrof-

Abb. 11.**2a** u. **b** Wirkung eines sich bewegenden Körpers.
**a** Felix achtet nicht darauf, dass ein Medizinball auf ihn zugeflogen kommt.
**b** Trifft ihn der Medizinball unvorbereitet, wird er durch die Wucht des Balles umgeworfen.

fen, kann das durchaus zur Folge haben, dass die getroffenen Person das Gleichgewicht verliert und umfällt (Abb. 11.**2**). Das geschieht durch die Wirkung des Impulses, die der fliegende Medizinball besitzt.

Das kann man sich leicht klar machen, wenn man es nachrechnet. Besitzt der Medizinball einer Masse von 1 kg und wird er mit einer Geschwindigkeit von 5 m/s geworfen, dann erhält er folgenden Impuls:

$$
\begin{aligned}
p &= m * v \\
&= 1\ \text{kg} * 5\ \text{m/s} \\
&= 5\ \text{kgm/s}
\end{aligned}
$$

Das sieht durchaus schon nach einem erheblichen Aufprall aus.

Will also jemand einen auf ihn zufliegenden Medizinball fangen, muss er sich gut darauf vorbereiten, indem er sich dem Ball entgegen neigt und ihm die Arme entgegen streckt, um die Wucht bzw. die Geschwindigkeit des Balles langsam abbremsen zu können und dabei selbst das Gleichgewicht nicht zu verlieren.

Aus Kap. 10 über die Effizienzbetrachtung wissen wir auch, dass die kinetische Energie, die ein bewegter Körper besitzt, beim Auftreffen auf einen Gegenstand oder eine andere Person auf diese übertragen wird. Im vorliegenden Fall wird die kinetische Energie mit dem Fangen des Medizinballs durch die exzentrische Kontraktion der Armstrecker bei der fangenden Person von diesen absorbiert.

Die Arbeit also, die bei der Krafteinwirkung auf den Ball an diesem verrichtet wurde und ihm die kinetische Energie verlieh, verrichtet er beim Auftreffen auf einen anderen Gegenstand an diesem Körper und überträgt entsprechend die Energie auf diesen Körper.

Aufgrund dieser Zusammenhänge – vor allem beim Auftreffen auf andere Körper – spielt der Impuls als Ursache von Verletzungen in der Physiotherapie eine große Rolle.

Auf Verletzungen als Folge von Stürzen wurde bereits bei den Reaktionskräften hingewiesen. Bei allen Stürzen ist die Größe des Impulses der die Verletzung hervorrufende Faktor. Da der Aufprall selbst meist in einem nur sehr kurzen Zeitraum erfolgt, wirkt die gesamte Energie des Falls – in Form einer destruktiven Kraft – in diesem kurzen Augenblick auf die materiellen Körperstrukturen. Diese Kraft lässt sich berechnen.

Bei Stürzen berechnet sich der Impuls aus der Masse des fallenden Körpers – das ist im wesentlichen sein Körpergewicht – und der Fallgeschwindigkeit zum Zeitpunkt des Auftreffens auf den Boden. Diese Geschwindigkeit lässt sich aus der Fallhöhe des betreffenden Körperteils berechnen.

Angenommen, ein Gegenstand mit einer Masse von 20 kg fällt aus einer Höhe vom 1 m (etwa die Hüfthöhe eines Erwachsenen) auf den Boden. Es soll der Impuls bzw. die Kraft oder Reaktionskraft bestimmt werden, die beim Aufprall auf den Boden auf ihn einwirkt. Dazu müssen wir die Geschwindigkeit am Ende des Falls ($v_{end}$) berechnen. Wir kennen die Fallhöhe (1 m) und die Fallbeschleunigung (9,81 m/s$^2$).

Wie man aus diesen Angaben die Endgeschwindigkeit des Körpers berechnet, wird in Anhang E gezeigt.

Mithilfe der dort angegebenen Berechnung erhalten wir eine Endgeschwindigkeit von $v_{end}$ = 4,43 m/s. Damit lässt sich der Impuls berechnen, mit dem der Gegenstand auf dem Boden auftrifft. Er beträgt:

$$
\begin{aligned}
p &= m * v_{end} \\
&= 20\ \text{kg} * 4{,}43\ \text{m/s} \\
&= 88{,}6\ \text{kgm/s}
\end{aligned}
$$

Geht man davon aus, dass dieser Aufprall innerhalb eines sehr kurzen Zeitraums (weniger als 1/10 s) erfolgt, kann man die in diesem Augenblick freigesetzte Kraft leicht folgendermaßen ausrechnen:

gegeben: $p = 88{,}6\ kgm/s$
$t = 0{,}1\ s$

$$p = F * t$$
$$\Rightarrow F = p/t = \frac{88{,}6\ kgm/s}{0{,}1\ s} = 886\ kgm/s^2 = 886\ N$$

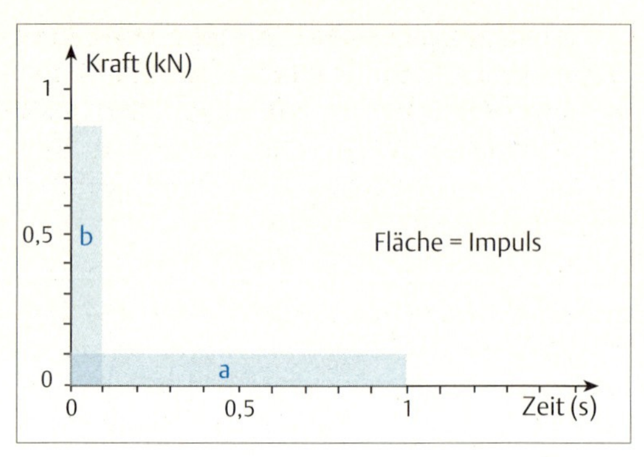


Abb. 11.**3** Wird der Impuls eines sich bewegenden Körpers (Fläche a) innerhalb eines sehr kurzen Zeitraums abgegeben (Aufprall), dann ist die wirksam werdende Kraft sehr groß (Höhe der Fläche b).

Auf den fallenden Körper von 20 kg Masse wirkt also im Augenblick des Aufpralls eine Reaktionskraft des Bodens von 886 N (ca. 900 N). Zur besseren Vorstellung wird dieser Zusammenhangs in Abb. 11.**3** grafisch dargestellt.

Die Höhe von 1 m (etwa Hüfthöhe) ist in dem Beispiel deshalb gewählt worden, weil bei einem Sturz des Menschen die Hüfte diese Fallhöhe hat. Man kann sich dann die entsprechende Aufprallwucht mit dem Gewicht der Person ausrechnen. Aus dem Ergebnis lässt sich leicht einsehen, warum es zu einem Bruch des Oberschenkelhalses kommen kann. Allerdings fällt die Hüfte beim Sturz selten senkrecht mit der vollen Fallbeschleunigung nach unten, sodass die Aufprallgeschwindigkeit meist doch etwas geringer ist als hier angegeben.

Es wird damit aber deutlich, welche Kräfte wirksam werden, wenn Körper, die sich in Bewegung befinden, auf Körper oder Gegenstände treffen, die selbst nicht bewegt sind. Hierzu gehört auch beispielsweise das Umknicken der Fußgelenke – die Energie des bewegten Körpers trifft auf die festen Strukturen des Gelenks –, die die Reaktionskräfte aufbringen müssen.

Daraus ist leicht abzuleiten, dass es schwerwiegende Folgen haben kann, wenn zwei bewegte Körper aufeinandertreffen und die Bewegungsrichtungen unterschiedlich bzw. möglicherweise entgegengesetzt sind. Beim Sport kommt das durchaus häufig vor, z. B. bei Sportspielen und Kampfsportarten.

In der Mechanik spricht man in diesen Fällen von Stößen oder Kollisionen. Diese Thematik wird in der Mechanik mit festen, elastischen Körpern abgehandelt, die in der Physiotherapie nicht von Bedeutung sind. Daher wird hier nicht darauf eingegangen.

An dieser Stelle soll jedoch darauf hingewiesen werden, dass der menschliche Organismus (Bänder, Sehnen, Muskeln und auch Knochen) in sehr hohem Maße anpassungsfähig ist, auch an sehr große Belastungen, wenn er entsprechend trainiert wurde. Es ist auch ein Unterschied, ob die oben berechneten Werte von festen Körpern oder von „weicheren", wie z. B. dem menschlichen Körper, kompensiert werden müssen. Durch das umgebende Bindegewebe kann nämlich ein Teil der Aufprallwucht „abgefangen" werden (Umsetzung in interne Bewegungen, plastische Verformung und Wärme). Weiterhin lässt sich „geschicktes Fallen" trainieren. Dabei wird gezielt geübt, die Aufprallkräfte in Körperbewegungen umzuformen und so zu verarbeiten.

Es kommt hinzu, dass bei entsprechend gut trainierten Personen auch kurzzeitige Spitzenbelastungen der Gewebe keinen Schaden anrichten, sondern eher die Widerstandsfähigkeit weiter erhöhen helfen. Insofern sind Stürze und Zusammenstöße nichts grundsätzlich Destruktives, das es unter allen Umständen zu vermeiden gilt.

Untersuchungen zu Fällen von älteren Menschen (Patla 1996, Winter et al. 1996) haben gezeigt, dass agile Senioren zum einen seltener fallen als nicht so agile und zum anderen, dass sie dann, wenn sie doch fallen, sich dann weniger schwer verletzen.

Problematisch wird es allerdings, wenn degenerative Veränderungen der Strukturen, wie z. B. der Knochen durch Osteoporose vorliegen. In diesen Fällen gestaltet sich die Verletzungsprophylaxe sehr schwierig.

Verletzungen sind aber umso weniger vermeidbar, je ungünstiger die geometrische Konstellation der Strukturen beim Aufprall ist und je weniger die Strukturen für derartige Belastungen trainiert wurden.

Stoßen jedoch zwei sich in entgegengesetzter Richtung bewegende Körper zusammen, lassen sich Verletzungen meist nicht vermeiden. Dies ist umso eher dann der Fall, wenn die betroffenen Personen nicht auf den Zusammenprall vorbereitet sind.

## 11.2 Erhaltungssatz: Erhaltung des linearen Impulses

Der Impuls hat für die Mechanik eine sehr große theoretische Bedeutung. Er ist nämlich Gegenstand der dynamischen Grundgleichung, die 1687 erstmals von Isaac Newton formuliert wurde und auch als *Erhaltungssatz* – Erhaltung des linearen Impulses bezeichnet wird.

Die dynamische Grundgleichung ist das wichtigste Axiom der Mechanik. (Ein Axiom ist ein Grundgesetz, für das es zwar keinen Beweis gibt, das aber als wahr anerkannt wird. Axiome bilden die Grundlage für den Aufbau von Wissenssystemen.)

Die dynamische Grundgleichung besagt, dass die zeitliche Änderung der Bewegungsgröße (= Impuls) eines Körpers gleich (und gleichgerichtet) der auf den Körper einwirkenden resultierenden Kraft ist:

$$\frac{dp}{dt} = F$$

Der Impuls eines Körpers ändert sich also nicht, es sei denn, es wirkt eine Kraft auf ihn ein. Deswegen gilt, solange keine Kraft auf den Körper wirkt:

$$\frac{dp}{dt} = 0$$

$$\frac{dp}{dt} = F$$

$$= m * a$$

$$= m * \frac{dv}{dt}$$

Das sind Gleichungen, die wir bereits als Grundlage einer Kraftwirkung kennengelernt haben. Aus dieser Gleichung ergab sich zum einen das Trägheitsgesetz und zum anderen die Tatsache, dass eine Kraft und die sie hervorrufende Beschleunigung gleichgerichtet sind (d.h. in die gleiche Richtung wirken) und in einem festen Verhältnis zueinander stehen. Dabei ist die Verhältniszahl die träge Masse (m), auf die die Kraft wirkt.

Es sei darauf hingewiesen, dass diese Zusammenhänge für jeden einzelnen Massenpunkt eines Körpers gelten (siehe Kap. 7, Massenpunkt) und sich der Gesamtimpuls jeweils aus der Summe der Impulse aller Massenpunkte des Körpers ergibt:

$$p = \Sigma p_i$$

(i = 0, 1, 2, ..., n und steht für die einzelnen Massenpunkte)

Bei einem massebehafteten, festen starren Körper gilt diese Gleichung für die resultierende Kraft aller auf den Körper wirkenden Kräfte, die auf den Schwerpunkt einwirken.

## 11.3 Drehimpuls

Dem Impuls bei der translatorischen Bewegung entspricht bei der rotatorischen Bewegung der *Drehimpuls* (Drall). Dabei stellt der lineare Impuls ein Maß für die Bewegungsenergie dar, die ein bewegter Körper in sich trägt – aufgrund der Kraft, die auf ihn eingewirkt und dadurch Bewegungsarbeit an ihm verrichtet wurde. Das gilt entsprechend für den Drehimpuls.

Ebenso wie für den linearen Impuls existiert auch für den Drehimpuls ein Erhaltungssatz, der besagt, dass sich der Drehimpuls eines rotierenden Körpers nicht ändert, es sei denn, von außen wirkt ein Drehmoment auf ihn (Beispiele siehe unten).

Der Drehimpuls berechnet sich analog zum Impuls für die translatorische Bewegung (durch das Produkt aus Trägheitsmaß und linearer Geschwindigkeit) als Produkt aus dem Trägheitsmaß für die rotatorische Bewegung, dem Trägheitsmoment I und der Winkelgeschwindigkeit des rotierenden Körpers ω. Mit „L" als Symbol für den Drehimpuls (das Symbol für den Drehimpuls ist nicht einheitlich) erhält man:

$$L = I * \omega$$

Mit den Dimensionen [$kgm^2$] für das Trägheitsmoment und [rad/s] für die Winkelgeschwindigkeit ergibt sich für den Drehimpuls [$kgm^2/s$]. (Im Englischen wird der Drehimpuls als „angular momentum" bezeichnet.)

Im Gegensatz zum Impuls für die translatorische Bewegung kann sich jedoch beim Drehimpuls durch Verlagerung von Massenelementen während der Drehung, z. B. durch Muskelkräfte, die Winkelgeschwindigkeit ändern. Die lineare Geschwindigkeit ändert sich nämlich auch durch innere Kräfte im Körper selbst nicht, die beispielsweise eine Verschiebung der Massenpunkte bezüglich des Körperschwerpunktes bewirken. Das gilt für den Drehimpuls nicht. Dennoch bleibt der Gesamtdrehimpuls auch bei jeder internen Massenverlagerung konstant –, wenn nicht äußere Kräfte auf den sich drehenden Körper einwirken und das Drehmoment verändern. In diesem Fall ändert sich nämlich mit den Massenverlagerungen auch das Trägheitsmoment, und zwar gegensinnig zur Winkelgeschwindigkeit.

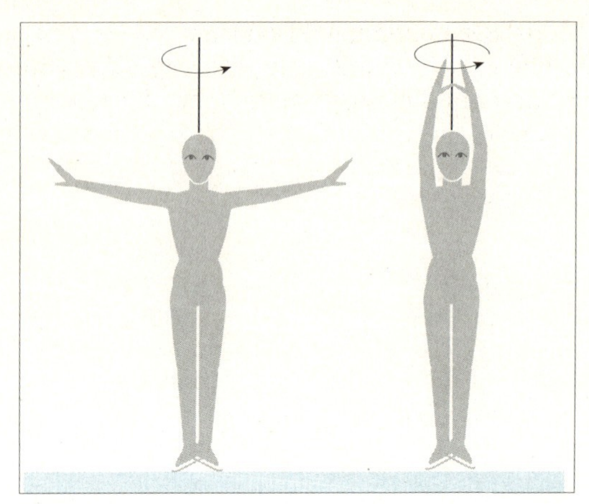

Abb. 11.**4** Ausnutzen der Erhaltung des Drehimpulses.
Will ein Eiskunstläufer eine Pirouette drehen, kann er sich einen großen Schwung (Drehimpuls) verschaffen, indem er beim Abstoß zur Drehung die Gliedmaßen (Massenelemente) weit vom Körper entfernt hält.
Zieht er die Arme dann nahe an die Drehachse heran (Verringerung des Massenträgheitsmoments) erhöht sich die Drehgeschwindigkeit, weil der Drehimpuls konstant bleibt.

Diese Zusammenhänge werden bei einigen Sportarten (Turnen, Wasserspringen, Trampolinspringen, Eiskunstlauf, etc.) und in der Artistik für die menschlichen Bewegungen ausgenutzt. So lässt sich für eine Drehung Schwung holen, indem Teilmassen des Körpers (Arme und/oder Beine) vom Körperschwerpunkt entfernt gehalten werden. Besitzt der Körper dann einen ausreichenden Drehimpuls, lässt sich die Drehung beschleunigen, indem die zunächst entfernt gelagerten Körperteile wieder an die Drehachse angenähert werden. Da sich dann die Massenteile näher an der Drehachse konzentrieren, der Drehimpuls aber gleich bleibt, muss sich die Drehgeschwindigkeit erhöhen. Dies ist beispielsweise gut zu beobachten, wenn Eiskunstläufer Pirouetten auf dem Eis drehen und durch die Verlagerung von Armen und Beinen bezüglich der Drehachse die Drehgeschwindigkeit variieren (Abb. 11.**4**).

# 12 Einfache Maschinen

Als *Maschinen* werden Vorrichtungen (Geräte) bezeichnet, die eine zur Verfügung stehende Energieform in eine andere, für einen bestimmten Zweck geeignetere Form umwandeln oder von der die von einer Maschine gelieferte Energie in eine gewünschte Arbeit umgesetzt wird (MEL).

Als *einfache Maschinen* werden die Grundbausteine solcher Maschinen bezeichnet. Bei diesen einfachen Maschinen können mit wenig Aufwand Konstruktionen geschaffen werden, mit denen beispielsweise Arbeit mit möglichst wenig Kraft – auf Kosten des Weges – verrichtet werden kann. Derartige einfache Maschinen wurden schon in prähistorischer Zeit verwendet, wie z. B. Hebel, schiefe Ebene oder Keil (siehe unten). Aber auch die Natur bedient sich dieser Bauprinzipien zur Optimierung der Arbeit. Einige Beispiele dazu werden im folgenden genannt.

Die Kenntnis über die Funktionsweise einfacher Maschinen kann hilfreich sein, nicht nur in der Physiotherapie, z. B. zur Konstruktion einfacher Hilfsmittel, sondern allgemein im täglichen Leben, weil man sich mit ihrer Hilfe häufig mit wenig Aufwand eine Erleichterung bei der Ausführung mechanischer Arbeiten verschaffen kann.

## 12.1 Seil und Stange

Die einfachsten Maschinen sind das *Seil* und die *Stange*. Mit ihrer Hilfe lässt sich der Angriffspunkt einer Kraft in der Kraftwirkungslinie verschieben. Während jedoch beim Seil die Verschiebung nur in einer Richtung – in Richtung der Kraftwirkung (Zugrichtung) – möglich ist, kann man mithilfe einer Stange

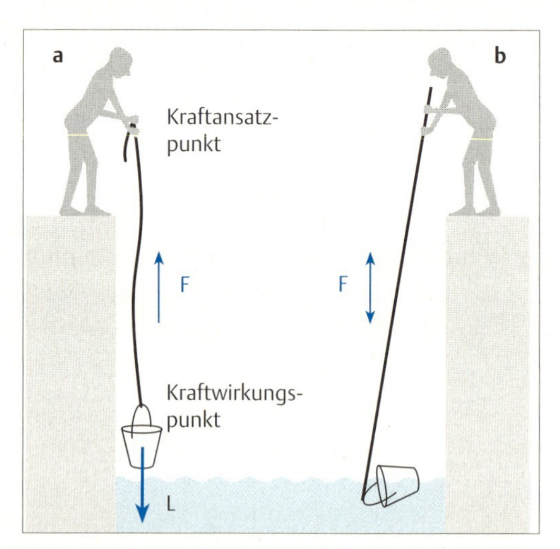


Abb. 12.**1a** u. **b** Seil und Stange als einfache Maschinen.
**a** Felix schöpft Wasser. Er benutzt dazu ein Seil, um den Eimer aus der Tiefe herausziehen zu können. Der Angriffspunkt der Zugkraft wird zum Eimer verschoben.
**b** Mit einer Stange als Hilfsmittel kann Felix den Eimer ins Wasser hineinstoßen, d.h. er kann die Kraft an dem entfernten Punkt in zwei Richtungen wirksam werden lassen.

den Kraftangriffspunkt sowohl in Zug- als auch in Stoßrichtung verschieben (Abb. 12.**1**).

Schöpft Felix beispielsweise Wasser aus einem primitiven Brunnen, dann lässt er einen Eimer an einem Seil ins Wasser hinunter. Zum Hochziehen des Eimers – den Eimer selbst kann er ja nicht ergreifen – fasst er das Seil (= Angriffspunkt der Kraft) in Höhe des Brunnenrandes und zieht daran. Die oben angreifende Kraft wird durch das Seil am Eimer wirksam, sodass der Eimer hochgezogen werden kann.

Allerdings besteht bei diesem Verfahren ein Problem darin, dass der Eimer, wenn er nach unten zum Wasserspiegel gelassen wird, dort möglicherweise nur auf der Wasseroberfläche schwimmt und nicht in das Wasser eingetaucht werden kann, damit er sich füllt. Dieses Problem kann mithilfe einer Stange gelöst werden. Mit der Stange lässt sich nämlich der Eimer ins Wasser hineinstoßen, sodass er sich füllen kann. Anschließend kann Felix den gefüllten Eimer an der Stange hochziehen. Mithilfe einer Stange lässt sich also der Krafteinsatz in einer Entfernung in zwei Richtungen manipulieren.

Wir alle haben schon einmal eine derartige „Stange" verwendet, z. B. wenn wir einen Gegenstand unter dem Sofa oder dem Schrank mithilfe eines Stockes oder unter Verwendung unseres Armes oder Beines oder eines Besenstiels hervorgeholt haben.

Bei den übrigen einfachen Maschinen kann man bezüglich der Konstruktion und Wirkprinzipien folgende zwei Grundtypen unterscheiden:

- Hebel: Hierzu gehören ein- und zweiarmige Hebel, Rollen und Flaschenzüge.
- Schiefe Ebene: Dazu zählen Schrauben und Keile.

## 12.2 Hebel

Bei einem Hebel handelt es sich um eine Konstruktion, bei der ein starrer Körper, der meist stab- oder scheibenförmig ist, um eine Achse oder einen Punkt drehbar gelagert ist (klassischer Hebel; Abb. 12.**2**). An diesem starren Körper greifen mindestens an zwei Stellen ($d_1$, $d_2$ = Abstände vom Drehpunkt) Kräfte ($F_1$, $F_2$) an. Nach den Gesetzmäßigkeiten des Drehmoments können sich diese Kräfte im Gleichgewicht befinden ($F_1 * d_1 = F_2 * d_2$), oder es entsteht für die Gesamtkonstruktion eine Drehtendenz. Durch Veränderung der Angriffspunkte der Kräfte (senkrechter Abstand vom Drehpunkt) lässt sich auf die Größe des Drehmoments und die der wirksam werdenden Kräfte Einfluss nehmen. (Hierbei wird der Hebel selbst als masselos bzw. seine Masse als so gering betrachtet, dass sie gegenüber der wirksamen Kraft und Last vernachlässigt werden kann.)

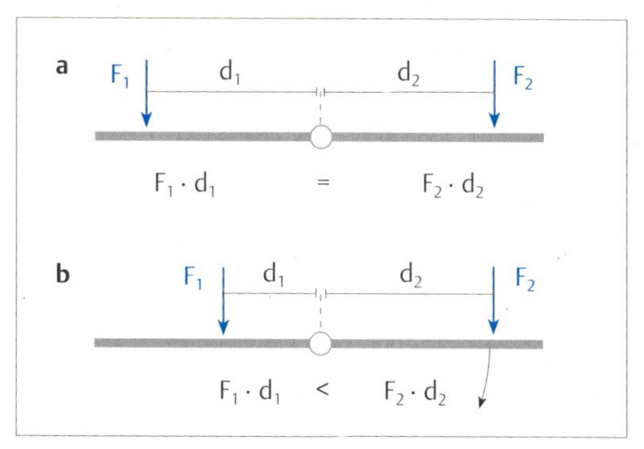


Abb. 12.**2a** u. **b** Zweiarmiger Hebel.
**a** Hebel im Gleichgewicht: Das Produkt aus „Kraft * Entfernung des Angriffspunktes der Kraft vom Drehpunkt" ist auf beiden Seiten gleich.
**b** Hebel im Ungleichgewicht: Das Produkt aus „Kraft * Länge des Kraftarms" ist auf der rechten Seite des Drehpunktes größer als auf der linken. Es wird ein Drehmoment im Uhrzeigersinn verursacht.

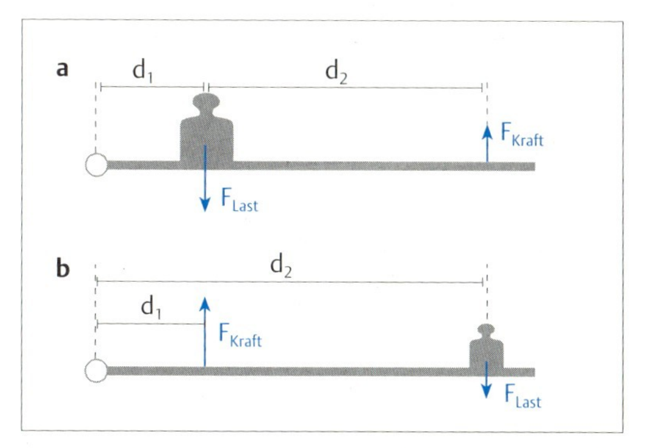


Abb. 12.**3a** u. **b** Einarmiger Hebel: der Drehpunkt befindet sich an einem Ende des Hebelarms.
**a** Der Lastarm ist kürzer als der Kraftarm.
**b** Der Kraftarm ist kürzer als der Lastarm.

In Anlehnung an den klassischen Hebel spricht man meist von zwei Hebelarmen, im klassischen Fall an zwei Seiten des Drehpunktes. Bei der Seite, auf der Abstand und Größe der Kraft vorgegeben sind, spricht man vom *Lastarm* und entsprechend von der wirkenden Kraft von der *Last*. Von der Seite, auf der durch den gezielten Einsatz der Kraft die Kontrolle

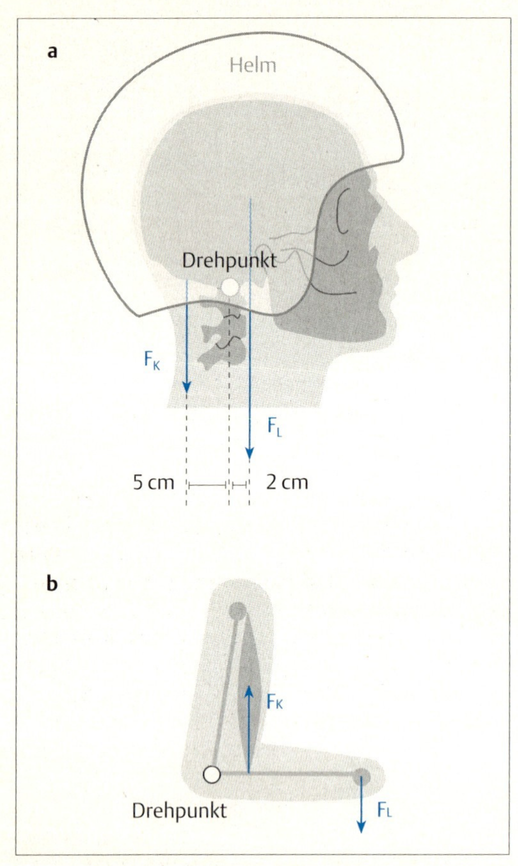


Abb. 12.**4a** u. **b** Hebel am Skelettsystem des Menschen. ($F_K$ = Kraft, $F_L$ = Last)
**a** Zweiarmiger Hebel.
**b** Einarmiger Hebel.

der Bewegung der Last erfolgt, spricht man vom *Kraftarm* (Abb. 12.5).

Ein *zweiarmiger Hebel* verfügt über zwei physikalisch unterschiedliche Materialteile auf je einer Seite des Drehpunktes. Bei einem *einarmigen* Hebel liegt der Drehpunkt am Ende des materiellen Teiles (z. B. Stab), sodass sich Last- und Kraftarm auf derselben Seite des Drehpunktes befinden (Abb. 12.**3**).

Die meisten Knochen des menschlichen Skeletts stellen einarmige Hebel dar, weil sie mit dem Gelenk über einen Drehpunkt an ihrem Ende verfügen. Zweiarmige Hebel im Skelettsystem des Menschen finden wir meist bei komplexen Strukturen, wie z. B. dem Hüft- und Schulterbereich oder den Atlasgelenken am Kopf. Ein einfaches zweiarmiges Hebelsystem am menschlichen Skelett stellt das obere Sprunggelenk dar (Abb. 12.**4**).

## Funktionen des Hebels

Die Hauptfunktion eines Hebels ist es, eine Kraft in ihrer Wirkungsrichtung umzulenken. Soll beispielsweise eine Last angehoben werden, müsste ohne den Hebel eine gegen die Schwerkraft wirkende Kraft eingesetzt werden. Wird jedoch ein Hebel benutzt, kann die Last angehoben werden, indem am Kraftarm eine Kraft eingesetzt wird, die auch - wie die Last selbst - in Richtung der Schwerkraft wirksam ist (Abb. 12.**5**).

Unabhängig davon, ob es sich um einarmige oder zweiarmige Hebel handelt, können Hebel – außer ihrer Funktion der Umlenkung der

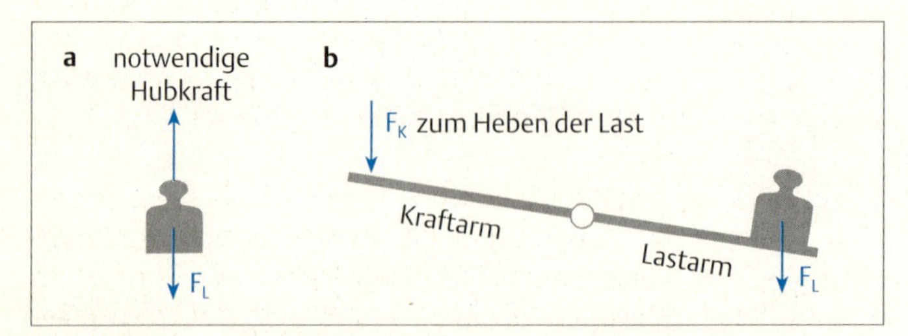


Abb. 12.**5a** u. **b** Funktionen des Hebels: Umlenken einer Kraftwirkung.
**a** Um einen Sack anzuheben, muss eine Kraft gegen die Schwerkraft angewendet werden ($F_L$ = Gewichtskraft der Last).
**b** Wird der Sack mithilfe eines Hebels angehoben, kann man eine Kraft in Richtung der Gewichtskraft einsetzen (= Umkehrung der Wirkung der Hubkraft).

Kraftwirkungsrichtung – grundsätzlich folgende zwei unterschiedliche Funktionen der Effektivitätssteigerung haben:

- Steigerung der Effektivität des Kraftaufwands (Verstärkung der Kraft),
- Erhöhung der Bewegungsgeschwindigkeit.

*Steigerung der Effektivität des Kraftaufwands:* Normalerweise, d.h. ohne Hilfsmittel, muss man, um einen Körper anzuheben, zumindest eine Kraft aufbringen, die dessen Gewichtskraft entspricht. Mithilfe eines Hebels kann diese notwendige Hubkraft deutlich verringert werden. Will man beispielsweise einen schweren Gegenstand wie eine Waschmaschine anheben, um einen Rollwagen zum Transport darunter zu schieben, kann man sich mithilfe eines schnell angefertigten Hebels die Arbeit erheblich erleichtern (Abb. 12.**6**). Dazu benötigt man z. B. einen 60 cm langen Stab (möglichst aus Stahl) sowie eine harte Unterlage für den Drehpunkt, der 10 cm vom Stabende angenommen wird. Hat die Waschmaschine eine Masse von 80 kg, also eine Gewichtskraft von 785 N (80 kg * 9,81 $m/s^2$), ergibt sich folgendes:

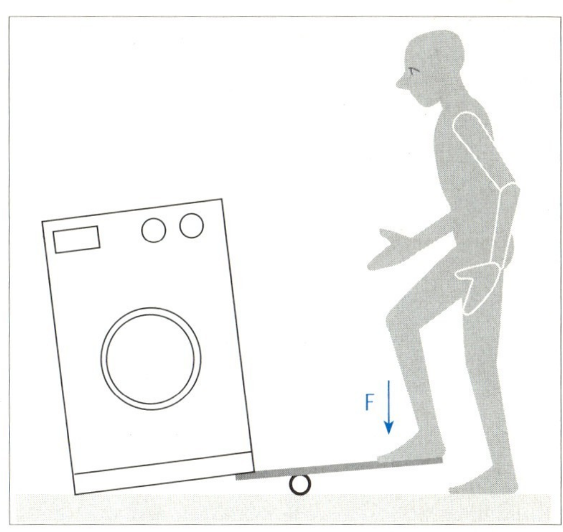


Abb. 12.**6a** u. **b** Erleichterung des Anhebens einer Waschmaschine durch Verwendung eines Hebels. Will Felix zum Transport der Waschmaschine einen Rollwagen unterschieben, muss er die Kante der Maschine anheben, was sehr schwer ist. Benutzt er dazu einen Hebel, bei dem der Lastarm wesentlich kürzer als der Kraftarm ist, benötigt er nicht nur weniger Kraft, er kann außerdem wegen der Kraftumlenkung seine Gewichtskraft einsetzen, wodurch das Anheben erheblich erleichtert wird.

Kraft * Kraftarm = Last * Lastarm

Wir suchen die Kraft (F)

$$F * 50\ \text{cm} = 785\ \text{N} * 10\ \text{cm}$$

(Zur Erinnerung: es muss ein Drehmoment von M = 785 N * 0,10 m = 78,5 Nm erzeugt werden).

$$F = \frac{785\ N * 10\ cm}{50\ cm} = 157\ N$$

Bei Benutzung eines Hebels muss also lediglich eine Kraft von 157 N aufgebracht werden, um die Waschmaschine anzuheben. Das ist ein Fünftel der Kraft, die benötigt würde, wenn man die Maschine direkt anheben wollte. Dieses Verhältnis 1:5 der gesparten Kraft entspricht genau dem Verhältnis der Länge von Last- zu Kraftarm des Hebels. Der Hebel dient also in diesem Fall dazu, die wirksame Kraft erheblich zu steigern.

*Erhöhung der Bewegungsgeschwindigkeit:* Ein Hebel kann auch dazu dienen, den Weg zu verlängern, den ein Körper in einer bestimmten Zeit bewegt wird. Anders ausgedrückt: Da der längere Weg in der gleichen Zeit zurückgelegt wird, in der die Kraft wirksam ist, wird die Bewegungsgeschwindigkeit erhöht. Beispiele hierfür finden wir in Form von einarmigen Hebeln an unserem Körper.

Wird beispielsweise ein Fußball weggetreten, dann befindet sich der Drehpunkt im Kniegelenk (es soll lediglich diese auf ein Gelenk bezogene Bewegung betrachtet werden). Die Last (Unterschenkel, Fuß+Fußball) befindet sich auf Höhe des Fußgelenks, also im Abstand von ca. 50 cm vom Drehpunkt entfernt (Abb. 12.**7**). Der Einwirkungspunkt des Kraftarms ist der Ansatzpunkt des M. quadriceps.

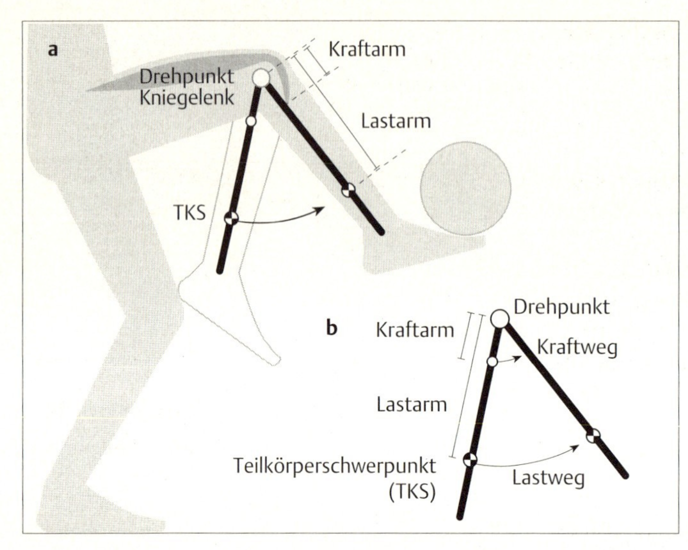


Abb. 12.**7a** u. **b** Funktion des Hebels: Erhöhen der Bewegungsgeschwindigkeit.
**a** Die Kraft wird nahe am Drehpunkt wirksam, wo sie den Hebel nur über einen kurzen Kreisbogen bewegt.
**b** Schematische Darstellung.

Er befindet sich ca. 4 cm unterhalb des Drehpunktes –, es handelt sich hier um einen einarmigen Hebel, bei dem sich Last- und Kraftarm auf derselben Seite des Drehpunktes befinden.

Nehmen wir an, dass der Unterschenkel während des Kontaktes mit dem Ball (Zeitraum, in dem der Bewegungsimpuls vom Fuß auf den Ball übertragen wird) einen Winkel von 30° beschreibt. Dann bewegt sich der Ansatzpunkt des Muskels auf einem Kreisbogen, dessen Länge sich folgendermaßen berechnen lässt (Kap. 4):

gegeben: Winkel = 30°, Radius = 4 cm
(Muskelansatz vom Drehpunkt

$$\text{Weg } s_1 = \text{Winkel} * \text{Radius}$$
$$s_1 = \frac{\pi}{6} * 4\,cm = \frac{4}{6} * \pi = \frac{2}{3} * \pi = 2{,}09\,cm$$

Während der gleichen Zeit bewegt sich das Fußgelenk mit dem Ball ebenfalls auf einem Kreisbogen mit folgender Länge:

$$s_2 = \frac{\pi}{6} * 50\,cm = 26{,}18\,cm$$

Das Fußgelenk legt also ungefähr den 12,5-fachen Weg des Muskelansatzes zurück. Da beide Strecken in der gleichen Zeit zurückgelegt werden, bewegt sich der Fuß mit dem Ball 12,5-mal schneller als der Ansatzpunkt des Muskels. Diese Geschwindigkeit des Fußgelenks wird dann auf den Ball übertragen. Der Effektivitätsgewinn (= Leistungsgewinn) durch den Einsatz des Hebels ist wieder lediglich durch das Verhältnis des Abstands der Angriffspunkte von Last und Kraft vom Drehpunkt (50:4 = 12,5) gegeben.

Es muss jedoch darauf hingewiesen werden, dass dieser Gewinn an Geschwindigkeit und Leistung durch einen entsprechend höheren Kraftaufwand erkauft wird.

Welche der genannten Funktionen ein Hebel erfüllt, hängt lediglich von den jeweiligen Abständen der Wirkungslinien der Last und der eingesetzten Kraft vom Drehpunkt ab (Abb. 12.**8**). Unter dem Abstand vom Drehpunkt wird dabei der kürzeste Abstand verstanden. Das ist der Abstand, der sich ergibt, wenn ein Lot vom Drehpunkt auf die Wirkungslinie der wirkenden Last (Kraft) gefällt wird, also ein rechter Winkel zwischen Wirkungslinie von Last bzw. Kraft und der Verbindungslinie zum Drehpunkt entsteht (Kap. 8).

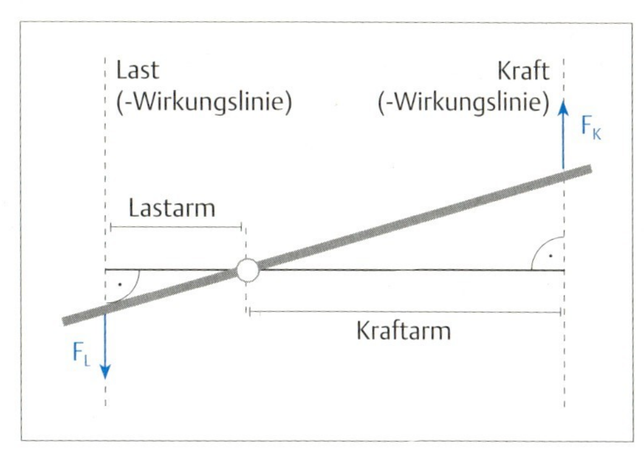


Abb.12.**8** Trifft eine Kraft nicht im rechten Winkel auf den Hebelarm, gilt als wirksamer Hebelarm der senkrechte Abstand zwischen dem Drehpunkt und der Kraftwirkungslinie.

Diese Beziehungen sind besonders bei den Bewegungen des menschlichen Körpers zu beachten, weil die Muskelzüge, die die Hebel der Gliedmaßen bewegen, in der Regel nicht in einem Winkel von 90° am Lastarm angreifen und daher die Ansatzpunkte der Muskeln nicht unbedingt mit der Länge der Hebelarme gleichzusetzen sind. (Auf diese Zusammenhänge wird noch einmal in Kap. 13 gesondert eingegangen.)

### Klassen von Hebeln

Es ist auch üblich, die Hebel in unterschiedliche Klassen einzuteilen. Diese Klasseneinteilung bezieht sich auf die Zugrichtungen sowie die Geometrie der Anordnung von Last und Kraft bezüglich des Drehpunktes (Abb. 12.**9**).

In Abb. 12.9 wird deutlich, dass nur der Hebel der Klasse I für beide Hebelfunktionen genutzt werden kann. Seine Hauptfunktion besteht jedoch darin, Kräfte umzulenken, d.h. die Zugrichtung der wirksam werdenden Kraft umzukehren, da die Kraft, die das Gleichgewicht oder eine Bewegung bewirkt, in einer anderen Richtung wirksam wird als das ohne den Hebel der Fall wäre.

Hebel der Klasse II können aufgrund ihrer Konstruktion nur die erste Hebelfunktion erfüllen, nämlich die Steigerung der effektiven Kraft. Die Hebel der Klasse III können lediglich die zweite Hebelfunktion erfüllen, nämlich die Erhöhung der Bewegungsgeschwindigkeit.

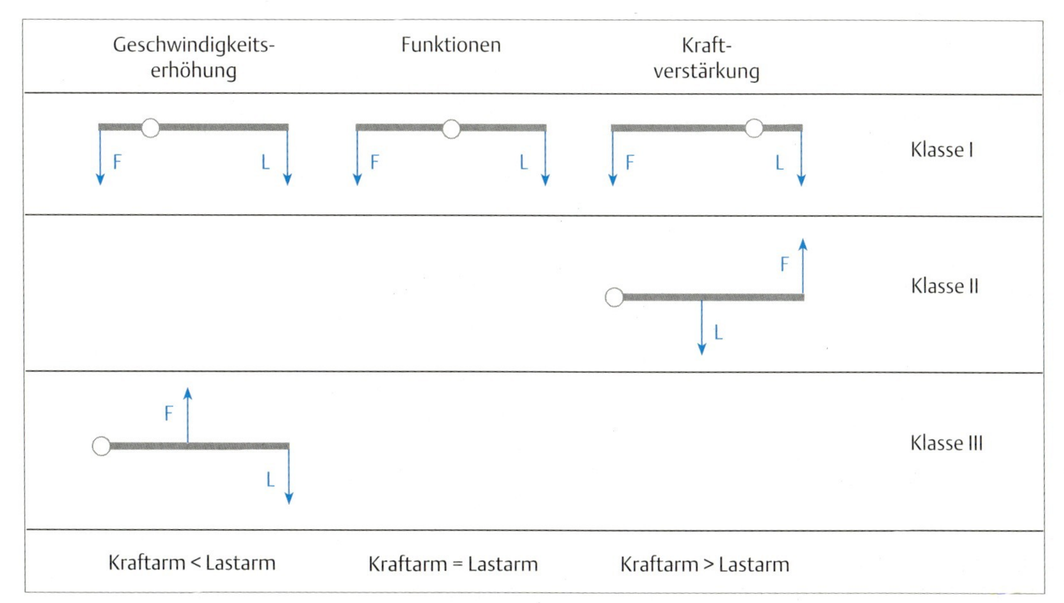


Abb. 12.**9** Verschiedene Klassen von Hebeln (nach Hay).

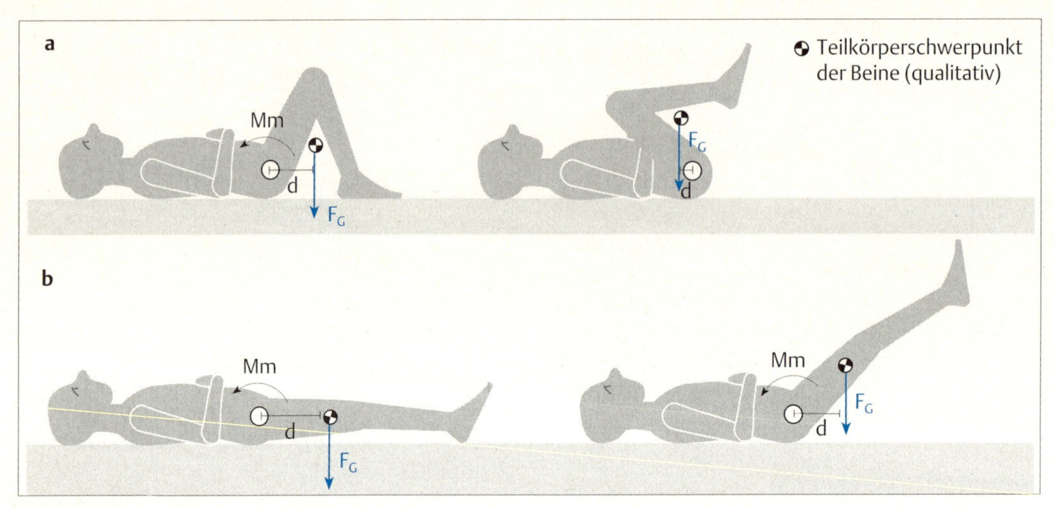


Abb. 12.**10a** u. **b** Der menschliche Körper ist zum Training der Muskulatur als Hebelsystem vielseitig einsetzbar. (Die Teilkörperschwerpunkte sind alle nur qualitativ platziert.) $M_m$ = Muskelmoment
**a** In Rückenlage mit angewinkelten Beinen: Der Teilkörperschwerpunkt der Beine ist relativ nahe am Drehpunkt (Hüftgelenk). Entsprechend gering ist die Kraft, die die Hüftbeuger zum Anheben der Beine aufbringen müssen ($F_G$ = Teilgewichtskraft der Beine).
**b** Anheben der Beine in Rückenlage mit gestreckten Beinen (und in Streckstellung fixierten Kniegelenken). Der Teilkörperschwerpunkt der Beine ist jetzt weiter entfernt vom Drehpunkt, daher muss in dieser Situation von den Hüftbeugern eine größere Kraft zum Anheben der Beine aufgebracht werden.

Hebel der Klasse I finden wir – wie bereits erwähnt – am menschlichen Skelettsystem im Becken- und Schultergürtel. Dabei kann der Drehpunkt sowohl in der Mitte (in der Wirbelsäule) als auch mehr an den Seiten liegen, wie z. B. im Hüftgelenk beim Einbeinstand. Am häufigsten sind am Skelettsystem Hebel der Klasse III zu finden, bei denen die gelenknah ansetzenden Muskeln unter hohem Kraftaufwand die Gliedmaßen bewegen.

Es lassen sich jedoch beliebige Hebel am Bewegungsapparat herstellen, indem man ein ausgewähltes Gelenk zum Drehpunkt macht. Dann können die Körperteile an beiden Seiten dieses Drehpunktes je nach Notwendigkeit als Last- bzw. Kraftarme eingesetzt werden. Das Drehmoment, das dann erzeugt werden kann oder muss, lässt sich zusätzlich durch Beschweren mit äußeren Gewichten der „Arme" (Erhöhung von $F_L$, der Last) oder Fixierung benachbarter Gelenke (Verlängerung von d, dem Abstand vom Drehpunkt) erhöhen.

Diese Möglichkeit wird in der Praxis beim Sport und in der Physiotherapie zum Trainieren der Muskelkraft eingesetzt. Man kann beispielsweise das Hüftgelenk als Drehpunkt wählen, um die Hüftbeuger zu kräftigen, und die Beine als Lastarm wählen. Hebt man die Beine mit gebeugten Knien, liegt der Schwerpunkt der Beine näher am Drehpunkt, als wenn sie gestreckt sind. Sollen die Hüftbeuger ein größeres Drehmoment erzeugen, müssen die Beine gestreckt angehoben werden. Dazu müssen die Kniegelenke durch die Knieextensoren und -flexoren in gestreckter Position fixiert werden. Die Beine lassen sich aber auch zusätzlich durch Gewichtsmanschetten oder den manuellen Widerstand des Therapeuten beschweren (Abb. 12.**10**). Auch dann muss das Drehmoment zum Anheben der Beine vergrößert werden.

Zur weiteren Erhöhung des notwendigen Drehmoments kann man zusätzlich anstelle der Rückenlage den senkrechten Hang wählen (Abb. 12.**11**). Dann verläuft die Wirkungslinie der Schwerkraft zwar durch den Drehpunkt,

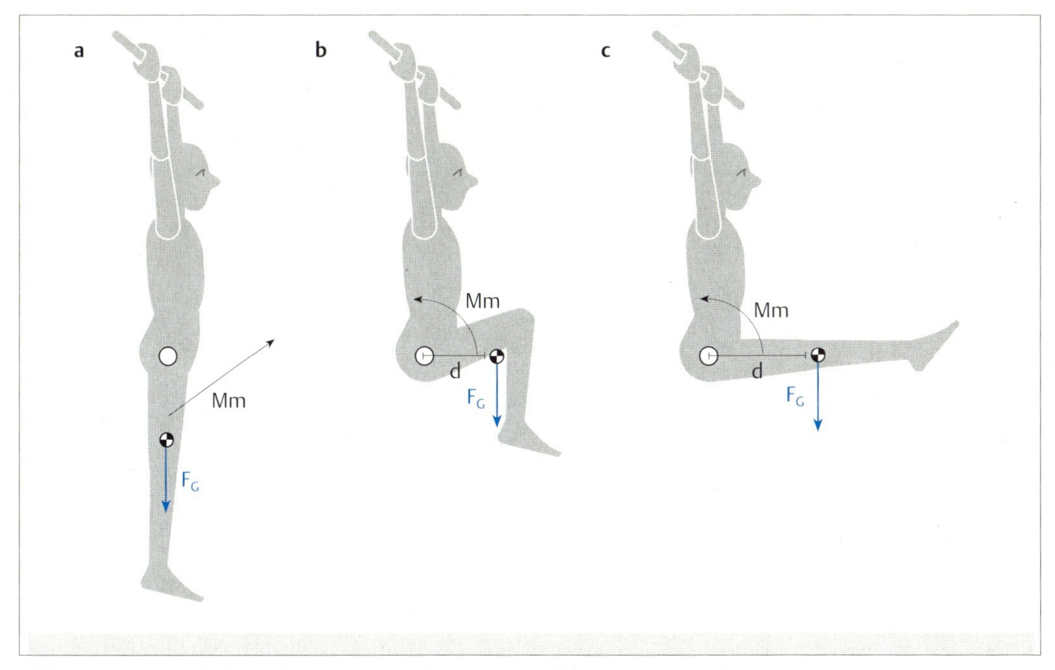


Abb. 12.**11a–c** Anheben der Beine aus dem Hang rücklings.
**a** Langhang. ($F_M$ = Muskelkraft)
**b** Anheben der angehockten Beine im Hang.
**c** Anheben der gestreckten Beine im Hang.

eine direkte Kraftwirkung entlang dieser Wirkungslinie ist aber nicht möglich, weil der starre Knochen dazwischen liegt. Die drehwirksame Komponente der Zugkraft der Hüftbeuger ist bei dieser Konstellation extrem klein, sodass von den Muskeln insgesamt eine sehr hohe Kraft aufgebracht werden muss, um die Beine gegen die Schwerkraft anzuheben (Kap. 13).

Werden jedoch die Beine in Rückenlage in ihrer Position fixiert, und soll der Oberkörper gegen die Schwerkraft durch Hüftbeugung angehoben werden, lässt sich auch durch Fixierung der Wirbelgelenke ein sehr langer Hebel schaffen, der außerdem durch das Gewicht von Oberkörper und Armen eine große Gewichtskraft besitzt, die überwunden werden muss (Abb. 12.**12**). In dieser Situation müssen die Hüftbeuger ein noch größeres Drehmoment erzeugen. Allerdings ist dann eine Kontrolle notwendig, damit nicht die Bauchmuskeln einen zu großen Anteils des geforderten Drehmoments erzeugen. Derartigen Überlegungen folgend lässt sich der Körper des Menschen durch geschickte Wahl der Last- und Kraftarme je nach beabsichtigtem Ziel in vielfältiger Weise zum Training seiner eigenen Muskeln einsetzen.

Weitere Beispiele für Hebel als einfache Maschinen im täglichen Leben sind Hammer, Rohrzange, Nussknacker, Schere, Schaufel und Schubkarre.

## 12.3 Rolle (Scheibe, Rad)

Generell werden Rollen und Räder zum Umlenken und Übertragen von Kräften verwendet. Ihre Wirkungsweise ist die gleiche wie die der Hebel.

### Feste Rolle

Die *feste Rolle* ist in der Regel eine runde Scheibe mit dem Drehpunkt in ihrer Mitte.

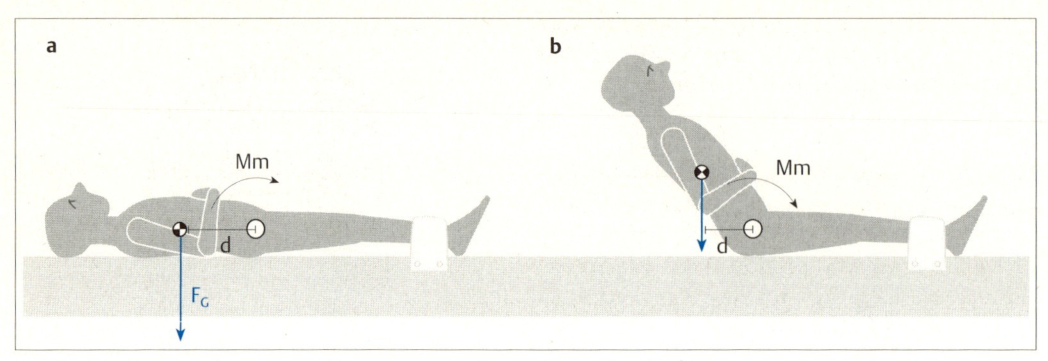


Abb.12.**12** Anheben des Oberkörpers aus der Rückenlage - Drehpunkt ist auch hier das Hüftgelenk.

Sie ist fest aufgehängt. Über die Rolle läuft ein Seil (= Verschiebung des Ansatzpunktes der Kraft von der Last zum Krafterzeuger hin). Da das Seil auf der Last- und auf der Kraftarmseite im gleichen Abstand vom Drehpunkt geführt wird, verändert sich durch die Rolle weder die effektive Kraft noch die Bewegungsgeschwindigkeit. Die einzige Funktion der Rolle dieser Bauart ist die Umlenkung der Kraft. Man kann mit ihrer Hilfe den Ort der Krafteinwirkung dorthin verlegen, wo sich die Kraft am günstigsten erzeugen lässt. So kann beim Anheben einer Last, anstatt dass die Kraft direkt gegen die Schwerkraftwirkung der Last eingesetzt wird, durch Kraftumlenkung über die Rolle diese Aufgabe durch Einsatz der Gewichtskraft des Krafterzeugers erleichtert werden (Abb. 12.**13**).

Auf die in Abb. 12.13 dargestellte Weise wird Felix das Herausziehen des Eimers aus dem Brunnen erleichtert, wenn das Seil über eine Rolle geführt wird, die an einem Galgen über dem Brunnen befestigt ist. Felix kann sich dann, anstatt sich in den Brunnen hinunterzubeugen und den Eimer mühsam gegen die

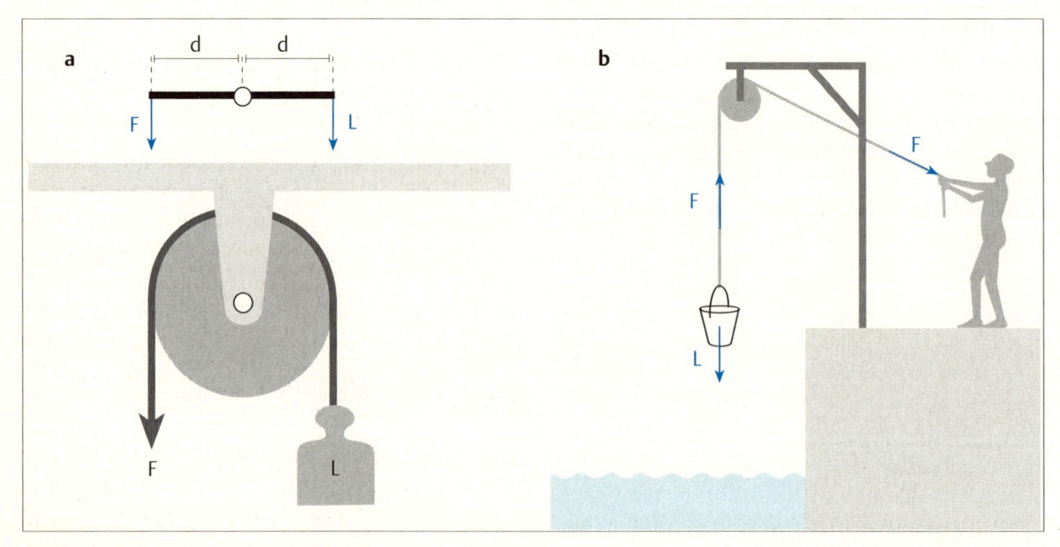


Abb. 12.**13a** u. **b** Feste Rolle.

**a** Die Funktion der Rolle entspricht der eines zweiarmigen Hebels: sie lenkt die Wirkungsrichtung von Kräften um.

**b** Mithilfe einer festen Rolle an einem Galgen kann Felix sein Körpergewicht zum Hochziehen des Wassereimers einsetzen.

Schwerkraft hochzuziehen, mit seinem Körpergewicht an das Seil hängen und so den Eimer leichter nach oben befördern.

Es gibt auch Rollen mit variablem Kraft- bzw. Lastarm. Diese werden beispielsweise bei isokinetischen Kraftmaschinen im Fitnessstudio eingesetzt, bei denen durch eine variierende Länge des Last- bzw. Kraftarms die Geschwindigkeit und die aufgewendete Kraft manipuliert werden sollen (Abb. 12.**14**)).

Auch an unserem Bewegungsapparat sind Strukturen zu finden, die die Funktion einer festen Rolle erfüllen. Dies ist der Fall, wenn Sehnen über die äußeren Seiten von Gelenken verlaufen, wie z. B. die Sehne des M. quadriceps über dem Knie (mit eingelagerter knöcherner Kniescheibe) oder die Sehne des M. peroneus longus am Fußgelenk (Abb. 12.**15**).

### Lose Rolle

Eine Erleichterung für das Heben von Lasten stellt das Benutzen einer *losen Rolle* dar. Dies geschieht meist in Kombination mit einer festen Rolle. Im Gegensatz zur festen Rolle, über die lediglich das Seil läuft, bewegt sich die lose Rolle mit der Last in Laufrichtung des Seils. Bei einer losen Rolle verteilt sich das Gewicht der Last auf beide Seile an ihren Seiten. Zieht man dann an einem der Seilenden, bewegt sich die Rolle bereits dann, wenn man nur mit einer Kraft zieht, die der Hälfte des Gewichts der Last entspricht (Abb. 12.**16**). In diesem Fall bewegt man aber die Last nur um die Hälfte des Weges nach oben, um den man das Seilende bewegt. Es gilt also:

$$F_K = \frac{F_L}{2}$$

($F_K$ = die Zugkraft,
$F_L$ = die Gewichtskraft der Last)

Mithilfe von festen und losen Rollen lassen sich vielfältige Hebemaschinen konstruieren, sodass die notwendige Hubkraft fast beliebig verringert werden kann – natürlich immer auf Kosten des Weges. Derartige Maschinen werden auch bei Hebevorrichtungen für Patienten (Bett, Badewanne, Schwimmbecken oder Schlingentisch) eingesetzt.

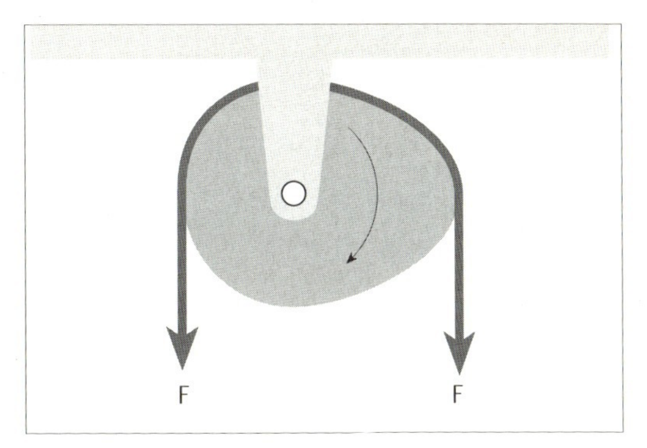


Abb. 12.**14** Rolle mit variierender Länge von Last- und Kraftarm.

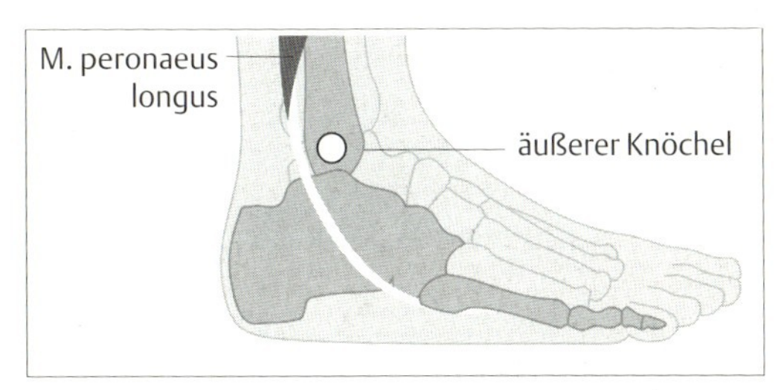


Abb. 12.**15** Rollenkonstruktion am menschlichen Skelett: Die Sehne des M. peroneus longus zieht über den äußeren Malleolus (und benutzt diesen als Rolle) und unter den Fußwurzelknochen zum Metatarsalknochen auf der Seite des großen Zehs.

Eine weit verbreitete Maschine dieser Art ist auch der Flaschenzug. Bei ihm handelt es sich um ein sehr altes Hilfsmittel, das auch heute noch häufig eingesetzt wird, weil seine Konstruktion einfach und billig und sein Betrieb sehr wirksam und sicher ist. Man nutzt ihn vor allem zum Heben großer Lasten, wie sie in Aufzügen oder bei der Verladung von Containern vorkommen.

Die feste Rolle hat in einer weiteren Form heute noch eine große Bedeutung für Maschinenkonstruktionen, und zwar für die Kraftübertragung. Verwendet man nämlich eine Rolle mit unterschiedlich großen Scheiben für Last- und Kraftarm, lassen sich die gleichen Funktionen erzielen wie bei der Verwendung eines Hebels, nämlich die Erhöhung der

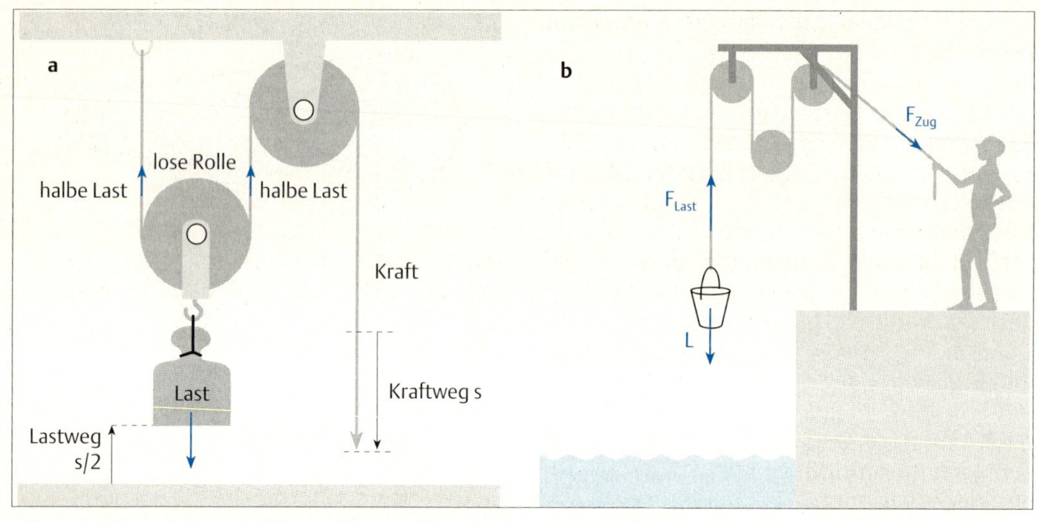


Abb. 12.**16a** u. **b** Feste Rolle und lose Rolle erleichtern das Heben von Lasten.
**a** Generelle Anordnung und Wirkungsweise einer losen Rolle kombiniert mit einer festen Rolle zum Heben einer Last.
**b** Felix erleichtert sich das Hochziehen des Wassereimers durch die zusätzliche Verwendung einer losen Rolle.

effektiven Kraft bzw. der Geschwindigkeit. Man kann die Kraft auch direkt von Scheibe zu Scheibe durch Zahnräder übertragen. Mit ihnen lassen sich die Kräfte auch in unterschiedliche Ebenen umlenken (Abb. 12.**17**).

Je nach der Aufgabe der Konstruktion kann die Kraft von der größeren auf die kleinere Rolle übertragen werden oder umgekehrt. Wird sie von der größeren auf die kleinere Rolle übertragen, wird an der größeren Rolle ein Drehmoment erzeugt und die Rolle um einen bestimmten Winkel gedreht. Die kleinere Rolle wird zwar um den gleichen Winkel gedreht, das um diese Rolle laufende Seil jedoch nur einen kürzeren Weg bewegt. Da aber das Drehmoment an der kleinen Rolle gleich dem an der großen ist, bedeutet das, dass die Zugkraft des Seils an der kleinen Rolle verstärkt wird (entsprechend dem Verhältnis der Radien der beiden Rollen). Zusätzlich kann die Kraft in der Ebene der Rollrichtung der Rolle beliebig umgelenkt werden.

Ein Beispiel für die Erhöhung der Kraft durch Übertragung von einer größeren auf eine kleinere Rolle ist das Lenkrad im Auto (Lenkrad → Lenksäule). Umgekehrt wird die Antriebskraft beim Auto auf die Radachsen oder ihre Nähe übertragen, die diese dann auf die Felgen der Räder weitergeben, die einen größeren Radius haben. Dadurch kommt es zur Erhöhung der Bahngeschwindigkeit der Räder. Die Geschwindigkeit kann durch ein Dazwischenschalten unterschiedlich großer Übertragungsräder auf ein jeweils gewünschtes Maß

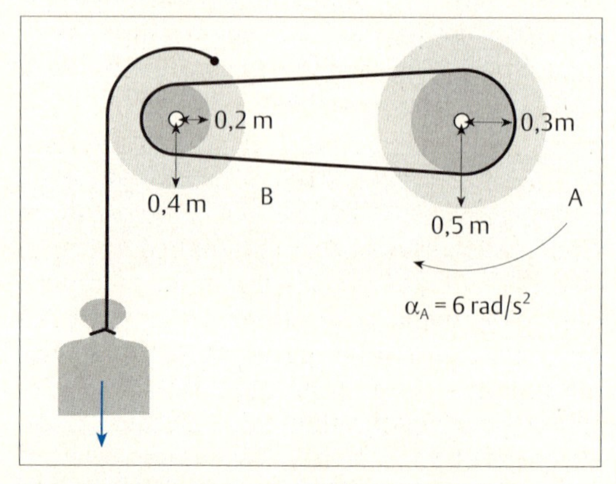


Abb. 12.**17** Einsatz von Rollen in technischen Umgebungen. Hier: Erzeugen einer Drehbewegung, z.B. als Antrieb einer Maschine durch eine Last. A = Antriebsrichtung (Motor)

gebracht werden. Man spricht hierbei von *Übersetzung*.

Ein bekanntes Beispiel für einen derartigen Einsatz mehrerer verschieden großer Räder zur Schaffung des gerade benötigten Übersetzungsverhältnisses stellen die modernen Fahrräder mit ihren Gangschaltungen dar (Abb. 12.**18**). Dabei kann man zwischen langen (Tret-) Wegen und kleiner Übersetzung (bergauf) und kurzen (Tret-) Wegen und großer Übersetzung (bergab) beliebige Zwischenstufen erreichen.

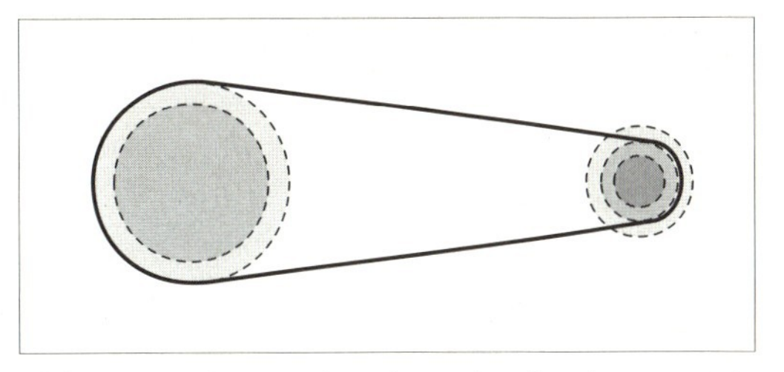

Abb. 12.**18** Beim Fahrrad werden für den Antrieb unterschiedliche Übersetzungen verwendet.

Auch am menschlichen Körper finden sich derartige Konstruktionen von Rad-Achsen-Systemen, bei denen Kraftzüge (Muskelzüge) nahe den Rotationsachsen eine Rotation der umfangreicheren Gliedmaßen bewirken. Dies trifft auch für die Rumpfdrehung zu. Der Brustkorb bildet den äußeren Umfang einer Rolle, die um die Achse der Wirbelsäule rotiert. Diese Rotation wird auf dem kleineren Radius durch die Rückenmuskeln bewirkt –, z. B. durch den M. longissimus thoracis, der an den Dornfortsätzen der Lendenwirbelsäule entspringt und an den hinteren Rippenbögen ansetzt (Abb. 12.**19**).

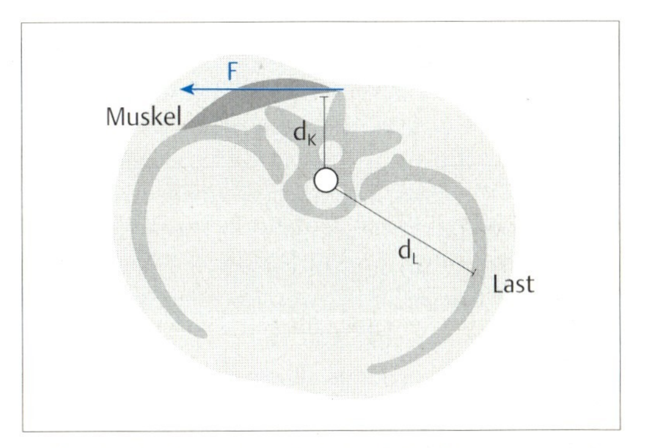


Abb. 12.**19** Der Rumpf als Rad. Die Bewegung des Rumpfes (großer Radius) wird durch die Zugkraft von Muskeln in geringer Entfernung vom Drehpunkt (Wirbelsäule) bewirkt.

## 12.4 Schiefe Ebene

Wenn wir eine Treppe hinaufgehen, fällt uns das umso leichter, je weniger steil sie ist. Steigen wir einen Berg hinauf oder wollen mit dem Fahrrad oder Auto zu einem Pass hinauffahren, dann sind die Wege bzw. Straßen so angelegt, dass sie nicht senkrecht nach oben führen, sondern in langen Hin- und Herwindungen, sogenannten Serpentinen. Auch wenn schwerere Lasten auf eine größere Höhe gehoben werden müssen, bedient man sich häufig eines Brettes, das man schräg an die Höhe anlehnt, oder einer Rampe und befördert die Last auf dieser Schräge (möglichst auf einem kleinen Rollwagen, um die Gleitreibung durch Rollreibung zu ersetzen).

Allen diesen Beispielen ist gemeinsam, dass eine Last (Person, Fahrzeug) auf eine größere Höhe gebracht werden soll. Offensichtlich erleichtert es die Hubarbeit, wenn nicht der direkte Weg nach oben, sondern ein längerer Weg in einem gewissen Winkel zum Boden bzw. zur direkten Höhe gewählt wird.

Wird eine Last senkrecht nach oben gehoben, muss eine Kraft eingesetzt werden, die mindestens gleich groß wie die Gewichtskraft der Last ist. Diese Kraft muss während des gesamten Hubweges aufgebracht werden (Abb. 12.**20**). Bringt man sie auch nur für einen Augenblick nicht auf, fällt die Last wieder nach unten.

Wählt man jedoch nicht den senkrechten, sondern einen schrägen Weg nach oben, dann braucht man nicht in jedem Augenblick die gesamte Gewichtskraft aufzubringen, um die Last nach oben zu befördern. Man bedient sich dann einer *schiefen Ebene* (Abb. 12.**21**). Dabei wird jeweils ein Teil der Gewichtskraft durch die Reaktionskraft kompensiert, die durch die schiefe Ebene aufgebracht wird.

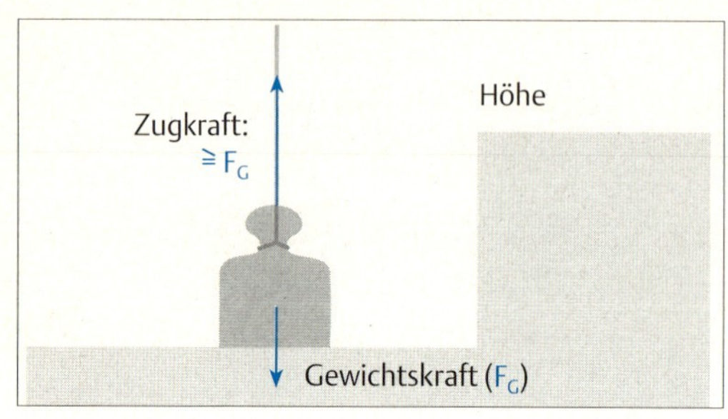


Abb. 12.**20** Anheben einer Last in senkrechter Richtung.

Dieser Teil der Gewichtskraft ist die Komponente, die senkrecht auf die schiefe Ebene einwirkt –, diesen Anteil an der Gewichtskraft haben wir bereits als Normalkomponente der Gewichtskraft kennen gelernt (Kap. 6). Zur Überwindung durch die Zugkraft bleibt dann die Komponente der Gewichtskraft übrig, die parallel zur Oberfläche der schiefen Ebene verläuft –, dies entspricht der Tangentialkomponente der Gewichtskraft. Wir wollen wissen, wie sich die Kraft, die zum Anheben bzw. Ziehen der Last notwendig ist, und der Zugweg bzw. seine Länge mit dem Neigungswinkel der schiefen Ebene verändern (Abb. 12.**22**).

## Weglänge

Einfacher zu sehen ist zunächst die Veränderung der Weglänge (Abb. 12.22a). Die schiefe Ebene bildet mit dem Boden und der Hubhöhe ein rechtwinkliges Dreieck. Darin beschreibt die Hypotenuse die Weglänge, die Ankathete den Boden und die Gegenkathete die Hubhöhe. Gesucht wird der Zusammenhang zwischen dem Winkel α (Neigungswinkel der Ebene) und der Hypotenuse (Weglänge), wenn die Hubhöhe (Gegenkathete) bekannt ist. Im rechtwinkligen Dreieck ist dieser Zusammenhang durch den Sinussatz gegeben:

Daraus folgt:

$$\sin \alpha = \frac{\textit{Gegenkathete (Hubhöhe = H)}}{\textit{Hypothenuse (Zugweg = } L_z\textit{)}} = \frac{H}{L_z}$$

$$\Rightarrow L_z = \frac{H}{\sin \alpha}$$

Zugweg und Winkel verhalten sich umgekehrt proportional zueinander. Außerdem ist der Sinus immer kleiner oder gleich 1. Das bedeutet, dass der Zugweg immer größer als der Hubweg ist –, wenn der Neigungswinkel α größer als 0° ist. Weiterhin gilt: sin α = 1 für einen Winkel von 90° (senkrecht), und mit kleiner werdendem Winkel wird auch der Sinus kleiner. Daraus folgt : Mit kleiner werdendem Neigungswinkel wird die Zugstrecke immer länger.

## Zugkraft (Abb. 22b)

Die Wirkungslinie der effektiven Zugkraft (Tangeltialkomponente) verläuft in der gleichen Richtung wie die schiefe Ebene. Die Tangentialkraft bildet mit der Normalkraft und der Gewichtskraft ein rechtwinkliges Dreieck, bei dem der Neigungswinkel (α) der schiefen Ebene zwischen Normalkraft und Gewichtskraft noch einmal auftritt. In diesem rechtwinkligen Dreieck beschreibt die Hypotenuse die Gewichtskraft, die Ankathete die Normalkraft und die Gegenkathete die Tangentialkraft. Bekannt sind in diesem Dreieck der

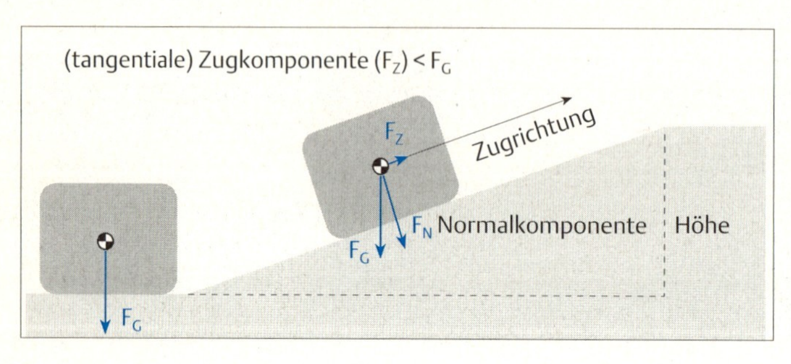


Abb. 12.**21** Transport der Last auf eine größere Höhe über eine schiefe Ebene.
($F_G$ = Gewichtskraft, $F_Z$ = Zugkraft = Tangentialkomponente der Gewichtskraft, $F_N$ = Normalkomponente der Gewichtskraft).

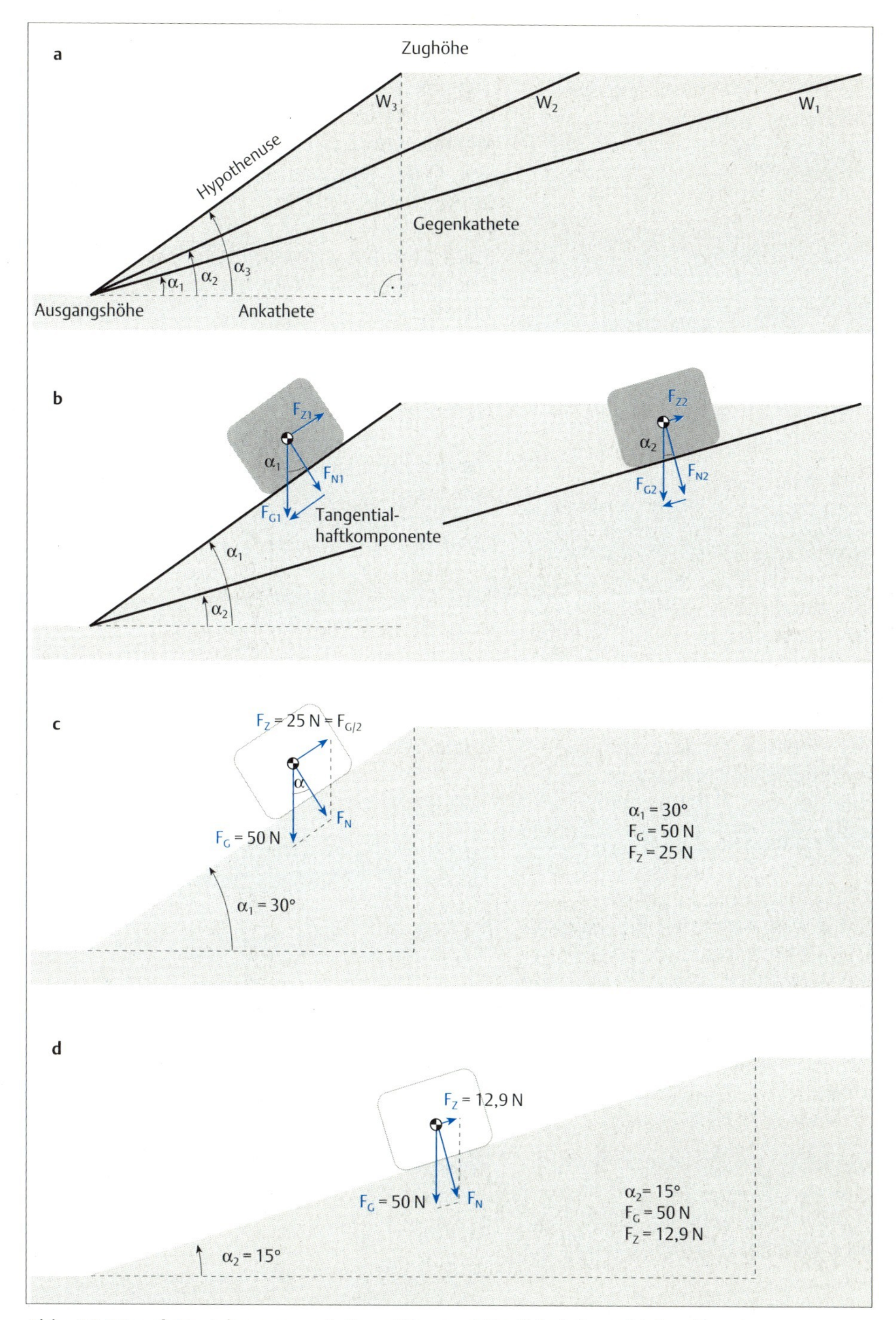


Abb. 12.**22a–d** Beziehungen zwischen Weg und Kraft bei der schiefen Ebene.
**a** Je kleiner der Neigungswinkel (α) der Ebene ist, desto länger wird der Zugweg (W).
**b** Grundlagen für die Berechnung der Zusammenhänge zwischen Zugkräften und Zugwegen über die Konstruktion von rechtwinkligen Dreiecken.
**c** Beziehungen zwischen den wirkenden Kräften bei einem Neigungswinkel der schiefen Ebene von 30°.
**d** Beziehungen zwischen den wirkenden Kräften bei einem Neigungswinkel der schiefen Ebene von 15°.

Neigungswinkel $\alpha$ sowie die Gewichtskraft. Gesucht wird der Zusammenhang zwischen dem Winkel $\alpha$ (Neigungswinkel) und der Tangentialkomponenten (Gegenkathete). Nach den mathematischen Beziehungen im rechtwinkligen Dreieck gilt:

$$\sin \alpha = \frac{\textit{Gegenkathete (Tangentialkomponente)}}{\textit{Hypothenuse (Gewichtskraft)}} = \frac{\textit{Zugkraft } (F_z)}{\textit{Gewichtskraft } (F_G)}$$

Daraus folgt:

$$F_z = F_G * \sin \alpha$$

Gewichtskraft und Winkel verhalten sich direkt proportional zueinander. Da der Wert des Sinus immer kleiner oder gleich 1 ist, ist für $\alpha \neq 0$ die Zugkraft immer kleiner als die Gewichtskraft. Bei einem Winkel von 90° hat der Sinus den Wert 1. Er wird mit kleiner werdendem Winkel ebenfalls kleiner. Das bedeutet: Je kleiner der Neigungswinkel der schiefen Ebene ist, desto geringer wird die benötigte Zugkraft.

Untersucht man nun, wie sich die Zugkraft und die Weglänge bei variierenden Neigungswinkeln verändern, wird bestätigt, dass mit kleiner werdendem Neigungswinkel der Weg ($L_Z$) länger wird, während gleichzeitig die Zugkraft abnimmt –, beides proportional zum Neigungswinkel.

Wird die Zugkraft beispielsweise um die Hälfte verringert, (für $\alpha = 30°$ und $\sin \alpha = 0{,}5$: $F_Z = F_G * 0{,}5 = F_G/2$) dann verdoppelt sich die Länge des Zugweges ($L_Z = H/\sin \alpha = H/0{,}5 = 2\,H$).

**Merke:** Bei einer schiefen Ebene verringert sich die notwendige Zugkraft um den gleichen Faktor ($F_Z * \sin \alpha$) um den sich der Zugweg ($H/\sin \alpha$) verlängert.

Es bleibt nun noch zu überlegen, ob man durch den geringeren Krafteinsatz an der schiefen Ebene auch Arbeit sparen kann. Um das beurteilen zu können, muss man die verrichtete Arbeit bei der direkten Hubarbeit mit der an der schiefen Ebene verrichteten Arbeit vergleichen.

Angenommen, es wird eine Last von 50 N ($F_G$ = 50 N) auf eine Höhe von 2 m (H = 2 m) angehoben. Die verrichtete Arbeit ergibt sich aus: F * d.

Für das direkte Anheben gilt:

$$W_H = F_G * d_H = 50\,N * 2\,m = 100\,Nm$$

mit: ($W_H$ = Hubarbeit,
$d_H$ = Hubhöhe)

Verwendet man eine schiefe Ebene mit einem Neigungswinkel von 30°, erhält man folgende Ergebnisse:

1. Zugkraft

$$F_Z = F_G * \sin \alpha = 50\,N * 0{,}5 = 25\,N$$

2. Weglänge

$$L_z = H/\sin \alpha = 2\,m/0{,}5 = 4\,m$$

3. Arbeit

$$W_Z = F_Z * L_Z = 25\,N * 4\,m = 100\,Nm$$

Verwendet man eine schiefe Ebene mit einem Neigungswinkel von 45°, ergibt sich:

1. Zugkraft

$$
\begin{aligned}
F_Z &= F_G * \sin\alpha \\
&= 50\ \text{N} * 0{,}707 \\
&= 35{,}36\ \text{N}
\end{aligned}
$$

2. Weglänge

$$
\begin{aligned}
L_z &= H/\sin\alpha \\
&= 2\ m/0{,}707 \\
&= 2{,}83\ m
\end{aligned}
$$

3. Arbeit

$$
\begin{aligned}
W_Z &= F_Z * L_Z \\
&= 35{,}36\ \text{N} * 2{,}83\ \text{m} \\
&= 100\ \text{Nm}
\end{aligned}
$$

Die Arbeit, die verrichtet werden muss, ist also in allen Fällen gleich – gleichgültig ob die Last direkt angehoben oder über eine schiefe Ebene gezogen wird (bei Vernachlässigung der Reibungskraft!).

**Merke:** Unabhängig davon, ob eine Last direkt oder über eine schiefe Ebene angehoben wird sowie unabhängig vom Neigungswinkel der schiefen Ebene muss zum Anheben einer Last immer gleich viel Arbeit verrichtet werden.

Aber nur durch diese Manipulation der geometrischen Anordnung mit der schiefen Ebene lassen sich manche Ziele überhaupt erst erreichen, wenn nämlich die notwendige Kraft für den senkrechten Hubweg nicht aufgebracht werden kann. Wir können uns nicht über mehrere Stockwerke senkrecht nach oben ziehen oder stemmen, und Autos haben keinen derart starken Motor (es wäre auch unwirtschaftlich, sie damit auszustatten), dass sie auf direktem Weg einen Berg hochfahren können. Die schiefe Ebene ist also ein Hilfsmittel, mit dem sich mit geringerer Kraft Höhen überwinden lassen, wenn auch auf Kosten des Weges.

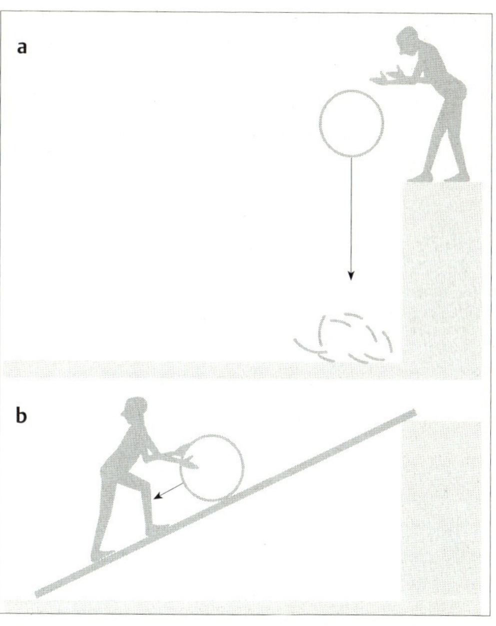

Abb. 12.**23a** u. **b** Die schiefe Ebene zur Kontrolle der Bewegung, wenn Lasten von größeren auf geringere Höhen transportiert werden müssen.
**a** Lässt Felix ein Fass von einer größeren Höhe herunterfallen, zerbricht es.
**b** Felix rollt das Fass kontrolliert über eine schiefe Ebene nach unten.

Die schiefe Ebene wird aber nicht nur eingesetzt, um den Aufwärtstransport von Lasten zu erleichtern. Sie dient in gleicher Weise dazu, Lasten kontrolliert von größeren zu kleineren Höhen zu transportieren (Abb. 12.**23**). Muss man nämlich beim direkten Herablassen einer Last ihre gesamte Gewichtskraft aufbringen, um die Bewegung zu kontrollieren, ist bei Verwendung einer schiefen Ebene nur die entsprechende vom Neigungswinkel der Ebene abhängige Haltekraft (= Zugkraft) aufzuwenden. (Die andere Komponente der Gewichtskraft – die Normalkraft – wird auch hier über die Reaktionskraft der schiefen Ebene kompensiert.)

Es sei noch darauf hingewiesen, dass bei der Verwendung einer schiefen Ebene immer auch die Reibungskraft der Last durch die Zugkraft überwunden werden muss. Daher ist es zweckmäßig, für möglichst geringe Reibung zu sorgen, d.h. glatte Flächen, Gleitmittel oder Rollwagen zu verwenden.

## 12.5 Schraube

Bei der *Schraube* (Abb. 12.**24**) handelt es sich um eine schiefe Ebene, die um eine Achse aufgerollt wurde. Insofern gelten für die Schraube die gleichen Beziehungen wie für die schiefe Ebene (der Neigungswinkel drückt sich in der Gewindeneigung, die Weglänge entsprechend in der Anzahl der Windungen aus), multipliziert mit dem Radius der Schraube. Auch bei Verwendung der Schraube wird keine Arbeit gespart. Auch hier wird die Einsparung an aufzuwendender Kraft durch die Verlängerung des Drehweges erkauft.

Schrauben werden außer in ihrer bekanntesten Verwendungsweise als Holz- oder Stahlschrauben oder beim Drillbohren zum Festklemmen (Schraubstock, Schraubenpresse) oder zum Anheben schwerer Gegenstände (Hebebock, Wagenheber) verwendet.

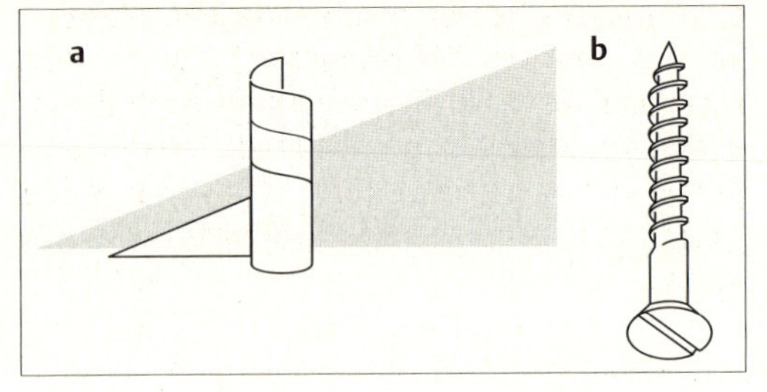


Abb. 12.**24** Die Schraube als aufgewickelte schiefe Ebene.

## 12.6 Keil

Der *Keil* erfüllt zwei Funktionen (Abb. 12.**25**). Seine Funktion als schiefe Ebene ist es, Materialteile voneinander zu trennen, die auf irgendeine Weise fest zusammengepresst oder miteinander verbunden sind. Hierbei wird aber nicht wie bei der schiefen Ebene zur Huberleichterung die Vergrößerung der Tangentialkomponente der Kraft gewünscht, sondern die Verringerung der Kraft, die in jedem Augenblick zur Spaltung aufgebracht werden muss (Normalkomponente) –, allerdings auch hier bei Verlängerung des Vortriebweges (Tangentialkomponente).

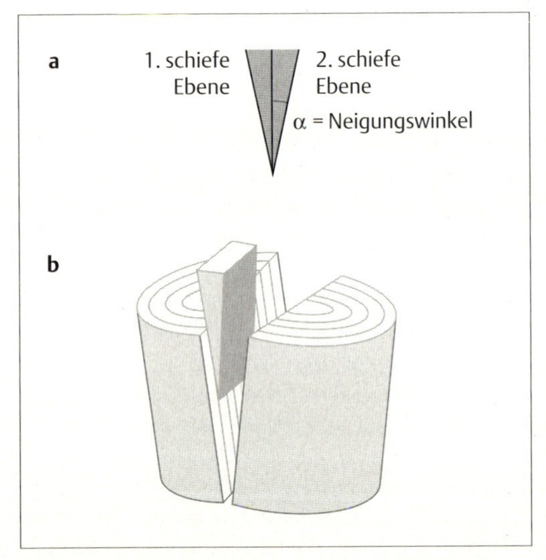


Abb. 12.**25a** u. **b** Keile.
**a** Der Keil besteht aus zwei miteinander verbundenen schiefen Ebenen.
**b** Mit dem Keil lassen sich Materialien spalten (Ausnutzung der schiefen Ebene zur Erhöhung der Spaltkraft, Normalkomponente der Vortriebskraft und der Verdichtung der Vortriebskraft durch Konzentration der Vortriebskraft auf eine kleine Fläche).

Durch seine Konstruktion verfügt der Keil über zwei spiegelbildlich aneinandergefügte schiefe Ebenen. Dabei ist der Keil umso leichter zwischen die zu trennenden Teile zu treiben, je geringer der Neigungswinkel der Seitenteile ist.

Die Funktion der schiefen Ebene wird beim Keil mit einer Funktion der Verdichtung der Vortriebskraft kombiniert (Druck = Kraft/Fläche). Die Kraft nämlich, die auf der breiten Seite auf den Keil einwirkt, wird auf die Schneide an der schmalen Seite auf eine sehr kleine Fläche konzentriert. Ist diese Schneide außerdem gehärtet und geschliffen, kann der Keil bei der Holzbearbeitung wirksam als Beitel oder als Spaltwerkzeug für Metalle eingesetzt werden (Werkzeugmaschinen).

Im normalen Hausgebrauch finden sich Keile in Form von Beilen, häufiger treten sie jedoch als kleine Keile auf, die man zur Verbesserung des Standes unter Möbelstücke schieben kann, wenn der Fußboden nicht ganz eben ist –, weil sie sich eben wegen ihrer Keilform leicht unter die Möbel schieben lassen und durch ihre Form weitgehend die gewünschte Höhe der Unterstützung gewählt werden kann.

Es gibt eine Reihe von Werkzeugen, die mehrere Funktionen einfacher Maschinen nutzen, wie z. B. die Beißzange und die Schere (Hebel, Keil).

# 13 Kräfte bei Bewegungen um Gelenke am menschlichen Körper

## 13.1 Fragestellungen

Zwei Fragen, die sich in der physiotherapeutischen Praxis häufig stellen und die Biomechanik mit der Physiotherapie in Zusammenhang bringen, sind folgende:

- Welche Kräfte müssen die Muskeln aufbringen, um eine Belastung durch den Körperteil selbst oder durch Belastungen aus der Umgebung zu kompensieren, d.h. ein Gleichgewicht zu schaffen, bzw. welche Kräfte müssen sie aufbringen, um beispielsweise ein Gewicht anzuheben?
- Welche Kräfte wirken bei unterschiedlichen äußeren Gegebenheiten auf ein Gelenk bzw. die Strukturen um das Gelenk herum?

Zur Beantwortung dieser Fragen bedarf es der Analyse mithilfe der Mittel, die bislang erarbeitet wurden. Ausgangspunkt ist dabei das Viel-Teile-System Mensch.

Eine Kraft wirkt auf den menschlichen Körper in der Regel nicht auf dessen Gesamtheit – dann müßte man als ihren Angriffspunkt den Gesamtkörperschwerpunkt betrachten (wie bei der Behandlung der Schwerkraft) –, sondern meist auf einzelne Körperteile. Um diese Kräfte kompensieren oder manipulieren zu können (wenn z. B. ein Gewicht in der Hand gehalten oder angehoben werden soll), muss der betreffende Körperteil durch eine kompensierende Kraft (Drehmoment), die zwischen ihm und seinem benachbarten Körperteil wirkt, im Gleichgewicht gehalten werden. Soll ein Gewicht bewegt werden, muss diese Kraft (Drehmoment) größer als die belastende Kraft selbst sein.

Die Belastung wirkt sich aber nicht nur auf die beiden direkt beteiligten Körperteile aus. Sie wird vielmehr zum Teil auf den jeweils direkt benachbarten Körperteil übertragen, sodass schließlich der gesamte Körper beteiligt ist. Dies ist zur Regulierung der Lage des Gesamtkörperschwerpunktes notwendig, damit die Körperhaltung stabil bleiben kann.

Diese Kette der Belastungen und ihre Übertragung von einem Körperteil zum nächsten wird detaillierter in Kap. 14 behandelt. Hier soll lediglich die Bestimmung der Kräfte und Drehmomente erläutert werden, die zwischen zwei einzelnen Körperteilen entstehen bzw. aufgebracht werden müssen. Die Grundprinzipien der Betrachtungs- und Berechnungsweise der *Freikörperdiagramme* gelten auch für diesen Fall. Es ist aber zweckmäßig, hier die allerwichtigsten Prinzipien zu erwähnen, um die Berechnung übersichtlich zu halten.

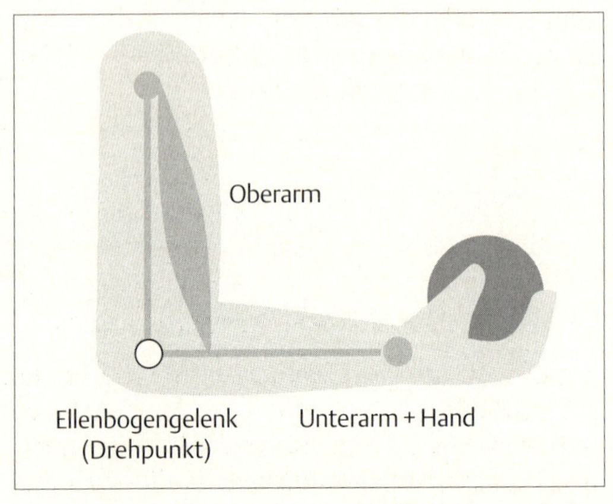


Abb. 13.1 Schematische Darstellung des Hebelsystems (Oberarm, Unterarm, Ellenbogengelenk, M. biceps brachii).

Zunächst soll als Beispiel betrachtet werden, dass ein Gewicht in der Hand gehalten wird. Dabei werden Hand und Unterarm als eine Einheit, also als ein starrer Körper betrachtet. Das kann dann geschehen, wenn sowohl die Handflexoren als auch die Handextensoren angespannt sind und das Handgelenk fixieren (Abb. 13.**1**).

Zur Berechnung werden hier die folgenden Daten vorgegeben:

- Gewichtskraft des Körperteils Hand-Unterarm: 15 N,
- Gewichtskraft der Last: 10 N,
- Abstand des Teilkörperschwerpunktes des Teils Hand-Unterarm vom Drehpunkt: 20 cm,
- Abstand des Einwirkungspunktes der Last vom Drehpunkt: 45 cm,
- Abstand des Ansatzpunktes der Unterarmflexoren vom Drehpunkt: 3,3 cm

Der Unterarm ist mit dem Oberarm durch das Ellenbogengelenk verbunden. Das Ellenbogengelenk bildet also den Drehpunkt, und die ganze Konstruktion stellt ein Hebelsystem dar. Die Armbeuger (M. biceps brachii, M. brachialis und M. brachioradialis) und die Armstrecker (M. triceps brachii, M. anconaeus) liefern die Kräfte, mit denen die beiden Körperteile im Ellenbogengelenk gegeneinander bewegt werden können. Es wird angenommen, dass die Abstände der Muskelursprünge und -ansätze zur Drehachse bekannt sind und sich die Winkel zwischen den Muskelzügen und den Armknochen in jeder Winkelstellung bestimmen lassen.

## 13.2 Vorgehen zum Bestimmen der Kräfte

### 1. Isolieren des betrachteten Körperteils

Zur Bestimmung der einwirkenden Kräfte und Belastungen ist es notwendig, zunächst den betreffenden Körperteil, auf den die Kräfte und Belastungen einwirken, isoliert zu betrachten. Das ist die Einheit Hand-Unterarm, die man sich am besten schematisch aufzeichnet (Abb. 13.**2**).

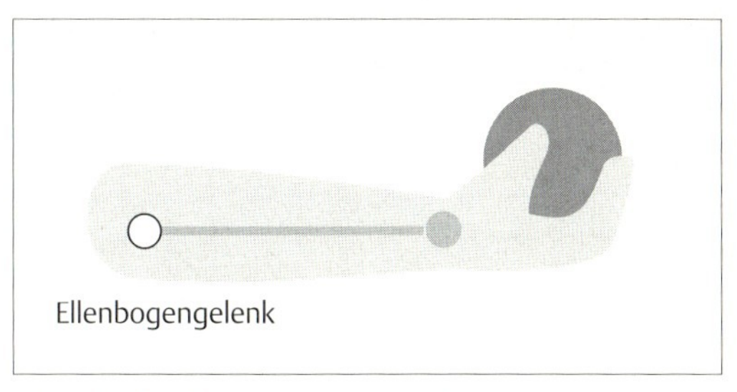


Abb. 13.**2** „Freigeschnittener„ Unterarm mit einer Last in der Hand.

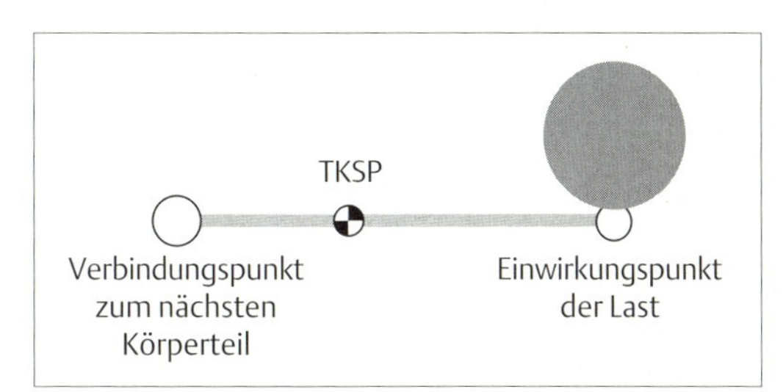


Abb. 13.**3** Auf dem Hebel werden die Einwirkungspunkte der Gewichtskräfte sowie der Verbindungspunkt zum benachbarten Teilkörper (das Ellenbogengelenk) eingezeichnet (TKSP = Teilkörperschwerpunkt).

### 2. Eintragen der Körper- bzw. der Teilkörperschwerpunkte

In die Abb. 13.2 trägt man zunächst den Körperschwerpunkt des Körperteils ein (hier des kombinierten Körperteils Hand-Unterarm; siehe Kap. 14). Außerdem wird zum einen der Punkt eingetragen, an dem die Last auf ihn einwirkt – auf der Hand –, zum anderen der Punkt, an dem dieser Körperteil mit seinem benachbarten Körperteil verbunden ist – das Ellenbogengelenk (Abb. 13.**3**).

### 3. Eintragen der Kräfte

Als nächstes trägt man die wirkenden Kräfte als Vektoren an den Punkten ein, an denen sie auf den Körperteil einwirken, also hier die Gewichtskraft der Last am Lasteinwirkungspunkt und die Gewichtskraft von Hand-Unterarm im Teilkörperschwerpunkt. Dabei ist zu berücksichtigen, dass die Richtung der Gewichtsvektoren im Verhältnis zum Arm von der Lage von Hand-Unterarm im Raum abhängt (Abb. 13.**4**).

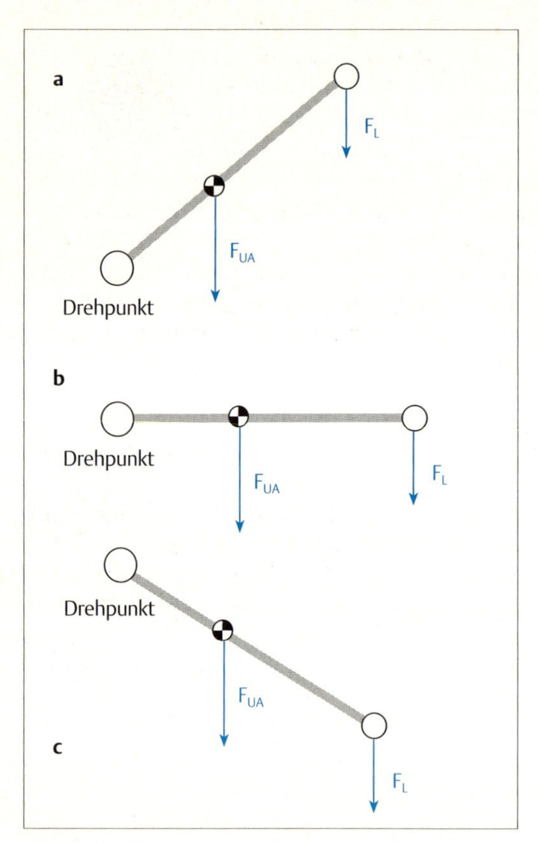


Abb. 13.**4a–c** Richtung der Gewichtskraftvektoren bei unterschiedlichen Stellungen des Hebels im Raum (bezüglich der Schwerkraft).

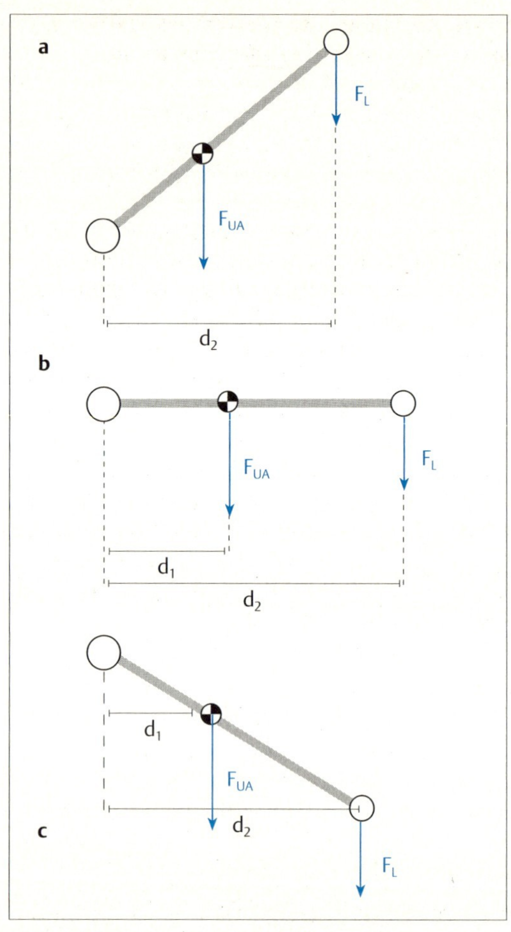


Abb. 13.**5a–c** Bei unterschiedlicher Lage im Raum ändern sich auch die Abstände der Einwirkungspunkte der Kräfte vom Drehpunkt.

Die wirkenden Kräfte üben ein Drehmoment im Ellenbogengelenk aus. Dabei ist jedoch zu beachten, dass jeweils nur die Komponenten der Kräfte ein Drehmoment ausüben, die senkrecht auf den Hebel (= Unterarm) einwirken. Wir gehen zunächst davon aus, dass sich der Unterarm in einer waagerechten Position (also senkrecht zur Wirkungslinie der Gewichtskräfte) befindet, sodass die gesamten Gewichtskräfte zum Erzeugen des Drehmoments herangezogen werden können (Abb. 13.**5**).

Für die Bestimmung des Drehmoments gilt:

$$M = F * d.$$

„d“ bezeichnet den Abstand vom Drehpunkt (= Ellenbogengelenk) zum Einwirkungspunkt der Kraft (hier der Gewichtskraft = Unterarm+Last), das ist der Teilkörperschwerpunkt bzw. Einwirkungspunkt der Last. Es muss nun zunächst der gemeinsame Teilkörperschwerpunkt für das System Hand-Unterarm + Last berechnet werden.

### 4. Bestimmen des Lastdrehmoments für das System Unterarm-Last

Man kann dabei auf zwei Weisen vorgehen:

a) Man bestimmt das *Gesamtgewicht* für den belasteten Körperteil Hand-Unterarm-Last.

Dazu muss man die *Summe der auf den Körperteil einwirkenden Kräfte* bestimmen:

15 N+10 N = 25 N

Außerdem muss der gemeinsame Schwerpunkt des Gesamtsystems Hand-Unterarm-Last bestimmt werden (dies wird ausführlich in. Kap. 7 beschrieben). Er liegt zwischen den beiden eingezeichneten Krafteinwirkungspunkten. Für die Größe der Gewichtskräfte 15 N bzw. 10 N befindet er sich bei 3/5 der Verbindungsstrecke (betrachtet vom Einwirkungspunkt der Last). Wenn der Teilkörperschwerpunkt Hand-Unterarm 20 cm vom Ellenbogen und der Einwirkungspunkt der Last 45 cm vom Ellenbogen entfernt ist, ergibt sich folgende Rechnung für 3/5 des Abstands der Krafteinwirkungspunkte:

$$\frac{(45\ cm - 20\ cm) * 3}{5} = \frac{25\ cm * 3}{5} = \frac{75\ cm}{5}$$
$$= 15\ cm$$

Der gemeinsame Schwerpunkt liegt also 15 cm vom Einwirkungspunkt der Last entfernt zum Drehpunkt hin. Das ergibt:

45 cm – 15 cm = 30 cm

Der gemeinsame Teilkörperschwerpunkt des Systems Hand-Unterarm-Last liegt also 30 cm vom Drehpunkt (= Ellenbogen) entfernt.

Für das Lastdrehmoment des Systems Hand-Unterarm-Last ergibt sich dann folgender Wert (Abb. 13.**6**):

$$M_L = F * d$$
$$M_1 = 25\ N * 0{,}30\ m$$
$$M_1 = 7{,}5\ Nm$$

($M_L$ = Lastmoment)

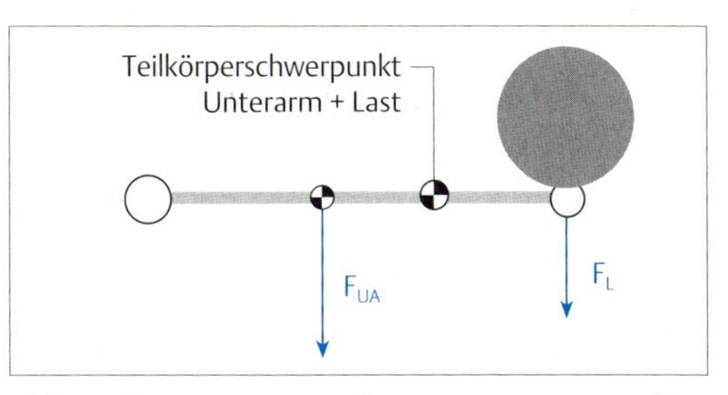


Abb. 13.**6** Bestimmung des gemeinsamen Teilkörperschwerpunktes für die Gewichte von Last und Unterarm.

b) Man berechnet die einzelnen Drehmomente, die von der Gewichtskraft des Armes bzw. von der Last erzeugt werden, und zählt sie einfach zusammen:

$$M_{L\ Arm} = 15\ N * 0{,}20\ m = 3\ Nm$$

$$M_{L\ Gewicht} = 10\ N * 0{,}45\ m = 4{,}5\ Nm$$

$$M_{L\ Arm} + M_{L\ Gewicht} = 3\ Nm + 4{,}5\ Nm = 7{,}5\ Nm$$

Man kommt zu demselben Ergebnis. Das muss auch so sein. Man kennt in diesem Fall allerdings nicht den gemeinsamen Teilkörperschwerpunkt des Systems.

### 5. Aufstellen der Bewegungsgleichung für das System

Als nächstes muss die Bewegungsgleichung für die Drehmomente des Unterarms um das Ellenbogengelenk aufgestellt werden. Sie lautet (siehe Kap. 6) für den Fall des Gleichgewichts, d.h. wenn das Gewicht nur gehalten werden soll:

$$0 = \Sigma M$$
$$0 = M_M + M_L$$
$$0 = M_M + M_{L\ Arm} + M_{L\ Gewicht}$$

($M_M$ = Muskelmoment)

Daraus ergibt sich:

$$-M_M = M_L$$

Das bedeutet – was man sich denken konnte –, dass das Muskel- oder Kompensationsmoment genauso groß sein muss wie das Lastmoment bzw. wie die Summe der Lastmomente. Das Vorzeichen vor den Drehmomenten gibt die Drehrichtung ihrer Wirkung an. Ein Minuszeichen vor einem der Drehmomente bedeutet, dass es in entgegengesetzter Drehrichtung wirkt wie das Drehmoment mit positivem Vorzeichen. Auch das konnte man erwarten, da ansonsten eine Kompensation des Lastmoments nicht möglich wäre.

### 6. Analyse der Kräfte

#### 1. Bestimmen der Zugkraft der Flexoren zur Kompensation oder Bewegung des Gewichts (drehwirksame Komponente der Muskelkraft)

Nun muss die Muskelkraft der Armflexoren bestimmt werden, die das notwendige Drehmoment erzeugen sollen.

Dabei ist zu beachten, dass das Drehmoment wiederum nur von den Komponenten der Muskelkraft erzeugt werden kann, die senkrecht auf den Hebelarm einwirken. Da die Kraftwirkungslinien der Unterarmflexoren jedoch nicht senkrecht auf dem Hebel des Unterarms stehen, muss nun entweder die Komponente der Unterarmflexorenkraft berechnet werden, die sich senkrecht auf dem Hebel des Unterarms befindet, oder man geht den vereinfachten Weg, der in Kap. 8 erläutert wurde. Dabei wurde nämlich nicht der Abstand des Ansatzpunkts der Armflexoren vom Drehpunkt als Hebelarm eingesetzt, sondern der Abstand der Kraftwirkungslinie der Armflexoren vom Drehpunkt (hier mit „d*" bezeichnet). Dieser liefert, multipliziert mit der Gesamtzugkraft des Muskels, den Betrag für das Drehmoment. Der Abstand „d*" ist jedoch von der Winkelstellung zwischen Oberarm um Unterarm abhängig (Abb. 13.7).

Nehmen wir an, der Abstand der Wirkungslinie der Unterarmflexoren vom Ellenbogengelenk (Drehpunkt) betrüge 3 cm. (Das ist zwar ein unrealistischer Wert, da der Abstand in Wirklichkeit kleiner ist, er soll nur dazu dienen, die Situation übersichtlicher zu machen.) In diesem Fall würde sich für die Zugkraft der Unterarmbeuger zur Kompensation des Lastdrehmoments von 7,5 Nm (entsprechend M = F ∗ d*) ergeben:

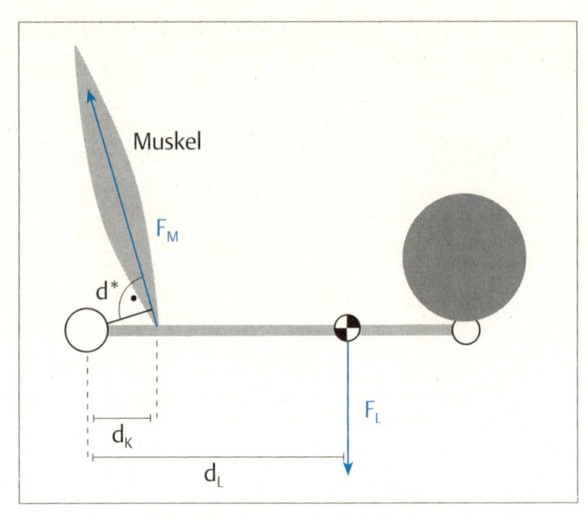


Abb. 13.**7** Da die Muskelzugkraft nicht im rechten Winkel auf den Hebelarm einwirkt, lässt sich als Abstand vom Drehpunkt der senkrechte Abstand der Kraftwirkungslinie vom Drehpunkt (d*) verwenden ($F_M$ = Muskelzugkraft, $F_L$ = Gewichtskraft).

$$F = \frac{M}{d^*} = \frac{7{,}5\ Nm}{0{,}03\ m} = 250\ N$$

Die Zugkraft von 250 N muss von den Unterarmflexoren aufgebracht werden. (Das ist das 20-fache der Last, bedingt dadurch, dass der Abstand der Kraftwirkungslinie vom Drehpunkt so klein ist – in Wirklichkeit noch kleiner –, also die aufzuwendende Kraft im Verhältnis noch größer!)

Ist die Zugkraft der Unterarmbeuger geringer, lässt sich der Unterarm nicht im Gleichgewicht halten. Er wird der Schwerkraft folgend nach unten sinken, und zwar mit einer Geschwindigkeit, die sich ebenfalls über die Bewegungsgleichung wie folgt berechnen lässt:

$$I * \alpha = M_M + M_L$$

($\alpha$ = gesuchte Winkelbeschleunigung,
(I = Trägheitsmoment von Unterarm+Last)

Löst man die Gleichung nach $\alpha$ auf, ergibt sich:

$$\alpha = \frac{M_M + M_L}{I}$$

Mit dieser Gleichung – zunächst nach M und anschließend nach $F_M$ aufgelöst – lässt sich auch die notwendige Zugkraft berechnen, wenn eine bestimmte Hubbeschleunigung gewünscht wird. (Die Bestimmung des Trägheitmoments wurde in Kap. 8 beschrieben; zu den Trägheitsmomenten der einzelnen Körperteile siehe Anhang B).

Mit dieser Art der Berechnung lässt sich ebenfalls herausfinden, bei welchem Beugewinkel des Armes die Unterarmbeuger ihre größte Kraft aufbringen können. Das ist dann der Fall, wenn die gesamte Zugkraft der Armbeuger drehwirksam wird, also nahezu senkrecht auf die Unterarmknochen wirkt. Daraus wird ersichtlich, warum sich beispielsweise Klimmzüge leichter ausführen lassen, wenn sie nicht mit gestreckten Armen begonnen werden.

**Bemerkung:** Der Unterschied zwischen dem Abstand vom Drehpunkt der Muskelansätze und der Wirkungslinie der Zugkraft der Muskeln ist am menschlichen Körper in den meisten Fällen so gering, dass er für eine Abschätzung vernachlässigt werden kann. Man sollte das jedoch jeweils erwähnen, damit klar ist, dass man die Zusammenhänge richtig sieht.

Für präzise Berechnungen, wie sie vor allem für wissenschaftliche Analysen notwendig sind, haben aber auch die geringen Unterschiede Bedeutung. Deswegen muss in diesen Fällen immer mit den jeweils richtigen Abständen gerechnet werden.

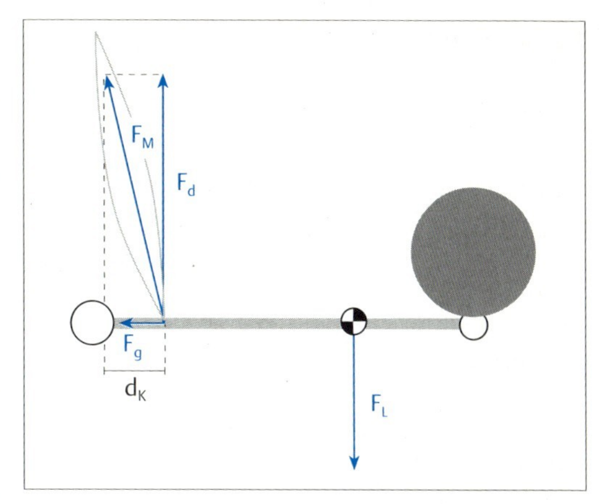


Abb. 13.**8** Muskelzugkraft ($F_M$) und ihre Komponenten, die drehwirksame Komponente ($F_d$) und die gelenkwirksame Komponente ($F_g$) sowie der Abstand $d_K$ zwischen Drehpunkt und Muskelansatz, der für die Berechnung des Drehmoments verwendet wird.

### 2. Bestimmen der auf das Gelenk wirkenden Kraft (gelenkwirksame Komponente der Muskelkraft)

Soll jedoch nicht die Zugkraft des Muskels, sondern ihre Kraftwirkung auf das Gelenk (z. B. als Kompressionskraft) bestimmt werden, reicht diese Berechnung nicht aus. Man muss dann vielmehr die einzelnen Wirkungskomponenten der Zugkraft berechnen.

Eine Komponente dieser Kraft ist – wie wir bereits wissen – die, die das Drehmoment kompensiert ($F_d$). Sie steht senkrecht auf dem Hebel (= Unterarm) und lässt sich einfach aus der Bewegungsgleichung berechnen, wenn man als Hebelarm den Ansatzpunkt der Unterarmbeuger einsetzt. Diese Komponente hat aber keinerlei Wirkung auf das Gelenk. Unmittelbar auf das Gelenk wirkt jedoch die zentripetale Komponente der Zugkraft, deren Wirkungslinie entlang des Unterarms verläuft (Abb. 13.**8**).

Um die Größe dieser Kraft zu berechnen, muss man in jedem Fall die drehmomentwirksame Komponente der Zugkraft ($F_d$) kennen. Beim Einsetzen des Abstands des Muskelansatzes vom Drehpunkt als Hebelarm ergibt sich für unser Beispiel (d=3,3 cm):

$$M_L = F_d * d$$
$$\Rightarrow F_d = M_L/d = \frac{7{,}5\ Nm}{0{,}033\ cm} = 227{,}3\ N$$

Die gelenkwirksame Kraftkomponente lässt sich nun über die Zusammenhänge am rechtwinkligen Dreieck berechnen, wenn eine der beiden folgenden Wertekombinationen bekannt ist (Abb. 13.**9**):

- 2 Seiten (Zugkraft $=F_M$ und drehwirksame Komponente $=F_d$) sowie ein Winkel (rechter Winkel zwischen drehwirksamer Komponente und Hebelarm), oder
- 1 Seite (drehwirksame Komponente) und 2 Winkel (Winkel zwischen Hebelarm und Zugkraft (β) und rechter Winkel zwischen drehwirksamer Komponente und Hebelarm).

In unserem Beispiel würde sich für die gelenkwirksame Kraft folgendes ergeben:

Bekannt sind:

$F_M = 250$ N
$F_d = 227{,}3$ N
sowie der rechte Winkel zwischen drehwirksamer Komponente und Hebelarm.

Nun muss zunächst ein weiterer Winkel berechnet werden, z. B. der zwischen Hebelarm und Muskelzugkraft (α).

Aus dem Zusammenhang:

$$F_M = \frac{F_d}{\sin \alpha}$$
$$\Rightarrow \sin \alpha = \frac{F_d}{F_M}$$

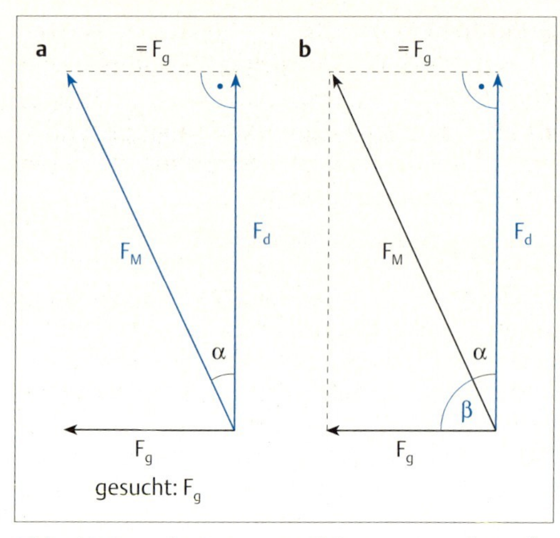


Abb. 13.**9a** u. **b** Zusammenhänge am rechtwinkligen Dreieck zur Berechnung der gelenkwirksamen Komponente der Muskelzugkraft, wenn unterschiedliche Größen bekannt sind.

$$= \frac{227{,}3\ N}{250\ N} = 0{,}909$$

ergibt sich:

$$\alpha = 65{,}4°$$

Für die gelenkwirksame Kraft ($F_g$) gilt dann:

$$F_M = \frac{F_g}{\cos \alpha}$$
$$\Rightarrow F_g = F_g = F_K * \cos \alpha = 250\ N * 0{,}416 = 104\ N$$

Die gelenkwirksame Kompressionskraft für das Gelenk, die sich aus der Zugkraft der Unterarmflexoren ergibt, beträgt demnach in diesem Fall 104 N.

Die von den Muskeln erzeugte gelenkwirksame Kraftkomponente hat im Gelenk eine komprimierende Wirkung, wenn der Winkel zwischen Ober- und Unterarm (Winkel $\gamma$ in Abb. 13.**10**) größer als 90° ist. Ist er kleiner als 90°, übt er eine Zugwirkung aus, die jedoch meist unbedeutend ist, da sie dann meist der Gewichtskraft entgegenwirkt.

Die Größe der gelenkwirksamen Komponente im Verhältnis zur Zugkraft des Muskels hängt vom Winkel zwischen den beiden den Winkel einschließenden Körperteilen ab -, hier Ober- und Unterarm. Schließen sie in etwa einen rechten Winkel ein, ist sie gleich 0 N, weil ja die gesamte Kraft drehwirksam ist (siehe oben). Je weiter sich der Winkel von diesem rechten Winkel entfernt – zu 0° oder zu 180° hin (= gestreckter Arm), desto größer wird sie, bis sie bei 0° bzw. 180° theoretisch gleich der gesamten Zugkraft des Muskels ist.

Im vorliegenden Fall wurde lediglich die statische Situation betrachtet. Aber auch hier gilt, dass in dynamischen Situationen wesentlich größere Kräfte auftreten. Diese lassen sich jedoch nur mithilfe von Daten für Geschwindigkeiten und Beschleunigungen berechnen, die beispielsweise aus kinematografischen Aufzeichnungen gewonnen werden können.

Es muss auch bedacht werden, dass bei der Kompensation einer Last in den meisten Fällen nicht nur der Muskel oder die Muskelgruppe aktiv werden, die als Agonisten die Last kompensieren. In der Regel werden zur Stabilisierung des Gelenks – und je größer die Last ist, desto mehr bedarf es der Stabilisierung – auch die Antagonisten der kompensierenden Muskelgruppe eingesetzt. Es kommt zu sogenannten Kokontraktionen. Auch diese üben eine meist komprimierende Wirkung auf das Gelenk aus. Daher ist es sehr schwierig, die während einer Belastung auf das Gelenk wirkende Kraft exakt zu ermitteln. Man versucht dann häufig, die Intensität der Muskelkontraktionen von Agonisten und Antagonisten durch Messung der elektrischen Aktivität der Muskeln (EMG) bei der Kontraktion abzuschätzen.

Komprimierende Wirkungen auf das Gelenk durch Kokontraktionen von Muskelkräften kommen vor allem in den unteren Extremi-

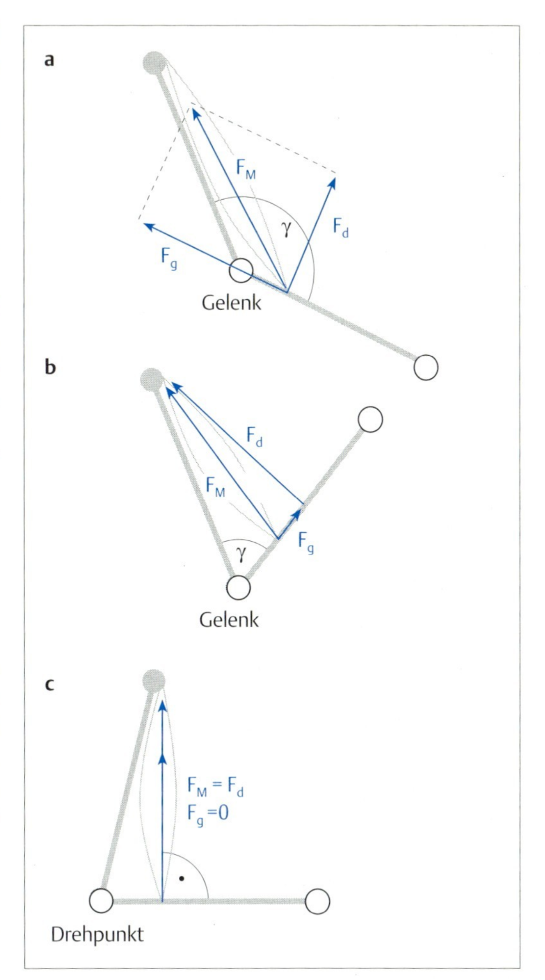


Abb. 13.**10a–c** Die Wirkung der gelenkwirksamen Komponente der Muskelzugkraft hängt von der Lage des Hebels (Unterarm) im Verhältnis zum benachbarten Körperteil (hier: Oberarm) ab.

täten vor. Sie dienen der Stabilisierung der Gelenke zur Kontrolle des Gleichgewichts der – meist aufrechten – Körperhaltung.

### 3. Wirkung der Gewichtskraft auf das Gelenk

Auch die Gewichtskraft, die durch das Eigengewicht und/oder eine Last auf einen Körperteil einwirkt, hat eine dreh- sowie eine gelenkwirksame Komponente. Im oben betrachteten Fall wurde bewusst zunächst die Situation gewählt, in der der Unterarm eine waagerechte Position einnimmt. In dieser Lage steht die Wirkungslinie der Schwerkräfte senkrecht auf dem Hebelarm, sodass die gesamte Gewichtskraft drehwirksam ist. Die gelenkwirksame Komponente hat dann den Betrag 0 N.

Sobald aber die Lage des Hebels (hier des Unterarms) von der waagerechten Lage abweicht, ergibt sich eine von 0 N abweichende gelenkwirksame Komponente der Gewichtskraft (Abb. 13.**11**). Diese muss sowohl für die Berechnung des Drehmoments, das kompensiert oder überwunden werden muss, als auch für die Belastung des Gelenks berücksichtigt werden.

Liegt der Drehpunkt des Unterarmes bezogen auf den Erdmittelpunkt tiefer als die Hand (Abb. 13.11b), übt die gelenkwirksame Kraft eine komprimierende Wirkung auf das Ellenbogengelenk aus. Liegt der Drehpunkt höher (Abb. 13.11c), hat sie eine Zugwirkung, d.h. sie wirkt sich also nicht in erster Linie auf die knöchernen Gelenkstrukturen, sondern auf die gelenkstabilisierenden Bindegewebe (Kapseln, Bänder, Sehnen, etc.) aus. Die gelenkwirksame Komponente ist umso größer, je stärker der Winkel zwischen Kraftwirkungslinie der Schwerkraft und dem Hebelarm vom rechten Winkel abweicht.

Hierzu werden im folgenden 2 Fälle betrachtet. Die Belastung beträgt wieder 25 N, der Massenmittelpunkt von Last und Unterarm befindet sich 30 cm vom Ellenbogengelenk entfernt. (Dabei wird angenommen, dass der Oberarm eine senkrecht Lage im Raum hat).

*Beispiel 1:* Der Unterarm wird in einem Winkel von $\gamma = 60°$ gegenüber der Senkrechten gehalten (Abb. 13.**12**).

Der Vektor der Gewichtskraft bildet mit der Mittellinie des Unterarms, die auch der Wirkungslinie der gelenkwirksamen Komponente der Gewichtskraft entspricht, einen Winkel von 60° ($\gamma$), mit der drehwirksamen Komponente der Gewichtskraft einen Winkel von 30° ($\delta$). Das Kräfteparallelogramm aus gelenk- und drehwirksamer Komponente ist ein Rechteck mit 4 rechten Winkeln, bzw. es entstehen 2 rechtwinklige Dreiecke. Zur Berechnung können wir also die Gesetzmäßigkeiten im rechtwinkligen Dreieck zugrunde

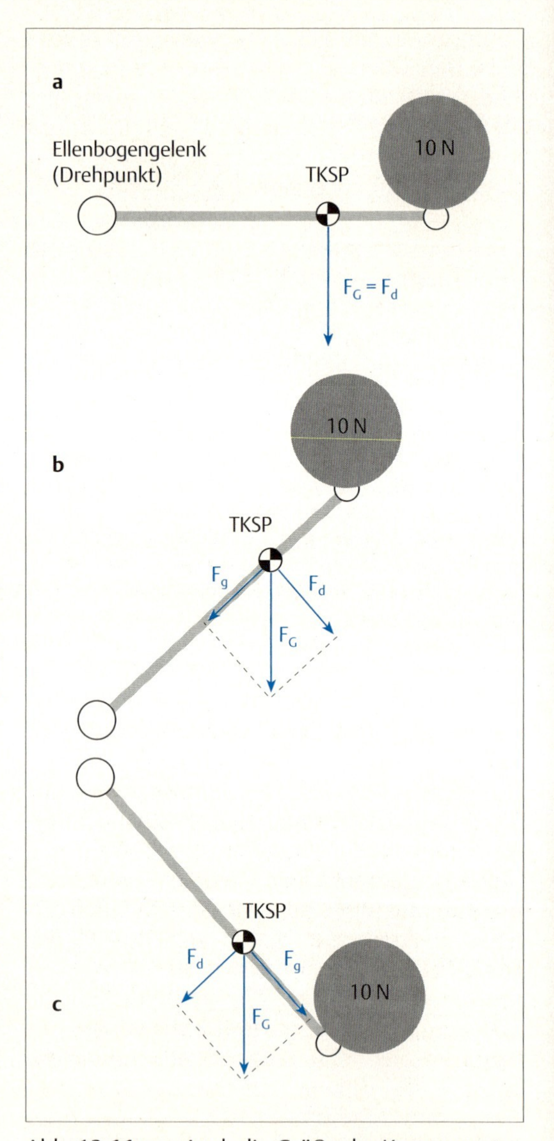


Abb. 13.**11a–c** Auch die Größe der Komponenten (drehwirksame und gelenkwirksame) der Gewichtskraft hängen von der Lage des Hebels im Raum ab.
**a** Waagerechte Lage im Raum. Die gesamte Gewichtskraft ist drehwirksam, die gelenkwirksame Komponente hat eine Größe von 0 N.
**b** Liegt der Drehpunkt des Hebels niedriger (bezogen auf den Erdmittelpunkt) als das Ende des Hebels, hat die gelenkwirksame Komponente der Gewichtskraft eine komprimierende Wirkung auf das Gelenk.
**c** Liegt der Drehpunkt des Hebels höher als sein Ende, hat die gelenkwirksame Komponente der Gewichtskraft eine Zugwirkung auf die bindegewebigen Strukturen des Gelenks.

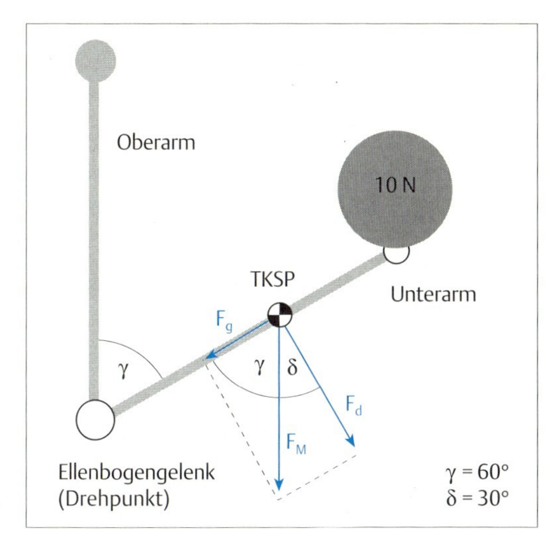


Abb. 13.**12** Berechnung der gelenkwirksamen und der drehwirksamen Komponenten der Gewichtskraft bei einem Winkel zwischen Ober- und Unterarm von 60°.

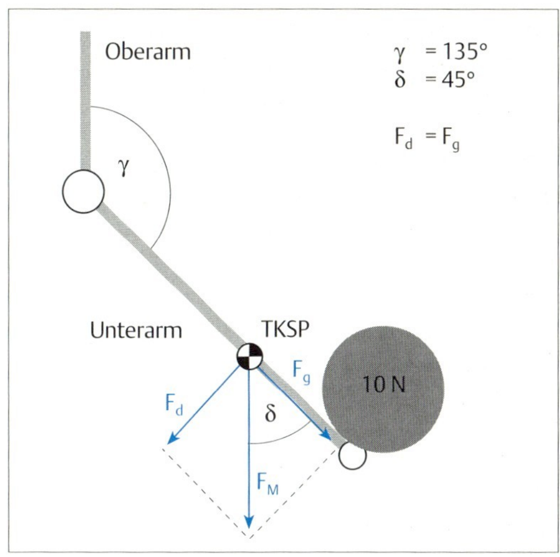


Abb. 13.**13** Berechnung der gelenkwirksamen und der drehwirksamen Komponenten der Gewichtskraft bei einem Winkel zwischen Ober- und Unterarm von 135o.

legen. Dazu wird der Winkel zwischen dem Vektor der Gewichtskraft und dem ihrer drehwirksamen Komponente herangezogen, der 30° beträgt. (Man muss sich nicht unbedingt merken, welcher Winkel zur Berechnung der Größen herangezogen werden muss –, manchmal gibt es auch mehrere Möglichkeiten. Die Ergebnisse lassen sich durch eine grafische Darstellung leicht überprüfen).

Es ergeben sich für diesen Fall die Werte:
Drehwirksame Komponente der Gewichtskraft

$$
\begin{aligned}
F_d &= 25\text{ N} * \cos 30^\circ \\
&= 25\text{ N} * 0{,}866 \\
&= 21{,}65\text{ N}
\end{aligned}
$$

Die drehwirksame Komponente der Gewichtskraft beträgt also 21,65 N.

Daraus ergibt sich für das Drehmoment:

$$
\begin{aligned}
M_L &= F_d * d \\
&= 21{,}65\text{ N} * 0{,}30\text{ m} \\
&= 6{,}5\text{ Nm}
\end{aligned}
$$

Gelenkwirksame Komponente

$$
\begin{aligned}
F_g &= 25\text{ N} * \sin 30^\circ \\
&= 25\text{ N} * 0{,}5 \\
&= 12{,}5\text{ N}
\end{aligned}
$$

Die gelenkwirksame Komponente der Gewichtskraft beträgt 12,5 N.

Die Wirkungsrichtung der gelenkwirksamen Kraft ist zum Gelenk hin gerichtet, sie wirkt also komprimierend auf das Ellenbogengelenk.

*Beispiel 2:* Der Unterarm hat einen Winkel von 135° gegenüber der Senkrechten (Abb. 13.**13**).

Es werden wieder die Komponenten der Gewichtskraft eingezeichnet und zur Berechnung der Winkel zwischen dem Vektor der Gewichtskraft und dem ihrer gelenkwirksamen Komponente herangezogen, der hier 45° beträgt.

In diesem Fall ergeben sich folgende Werte:

Drehwirksame Komponente der Gewichtskraft

$$F_d = 25\ N * \cos 45° = 25\ N * 0{,}7071 = 17{,}67\ N$$

Die drehwirksame Komponente der Gewichtskraft beträgt also in diesem Fall 17,67 N.

Daraus ergibt sich für das Drehmoment:

$$M_L = F_d * d = 17{,}67\ N * 0{,}30\ m = 5{,}3\ Nm$$

Gelenkwirksame Komponente

$$F_g = 25\ N * \sin 45° = 25\ N * 0{,}7071 = 17{,}67\ N$$

Die gelenkwirksame Kraft beträgt hier also ebenfalls 17,67 N. Dies war auch zu erwarten, da die Winkel zwischen der Muskelzugkraft und der drehwirksamen sowie der gelenkwirksamen Komponente gleich groß sind (jeweils 45°).

Die Wirkungsrichtung der gelenkwirksamen Komponente ist in diesem Beispiel jedoch vom Gelenk weg gerichtet. Sie wirkt also zugbelastend auf die bindegewebigen Strukturen des Ellenbogengelenks.

Das Drehmoment lässt sich natürlich für diese beiden Fälle auch wieder über den Abstand der Wirkungslinie der Schwerkraft vom Drehpunkt (Ellenbogengelenk) berechnen. Dazu muss aber zunächst dieser Abstand (d*) berechnet werden (Abb. 13.**14**). Als Winkel zur Berechnung dieser Abstände ziehen wir den Winkel zwischen der horizontalen Lage und der aktuellen Lage des Unterarms (Hebels) heran:

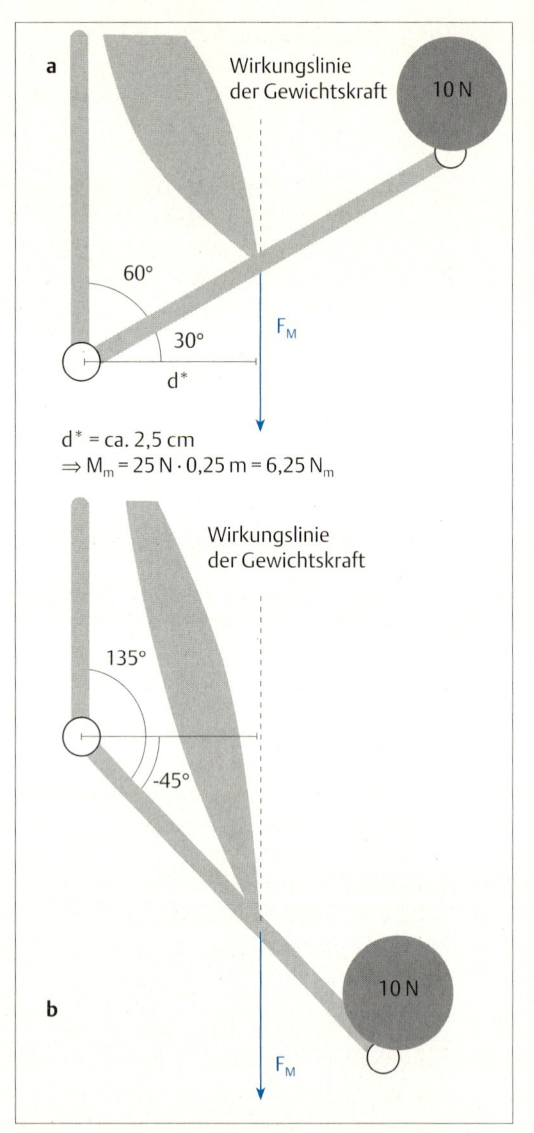


Abb. 13.**14a** u. **b** Berechnung des senkrechten Abstands zwischen dem Drehpunkt und der Wirkungslinie der Gewichtskraft.
**a** Winkel zwischen Ober- und Unterarm = 60°.
**b** Winkel zwischen Ober- und Unterarm = 135°.

Berechnung des Drehmoments

*Beispiel 1* (Abweichung von der Horizontalen um 30°)

$$\cos 30^\circ = \frac{\textit{Gegenkathete}}{\textit{Hypotenuse}} = \frac{d^*}{30\ cm}$$

$$\Rightarrow d^* = \cos 30^\circ * 30\ cm = 0{,}866 * 30\ cm = 25{,}98\ cm$$

Daraus ergibt sich für das Drehmoment:

$$M_L = F_d * d^* = 25\ N * 0{,}2598\ cm = 6{,}5\ Nm$$

Dieses Ergebnis stimmt mit dem oben berechneten Wert überein.

*Beispiel 2* (Abweichung von der Horizontalen um -45°)

$$\cos -45^\circ = \frac{d^*}{\textit{Abstand (Drehpunkt – Schwerpunkt)}}$$

$$\Rightarrow d^* = \cos -45^\circ * 30\ cm = 0{,}707 * 30\ cm = 21{,}21\ cm$$

Daraus ergibt sich für das Drehmoment:

$$M_L = F_d * d^* = 25\ N * 21{,}21\ m = 5{,}3\ Nm$$

Auch dieses Ergebnis stimmt mit dem oben berechneten Wert überein.

Zur Gesamtanalyse der wirkenden Kräfte müssen dann jeweils die dreh- sowie die gelenkwirksamen Komponenten, die aus der Muskelkraft und aus der Gewichtskraft resultieren, addiert werden.

**Merke 1:** Zur Berechnung der Zugkraft eines Muskels, der ein Drehmoment kompensieren muss, verwendet man zweckmäßigerweise als Hebelarm den (senkrechten) Abstand der Kraftwirkungslinie des Muskels (bzw. der Muskelgruppe) vom Drehpunkt, wenn man diesen Abstand kennt.
Will man die Belastung des Gelenks bestimmen, müssen die wirkenden Kräfte in ihre Komponenten zerlegt und diejenigen Komponenten betrachtet werden, die auf das Gelenk einwirken.

**Merke 2:** Es ist wichtig, die berechneten Werte zu überprüfen. Dies kann entweder durch eine grafische Darstellung oder durch einen anderen Rechenweg geschehen.

## 13.3 Belastungsberechnung für das Hüftgelenk

Für die Physiotherapie hat die Betrachtung der auf den Ellenbogen wirkenden Kräfte bzw. ihrer Komponenten eher exemplarischen Charakter –, um sich die Zusammenhänge und die Berechnung der Größen deutlich zu machen. Will man die notwendigen Kräfte der Muskeln oder die auf ein bestimmtes Gelenk wirkenden Kräfte berechnen, muss man die in Kap. 14 beschriebene Vorgehensweise wählen und sich bis zu dem Gelenk vorarbeiten, das betrachtet werden soll.

Da jedoch die Belastung des Hüftgelenks eine besondere Rolle für die Therapie spielt, werden hier noch einige Hinweise für die Bestimmung der Belastung der Hüftgelenke gegeben.

Relativ einfach ist die Betrachtung für den beidbeinigen aufrechten Stand, bei dem das Gewicht gleichmäßig auf beiden Beinen ruht –, der Körperschwerpunkt also auf der „Mittellinie“ des Körpers liegt. Dann werden beide

Hüftgelenke gleichmäßig mit der Hälfte des Körpergewichts belastet (davon muss man nun jedoch das Gewicht der Beine abziehen). Dies wäre die am wenigsten belastende Position für die Gelenke und auch für die Stabilität des Standes günstigste Position im aufrechten Stand (Abb. 13.**15**).

Es sei jedoch darauf hingewiesen, dass der Mensch selbst dann, wenn er sich in dieser Position befindet, nie vollkommen stillsteht, sondern sein Körper und damit sein Körperschwerpunkt über der Standfläche seiner Füße oszillieren. Das ist zum einen günstig für die dynamische Belastung (Ernährung der Gelenkoberflächen des Hüftgelenks), zum anderen wird dadurch das Regelsystem der Standstabilität aktiv und „aufmerksam" gehalten (siehe Kap. 9).

In der Regel nimmt der Mensch diese Position aber nicht immer ein. Von Interesse ist auch eher der Fall, dass ein Bein – und damit ein Hüftgelenk – stärker belastet wird als das andere, mit dem extremen Fall, dass das gesamte Körpergewicht von einem Bein getragen wird. Das ist immer dann zwischenzeitlich der Fall, wenn sich der Mensch mithilfe seiner Beine vorwärtsbewegt.

Zu dieser „einbeinigen" Situation gibt es eine sehr schöne Berechnung der Kräfte auf die einzelnen – vor allem knöchernen – Strukturen von F. Pauwels, die 1965 veröffentlicht wurde. Die Berechnung hat bis heute nicht an Aktualität verloren, und dem interessierten Leser ist die Arbeit sehr zur Lektüre zu empfehlen. Sie im einzelnen zu erläutern, würde hier jedoch den Rahmen sprengen.

Es muss auch darauf hingewiesen werden, dass Pauwels den Einbeinstand lediglich unter statischen Gesichtspunkten betrachtet, und es nicht sein Ziel war, kompensierende Muskelkräfte zu berechnen. Das ist auch extrem schwierig, weil um das Hüftgelenk herum viele Muskelgruppen mit teils sehr unterschiedlichen, teils sich überdeckenden Funktionen existieren. Außerdem spielt gerade beim Einbeinstand – auch während des Ganges – die gelenk- und gleichgewichtsstabilisierende Funktion der Muskeln eine große

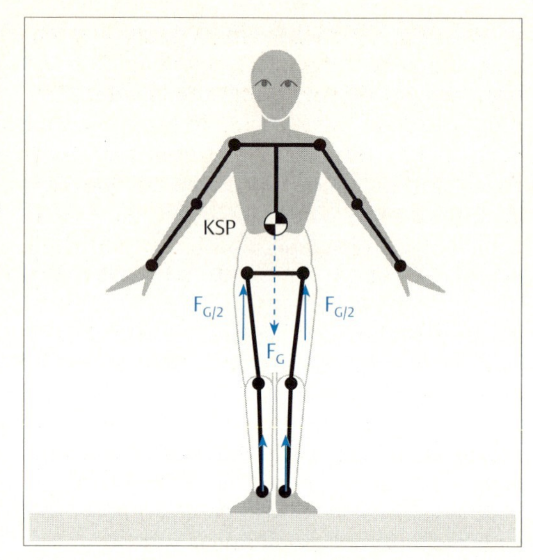


Abb. 13.**15** Beim geraden aufrechten Stand wird das Gewicht des Körpers gleichmäßig von beiden Beinen getragen. In den Hüftgelenken ist dann jeweils eine Reaktionskraft von $F_G/2$ wirksam.

Rolle, die in vielfältigen Kokontraktionen auch alle zur Belastung des Hüftgelenks beitragen.

Für die in der Physiotherapie notwendige Beurteilung der dynamischen Hüftgelenkbelastung (z. B. beim Gang) hat sich die *inverse dynamische Analyse* der Kräfte aus den Daten der instrumentellen Ganganalyse bewährt (Abb. 13.**16**). Diese liefert als Standardergebnis den Verlauf der Drehmomente, die um das Hüftgelenk herum auftreten. Daraus lassen sich – jeweils für einen Schrittzyklus – die wirkenden Kräfte ermitteln.

In Abb. 13.16 ist deutlich zu erkennen, dass mit der Zunahme der Ganggeschwindigkeit die Drehmomente größer werden. Das betrifft sowohl die Extensor- als auch die Flexormomente. Die wirkenden Kräfte – auch pro Kilogramm Körpergewicht der Probanden – erhält man, indem man die Werte der Drehmomente durch die Länge der Hebelarme dividiert. Da diese meist kürzer als 5 cm sind, man also durch Werte 0,05 dividieren muss, ergeben sich bei jedem Schritt leicht Kräfte, die größer als das 1,5-fache des Körpergewichts sind.

Es muss jedoch darauf hingewiesen werden, dass allein die hohe Belastung eines Gelenks oder anderer Körperstrukturen nicht zu einem Schaden führen muss. Beim Laufen und noch mehr beim Springen treten zwar teilweise extrem hohe Belastungen auf. Sie dauern jedoch nur jeweils einen sehr kurzen Augenblick an. Ihnen folgt unmittelbar eine Entlastungsphase, es handelt sich also um dynamische Belastungen. Dieser Belastungswechsel ist für den Zustand der beteiligten Gewebe eher vorteilhaft, da er den Stoffwechsel im Gewebe fördert.

Aus diesem Grund sind selbst hohe Belastungen, wenn sie in dynamischer Weise erfolgen, meist weniger schädlich als Dauerbelastungen, auch wenn diese geringer sind.

Sind die Belastungen jedoch extrem hoch und folgen sie in derart kurzen Abständen aufeinander, dass ein Ausgleich oder eine notwendige Regeneration der Gewebe nicht mehr möglich ist – wie es beispielsweise im extremen Hochleistungssport vorkommen kann –, oder sind die Gewebe vorgeschädigt – z. B. durch eine Arthrose oder Osteoporose –, dann muss immer sorgfältig überlegt und geprüft werden, welche Belastungen zuträglich und nützlich sind, damit das Gewebe erhalten und nicht weiter geschädigt wird.

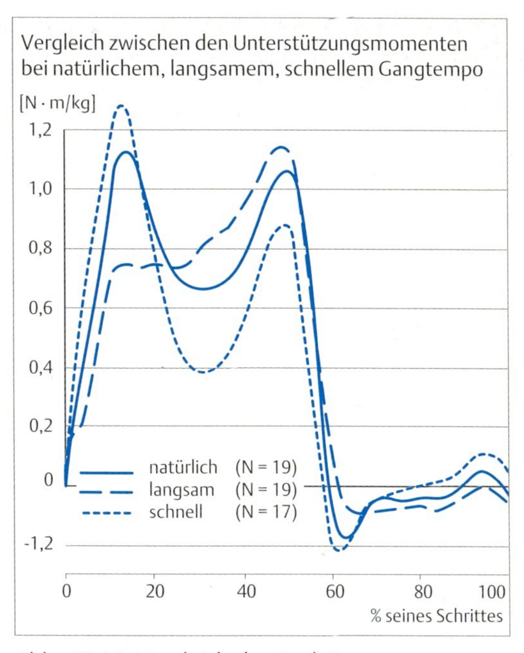


Abb. 13.**16** Vergleich der Reaktionsmomente über einen Einzelschritt für langsames, „natürliches“ und schnelles Gehen (nach Winter 1991). Mit der Gehgeschwindigkeit erhöht sich das Reaktionsmoment. Das bedeutet, dass auf das Hüftgelenk höhere Belastungen einwirken.

# 14 Das Freikörperdiagramm[1] und seine Verwendung

## 14.1 Problemstellung

In Kap. 13 wurde erörtert, welche Kräfte bei der Bewegung eines Körperteils aufgrund des Schwerefelds der Erde und bezüglich eines benachbarten Körperteils auftreten. Dabei wurde aufgezeigt, welche Bedingungen zu beachten sind und wie diese Kräfte berechnet werden können. Allerdings wurde dort nur ein einzelner Körperteil (Unterarm) und hinsichtlich der Verbindung mit dem benachbarten Körperteil (Oberarm) nur die Muskelkraft berücksichtigt, die die Verbindung gewährleistet.

Im Folgenden soll nun das dort erarbeitete Wissen vertieft werden. Vor allem wird darauf eingegangen, wie sich die Übertragung der an einem Körperteil wirkenden Kräfte auf die benachbarten und nächstfolgenden Körperteile berechnen lässt. Dazu werden weitere Hilfsmittel genannt, die in der biomechanischen Bewegungsanalyse, vor allem auch bei der *instrumentellen Ganganalyse* verwendet werden. Schließlich wird ein kurzer Einblick in das Vorgehen bei diesem Verfahren gegeben.

Zunächst wollen wir von einer ähnlichen Situation ausgehen wie der in Kap. 13 beschriebenen, bei der die Frage gestellt wurde, wie groß das von den Unterarmbeugern aufzubringende Drehmoment ist, das einen waagerecht gehaltenen Unterarm (hier zunächst ohne Last), im – statischen – Gleichgewicht hält.

## 14.2 Freischneiden des Körperteils und Berechnung des Lastdrehmoments

Die Grundlage aller Berechnungen bilden die Bewegungsgleichungen.

**Bewegungsgleichung für die Kräfte** (Kap. 6.2.1)

$$\Sigma F = m * a$$

(Die Veränderung des Bewegungszustands (Beschleunigung) eines Körperteils ist gleich der Summe der auf ihn wirkenden Kräfte.)

**Bewegungsgleichung für die Drehmomente** (Kap. 8)

$$\Sigma M = I * \alpha$$

(Die Veränderung des Drehzustands eines Körperteils ist gleich der Summe aller auf ihn wirkenden Drehmomente.)

---

[1]Der Begriff des Freikörperdiagramms stellt eine direkte, aber freie Übersetzung des englischen Begriffs *free body diagram* dar. Diese Übersetzung wurde gewählt, weil der Bezug zum Englischen bewahrt werden sollte. Die wesentliche Literatur der Biomechanik ist in englischer Sprache veröffentlicht, und so weiß man eher, was gemeint ist. Das wäre m.E. mit dem deutschen Begriff, der *Schnittdiagramm* (dieser Begriff wird aber kaum gebraucht) lauten müsste, nicht so einfach der Fall. Will man sich in der deutschen Literatur zur Mechanik über das entsprechende Verfahren informieren, muss man unter „Schnittverfahren" nachsehen.

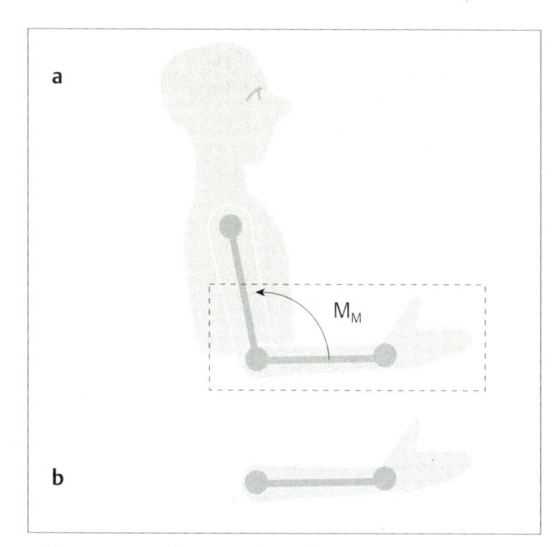


Abb. 14.**1a** u. **b** Freischneiden eines Körperteils zur Bestimmung der Bewegungsgrößen.
**a** Körperteil (Unterarm), der „freigeschnitten" werden soll.
**b** Isoliert dargestellter Körperteil als Grundlage des Freikörperdiagramms.

Da in unserem Beispiel nach dem statischen Gleichgewicht gefragt ist, sind „a" bzw. „α" gleich Null. Es gelten also:

$$\Sigma F = 0$$
$$\text{bzw. } \Sigma M = 0$$

Um die Bewegungsgleichungen an einem vielteiligen Bewegungssystem wie dem menschlichen Körper anwenden zu können, muss man alle auf die einzelnen Teile des Systems wirkenden Kräfte und Drehmomente miteinbeziehen.

Um sich ein klares Bild von allen diesen Kräften machen zu können, muss man jedes der Systemteile jeweils einzeln betrachten und die auf es wirkenden Kräfte und Drehmomente identifizieren. Eine Identifizierung dieser Kräfte lässt sich am besten mithilfe eines sogenannten *Freikörperdiagramms* (FKD, engl. *free body diagram*) durchführen. Dafür wird der Systemteil (Körperteil), der betrachtet werden soll, isoliert, also vom Rest des Körpers getrennt gezeichnet. Man sagt, der Teil wird *„freigeschnitten"*. Der „Schnitt" erfolgt durch die verbindenden Gelenke.

Für unsere Fragestellung müssen wir das Freikörperdiagramm des Unterarms, d.h. den Unterarm in waagerechter Haltung vom restlichen Körper getrennt zeichnen (Abb. 14.**1**).

An diesem Teil werden zunächst die Punkte oder Flächen eingetragen, an denen der Teil mit seinen Nachbarteilen verbunden ist (die Gelenke, in diesem Fall das Ellenbogen- und das Handgelenk; bei Verfahren zur Erhebung der kinematischen Daten werden diese Punkte durch sogenannte Marker gekennzeichnet) sowie der Teilkörperschwerpunkt des betrachteten Körperteils.

Den Ort des Teilkörperschwerpunktes können wir in einer Tabelle nachschlagen (siehe Anhang B). Dort sind die Abstände der Teilkörperschwerpunkte jeweils vom proximalen bzw. distalen Fixierungspunkt (Gelenk) auf der Verbindungslinie zwischen diesen beiden Gelenkpunkten abzulesen. Für den Unterarm finden wir 0,43 nach proximal, das ist der Gelenkpunkt (Ellenbogen), der hier interessiert. In diesem Fall ist es aber zweckmäßig, wie in Kap. 13 gleich den aus Unterarm und Hand kombinierten Teilkörperschwerpunkt zu wählen, für den wir in der Tabelle den Wert 0,682 finden. Diesen abgelesenen Wert müssen wir mit der Länge des betrachteten Körperteils multiplizieren. Haben wir als Länge des Unterarms beispielsweise 38 cm gemessen (als Länge der Hand 12 cm), dann ergibt sich als Abstand des Teilkörperschwerpunktes vom Ellenbogengelenk:

$$0{,}682 * 0{,}38 \text{ m} = 0{,}259 \text{ m}$$

Der Teilkörperschwerpunkt liegt also in diesem Fall knapp 26 cm vom Ellenbogen entfernt. Diesen Punkt tragen wir in das Freikörperdiagramm ein (Abb. 14.**2**). (Der hier berechnete Abstand vom Ellenbogengelenk ist etwas geringer als der in Kap. 13 berechnete. Das liegt daran, dass dort die Hand durch ein Gewicht beschwert war, sodass die Massenverteilung anders war, und der gemeinsame Schwerpunkt näher an der Last lag.)

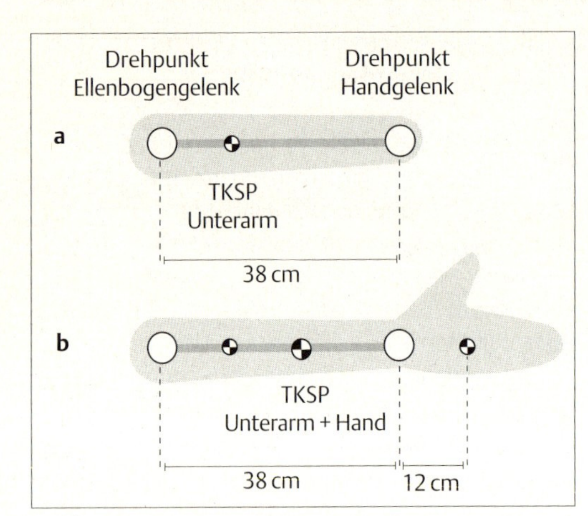


Abb. 14.**2a** u. **b** Bestimmung des Teilkörperschwerpunktes (mithilfe der Tab. B.1, Anhang B) anhand der gemessenen Länge des betreffenden Körperteils.
**a** Teilkörperschwerpunkt des Systemteils Unterarm.
**b** Teilkörperschwerpunkt des Systemteils Unterarm+Hand.

Nun werden die auf den Systemteil wirkenden Kräfte eingetragen, und zwar an den Stellen, an denen sie angreifen. Das ist beim Unterarm die Gewichtskraft von Unterarm+Hand, die im Teilkörperschwerpunkt angreift. Das Gewicht des Systemteils „Unterarm" entnehmen wir wieder der Tabelle. Dort steht für den Unterarm der Wert 0,016. Nehmen wir wiederum gleich die Kombination aus Hand+Unterarm, erhalten wir 0,022. Das bedeutet, wir müssen in diesem Fall das Körpergewicht der Person, deren Unterarm wir betrachten, mit 0,022 multiplizieren.

Gehen wir von einer Person mit einem Körpergewicht (Masse) von 75 kg aus, bedeutet das, ihr Körperteil Unterarm+Hand hat ein Gewicht (Masse) von:

$$75 \text{ kg} * 0{,}022 = 1{,}65 \text{ kg}$$

Zur Ermittlung der Gewichtskraft müssen wir diese Masse noch mit der Erdbeschleunigung multiplizieren (F = m * a):

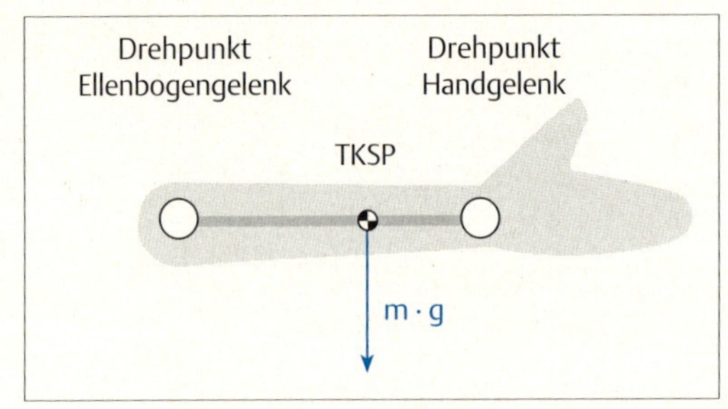


Abb. 14.**3** Einzeichnen des Teilgewichts im Teilkörperschwerpunkt.

$$1{,}65 \text{ kg} * 0{,}981 \text{ m/s}^2 = 1{,}619 \text{ kgm/s}^2 = 1{,}619 \text{ N}$$

Dieser Wert wird im Freikörperdiagramm als senkrechter Pfeil (Kraftvektor) im Teilkörperschwerpunkt eingetragen (Abb. 14.**3**).

Die Gewichtskraft des Teilkörpers Unterarm + Hand bewirkt im Ellenbogengelenk ein Drehmoment. Um den Betrag dieses Drehmoments bestimmen zu können, müssen wir die Länge des Hebelarms zwischen dem Ellenbogengelenk und dem Teilkörperschwerpunkt kennen.

Die Hebellänge (d) ändert sich – wie wir wissen – mit der Lage des Unterarms im Raum. Wenn wir annehmen, dass der Unterarm waagerecht gehalten wird, entspricht der Abstand zwischen Ellenbogengelenk und Teilkörperschwerpunkt der Hebellänge. Der Teilkörperschwerpunkt von Unterarm und Hand war 25,9 cm vom Ellenbogen entfernt. Als Drehmoment ergibt sich dann:

$$M_G = 1{,}619 \text{ N} * 0{,}259 \text{ m} = 0{,}419 \text{ Nm}$$

($M_G$ = Drehmoment, hervorgerufen durch das Teilkörpergewicht)

Das Drehmoment wirkt im Uhrzeigersinn, ist also positiv. Entsprechend zeichnen wir es um das Ellenbogengelenk herum im FKD ein (Abb. 14.**4**).

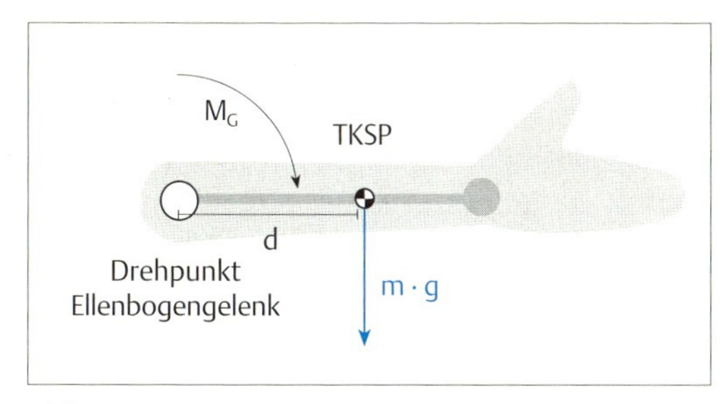


Abb. 14.**4** Vorbereiten der Berechnung des Lastdrehmoments des Systemteils Unterarm+Hand sowie Einzeichnen des Abstands des Teilkörperschwerpunktes von der Drehachse und der Richtung des Lastdrehmoments.

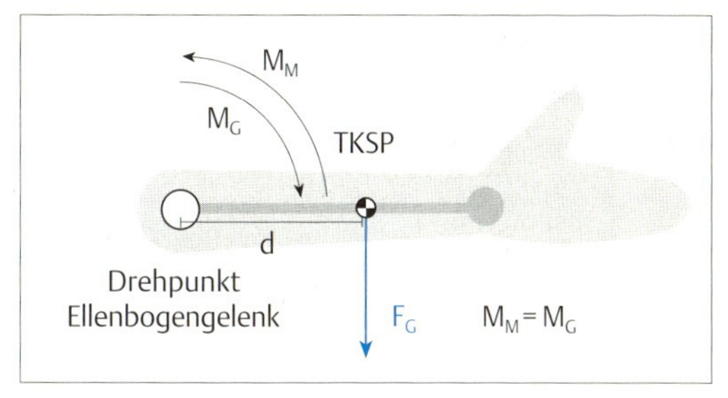


Abb. 14.**5** Kompensation des Lastdrehmomentes des Systemteils Unterarm-Hand durch ein gleich großes, aber entgegengesetzt gerichtetes Drehmoment, das die Muskelkraft aufbringen muss ($F_G$ = Gewichtskraft von Unterarm+Hand, anstelle von m ∗ g).

Da in unserem Beispiel der Unterarm waagerecht gehalten wird, brauchen wir hier nur die Bewegungsgleichung für das Drehmoment wie folgt zu lösen:

$$\Sigma M = \iota \alpha$$

$$\text{mit: } \Sigma M = M_M + M_G$$

($M_M$ = Drehmoment, das durch die Muskelkraft erzeugt wird bzw. Muskelmoment
$M_G$ = Drehmoment, das durch die - Gewichtskraft erzeugt wird)

Da uns in diesem Fall das statische Gleichgewicht des Unterarms interessiert, also $\alpha = 0$ und damit $\Sigma M = 0$ sind, gilt:

$$\Sigma M = 0$$
$$M_M + M_G = 0$$

Daraus folgt:

$$M_M = -M_G$$

mit: $M_G$ = 0,419 Nm
ergibt sich: $M_M$ = -0,419 Nm

$M_M$ und $M_G$ sind gleich groß, haben jedoch ein entgegengesetztes Vorzeichen. Dieses Ergebnis ist auch aus Kap. 13 bekannt.

Damit also der Unterarm waagerecht und im statischen Gleichgewicht gehalten werden kann, muss ein dem Gewichtsmoment gleiches, aber entgegengesetzt wirkendes Drehmoment aufgebracht werden, das -0,419 Nm beträgt. Diesen Wert zeichnen wir um den Fixierungspunkt Ellenbogengelenk im Gegenuhrzeigersinn – als Reaktions- oder Gegenmoment – im FKD ein (Abb. 14.**5**).

Wie man mit den bis jetzt bekannten Größen die Kräfte berechnen kann, die auf die Gelenke wirken, wurde in Kap. 13 ausführlich behandelt. Dort wurde ebenfalls gezeigt, wie man vorgehen muss, wenn die Hand zusätzlich mit einem Gewicht belastet ist: Dann muss man lediglich zu dem durch das Teilkörpergewicht erzeugte Drehmoment das durch die Last erzeugte (Gewicht ∗ Erdbeschleunigung ∗ Hebelarm) addieren (Abb. 14.**6**). Die Berechnung erfolgt wie oben, nur mit den veränderten Größen.

Auch wenn das Gewicht mit dem Arm angehoben werden soll, lässt sich dieses Verfahren zur Berechnung der dafür notwendigen Kräfte verwenden. Zunächst muss dann lediglich ein Muskelmoment erzeugt werden, das größer als das Lastmoment des Unterarms ist. Soll das Gewicht mit einer bestimmten Geschwindigkeit angehoben werden, d.h. ihm wird eine bestimmte Beschleunigung verliehen, dann müssen zusätzliche Kräfte aufgebracht werden, sodass die Summe aller Kräfte den Arm in Bewegung setzen kann. Dies ist aber eher eine theoretische Betrachtung.

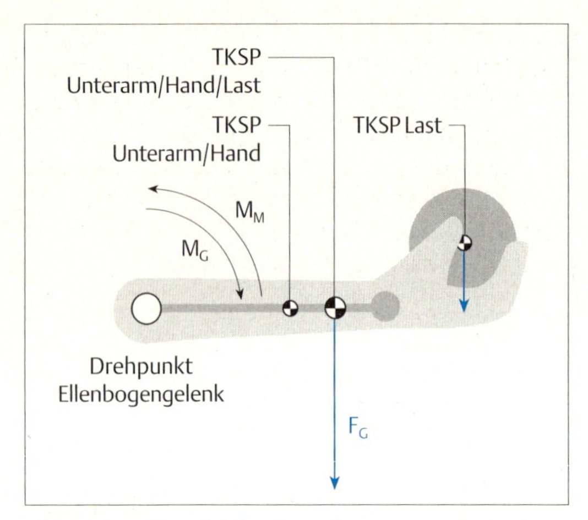


Abb. 14.**6** Die gleiche Berechnung, wenn in der Hand ein Gewicht gehalten wird. Entsprechend verändern sich die Lage des Teilkörperschwerpunktes, die Gewichtskraft und das Lastdrehmoment.

In diesem Fall ist die Beschleunigung, d.h. hier die Winkelbeschleunigung ($\alpha$) um das Ellenbogengelenk nicht mehr gleich Null, und wir müssen nun auch die Trägheitsmomente (I) in die Berechnung einbeziehen. Diese entnehmen wir wiederum der Tabelle. Mit den erhaltenen Werten stellen wir die Bewegungsgleichung auf und lösen sie nach dem Drehmoment im Ellenbogengelenk auf:

$$\Sigma M = I * \alpha$$
$$M_{M\,Eb} + M_{G\,UH} = I_{UH} * \alpha$$
$$M_{M\,Eb} = (I_{UH} * \alpha) - M_{G\,UH}$$

mit $M_{M\,Eb}$ = Muskelmoment im Ellenbogen
$M_{G\,UH}$ = Drehmoment bewirkt durch Gewichtskraft von Unterarm + Hand
$I_{UH}$ = Trägheitsmoment von Unterarm + Hand

In der Praxis kommt eher der Fall vor, dass entweder die notwendigen Reaktionskräfte bei bestimmten Bewegungen oder die wirksamen Kräfte bei tatsächlich durchgeführten Bewegungen berechnet werden sollen. Dann müssen die Beschleunigungen (lineare und Winkelbeschleunigung) bekannt sein. Im ersten Fall erhält man diese aus theoretischen Überlegungen (z. B. maximal mögliche Beschleunigung), im zweiten Fall aus den kinematografischen Aufnahmen, die vom betreffenden Bewegungsablauf gemacht wurden. Mithilfe dieser Werte lassen sich dann die Kräfte (aus: $F = m * a$) und Drehmomente (aus der Bewegungsgleichung $\Sigma M = I * \alpha$) berechnen.

## 14.3 Fortsetzen der Analyse über mehrere Körperteile

Interessiert uns nicht das von den Muskeln aufzubringende Drehmoment im Ellenbogen, sondern das im Schultergelenk, beginnen wir die Analyse genauso wie bisher beschrieben mit dem Freikörperdiagramm der Hand oder von Unterarm+Hand. Wir berechnen wiederum das im Ellenbogengelenk wirkende Drehmoment.

Dann zeichnen wir das Freikörperdiagramm des Oberarms, tragen wieder die „Eckpunkte" sowie den Teilkörperschwerpunkt ein und setzen dort als bekannte Belastungsgröße das Drehmoment (Muskelmoment) im Ellenbogengelenk sowie alle anderen bekannten Größen, wie das Teilgewicht des Oberarms und möglicherweise zusätzliche Kräfte von außen ein.

Dabei muss beachtet werden, dass der Oberarm keine waagerechte Lage im Raum hat, der Abstand zwischen Schultergelenk und Teilkörperschwerpunkt also nicht der Hebellänge für die Berechnung entspricht. Daher muss diese Hebellänge mit den in Kap. 13 genannten Methoden berechnet werden. Mit allen diesen Größen lässt sich dann das Lastdrehmoment im Schultergelenk und die auf das Schultergelenk wirkenden Kräfte berechnen. Da der Oberarm sich nicht in waagerechter Lage befindet, treten hier gelenkwirksame Kraftkomponenten auf, zu denen das Gewicht aus Unterarm+Hand noch hinzukommt. Ist der Arm in Bewegung, müssen wiederum die Beschleunigungen und die Trägheitsmomente in die Berechnung miteinbezogen werden. Das Ergebnis ist schließlich, dass wir alle im

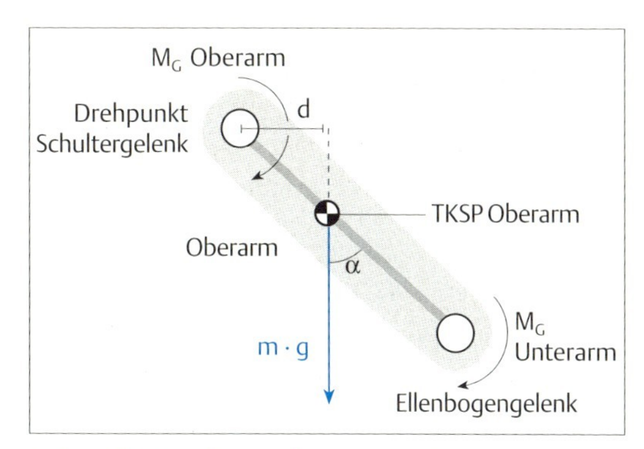


Abb. 14.**7** Freikörperdiagramm des Oberarmes zur Berechnung der Bewegungsgröße am Oberarm. (d = senkrechter Abstand des Teilkörperschwerpunktes von der Drehachse)

Schultergelenk wirkenden Kräfte und Drehmomente kennen (Abb. 14.**7**).

Interessieren uns aber auch nicht die Verhältnisse im Schultergelenk, sondern beispielsweise die Kompressionskraft zwischen zwei Wirbeln der Wirbelsäule, die beim Anheben eines bestimmten Gewichts entsteht, müssen wir mit der Analyse vom Schultergelenk aus fortfahren.

Wir zeichnen dann das Freikörperdiagramm des Rumpfes oder je nach Notwendigkeit der Präzision der Berechnung auch zunächst nur eines Teils des Rumpfes. Im Diagramm können wir wiederum die im Schultergelenk wirksamen Kräfte sowie das Drehmoment, das von den das Schultergelenk überziehenden Muskeln aufgebracht werden muss – und das um das Ellenbogengelenk erzeugte enthält – als bekannte Größen eintragen. Mit den Größen berechnen wir die Kräfte und das Drehmoment zwischen diesem und dem nächsten Körperteil. Den Prozess setzt man so lange fort, bis man zu dem Gelenk gelangt, für das die Momente oder Kompressionskräfte bestimmt werden sollen.

Mithilfe der aus den Freikörperdiagrammen berechneten Kräfte und Momente lassen sich nun auch die von den Muskeln zu verrichtende Arbeit und die erbrachte Leistung sowie daraus abgeleitet der Energietransfer zwischen einzelnen Körpersegmenten bei einer Bewegung berechnen. Dies wird bei der sogenannten instrumentellen Ganganalyse ausgenutzt. Damit kann man beispielsweise die Ökonomie verschiedener Gangmuster bestimmen, die auch mithilfe unterschiedlicher Hilfsmittel erzeugt werden können. Dies wollen wir uns im folgenden ansatzweise ansehen.

## 14.4 Ansätze zu Berechnungen bei der instrumentellen Ganganalyse

Für die sogenannte instrumentelle Ganganalyse benötigt man Verfahren zur Aufzeichnung und Berechnung der kinematischen Daten (aus kinematografischen Verfahren; siehe Kap. 17) sowie zur Bestimmung von Ort und Größe der Bodenreaktionskräfte (Kraftmessplatte). Dazu werden – wie bereits bei der Berechnung der Drehmomente am Unterarm deutlich wurde – anthropometrische Daten der Person benötigt, für die die Ganganalyse durchgeführt werden soll.

Bei der Ganganalyse beginnt die Auswertung bei dem Fuß, der Kontakt mit dem Boden hat. Man spricht bei diesem Vorgehen von der *inversen dynamischen Analyse*, weil von der Reaktionskraft des Bodens auf den Körper ausgegangen wird – hier vom Fuß, der Bodenkontakt hat.

Wir zeichnen also zunächst das Freikörperdiagramm des Fußes, der Bodenkontakt hat. Dort tragen wir wiederum die Kontaktstellen zu den Nachbarteilen (Abb. 14.**8**) – dies sind hier das Fußgelenk und die Kontaktfläche zum Boden – sowie den Teilkörperschwerpunkt des Fußes ein.

Der Teilkörperschwerpunkt des Fußes liegt auf der Verbindungslinie der Fußmarker an Ferse und äußerem Metatarsalknochen, und zwar genau in der Mitte dieser Linie (siehe Tabelle in Anhang B). Dort zeichnen wir das Teilgewicht des Fußes ein. Es beträgt:

$$\text{Teilgewicht} = 75\ \text{kg} * 0{,}0145 * 0{,}981 = 1{,}067\ \text{kg}$$

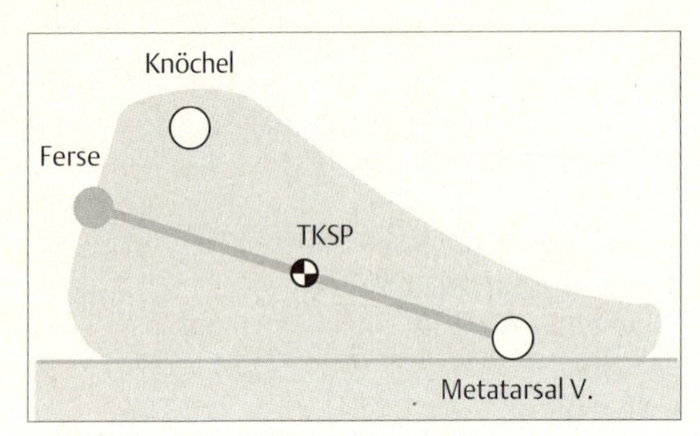


Abb. 14.**8** Freikörperdiagramm des Fußes mit Kontaktpunkten zu den benachbarten Teilen (COP – Fußboden, Fußgelenk (Knöchel) – Unterschenkel) und Teilkörperschwerpunkt (TKSP).

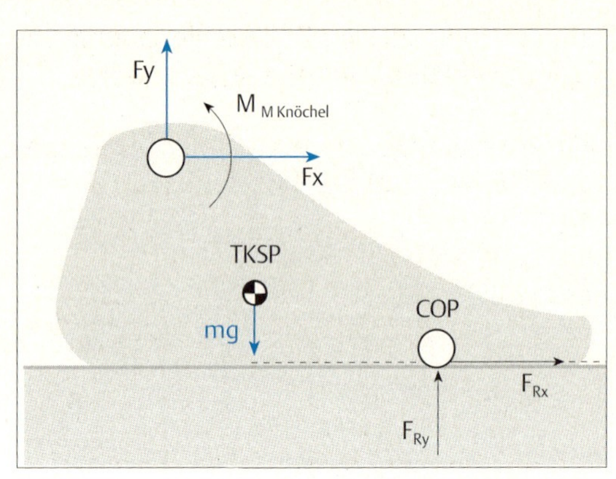


Abb. 14.**9** Freikörperdiagramm des Fußes mit Kräften (Gewichtskraft im Teilkörperschwerpunkt sowie den x- und y-Komponenten im COP und im Fußgelenk) aufgrund der Vorwärtsbewegung.

(Es wird eine Körpermasse für die Person von 75 kg angenommen. Der Wert 0,0145 für das Teilgewicht des Fußes wurde auch der Tabelle in Anhang B entnommen.)

Bei der Ganganalyse werden nicht nur die Drehmomente berechnet, die mithilfe der Muskelkraft aufgebracht werden müssen, um den Körper zu stabilisieren und die Vorwärtsbewegung möglich zu machen. Vielmehr werden auch die in den Gelenken wirksamen Reaktionskräfte bestimmt. Das geschieht zum einen, weil die Reaktionskraft (von der Kraftmessplatte) gegeben ist und sich ihre Übertragung von einem Körperteil zum anderen sehr gut verfolgen lässt, sodass daraus die Belastung der Gelenke ermittelt werden kann. Außerdem sind die Kraftwerte wichtig für die Lösung der Bewegungsgleichungen zur Analyse der linearen (Vorwärts-) Bewegung.

Um die Reaktionskräfte und Drehmomente bestimmen zu können, benötigen wir den „Wirkungspunkt“ auf der Kontaktfläche mit dem Boden. Bei diesem Punkt handelt es sich um den sogenannten *Center of Pressure* (COP), der den Endpunkt des Vektors der resultierenden Bodenreaktionskraft auf den Körper repräsentiert. Er ist sozusagen der zentrale oder Hauptdruckpunkt des Fußes und wird von einer Kraftmessplatte ermittelt. Die Richtung der Bodenreaktionskraft ist nach Übereinkunft negativ (nach oben, mit der Pfeilspitze an der Oberfläche des Bodens) definiert.

An den bis jetzt bezeichneten Punkten setzen die bekannten Kräfte an. Am COP wirkt in vertikaler (negativer) Richtung die Reaktionskraft ($F_{R\ Boden}$) auf das Gesamtkörpergewicht. Im Teilkörperschwerpunkt des Fußes wirkt das Teilgewicht des Fußes ($F_{G\ Fuss}$), zwar auch in vertikaler, aber entgegengesetzter Richtung zur Bodenreaktionskraft (also positiv). Diese zeichnen wir in das FKD des Fußes ein, und zwar jeweils ihre x- bzw. y-Komponenten (Abb. 14.**9**).

Diese beiden bekannten Kräfte liefern uns die bislang unbekannte Reaktionskraft, die im Fußgelenk wirkt. Um sie zu ermitteln, müssen wir die Bewegungsgleichung für die am Fuß wirkenden Kräfte aufstellen. Wir betrachten alle Kräfte bezogen auf das Fußgelenk. (Aus Gründen der Übersichtlichkeit werden im folgenden die Gleichungen nicht mehr mit konkreten Werten, sondern nur noch allgemein aufgestellt).

$$\Sigma F = m * a_{KSP\ Fuß}$$
$$F_{R\ Boden} + F_{R\ Knöchel} = m * a_{KSP\ Fuß}$$

Die Kräfte werden in horizontaler (x) und vertikaler (y) Richtung betrachtet. Dabei entspricht „a“ in x-Richtung der Vorwärtsbeschleunigung (also: $m * a_{x\ KSP\ Fußx}$) und in y-Richtung der Aufwärts- bzw. Abwärtsbeschleunigung plus der Erdbeschleunigung des Teilkörpers Fuß (also: $m * (a_{y\ KSP\ Fußy} + g)$.

Wir lösen die Gleichung nach der unbekannten Reaktionskraft im Fußgelenk ($F_{R\ Knöchel}$) auf und erhalten:

$$F_{R\ Knöchel} = m * a_{KSP\ Fuß} - F_{R\ Boden}$$

Daraus ergeben sich

Für die (Vorwärts-) x-Richtung:

$$F_{x\ R\ Knöchel} = m * a_{x\ KSP\ Fußx} - F_{x\ R\ Boden}$$

Für die (Aufwärts-/Abwärts-) y-Richtung:

$$F_{y\ R\ Knöchel} = m * (a_{y\ KSP\ Fußy} + g) - F_{y\ R\ Boden}$$

Dies sind die Reaktionskräfte, die im Fußgelenk wirken.

Als nächstes betrachten wir die Drehmomente ($\Sigma M = \iota\ \alpha$).

Wir wollen das Drehmoment berechnen, das im Fußgelenk aufgebracht werden muss, um den Körper zu stabilisieren ($M_{Knöchel}$) bzw. die Vorwärtsbewegung hervorbringt (Abb. 14.**10**). Wir haben eine Kraft, die im Teilkörperschwerpunkt wirkt und eine, die im COP wirkt. Davon müssen wir jeweils die x- und y-Komponente betrachten. Diese Kräfte müssen mit den jeweiligen Hebelarmen (in x- bzw. y-Richtung) multipliziert werden.

Wir erhalten dann folgende Gleichung:

$$I_{Fuß} * \alpha_{Knöchel} = M_{Knöchel} - (F_{x\ Knöchel} * d_{y1}) - (F_{y\ Knöchel} * d_{x1}) + (F_{x\ Boden} * d_{y2}) + (F_{y\ Boden} * d_{x2})$$

($d_{x\ 1}$ u. $d_{y\ 1}$: x- bzw. y-Abstände des Knöchels vom KSP des Fußes

$d_{x\ 2}$ u. $d_{y\ 2}$: x- bzw. y-Abstände des COP vom KSP des Fußes)

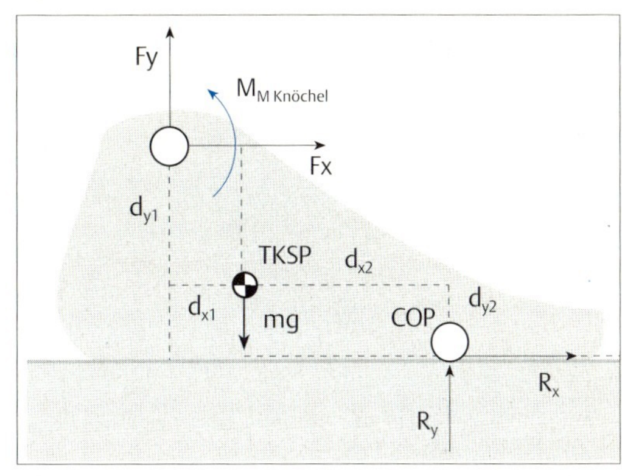


Abb. 14.**10** Freikörperdiagramm des Fußes mit den Abständen (in x- und y-Richtung) zwischen Teilkörperschwerpunkt und den Drehachsen.

Nach Auflösen der Gleichung nach dem gesuchten Drehmoment im Fußgelenk ergibt sich:

$$M_{Knöchel} = I_{Fuß} * \alpha_{Knöchel} + (F_{x\ Knöchel} * d_{y1}) + (F_{y\ Knöchel} * d_{x1}) - (F_{x\ Boden} * d_{y2}) - (F_{y\ Boden} * d_{x2})$$

Damit kennen wir das bislang unbekannte Drehmoment, das im Fußgelenk durch die Muskeln aufgebracht wird. Es sei darauf hingewiesen, dass es sich bei diesem Muskelmoment um ein Nettomoment handelt. Es kann durchaus sein, dass eine Muskelgruppe ein höheres Moment aufbringt, das jedoch durch Kokontraktion der Agonistengruppe reduziert wird.

Mit der Kenntnis dieses Drehmoments können wir als nächstes den Unterschenkel betrachten und mithilfe der bekannten Kräfte und Drehmomente die Reaktionskraft sowie das Drehmoment im Kniegelenk berechnen. Dazu zeichnen wir wiederum das Freikörperdiagramm des Unterschenkels und stellen die Bewegungsgleichungen auf (Abb. 14.**11**).

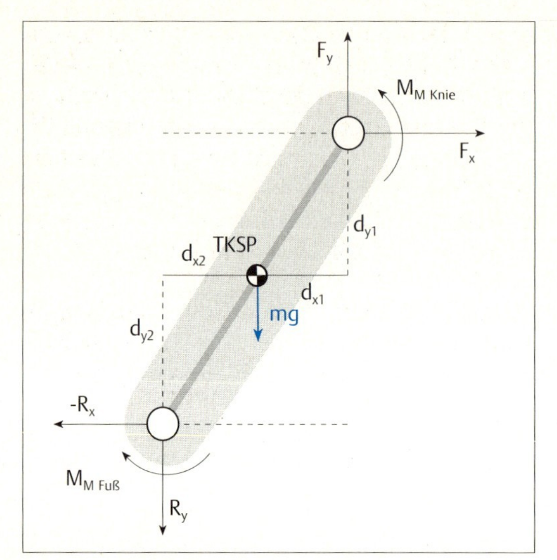


Abb. 14.**11** Freikörperdiagramm des Unterschenkels mit Hilfspunkten und Linien zur Berechnung der Bewegungsgrößen (wie in Abb. 14.**10**).

Wir erhalten:

Für die Reaktionskräfte im Kniegelenk:

$$F_{x\ Knie} = (m_{Unterschenkel} * a_{x\ Unterschenkel}) + F_{x\ Knöchel}$$
$$F_{y\ Knie} = (m_{Unterschenkel} * (a_{y\ Unterschenkel} + g)) + F_{y\ Knöchel}$$

Für das Muskelmoment im Kniegelenk:

$$M_{Knie} = I_{Unterschenkel} * \alpha_{Knie} + M_{Knöchel} + (F_{x\ Knöchel} * d_{y1}) - (F_{y\ Knöchel} * d_{x1}) + (F_{x\ Knie} * d_{y2}) - (F_{y\ Knie} * d_{x2})$$

Auf diese Weise lassen sich entsprechend fortschreitend für alle Körpersegmente die wirkenden Kräfte und Drehmomente berechnen.

Sind schließlich für alle Körpersegmente – einschließlich Arme, Oberkörper und Kopf – die Kräfte und Drehmomente bekannt, können mit ihrer Hilfe unter Verwendung der entsprechenden Formeln (Kap. 10) die Werte für die erbrachte Leistung ($p = M * \omega$) und die geleistete Arbeit ($w = \int p\ dt$) be-

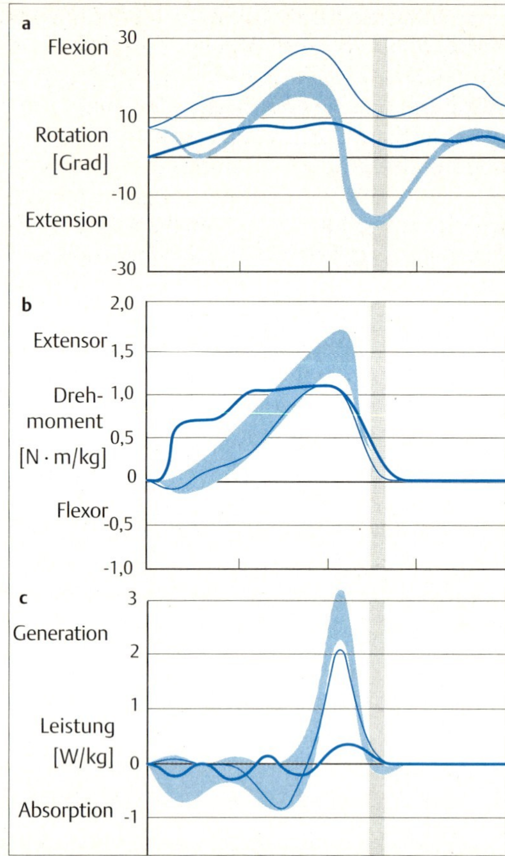


Abb.bb. 14.**12a–c** Beispiel aus dem Bereich der instrumentellen Ganganalyse bei einem Kind mit Zerebralparese. Fußgelenk (aus Ounpuu S, et al. 1996, S. 73)
**a** Gelenkrotation.
**b** Drehmoment.
**c** Leistung.
(vertikale Linie: Übergang von der Stand- in die Schwungphase.
feine Linie: Winkel, Drehmoment und aufgebrachte bzw. verbrauchte Leistung im Fußgelenk beim Barfußgehen.
fette Linie: Winkel, Drehmoment und aufgebrachte bzw. verbrauchte Leistung im Fußgelenk beim Gehen mit Fußgelenkorthese.
schraffierter Bereich: Winkel, Drehmoment und aufgebrachte bzw. verbrauchte Leistung bei gesunden Kindern)

rechnet werden. Außerdem lässt sich für jedes Körpersegment für jeden Zeitpunkt die Energiebilanz ($E_{ges} = E_{Pot} + E_{Kin\ Trans} + E_{Kin\ Rot}$) und damit die erzeugte und aufgenommene Energie aufstellen. Daraus kann man den Energietransfer zwischen den einzelnen Körpersegmenten berechnen. Daraus ergeben sich die für die Beurteilung eines Gangbildes oder anderer biomechanischer Analysen benötigten Werte.

Als Beispiel für eine sinnvolle Anwendung dieser Art von Analyse sollen hier einige Werte aus der Ganganalyse eines zerebralparetischen Kindes angeführt werden (Abb. 14.**12**). In Abb. 14.12c wird deutlich, dass die Orthese das Kind daran hindert, aktiv die Leistung für die Plantarflexion zum Abstoß des Fußes hervorzubringen. Aufgrund einer derartigen Analyse lässt sich klar erkennen, dass die Orthese für das betroffene Kind nicht hilfreich ist.

Mithilfe der instrumentellen Ganganalyse kann generell auch eine quantitative Auswertung von Therapiemaßnahmen erfolgen.

# 15 Eigenschaften von Materialien

Isaac Newton formulierte seine Axiome und Gesetze der Mechanik hauptsächlich für *feste, starre Körper.* Die Festigkeit ist eine Materialeigenschaft bzw. die Zustandseigenschaft eines Materials oder Stoffes, die Starrheit nicht.

Bei der Starrheit handelt es sich um einen kinematischen Begriff. Er besagt, dass ein Körper seine Gestalt behält, mit sich selbst kongruent (übereinstimmend) ist, im Sinne der sogenannten *euklidischen Geometrie* (Geometrie in euklidischen Räumen, das sind Räume mit einer Metrik). In der Biomechanik werden die Körperteile des Menschen als starre Körper behandelt, obwohl der eigentliche starre Bestandteil lediglich der Knochen ist, der von Weichteilen, die durchaus ihre Form ändern können, umgeben wird. Die möglichen Formänderungen sind allerdings so gering, dass die Fehler, die durch ihre Vernachlässigung entstehen, in den meisten Fällen vernachlässigt werden können. Was die Materialeigenschaft betrifft, handelt es sich bei starren Körpern meist um feste Körper, deswegen werden beide Begriffe häufig zusammen verwendet.

Für das Material oder den Stoff eines Körpers gilt allgemein, dass er einen Raum einnimmt, den dann kein anderer Körper einnehmen kann: Ein Körper hat also ein *Volumen.*

Jeder Stoff befindet sich in einem der drei *Aggregatzustände:* fest, flüssig oder gasförmig. In welchem der Zustände er sich befindet, hängt von der Temperatur ab. Die Übergänge von einem Aggregatzustand in einen anderen finden für die einzelnen Stoffe bei unterschiedlichen Temperaturen statt –, ein Umstand, der in der Technik vielfältig genutzt wird. Die Aggregatzustände kommen durch die Ordnungsbeziehungen der kleinsten Bestandteile dieser Stoffe, der Atome oder Moleküle, zustande.

In festen Körpern haben die Teilchen einen sehr hohen Grad an Ordnung. Es erfordert sehr große Kräfte, die Form oder das Volumen eines festen Körpers zu verändern. Flüssige Körper setzen einer Formänderung nur wenig, einer Volumenänderung jedoch einen sehr großen Widerstand entgegen. Gasförmige Stoffe lassen sich bezüglich Form und Volumen sehr leicht verändern.

Im menschlichen Körper kommen Stoffe in allen Aggregatzuständen vor: Knochen sind feste, und Blut, Lymphe, Urin etc. flüssige Körper. Flüssigkeiten werden aber auch in allen anderen Materialien des Körpers, meist in Form von Wasser eingelagert. Außer zu chemischen Reaktionen dient Wasser dazu, die Materialien geschmeidig zu machen. Die eingeatmete Luft ist ein gasförmiger Körper.

Das Verhalten von Stoffen, mit denen sich die technische Mechanik im Allgemeinen beschäftigt und mit denen wir es in unserer Umgebung meist zu tun haben, ist hauptsächlich von den physikalischen Bedingungen in ihrer Umgebung (auf sie wirkende Kräfte, Temperatur, chemische Einflüsse, etc.) abhängig. Für die Materialien, aus denen ein lebender Organismus besteht, ist aber zu bedenken, dass außer diesen äußeren auch innere Bedingungen Einfluss auf ihre Eigenschaften haben –, dass sie vor allem eine *innere Dynamik* besitzen, die beispielsweise ein Wachsen und Heilen ermöglichen. Auf dieser Eigenschaft beruht letztendlich die Wirkung der Physiotherapie, denn die äußere Anwendung physikalischer Maßnahmen (Druck, Zug, etc.) soll zwar auch eine interne Veränderung der Zustände bewirken, vor allem aber soll sie auch die innere Dynamik zur Veränderung der Stoffe in Gang setzen soll.

Diese Prozesse sind auch Gegenstand der Biomechanik, vor allem der Zellmechanik. Sie gehen aber weit über den Rahmen dieses Buches hinaus und werden deswegen hier nicht behandelt. Im Folgenden werden nur die Eigenschaften der Materialien in unserer Umgebung betrachtet. Außerdem werden Hinweise darauf gegeben, wie weit diese Eigenschaften auch auf die Materialien des menschlichen Körpers zutreffen.

## 15.1 Wichte eines Stoffes

Wir sind bereits davon ausgegangen, dass die Körper, deren Bewegungen in der Biomechanik untersucht werden, eine bestimmte Masse haben, die beispielsweise ihre Gewichtskraft bestimmt (Kap. 13). Die Eigenschaft eines Materials, die sein Gewicht und seine Masse bestimmt, ist seine *Wichte* oder *Dichte*. Nimmt man zwei Körper der gleichen Größe – man sagt dann auch: mit gleichem Volumen –, wie z. B. einen Würfel aus Eisen und einen aus Holz, die jeweils die gleichen Kantenlängen haben, dann ist der Eisenwürfel schwerer als der Holzwürfel. Das liegt daran, dass Eisen ein höheres *spezifisches Gewicht* hat als das Holz. Dieses spezifische Gewicht, das das Volumen eines Körpers mit seiner Gewichtskraft in eine mathematische Beziehung setzt, ist die *Wichte*. Sie ist definiert als: Gewichtskraft eines Körpers dividiert durch sein Volumen:

$$\text{Wichte} = \frac{\text{Gewichtskraft des Körpers}}{\text{Volumen des Körpers}}$$

$$\gamma = \frac{F_G}{V}$$

mit: $\gamma$ = Wichte,
$F_G$ = Gewichtskraft,
V = Volumen

Das Symbol für die Wichte ist „$\gamma$" (griech. *gamma*), ihre Einheit $N/m^3$(Newton pro Kubikmeter, häufig auch $N/dm^3$). Die Wichte bzw. das spezifische Gewicht von Wasserstoff beträgt beispielsweise 0,0009 $N/dm^3$ (das entspricht $9 * 10^{-7}$ $N/m^3$), von Wasser 9,81 $N/dm^3$ und von Platin 210 $N/dm^3$ (0,2 $N/m^3$).

Da die Gewichtskraft auf der Erde in Abhängigkeit von der Entfernung des betreffenden Körpers vom Erdmittelpunkt unterschiedliche Werte annehmen kann, hängt auch die Wichte eines Stoffes von dem Ort ab, an dem er sich befindet.

## 15.2 Dichte eines Stoffes

Um einen vom Ort unabhängigen Beschreibungswert für Stoffe zu definieren, hat man den Quotienten aus der Masse des betreffenden Körpers und seinem Volumen gewählt. Dieser beschreibt die *Dichte* eines Stoffes (Tab. 15.**1**):

$$\text{Dichte} = \frac{\text{Masse des Körpers}}{\text{Volumen des Körpers}}$$

$$\rho = \frac{m}{V}$$

mit: $\rho$ = *Dichte,*
$m$ = *Masse,*
$V$ = *Volumen*

Das Symbol für die Dichte ist „$\rho$" (griech. *rho*), die Dimension $kg/m^3$ (Kilogramm pro Kubikmeter, häufig auch $g/cm^3$). Die Dichte ist eine einen Stoff kennzeichnende Größe. Sie ist jedoch von der Temperatur abhängig, da die Masse bei Temperaturveränderungen konstant bleibt, das Volumen eines Körpers sich aber in Abhängigkeit von der Temperatur verändert.

Tabelle 15.1 Dichte verschiedener Stoffe

| Stoff | Dichte ($g/cm^3$) |
|---|---|
| Wasserstoff | 0,000089 |
| Sauerstoff | 0,00143 |
| Äther | 0,716 |
| Wasser | 1 |
| Kochsalz | 2,16 |
| Stahl | 7,86 |
| Blei | 11,3 |
| Platin | 21,4 |

## 15.3 Aufbau der Stoffe

Jedes Material oder jeder Stoff, mit dem wir es in der Biomechanik zu tun haben, besteht aus einer Anhäufung von Atomen bzw. Molekülen, die entweder alle gleichartig (homogenes Material) oder verschiedenartig sind. Diese Atome bestehen wiederum aus kleineren elektrisch geladenen Teilchen, und zwar den positiv geladenen Teilchen im Kern (Protonen), den negativ geladenen Elektronen auf Umlaufbahnen um den Kern herum und den Neutronen, die – wie ihr Name schon sagt – elektrisch neutral sind. Alle diese Teilchen werden durch ein Gleichgewicht der inneren Kräfte zusammengehalten.

Aber auch zwischen den einzelnen Atomen bzw. Molekülen wirken sich gegenseitige Kräfte aus (Ursache für kinetische Energie), die einen Stoff zusammenhalten. Die Kräfte für das Zusammenhalten eines Stoffes werden als *Kohäsionskräfte* bezeichnet. Sie sind bei festen Stoffen relativ groß, bei Flüssigkeiten geringer und bei Gasen kaum noch nachweisbar. Aus diesem Grund verteilt sich beispielsweise ein Gas sehr schnell im Raum.

## 15.4 Feste Körper

Da feste Körper sowohl einer Gestalt- als auch einer Volumenänderung einen großen Widerstand entgegensetzen – sodass diese in der Mechanik meist vernachlässigt werden können –, werden feste Körper in der Regel auch als starre Körper bezeichnet. Die beschriebenen Eigenschaften haben zur Folge, dass sich ein fester Körper, wenn eine Kraft auf ihn einwirkt, als Ganzheit bewegt und seine Form im Wesentlichen nicht ändert. Das ist die Voraussetzung dafür, dass die in den vorangegangenen Kapiteln beschriebenen Gesetze der Mechanik (z. B. $F = m * a$, $M = F * d$, etc. und alle davon abgeleiteten Gesetze.) gelten.

Diese Festigkeit der Körper ist dadurch bedingt, dass die Bindungskraft zwischen den Atomen (Molekülen), aus denen sie bestehen, größer als die kinetische Energie der Atome (Moleküle) ist. Dadurch wird ein Zustand kleinster Energie hervorgerufen, der die regelmäßige Anordnung dieser Bausteine gewährleistet – es werden sogenannte Kristallgitter gebildet. Erst bei hohen Temperaturen geht der Gleichgewichtszustand durch die Wärmebewegung verloren, und bei seiner Schmelztemperatur geht der feste Körper in einen flüssigen Körper über.

### Eigenschaften fester Stoffe

#### Elastizität

Bei den meisten festen Körpern sind die internen Bindungskräfte so groß, dass beim Einwirken einer äußeren Kraft in geringem Maße doch eine Verformung eintritt. Dies ist besonders dann der Fall, wenn die Kraft den Körper wegen einer entsprechend vorhandenen Reaktionskraft nicht in seiner Gesamtheit bewegen kann. Durch die äußere Kraft werden dann die Abstände und Lagen der Kristallgitterbausteine verändert. Dabei entstehen Spannungen im Inneren des Körpers, die wiederum Rückstellkräfte erzeugen, die mit den äußeren Kräften schließlich einen Gleichgewichtszustand erreichen. Die Rückstellkräfte bewirken, dass bei einer Entlastung (Nachlassen der äußeren Kraft) die Gitterbausteine wieder in ihre ursprüngliche Gleichgewichtslage zurückgeführt werden. Der Körper nimmt dann wieder seine ursprüngliche Gestalt an. Diese Eigenschaft fester Körper wird als *Elastizität* bezeichnet. Die Elastizität stellt also eine reversible Formänderung eines Körpers dar. Wird die ursprüngliche Form nach einer Belastung vollkommen wiederhergestellt, spricht man von *vollkommener Elastizität.*

Bei dem Vorgang der Verformung wird die dem Körper durch die äußere Kraft verliehene, aber nicht in Bewegung umgesetzte Energie gespeichert. Dadurch werden auch die Spannungen bewirkt und die Rückstellkräfte erzeugt. Diese Energie wird zur Herstellung der ursprünglichen Form des Körpers bei der Entlastung wieder abgegeben. Bei einigen Stoffen kann diese Energie auch nach außen an andere Körper abgegeben werden.

Diese Eigenschaft der Elastizität können die Stoffe aber nur bei Kräften bis zu einer bestimmten Grenze zeigen. Ist die einwirkende

Kraft größer, hat dies die plastische Verformung (siehe unten) zur Folge, und bei noch höheren einwirkenden Kräften kann es auch zum Bruch des Körpers kommen (z. B. bei Knochen).

Innerhalb der Grenze dieser Elastizität besteht zwischen der einwirkenden Kraft, der auftretenden (Normal-) Spannung im Körper und den Rückstellkräften ein linearer Zusammenhang, der durch das *Hook'sche Gesetz* beschrieben wird. Dieses lautet:

$$\sigma = \varepsilon * E$$

($\sigma$ = Normalspannung,
$\varepsilon$ = Dehnung,
E = Elastizitätsmodul des Materials)

Das Elastizitätsmodul (E) ist eine materialspezifische Konstante (Tab. 15.**2**). Durch ihren Wert wird die Steigung (E = $\sigma/\varepsilon$) der Proportionalitätskennlinie in der Abb. 15.**1** des Hook'schen Gesetzes bestimmt. Im Allgemeinen ist das Elastizitätsmodul eines Materials umso größer, je härter der Stoff ist.

Tabelle 15.**2** Einige Elastizitätsmodule fester Stoffe

| | |
|---|---|
| Gummi | 9 300 |
| Blei | 160 000 |
| Holz (Esche) | 110 000 |
| Marmor | 736 000 |
| Stahl | 2 150 000 |

Die Elastizität eines festen Körpers lässt sich beobachten, wenn man beispielsweise Stahlkugeln auf einen Steinboden fallen lässt. Sie springen dann genauso zurück, wie das ein Ball tut.

Die Eigenschaften der Elastizität werden in der Technik z. B. für Federn genutzt, wie sie früher bei Waagen (Federwaagen) und heute vor allem für die Federung von Fahrzeugen (als Spiral- oder Blattfedern) verwendet werden (Kap. 13).

Auch einige Materialien, aus denen unser Körper besteht, besitzen elastische Eigenschaften, in erster Linie die elastischen Bindegewebsfasern, die sich vor allem in Muskels und Sehnen, aber auch in der Haut und teilweise im Knorpel befinden. Auch für sie gilt: Wenn Kräfte – bis zu einem bestimmten Ausmaß – auf sie einwirken, verformen, d.h. dehnen sie sich. Lassen diese Kräfte nach, nehmen die Strukturen wieder ihre ursprüngliche Form an. Werden die einwirkenden Kräfte jedoch zu groß, reißen die Fasern. Die Materialien sind in unterschiedlichem Ausmaß elastisch. Diese Eigenschaft der Elastizität kann durch Training und Behandlung beeinflusst werden.

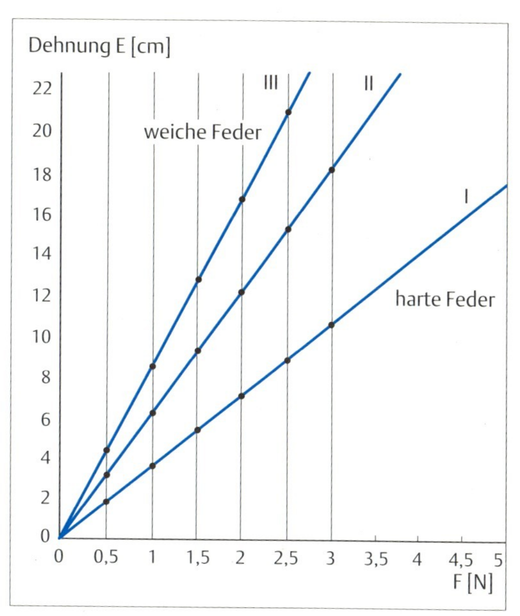


Abb. 15.**1** Diagramm zum *Hook'schen Gesetz*. Zusammenhang zwischen einwirkender (dehnender) Kraft und der Verlängerung von Stahlfedern mit unterschiedlicher Steifigkeit. Die Rückstellkraft der Federn ist ebenfalls proportional zur dehnenden Kraft.

Eine große Bedeutung für die Bewegung hat die Elastizität der Sehnen. In ihnen können nämlich durch diese Eigenschaft bei der Dehnung (Formveränderung durch Krafteinwirkung) Kräfte (Energie) gespeichert werden, die bei der anschließenden Kontraktion der betreffenden Muskeln die erzeugte Muskelkraft unterstützen können. Vor allem beim schnellen Laufen und Springen trägt die Elastizität der Achillessehne zu einer Steigerung der Abdruckkraft bei.

### Plastizität

Für die meisten festen Materialien gilt, dass sie unter der Einwirkung bestimmter Kräfte ihre Gestalt derart ändern, dass diese nach der Entlastung nicht wieder eingenommen werden kann. Physikalisch lässt sich das so erklären, dass bei der Einwirkung der Kräfte die dadurch erzeugte Energie bei der Verschiebung der Atome (Moleküle) gegeneinander in Wärme umgewandelt wird und daher nicht für Rückstellkräfte zur Verfügung steht. Die Atome bzw. Moleküle des Stoffes verbleiben dann in einer neuen Schichtung, bei einem neuen Gleichgewicht der inneren und äußeren Kräfte. Man spricht von *plastischer Verformung* der Stoffe.

Die plastische Verformung eines Stoffes ist also nicht wie die elastische Verformung reversibel. Zur plastischen Verformung eines Stoffes werden für den gleichen Stoff höhere Kräfte benötigt als für eine elastische Verformung. Das bedeutet, bei Krafteinwirkung auf einen Körper tritt bei geringeren Kräften eine elastische (reversible) Verformung, bei höheren Kräften eine plastische (nicht reversible) Verformung ein. Bei noch höheren Kräften kommt es dann zum Bruch oder Reißen des Materials.

Bei welcher Kraft die elastische in eine plastische Verformung übergeht und bei welcher Kraft der Stoff schließlich bricht oder reißt, ist von Stoff zu Stoff verschieden. Stahl verhält sich beispielsweise über einen sehr weiten Bereich der Krafteinwirkung elastisch. Auch der Bereich, in dem Kräfte eine plastische Verformung von Stahl erzeugen, ist relativ groß. Beim Stahl tritt beispielsweise beim Walzen eine plastische Verformung ein. Bei noch höheren Kräften bricht oder reißt der Stahl.

Bei vielen Stoffen sind aber die Bereiche, in denen sie auf Kräfte mit elastischer Verformung reagieren und die Bereiche, in denen sie mit plastischer Verformung antworten, sehr unterschiedlich. So reagiert Glas in einem gewissen Bereich auf Kräfte, die auf es einwirken, elastisch: Man kann Glaskugeln

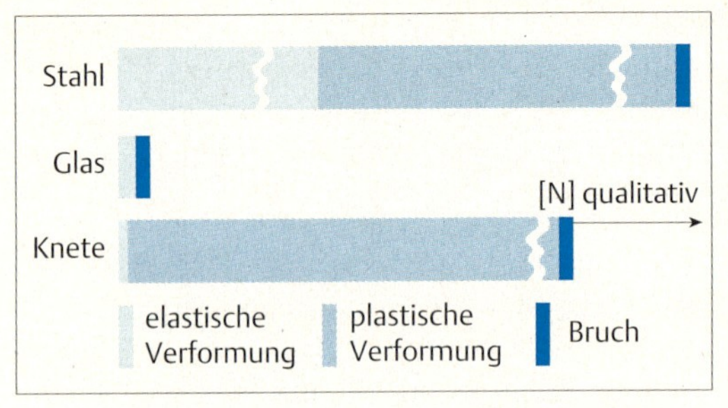


Abb. 15.**2** Bereiche, in denen Kräfte elastische bzw. plastische Verformungen an Materialien verursachen. (Die Kraftskala wurde qualitativ und intuitiv gewählt.)

auf einem Steinboden springen lassen. Dagegen gibt es keine Kräfte, die bei Glas eine plastische Verformung bewirken. Dafür bricht es, wenn die Elastizitätsgrenze überschritten wird. Auf der anderen Seite verhält sich beispielsweise Knetmasse nur in einem sehr kleinen Bereich von Kräften elastisch. Sie hat aber einen größeren Bereich, in dem sie mit plastischer Verformung reagiert (Abb. 15.**2**).

## 15.5 Flüssige und gasförmige Körper (Fluide)

Flüssige unterscheiden sich von festen Körpern dadurch, dass ihre Bestandteile (Moleküle) nur durch sehr geringe Kräfte zusammengehalten werden und deswegen sehr leicht gegeneinander verschiebbar sind. Daher haben Flüssigkeiten auch keine feste Form. Sie besitzen jedoch wie die festen Körper eine bestimmte Oberfläche und ein bestimmtes Volumen. Flüssigkeiten sind – im Gegensatz zu gasförmigen Stoffen – nur in sehr geringem Ausmaß kompressibel (zusammendrückbar), weil ihre Moleküle so dicht beieinander liegen, dass ihre weitere Annäherung kaum noch möglich ist.

### Eigenschaften flüssiger und gasförmiger Stoffe

#### Kapillarität

Steckt man ein sehr dünnes Röhrchen (Kapillare) in eine Flüssigkeit, so kann man folgendes beobachten (Abb. 15.**3**):

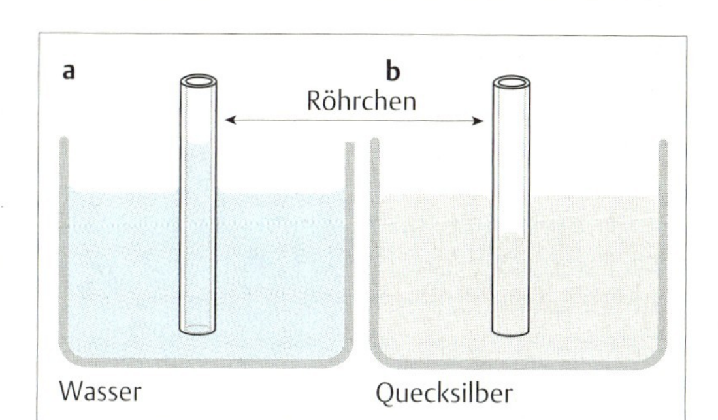


Abb. 15.**3a** u. **b** Kapillarität: Verhältnis von Kohäsions- und Adhäsionskräften in Flüssigkeiten.
**a** Für Wasser sind die Adhäsionskräfte größer als die Kohäsionskräfte: Es kommt zur Kapillaraszension.
**b** Für Quecksilber sind die Kohäsionskräfte größer als die Adhäsionskräfte: Es kommt zur Kapillardepression.

- Entweder die Flüssigkeit steigt im Gegensatz zum Mittelteil an den Wänden des Röhrchens an *(Kapillaraszension)* – das gilt z. B. für Wasser –,
- oder die Flüssigkeit wird an den Wänden gegenüber der Mitte herabgedrückt *(Kapillardepression)* – das gilt z. B. für Quecksilber.

Im ersten Fall nennt man die Flüssigkeiten *benetzend*, im zweiten Fall *nicht benetzend*. Dieser Effekt kommt durch die zwischenmolekularen Kräfte der *Kohäsion* (Kräfte zwischen den Flüssigkeitsmolekülen untereinander) und der *Adhäsion* (Kräfte zwischen den Molekülen der Flüssigkeit und der Rohrwand) der Flüssigkeit zustande. Sind die Adhäsionskräfte größer als die Kohäsionskräfte, kommt es zur Kapillaraszension. Sind die Kohäsionskräfte größer als die Adhäsionskräfte, führt dies zur Kapillardepression.

Die Adhäsionskräfte kann man jedoch durch Bearbeiten der Berührungsfläche beeinflussen. Benetzt man beispielsweise eine Oberfläche, bevor man Wasser auf sie gibt, werden die Adhäsionskräfte unterstützt, und das Wasser kann sich besser auf der Oberfläche ausbreiten bzw. in einer Kapillare ansteigen. Diese Möglichkeit lässt sich bei Schwämmen oder anderen Wasser aufsaugenden Materialien gut beobachten.

Reibt man dagegen eine Oberfläche mit Fett ein und gibt dann einen Tropfen Wasser auf diese Fläche, verhält sich das Wasser wie eine nicht benetzende Flüssigkeit - sie wird hydrophob (griech. ύ δ ω ρ – Hydor = Wasser, φ ο β ε ῖ ν = fürchten, abschrecken).

Unser Organismus macht sich diese Eigenschaften von Flüssigkeiten zunutze. Die Wände der Blutgefäße sind so eingerichtet, dass die Körperflüssigkeiten benetzend wirken und auf diese Weise die Flüssigkeiten optimal, auch ohne dass ein bestimmter Druck zur Weiterbeförderung besteht, durch die engen Kapillaren fließen können. Dadurch können die Nährstoffe der Flüssigkeit jederzeit vollständig ausgenutzt werden. An bestimmten Strukturen, die nicht ständig Kontakt mit Flüssigkeit haben sollen, werden dagegen hydrophobe (fetthaltige) Membranen verwendet. Dies geschieht beispielsweise an den Zellwänden von Nerven- und Muskelzellen, die zum Ionenaustausch für die Auslösung von Potentialänderungen zur Verfügung stehen müssen.

### Oberflächenspannung

Die Kohäsionskraft in einer Flüssigkeit sorgt auch für eine gewisse Oberflächenspannung. Durch sie bildet beispielsweise Wasser Tropfen. Das wird bei der Dosierung von Infusionen genutzt. Die Oberflächenspannung sorgt auch dafür, dass sich einige Insekten (Wasserläufer) auf einer Wasseroberfläche bewegen können, ohne einzusinken.

Man kann die Oberflächenspannung bei Wasser durch Zugabe von Waschmittel verringern. Dieser Effekt wird bekanntlich bei Wasch- und Abwaschvorgängen genutzt, damit z. B. auch fettbehaftete Oberflächen besser benetzt und somit gereinigt werden können.

### Viskosität

Wird die „Form“ eines Fluids durch eine Kraftwirkung darauf geändert, indem man beispielsweise Druck ausübt oder es durch eine

Röhre oder ein Gitter presst, dann treten Reibungskräfte zwischen den Molekülen des Fluids auf. Diese wirken der Bewegung der Moleküle entgegen. Wie auch bei anderen Reibungskräften wächst die Größe dieses Widerstands mit der Geschwindigkeit, mit der sich die Fluidmoleküle gegeneinander bewegen.

Diese Reibungs- oder Widerstandskraft gegen die Bewegung der Moleküle wird bei fließenden Stoffen als *Viskosität* bezeichnet. Sie wird mit dem Symbol „η" (griech. *eta*) gekennzeichnet und hat die Einheit [Ns/m²].

Tabelle 15.**3** Viskosität einiger Stoffe (aus Gerthsen C, Vogel H. 1993)

| | Viskosität (Ns/m²) | Temperatur (°C) |
|---|---|---|
| Wasser | 0,00182 | 0 |
| | 0,001025 | 20 |
| | 0,000288 | 100 |
| Ethylalkohol | 0,00121 | 20 |
| Ethylether | 0,000248 | 20 |
| Glyzerin | 1,528 | 20 |
| Luft (1 bar) | 0,0000174 | 0 |
| Wasserstoff (1 bar) | 0,0000086 | 0 |

Wie Tabelle 15.**3** zeigt, nimmt die Viskosität bei Flüssigkeiten mit steigender Temperatur stark ab, bei Gasen nimmt sie dagegen mit steigender Temperatur zu.

Wie in Kap. 6 erwähnt, wird auch die Flüssigkeitsreibung der Viskosität in Form von Bremskräften in der Technik genutzt. Dies geschieht hauptsächlich zur Dämpfung beim Zusammentreffen von Materialteilen (Bewegung von Maschinenteilen) und ist beispielsweise vom Stoßdämpfer bei Autos bekannt.

Auch im menschlichen Organismus spielt die Viskosität eine Rolle. Vor allem zum Schutz von Geweben vor Schädigungen durch zu hohe Geschwindigkeiten (z. B. der Muskel bei der Muskelkontraktion, siehe Kap. 16) oder zum Schutz bei Kollisionen sind Muskeln und andere Körpergewebe mit einer gewissen Viskosität ausgestattet.

### Kräfte in Fluiden

Ein statisches Gleichgewicht in einer Flüssigkeit besteht dann, wenn die Summe aller auf sie wirkenden Kräfte gleich Null ist. Im Schwerefeld der Erde ist das nur der Fall, wenn sich ihre Oberfläche senkrecht zur Wirkungslinie der Schwerkraft befindet (also horizontal ist). Andernfalls würden die Flüssigkeitsmoleküle bedingt durch die Schwerkraft und aufgrund ihrer leichten Verschiebbarkeit in seitlicher Richtung der Schwerkraft folgend seitlich ausweichen, bis auf alle Moleküle wieder die gleiche Schwerkraft wirkt.

### Hydrostatischer Druck

Ein Druck lässt sich nur in der Weise auf eine Flüssigkeit ausüben, dass man ihn – anders als bei einem festen Körper – gleichzeitig auf die gesamte Oberfläche ausübt. Ansonsten entziehen sich die Flüssigkeitsmoleküle dem Druck, indem sie um den Körper, der den Druck ausübt, herumfließen. Wird auf diese Weise ein Druck auf die gesamte Oberfläche der Flüssigkeit ausgeübt, setzt sich der Druck innerhalb der Flüssigkeit nach allen Seiten gleichmäßig fort. Die Höhe des Druckes lässt sich folgendermaßen berechnen:

$$\text{Druck} = \frac{\text{wirkende Kraft}}{\text{Oberfläche}}$$

$$p = \frac{F}{A}$$

Der Druck ist somit eine abgeleitete Größe und setzt sich aus den Einheiten für die Kraft [N] und die Fläche [m²] zusammen. Das Symbol für den Druck ist „p", die Einheit „Pascal" (Pa) und es gilt: 1 Pa = 1 N/m².

(Der in Kap. 6 beschriebene Druck entspricht dem hier beschriebenen. Dort war er nur zur Unterscheidung zwischen Kraft und Druck erwähnt worden, die in der Praxis synonym verwendet werden.)

Wird auf eine Flüssigkeit ein Druck ausgeübt, gibt diese den Druck – bzw. die auf sie wirkende Kraft – nicht nur in die Richtung weiter, in die die Kraft wirkt, die den Druck verur-

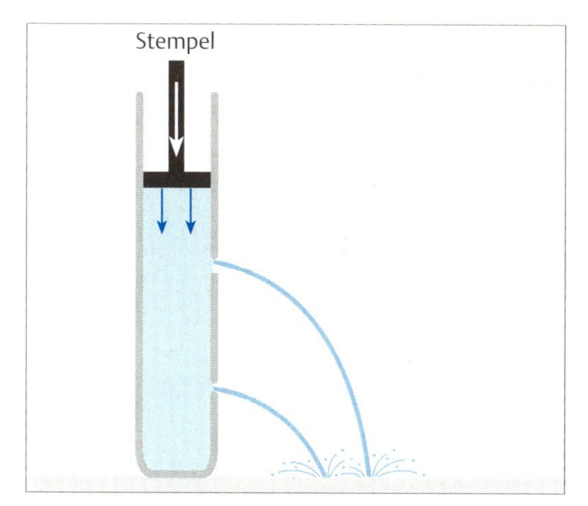


Abb. 15.**4** Wird auf eine Flüssigkeit Druck ausgeübt, setzt sich dieser nach allen Seiten gleichmäßig fort. Befindet sich in der Seite des Behälters ein Loch, wird die Flüssigkeit durch den Druck seitwärts aus dem Behälter gedrückt.

sacht. Vielmehr setzt sich der Druck gleichmäßig nach allen Seiten fort. Das lässt sich leicht beobachten, wenn man ein Loch in einen Behälter bohrt. In diesem Fall folgt die Flüssigkeit nämlich an der Stelle des Loches dem Druck, der durch die Schwerkraft auf die Oberfläche der Flüssigkeit ausgeübt wird und strömt aus (Abb. 15.**4**).

Umgekehrt wirkt auf einen Gegenstand in einer Flüssigkeit ein gleichmäßiger Druck von allen Seiten (Reaktionskräfte), und zwar wirkt der Druck jeweils senkrecht auf die jeweilige Fläche des Gegenstandes. Dabei hängt die Höhe des Druckes – wenn nicht zusätzlich künstlich erzeugte Kräfte (z. B. Fliehkräfte) eine Rolle spielen – außer von Konstanten, allein von der Höhe der Flüssigkeitssäule über dem Körper ab.

Daraus ergibt sich das sogenannte *hydrostatische Paradoxon*, das besagt, dass in mit Flüssigkeit gefüllten Gefäßen der Druck am Boden überall gleich und nur von der Höhe des Flüssigkeitsstandes über dem Boden, jedoch nicht von der Form des Gefäßes abhängig ist (Abb. 15.**5**).

Der hydrostatische Druck lässt sich anhand folgender Gleichung berechnen:

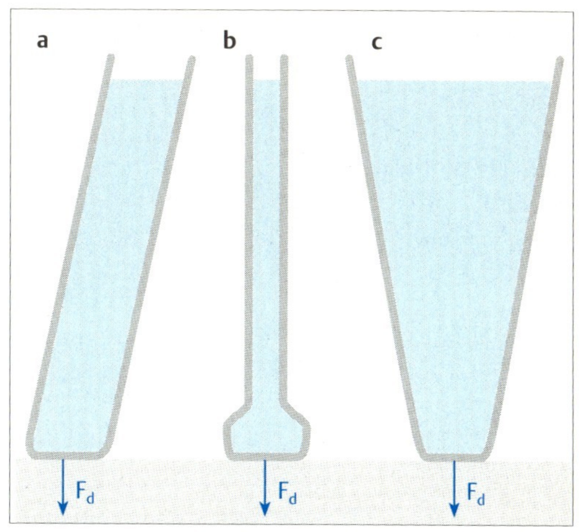


Abb. 15.**5** *Hydrostatisches Paradoxon.*

$$p = \rho * g * h$$

mit: $\rho$ = *Dichte der Flüssigkeit,*
$g$ = *Schwerebeschleunigung,*
$h$ = *Höhe der Flüssigkeitssäule*

Diese Bedingungen des gleichmäßigen Drukkes von allen Seiten, der mit zunehmender Tiefe ansteigt, sind besonders beim Tauchen zu beachten, da der menschliche Körper von Natur aus nicht auf derart hohe Druckwerte von außen eingestellt ist. Aus diesem Grund müssen beim Tauchen bestimmte Sicherheitsmaßnahmen zum Druckausgleich – der zusätzlich eine zeitliche Komponente enthält- - eingehalten werden (langsamer Tiefenwechsel, kompressionsbeständige Schutzanzüge).

### Hydrostatischer Auftrieb

Aus dieser Druckbeziehung leitet sich eine spezifische Eigenschaft von Flüssigkeiten ab, nämlich der *hydrostatische Auftrieb* (Abb. 15.**6**).

Als hydrostatischer Auftrieb wird eine der Schwerkraft entgegengesetzte Kraft bezeichnet, die in einer ruhenden, der Schwerkraft ausgesetzten Flüssigkeit (oder Gas) auf unter- oder eingetauchte Körper einwirkt. Dies geschieht aufgrund der Druckkräfte des umgebenden Mediums, die mit der Tiefe zunehmen und senkrecht zur Flüssigkeitsoberfläche gerichtet sind.

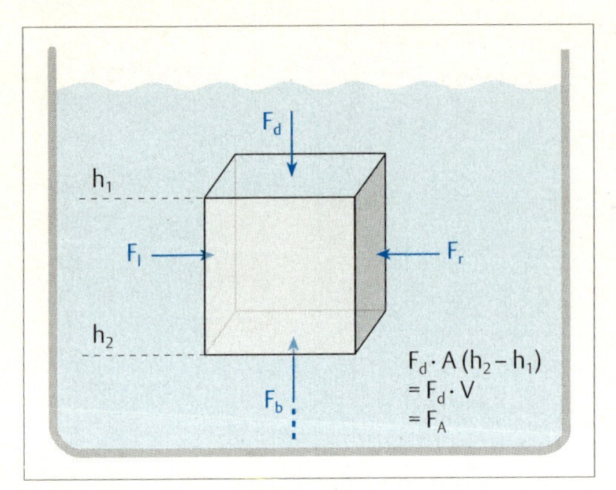


Abb. 15.**6** *Hydrostatischer Auftrieb: Der Druck auf den Körper ist von allen vertikalen Seiten gleich groß, aber jeweils entgegengesetzt gerichtet ($F_{links}$ = -$F_{rechts}$,* $F_{vorn}$ = -$F_{hinten}$). Der Druck auf den Boden ist um die Höhe des Körpers ($h_2$-$h_1$) größer als der auf die Decke des Körpers. Daraus ergibt sich eine Restkraft in Aufwärtsrichtung: der hydrostatische Auftrieb.

*Berechnung des Druckes auf allen Seiten des Quaders* (Abb. 15.**6**) (Der Druck ist auf allen Seiten gleich groß und wirkt senkrecht auf sie ein). Der Druck von jeweils zwei gegenüberliegenden Seiten hebt sich paarweise auf –, wegen der gleichen Größe des jeweiligen Druckes, aber ihres unterschiedlichen Vorzeichens.

$h_1$ = über dem Körper lastende Flüssigkeitssäule,
$h_2$ = Tiefe der Bodenfläche

Druck auf die Deckfläche

$$p_d = \frac{A * h_1 * \rho * g}{A} = h_1 * \rho * g$$

Druck auf die Bodenfläche

$$p_b = \frac{A * h_2 * \rho * g}{A} = h_2 * \rho * g$$

Weil $h_1$ kleiner als $h_2$ ist, ist auch $p_d$ kleiner als $p_b$. Deswegen wirkt auf den Körper eine nach oben gerichtete Kraft, die folgenden Betrag hat:

$$F_A = A * (p_b - p_d) = A * \rho * g * (h_2 - h_1)$$

$F_A$ = Auftriebskraft

Da *A ∗ ($h_2$-$h_1$) = Grundfläche ∗ Höhe* auch das Volumen des Körpers und damit das der verdrängten Flüssigkeitsmenge ergibt, gilt:

$$F_A = V * \rho * g$$

**Merke:** Der Auftrieb eines Körpers in einer Flüssigkeit ist gleich dem Gewicht der von ihm verdrängten Flüssigkeit. Ist die Auftriebskraft größer als das Gewicht des Körpers, taucht er nur so tief ein, dass das Gewicht der verdrängten Flüssigkeitsmenge gleich seinem Gewicht ist, d.h. der Körper schwimmt. Ist die Auftriebskraft geringer als das Gewicht des Körpers, so sinkt er auf den Boden der Flüssigkeit. Entspricht sein Volumen gerade dem Gewicht der verdrängten Flüssigkeit, ist die Auftriebskraft gleich Null. Der Körper sinkt aber nicht tiefer in das Wasser ein. Man sagt: er schwebt (Abb. 15.**7**, Tab. 15.**4**).

Tabelle 15.**4** Bewegungszustand eines festen Körpers in einer Flüssigkeit in Abhängigkeit von seinem Gewicht

| Beziehung | Bewegungszustand |
|---|---|
| Gewicht = Auftrieb | Körper schwebt |
| Gewicht > Auftrieb | Körper sinkt |
| Gewicht < Auftrieb | Körper schwimmt |

Diese Gesetzmäßigkeit gilt allgemein für beliebig geformte Körper. Sie wird auch als *Archimedisches Prinzip* bezeichnet.

In der Physiotherapie wird von diesem hydrostatischen Auftrieb bei Bewegungsübungen im Wasser Gebrauch gemacht. Die Auftriebskraft bewirkt nämlich eine Reduzierung der

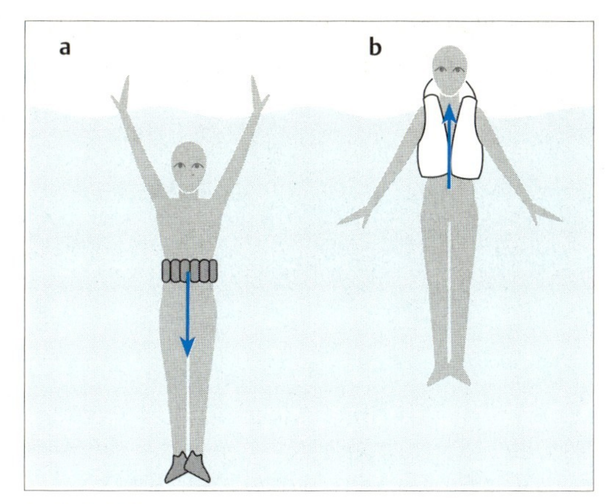


Abb. 15.**7a** u. **b** u.

**a** Felix mit einem Bleigürtel ist schwer als das Volumen des Wassers, das er mit seinem Körper verdrängt, d.h. er sinkt.

**b** Felix mit einer Schwimmweste ist leichter als das Volumen des Wassers, das er mit seinem Körper verdrängt, d.h. er schwimmt.

Gewichtskraft, sodass die Antischwerkraftmuskeln entlastet werden, und der Patient sich leichter bewegen kann. Zusätzlich lässt sich bei Übungen im Wasser der Wasserwiderstand (siehe unten) als Mittel zur Modifizierung des Widerstands gegen eine Bewegung bzw. die Kraftwirkung eines Muskels ausnutzen.

### Hydrodynamischer Auftrieb

Der hydrostatische Auftrieb spielt vor allem bei Flüssigkeiten, jedoch weniger bei Gasen eine Rolle, weil der innere Zusammenhalt der Gasmoleküle zu gering ist und weil Gas in der Regel leichter ist als andere Materialien. Dagegen spielt der *hydrodynamische Auftrieb* vor allem bei Gasen eine Rolle, weil bei ihm die Bewegungsgeschwindigkeit des Körpers im Medium eine wesentliche Bedeutung hat. Diese ist in Flüssigkeiten in der Regel nicht so groß, dass es zu einer bedeutsamen Wirkung des hydrodynamischen Auftriebs kommt.

Der hydrodynamische Auftrieb bezeichnet die Kraft, die aufgrund unterschiedlicher Druckverteilung auf einen von Flüssigkeit oder Gas umströmten Körper wirkt. Sie wirkt senkrecht zur Anströmrichtung. Voraussetzung für einen hydrodynamischen Auftrieb ist, dass der Körper eine geeignete Form besitzt, damit die Kraft entstehen kann. Dieses Prinzip wurde beim Bau der Vogelflügel verwirklicht. Auch bei Flugzeugen wird die Kraft durch eine geeignete Konstruktion des Rumpfes und der Flügel ausgenutzt (Abb. 15.**8**).

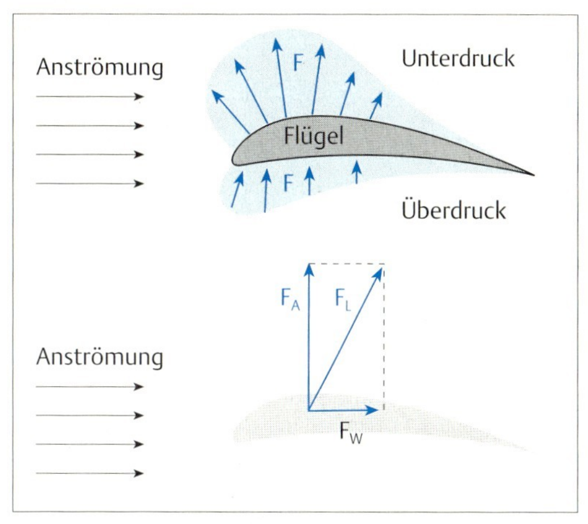


Abb. 15.**8a** u. b a Hydrodynamischer Auftrieb. In fließenden Medien kann in Abhängigkeit von der Strömungsgeschwindigkeit und der Form des festen Körpers im Medium eine Auftriebskraft entstehen.

**a** Verteilung der Auftriebskräfte (F), die bei Anströmung eines festen Körpers mit bestimmter Form entstehen können.

**b** Entstehung der resultierenden „Luftkraft„ (L) beim Anströmen eines Flügels. ($F_A$ = Auftriebskraft, W = Widerstands- (Reibungs-) Kraft).

### Strömungswiderstand

Als Strömung wird die zusammenhängend und beständig erfolgende Bewegung von Flüssigkeiten und Gasen bezeichnet. Man kann sie als eine stetige Funktion des Ortes der einzelnen Masseteilchen der Flüssigkeit bzw. des Gases beschreiben (Abb. 15.**9**).

*Strömungswiderstände* entstehen immer dann, wenn sich ein fester Körper durch ein fluides Medium bewegt oder bewegt wird. Insofern lässt sich der Strömungswiderstand mit den Reibungskräften vergleichen, die zwischen zwei festen Körpern auftreten, wenn diese gegeneinander bewegt werden und die-

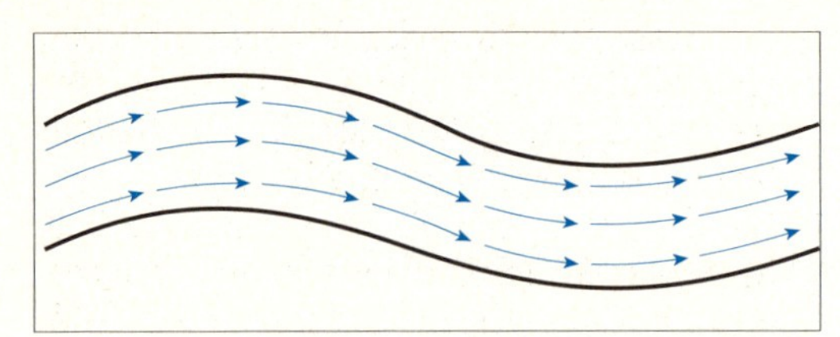

Abb. 15.**9** Stromlinien in einem fließenden Medium: Die Moleküle des Fluids bewegen sich stetig und kontinuierlich durch ihr „Flussbett".

ser Bewegung eine Widerstandskraft entgegensetzen.

Im Gegensatz jedoch zu den Reibungskräften zwischen zwei festen Körpern, die keinen Einfluss auf die Form der Körper bzw. die Anordnung ihrer Moleküle haben, verursacht die Bewegung eines festen Körpers durch ein flüssiges oder gasförmiges Medium eine Bewegung der Moleküle des Fluids. Diese kann dann wiederum eine Auswirkung auf die Bewegung des festen Körpers haben. In Abhängigkeit vom Ausmaß der gegenseitigen Beeinflussung spricht man mit Bezug auf die durch den festen Körper erzeugte Bewegung des Fluids von *laminarer* bzw. *turbulenter Strömung*. (Abb. 15.**10**).

### Laminare Strömung

Ist der feste Körper, der sich durch das flüssige (gasförmige) Medium bewegt, relativ flach oder dünn – setzt er also dem Strom des Fluids nur eine sehr kleine Fläche senkrecht zur Strömungsrichtung entgegen –, wird der Strom der Flüssigkeit (Gas) nur geringfügig gestört. Das bedeutet, nur eine dünne Schicht der Flüssigkeit muss wegen des festen Körpers seinen Weg ändern und wird durch die Reibung an seiner Oberfläche in seiner Strömungsgeschwindigkeit gebremst. Ist der feste Körper umflossen, kann sich der Flüssigkeitsstrom wieder leicht schließen. Liegt dieser Fall vor, spricht man von einer *laminaren Strömung*, die durch die Bewegung des festen Körpers verursacht wurde. Die laminare Strömung beeinflusst ihrerseits die Bewegung des festen Körpers nur geringfügig. Der Strömungswiderstand ($F_S$) verhält sich bei laminarer Strömung (linear) proportional zur relativen Strömungsgeschwindigkeit von festem Körper und Fluid zueinander.

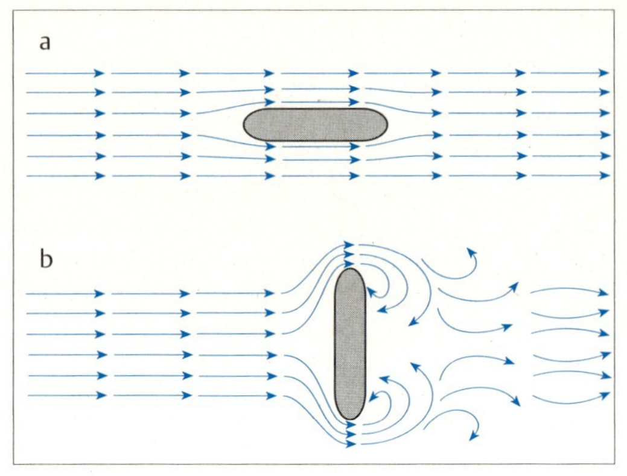


Abb. 15.**10a** u. **b** Laminare und turbulente Strömung.

**a** Laminare Strömung: Ein flacher Körper beeinträchtigt die Stromlinien nur wenig. Nur eine kleine Schicht des fließenden Mediums muss wegen des Körpers von seiner Stromlinie abweichen, kehrt aber unmittelbar hinter dem Körper wieder auf seinen alten Weg zurück.

**b** Turbulente Strömumg: Wird der flache Körper senkrecht zur Strömungsrichtung gestellt, müssen viele Schichten ihre Stromlinie verlassen. Hinter dem flachen Körper bilden sie Wirbel. Es entsteht ein Vakuum, das eine Sogwirkung auf den flachen Körper ausübt – der Strömungswiderstand (W) wird größer ($W = v^2$).

### Turbulente Strömung

Mit zunehmender Größe der Fläche des festen Körpers, die senkrecht zur Strömungsrichtung orientiert ist, werden immer mehr Schichten des strömenden Mediums in ihrem Fluss beeinträchtigt, d.h. sie müssen ihren Weg ändern, um am festen Körper vorbeifließen zu können. Ebenso wird es immer schwieriger, die zur Seite gedrängten strömenden Teilchen hinter dem festen Körper wieder zu einem geordneten Fluss zusammenzuführen. Aus diesem Grund entstehen hinter den festen Körpern Strömungswirbel, die ihrerseits die Bewegung des festen Körpers beeinflussen: Sie üben eine Sogwirkung auf ihn aus. Das bedeutet, dass der Strömungswiderstand sehr viel größer wird. Tritt dieser Zustand ein, spricht man von einer *turbulenten Strömung* des Mediums.

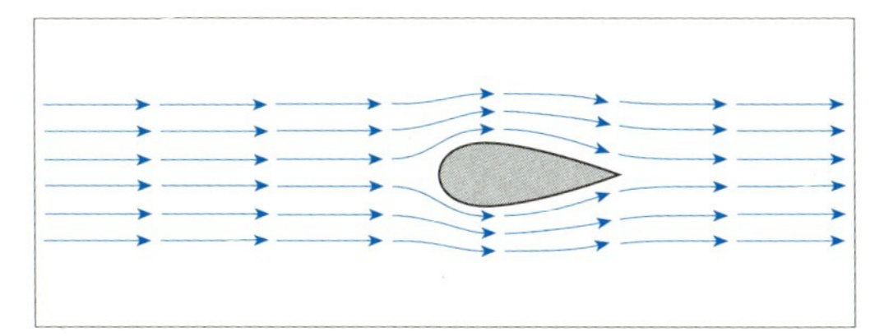

Abb. 15.**11** Wird die Frontfläche eines festen Körpers in einem fließenden Medium abgerundet, fördert das den Erhalt der Stromlinien, d.h. sie können „sanft„ ab- und um den Körper herumgeleitet werden. Durch eine spitz zulaufende Gestaltung der Rückseite eines festen Körpers in einem fließenden Medium wird das Beibehalten der Stromlinien gefördert. Es entsteht kein Vakuum und keine Strömungswirbel.

Es leuchtet ein, dass diese Probleme mit steigender Strömungsgeschwindigkeit anwachsen. Dies drückt sich in der Gleichung für den Strömungswiderstand in einer turbulente Strömung aus. Diese lautet:

$$F_S = 1/2\, c_w * \rho * A * v^2$$

mit: $c_w$ = Widerstandsbeiwert,
$\rho$ = *Dichte des strömenden Mediums,*
$A$ = *Frontfläche des festen Körpers senkrecht zur Strömungsrichtung*

Die Gleichung zeigt, dass bei der turbulenten Strömung der Strömungswiderstand im Quadrat mit der relativen Strömungsgeschwindigkeit wächst. Aus der Gleichung und den Beobachtungen ergibt sich auch, wie man den Strömungswiderstand beeinflussen, z. B. vermindern kann.

Zuallererst ist soweit wie möglich sicherzustellen, dass die Strömung in laminarer Form erhalten bleibt und keine turbulente Strömung entsteht. Dazu verhilft:

- Die Strömungsgeschwindigkeit so gering wie möglich halten.
- Die Frontfläche des festen Körpers senkrecht zur Strömungsrichtung so klein wie möglich halten und so gestalten, dass die fließenden Schichten des Fluids einfach (ohne Wirbel) getrennt werden.
- Die Form der Rückseite des festen Körpers so gestalten, dass eine möglichst wirbelfreie Zusammenführung der fließenden Schichten möglich wird (Abb. 15.**11**).
- Da wie bei allen Reibungskräften die Rauigkeit der Oberfläche der gegeneinanderbewegten Körper einen Einfluss auf die Größe der Widerstandskraft hat, ist eine möglichst glatte Oberfläche des festen Körpers zu wählen. Außerdem ist darauf zu achten, dass keine materialbedingten elektrischen oder sonstigen Kräfte den Widerstandswert unnötig erhöhen.

Schließlich wurde bereits erwähnt, dass – anders als bei Reibungskräften zwischen zwei festen Körpern – eine durch einen festen Körper erzeugte Störung der Strömung eines fließenden Mediums Rückwirkungen auf die Bewegung des festen Körpers haben kann –, abgesehen von der bremsenden Wirkung der Reibungskräfte und der Sogwirkung durch auftretende Wirbel.

Beeinflusst nämlich die Form oder die Orientierung des festen Körpers die Strömung in der Weise, dass die Dichte des fließenden Mediums an den verschiedenen Seiten des festen Körpers unterschiedlich ist, dann resultiert daraus zum einen, dass die Strömungsgeschwindigkeit auf den Seiten mit unterschiedlicher Strömungsdichte auch unterschiedlich ist. Zum anderen entsteht auf der Seite der geringeren Dichte eine Art Vakuumeffekt, der eine Sogwirkung auf den festen Körper ausübt. Der feste Körper bewegt sich dann in Richtung der Seite, die mit geringerer Dichte umströmt wird. Auf diesem Effekt beruht auch die Wirkung des erwähnten hydrodynamischen Auftriebs. Man kann diesen Effekt durch spezifische Bewegungen des festen Körpers hervorrufen (z. B. durch einen „Spin" des Balles, durch den beim Fußball ein Eckball direkt ins Tor fliegen kann). Er kann aber auch – wie das in der Technik der Fall ist – durch die konstruktionsbedingte Form der festen Körpers herbeigeführt und genutzt werden, um ein bestimmtes Verhalten des Körpers im fließenden Medium zu erzielen.

Ein weiteres Phänomen lässt sich beobachten, wenn eine nichtkompressible Flüssigkeit durch eine Raumverengung (Rohrverengung) fließt. Für eine derartige Strömung gilt nämlich folgende Gleichung:

$$S_1 * v_1 = S_2 * v_2$$

(S = Querschnitt des Rohres)

Das bedeutet: Im gleichen Maß, in dem der Querschnitt des Rohres abnimmt, nimmt die Strömungsgeschwindigkeit zu bzw. umgekehrt (Abb. 15.**12**).

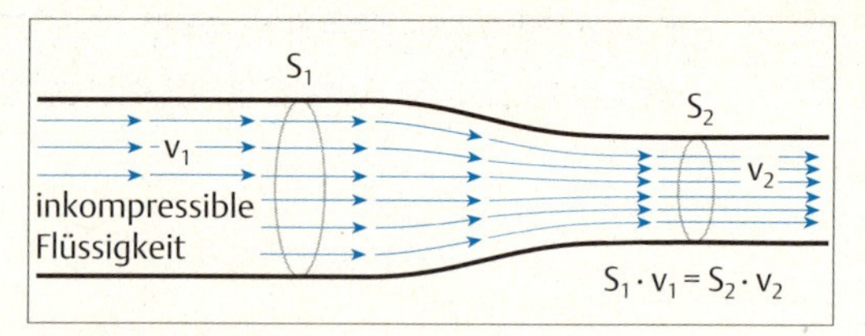


Abb. 15.**12** Kontinuitätsgleichung für eine inkompressible Flüssigkeit in einem Rohr mit unterschiedlichem Rohrquerschnitt: Das Produkt aus (Querschnitt * Strömungsgeschwindigkeit) ist an allen Stellen des Rohres gleich ($S_1 * v_1 = S_2 * v_2$). Das bedeutet: verengt sich das Rohr, muss die Strömungsgeschwindigkeit größer werden.

Im menschlichen Organismus spielen Strömungsvorgänge insofern eine Rolle, als Flüssigkeiten (z. B. Blut) und Luft eine herausragende Bedeutung für die Versorgung des Organismus mit Nährstoffen und Sauerstoff haben. Ihr störungsfreier Fluss ist also Grundlage für die Gewährleistung der Lebensfunktionen. Im gesunden Zustand sind die Strombetten für Blut und Luft in einem Zustand, der eine optimale Versorgung gewährleistet.

Es können jedoch Störungen auftreten, wenn die Adern beispielsweise durch Ablagerungen verengt sind. Da diese Ablagerungen gleichzeitig die Elastizität der Wände beeinträchtigen und sie auch mechanisch schädigen, können sich aus dem Zusammentreffen derartiger Schädigungen große Probleme für den Organismus ergeben. Dann ist nämlich der Aderquerschnitt durch die Ablagerungen verengt. Das führt zu einer Erhöhung der Strömungsgeschwindigkeit. Dies wiederum kann Turbulenzen an der Verengungsstelle selbst oder an Abzweigstellen zur Folge haben. Die Turbulenzen können dann einen erhöhten Druck auf die Aderwände ausüben, denen diese aber wegen der mangelnden Elastizität nicht mehr gewachsen sind. Die Folge ist ein Riss der Aderwände, sodass das Blut ausströmt und nicht mehr an die Stellen gelangt, an denen es benötigt wird. Dort kommt es zur Ischämie. Geschieht dies am Herzmuskel, führt es zum Infarkt.

Auch für die Luftwege, vor allem die Bronchien und die kleineren Bronchiolen, ist wichtig, dass sie elastisch bleiben und sich keine Ablagerungen in ihnen bilden. Denn nur dadurch ist ein gleichmäßiger und ausreichender Luftstrom gewährleistet.

# 16 Muskel – Kraftgenerator des Organismus

## 16.1 Aufgaben des Muskels

Der Muskel ist die „Maschine" im menschlichen Körper, der die Kraft für die Bewegungen produziert, indem er chemische in mechanische Energie umwandelt und für die Muskelarbeit zur Verfügung stellt. Diese Kraft muss die richtige Dosierung haben und zum richtigen Zeitpunkt eingesetzt werden – die Information darüber erreicht den Muskel über das Nervensystem. Da der menschliche Organismus sehr viele Muskeln besitzt (ca. 460), muss für eine gute Koordination der Muskeltätigkeit gesorgt werden. Außerdem müssen die Muskeln in der Lage sein, sich neuen Situationen und Anforderungen anzupassen. Das bedeutet, sie müssen in der Lage sein zu lernen und trainiert zu werden. Im Laufe der Evolution hat der Organismus den Aufbau und die Funktionsweise der Muskeln so optimiert, dass sie allen diesen Aufgaben gerecht werden. Um menschliche Bewegung verstehen und vor allem bei Funktionsstörungen die richtige Hilfe leisten zu können, damit der Bewegungsapparat wieder funktionstüchtig wird, ist eine gute Kenntnis des Systems Muskel notwendig.

Im Rahmen dieses Kapitels soll allerdings lediglich auf die Erörterung der wichtigsten Mechanismen des Krafterzeugung, der mechanischen Bedingungen in und um den Skelettmuskel (= quergestreifter Muskel) herum sowie die Kontrolle des Krafteinsatzes eingegangen werden.

## 16.2 Aufbau des Skelettmuskels

Die Funktionseinheit Skelettmuskel besteht aus Bündeln langgestreckter, zylinderförmiger Einheiten, den Muskelzellen, die zahlreiche Kerne enthalten. Bei diesen Muskelzellen handelt es sich um sehr spezialisierte Körperzellen. Das drückt sich auch in den speziellen Bezeichnungen einiger Zellbestandteile aus: Das Zytoplasma (Zellflüssigkeit) heißt bei der Muskelzelle *Sarkoplasma*, das endoplasmatische Retikulum wird als *sarkoplasmatisches Retikulum*, die Zellmembran als *Sarkolemm* und die Mitochondrien als *Sarkosomen* (griech. σ ά ρ ξ = Fleisch) bezeichnet. Die Dicke der Muskelfasern ist in den einzelnen Muskeln eher konstant, aber von Muskel zu Muskel – abhängig von der Aufgabe des jeweiligen Muskels – sehr unterschiedlich. Muskeln, deren Aufgabe eine feine Abstufung und Koordinierung der Muskelkraft ist, wie z. B. die Augenmuskeln, haben feine, dünne Fasern. Muskeln, deren Aufgabe vor allem in einer hohen Krafterzeugung liegt, wie z. B. die Oberschenkelmuskulatur, haben dicke Fasern

Der einzelne Muskel als strukturelle Einheit ist von einer Bindegewebshülle umgeben, die als *Epimysium* bezeichnet wird. Der Muskel ist dann in einzelne Bündel eingeteilt, die *Faszikel.* Diese Faszikel sind wiederum von einer speziellen Bindegewebshülle, dem *Perimysium,* umgeben und enthalten jeweils eine Reihe von Muskelfasern, die ebenfalls von einer eigenen Bindegewebshülle, dem *Endomysium,* umgeben sind.

Die bindegewebigen Hüllen erfüllen eine Reihe von wichtigen Funktionen. Zum einen stellen sie die Verbindung zu den anderen Strukturen des Körpers dar – der Haut, den Sehnen, der Knochenhaut, etc. – und sorgen so dafür, dass die in den Muskelfasern entwickelte Kraft auf diese Strukturen übertragen wird. Das ist wiederum die Voraussetzung dafür, dass sich die einzelnen Körperteile gegenein-

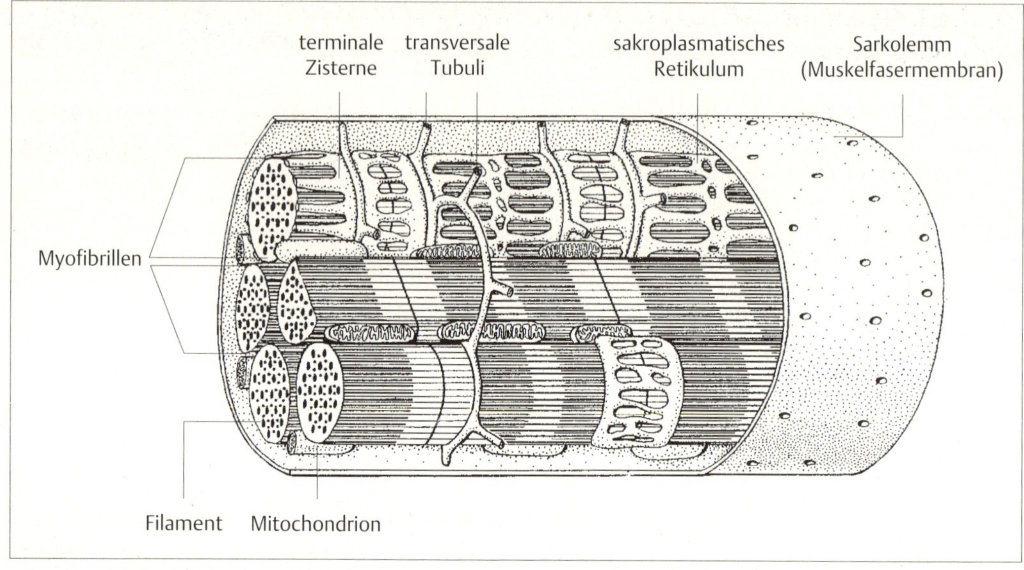


Abb. 16.**1** Querschnitt durch eine Skelettmuskelfaser.

ander bewegen können. Weiterhin bietet vor allem das Epimysium ausreichend Raum zur Bewegung der Muskelfasern. Dabei hat es auch eine gewisse Stützfunktion. Schließlich verlaufen in den Bindegeweben die Blutgefäße (Kapillaren), die die Ernährung (Stoffwechsel) der Muskelfasern sicherstellen, sowie die Nervenfasern, die für die Versorgung der Muskelfasern mit den notwendigen Informationen verantwortlich sind. Dieses aus Kollagen und elastischen Fasern aufgebaute Gewebe wird entsprechend seiner Lage zu den Muskelfasern als paralleles Muskelbindegewebe bezeichnet (parallelelastisches Gewebe).

Am Ende der Muskelfasern vereinigen sich die Bindegewebsfasern zu sehnigen Fortsätzen, die sich zu den Hauptsehnen des Muskels zusammensetzen. Diese Strukturen liegen nicht nur mit den Bindegewebsfasern des Endo- und Perimysiums, sondern auch mit denen des Sarkolemms in Serie (= serienelastisches Gewebe).

## 16.3 Muskelfaser

Das Sarkoplasma der Muskelfasern ist mit faserartigen Elementen ausgefüllt, den *Myofibrillen*. Diese stellen die eigentlichen kontraktilen Elemente des Muskels dar. Sie verlaufen vom Ende der einen Muskelfaser zum anderen und bestehen aus einer Aneinanderreihung gleichartiger Elemente, den *Sarkomeren*.

Darüber hinaus weist die Muskelfaser das *sarkotubuläre System* auf, das aus den *transversalen Tubuli* (Einstülpungen) im extrazellulären Raum und den *longitudinalen Tubuli* im intrazellulären Raum besteht. Dieses System der Tubuli dient dazu, das Nervensignal schnell in eine Muskelkontraktion (= Kraft) umzusetzen. Durch die transversalen Tubuli, die tief in die Muskelfasern hineinreichen, erreicht die Potentialänderung der Erregung sehr schnell alle Teile einer Muskelfaser, sodass eine gleichzeitige Kontraktion aller Myofibrillen ausgelöst werden kann. Die longitudinalen Tubuli enthalten die $Ca^{++}$-Ionen, die zur Kontraktion der Myofibrillen erforderlich sind (Abb. 16.**1**; siehe unten).

## 16.4 Die kontraktilen Elemente des Muskels – Myofibrillen

Unter dem Lichtmikroskop lassen sich bei den Myofibrillen deutlich regelmäßige helle und dunkle Abschnitte (Streifen) erkennen. Daher kommt der Begriff *quergestreifte Muskulatur*.

Die Breite dieser Streifen verändert sich während der Kontraktion.

Die einzelnen Fibrillen sind in Längsrichtung in ca. 2 µm lange zylinderförmige *Sarkomere* geteilt, die durch die sogenannten *Z-Scheiben* voneinander getrennt sind (Abb. 16.**2**). Von den Z-Scheiben ragen nach beiden Seiten jeweils ca. 2000 dünne (5 nm) *Filamente* (Fäden) des Eiweißmoleküls *Aktin* in die Sarkomere hinein. Zwischen diesen Aktinfäden liegen in der Mitte der Sarkomere dickere Fäden aus dem großmolekularen Eiweiß *Myosin* –, die Querstreifung des Muskels kommt daher, dass Aktin und Myosin im Lichtmikroskop unterschiedliche Brechungskoeffizienten besitzen.

Die einzelnen Streifen tragen unterschiedliche Bezeichnungen. Unmittelbar neben den Z-Scheiben lassen sich helle *I-Bänder* erkennen. In diesem Bereich befinden sich nur die Aktinfilamente. In den ihnen benachbarten *A-Bändern* überlappen sich Aktin- und Myosinfilamente (Abb. 16.**2b**). In der Mitte der A-Bänder befindet sich im nichtkontrahierten Zustand der Muskelfaser noch ein Bereich, in dem sich nur Myosinfilamente befinden. Dieser Bereich wird als *H-Band* bezeichnet.

Die Aktinfilamente bestehen aus je einem Paar polymerisierter Aktinmonomeren, die helixförmig (schraubenförmig) umeinander gewickelt sind. In den Rillen dieser Helix befindet sich zum einen das Eiweißmolekül *Tropomyosin* als langer Faden und in bestimmten Abständen an ihm ein weiteres, kleineres Eiweißmolekül, das *Troponin*. Die Myosinfilamente bestehen aus jeweils ca. 250 langen Myosinmolekülen, die jeweils an ihrem Ende einen sogenannten Kopf aufweisen (Abb. 16.**3**).

Bei der Kontraktion einer Muskelfaser gleiten die Myosinfilamente tiefer zwischen die Aktinfilamente. Dieser Vorgang spielt sich – nach der *Gleit-Filament-Theorie* – im Wesentlichen folgendermaßen ab: Während der Kontraktion, die durch ein Aktionspotential ausgelöst wird (siehe unten), heften sich die Köpfe der Myosinmoleküle an bestimmten Rezeptorstellen der Aktinmoleküle an und bilden auf diese Weise die sogenannten *Quer-*

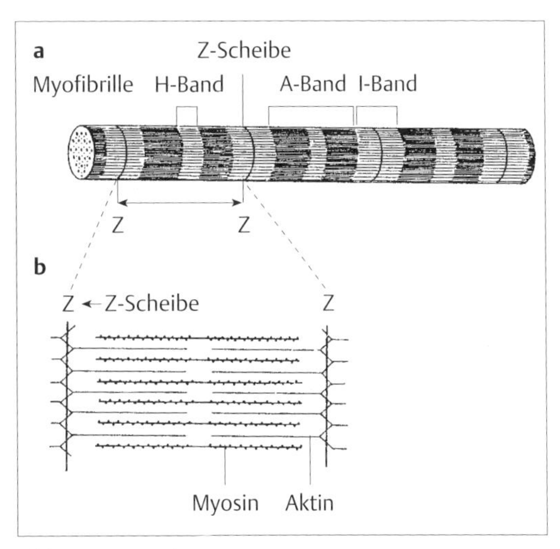


Abb. 16.**2a** u. **b**
**a** Myofibrille des quergestreiften Skelettmuskels.
**b** Sarkomer mit Z-Scheiben, Aktin und Myosinfilamenten.

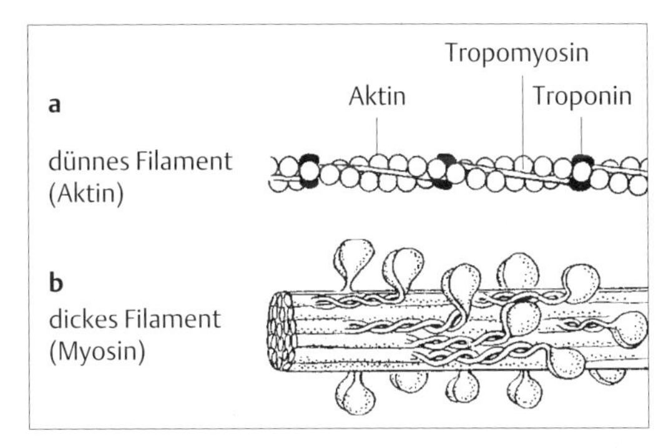


Abb. 16.**3a** u. **b**
**a** Aktinfilament.
**b** Myosinfilament.

*brücken* (cross bridges) zwischen den beiden Molekülarten. Die Mysinmoleküle verändern daraufhin ihre chemische Struktur sowie ihre räumliche Anordnung und üben dabei eine Zugfunktion auf die Aktinfilamente aus. Danach lösen sich die Myosinköpfe wieder vom Aktin und der sogenannte *Greif-Dreh-Loslass-Zyklus* beginnt von vorne (Abb. 16.**4**). Dabei erfasst jede Anheftstelle den dann nächstfolgenden Myosinkopf –, bei einer isometrischen Kontraktion (siehe unten) erfasst sie wieder denselben Myosinkopf. Der Zugriff der Myosinköpfe auf die Anheftstellen an den Aktin-

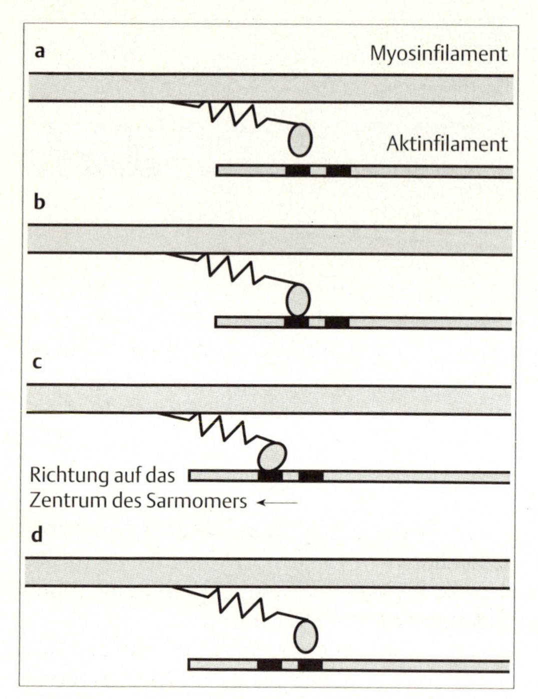


Abb. 16.**4a–d** Kontraktionsmechanismus: Greif-Dreh-Loslass-Zyklus zwischen Aktin und Myosin.
**a** Der Myosinkopf ist nicht mit dem Aktin verbunden.
**b** Nach dem Freiwerden der Bindungsstelle am Aktin lagert sich der Myosinkopf am Aktin an.
**c** Durch eine Kippbewegung des Myosinkopfes wird das Aktin gegenüber dem Myosin bewegt, und es kommt zur Verkürzung des Sarkomers.
**d** Der Myosinkopf löst sich wieder vom Aktin und steht für einen neuen Greif-Dreh-Loslass-Zyklus zur Verfügung.

molekülen wird durch das Tropomyosin sowie die Troponinmoleküle an den Aktinfilamenten geregelt.

Im unkontrahierten Zustand bindet sich *ATP* (Adenosintriphosphat) an die ATPase (Adenosintriphosphatase) auf dem Myosinkopf. In diesem Zustand kann es nicht mit dem Aktin reagieren, weil die Bindungsstelle durch den Troponin-Tropomyosin-Komplex blockiert ist. In Anwesenheit von $Ca^{++}$ (zweifach positive Kalzium-Ionen) verbinden sich diese mit den Troponinuntereinheiten. Dadurch verändern sich die chemische Struktur des ATP sowie die räumliche Anordnung der Troponinuntereinheiten. Das hat zur Folge, dass das Troponinmolekül tiefer in die Spalte der Aktinhelix hineinrutscht. Dadurch werden die Bindungsstellen des Aktins nach außen gedreht und können auf die Myosinköpfe reagieren. Es entstehen die Verbindungen (Querbrücken) zwischen dem Myosinkopf und dem Aktin. Dabei wird das ATP in ADP (Adenosindiphosphat) und Phosphor gespalten, wobei Energie frei wird. Bei diesem Vorgang werden die Myosinköpfe umgebogen und dadurch das Aktin, mit dem sie jetzt verbunden sind, über die Myosinfilamente gezogen. Das bewirkt eine Verkürzung des Sarkomers. Das Loslösen des Myosinkopfes ist dann der aktive Vorgang, der die frei gewordene Energie verbraucht. Dieser gesamte Prozess kann nur in Anwesenheit von $Ca^{++}$-Ionen stattfinden.

Die Kontraktion wird durch ein *Aktionspotential* (AP) ausgelöst, das vom Axon des *motorischen Nerven* an der *motorischen Endplatte* des Muskels übertragen wird.

## 16.5 Innervierung der Muskeln und Dosierung des Krafteinsatzes

Der Muskel ist über einen motorischen und mehrere sensorische Nerven mit dem Zentralen Nervensystem (ZNS) verbunden. Über den motorischen Nerv erhält der Muskel seinen Einsatzbefehl zur Kontraktion. Dies geschieht über ein *Aktionspotential*, eine kurzfristige Änderung des Membranpotentials des Nerven, das vom *Motoneuron* (= motorische Nervenzelle im Vorderhorn des Rückenmarks) ausgehend über den motorischen Nerv weitergeleitet und an der motorischen Endplatte auf den Muskel übertragen wird. Jedes Aktionspotential des motorischen Nerven löst eine Kontraktion der mit ihm verbundenen Muskelfasern aus.

Bei der Übertragung des Aktionspotentials an der motorischen Endplatte wird durch einen chemischen Überträgerstoff, den Transmitter Azetylcholin, die kurzfristige Potentialänderung an das sarkoplasmatische Retikulum weitergegeben. Durch die Potentialänderung am sarkoplasmatischen Retikulum werden die $Ca^{++}$-Ionen aus den longitudinalen Tubuli in die Myofilamente ausgeschüttet. Die Kalziumionen binden sich an das Troponin und lösen dadurch die beschriebenen Greif-Dreh-Loslass-Zyklen aus. Diese setzen sich so lange fort, bis die Ca⁺⁺-Ionen durch Ionenpumpen wieder in die longitudinalen Tubuli zurückgepumpt worden sind. Dies alles geschieht während einer einzelnen Muskelzuckung (twitch).

Eine solche Muskelzuckung wird entweder beendet, wenn die Kalziumkonzentration zu gering wird (normale Beendigung der Zukkung) oder kein ATP mehr vorhanden ist. Das ATP wird ständig aus dem ADP regeneriert. Ist dies nicht mehr möglich und sind die ATP-Reserven erschöpft, führt das zum Erstarren des Muskels (Totenstarre).

Ein Motoneuron ist immer mit mehreren, jedoch unterschiedlich vielen Muskelfasern verbunden. Das bedeutet, die Kraft, die durch die einzelnen Motoneurone aktiviert werden kann, ist auch von Motoneuron zu Motoneuron unterschiedlich. Das Motoneuron zusammen mit den von ihm innervierten Muskelfasern wird als *motorische Einheit* (motor unit, MU; Abb. 16.**5**) bezeichnet. Alle Muskelfasern, die derselben motorischen Einheit angehören, kontrahieren sich jeweils zur gleichen Zeit (mit ganz minimalen Abweichungen), weil das Aktionspotential ihres Motoneurons sie zur gleichen Zeit erreicht. Die einzelnen Fasern einer motorischen Einheit liegen allerdings nicht dicht beieinander, sondern sind über den gesamten Muskel bzw. seine Funktionseinheiten verteilt.

Ein Muskel besteht aus den Fasern vieler motorischer Einheiten. Die Innervation einer einzelnen motorischen Einheit kann nur zu einer geringen Kraftentfaltung führen, die in der Regel kaum eine Bewegung verursacht. Daher ist es für das Zustandekommen einer Bewegung notwendig, dass immer mehrere motorische Einheiten gleichzeitig und/oder in der richtigen zeitlichen Abstufung zueinander innerviert werden.

Das Ausmaß an Kraft, die ein Muskel hervorbringen kann, hängt von mehreren Faktoren ab:

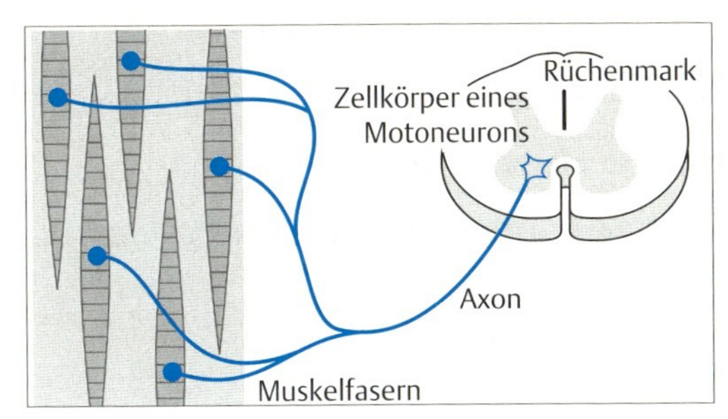


Abb. 16.**5** Motorische Einheit. Das Axon des motorischen Nerven teilt sich auf, und jeder Ast endet an der motorischen Endplatte einer Muskelfaser.

### 1. Neurale Mechanismen

- Anzahl der „feuernden" (aktiven) Motoneuronen,
- Anzahl der zu einer motorischen Einheit gehörenden Muskelfasern,
- Feuerfrequenz des Neurons oder der Anzahl der aufeinander folgenden Aktionspotentiale in einem Pulszug,
- Koordination der einzelnen motorischen Einheiten.

### 2. Mechanische Mechanismen

- Innervierung spezifischer Muskelfasertypen,
- Mechanische Eigenschaften des Muskels, seiner Umgebung sowie der Muskelfasern,
- Zugrichtung des Muskels,
- Schnelligkeit der Muskelkontraktion,
  Physiologischer Querschnitt des Muskels.

Eine effektive Muskelarbeit beinhaltet aber nicht nur, dass die notwendige Kraft aufgebracht wird, sondern auch dass der Einsatzpunkt der Kraft zum exakten Zeitpunkt erfolgt.

Schließlich wird durch ein hochpräzises Regelungssystem sichergestellt, dass die Kontraktion eines Muskels die für eine Aufgabe notwendige Kraft optimal hervorbringt. Der optimale Krafteinsatz eines Muskels wird also zu einem Teil durch den korrekten Einsatz des Muskels durch das ZNS, zum anderen durch die mechanischen Eigenschaften des Muskels selbst, seiner Umgebung (Sehnen und Faszien) und der Muskelfasern bestimmt.

### Neurale Mechanismen

#### Anzahl der „feuernden" Motoneuronen

Wird ein Muskel kontrahiert, kontrahieren sich nicht alle seine Muskelfasern gleichzeitig, selbst dann nicht, wenn der Muskel mit maximaler Kraft kontrahiert wird. Meist wird auch nicht die maximale Kraft des Muskels benötigt, sondern immer nur ein Teil, der sich in die Gesamtbewegung harmonisch einfügen muss. Grundsätzlich gilt aber: Je größer die geforderte Muskelkraft ist, desto mehr Muskelfasern werden innerviert und damit kontrahiert. Der Muskel kann sich grundsätzlich „entscheiden", die gleiche Kontraktionsleistung entweder durch mehr Motoneurone mit jeweils weniger Muskelfasern oder durch weniger Motoneurone mit mehr Muskelfasern zu erzielen. Die Frage ist nun, woher der Muskel oder das ZNS „weiß", wie viele und welche Motoneuronen für eine bestimmte Aufgabe feuern müssen?

Dieses „Wissen" ist zum einen wie jedes Wissen das Ergebnis eines Lernprozesses. Dabei sorgt der Lernprozess im Wesentlichen dafür, dass die Anzahl der eingesetzten motorischen Einheiten geringer wird. Lernen ist demnach zum großen Teil ein Prozess, weniger Energie für die effektivere Lösung einer Aufgabe aufzuwenden, d.h. ein Prozess der *Ökonomisierung.*

Hieraus folgt, dass der Organismus in der Regel – ohne den Lernprozess – zunächst mehr motorische Einheiten einsetzt als er zu der Durchführung einer Bewegung unbedingt benötigt. Das hierbei verfolgte Prinzip ist das *Prinzip der Sicherheit.* Es muss stets sichergestellt sein, dass der Organismus in jedem Fall *sicher* sein Ziel erreicht. Aus diesem Grund sind ungelernte Bewegungsabläufe überinnerviert und sehen deshalb häufig überschießend und „eckig" aus.

Für die zum Überleben notwendigen Grundbewegungen (z. B. saugen) ist der Organismus genetisch mit den notwendigen Koordinationsmustern ausgestattet, die aber auch noch jeweils an die gegebenen Situationen angepasst werden müssen.

#### Anzahl der zu einer motorischen Einheit gehörenden Muskelfasern

Die Anzahl der zu einer motorischen Einheit gehörenden Muskelfasern hängt von der Funktion des betreffenden Muskels ab. Bei Muskeln, deren Aufgabe es ist, fein dosierte, präzise Bewegungen auszuführen (z. B. die Muskeln, die die Augenbewegungen ermöglichen), gehören nur sehr wenige Muskelfasern (bei Augenmuskeln 3–10 Muskelfasern) zu einer motorischen Einheit. Dagegen werden bei Muskeln, deren Aufgabe es ist, hauptsächlich hohe (statische oder dynamische, z. B. Rückenstrecker) Kräfte hervorzubringen, bis zu 1000 Muskelfasern von einem Motoneuron innerviert. Jeder Muskel enthält motorische Einheiten mit unterschiedlich vielen Muskelfasern.

#### Feuerfrequenz des Neurons und Anzahl der aufeinanderfolgenden Aktionspotentiale in einem Pulszug

Jedes Aktionspotential, das die motorische Endplatte der Muskelfaser erreicht, führt zu deren Kontraktion. Ein Aktionspotential ist eine Spannungsänderung mit einer Dauer von ca. 1 ms. Bei dieser Kontraktion wird chemische in mechanische Energie umgesetzt. Das bedeutet, bei der Kontraktion wird mechanische Spannung erzeugt, die sich als sogenannter *twitch* (Zuckung) messen lässt (Abb. 16.**6**). Vom Eintreffen des Aktionspotentials bis zum Beginn des Spannungszuwachses vergeht eine gewisse Zeit, die sogenannte *elektromechanische Verzögerungszeit,* die ca. 20 ms beträgt. Der Aufbau der Spannung dauert ca. 60 ms und die gesamte Zuckung ca. 250 ms (abhängig vom Muskelfasertyp, siehe unten).

Trifft in der Zeit, in der die Spannung aufgebaut und aufrechterhalten wird, ein neues Aktionspotential an der motorischen Endplatte der motorischen Einheit ein, wird erneut Spannung aufgebaut. Diese addiert sich zu der bereits bestehenden Spannung hinzu. Allerdings ist die durch das zweite Aktionspotential ausgelöste Spannung nicht genauso groß wie die durch das erste AP ausgelöste

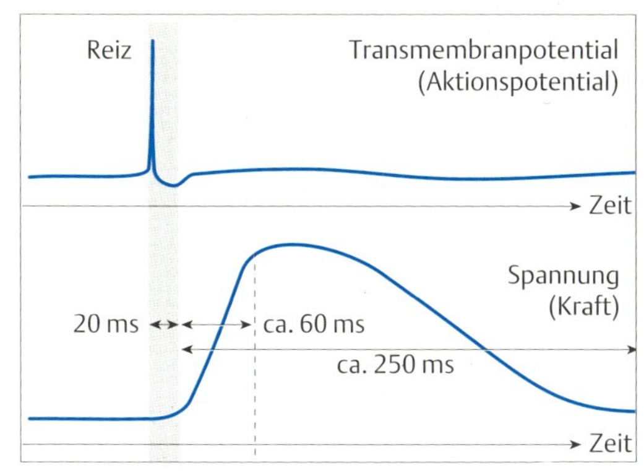


Abb. 16.**6** Zeitverlauf von Aktionspotential und Muskelzuckung.

Spannung. Wie Dowling u. Kennedy (1997) zeigen konnten, besteht auch für weitere hinzukommende APs keine lineare Zunahme der Spannung.

Zeichnet man die Gesamtspannung der aufeinanderfolgenden APs auf, kann man an der Kurve genau erkennen, mit welchem Zeitabstand das zweite AP eintraf, weil die Spannungszunahme dann sprunghaft zunimmt. Treffen bis zu 20 APs pro Sekunde (20 Hz) an den motorischen Endplatten einer motorischen Einheit ein, kann man – bei manchen Muskelfasertyen (siehe unten) – die Spannungsbeiträge der einzelnen APs noch deutlich unterscheiden. Bei höheren Frequenzen verschmelzen die Spannungsbeiträge der einzelnen APs miteinander. Das Ergebnis ist eine glatte Spannungskurve. Man spricht dann von einem vollständigen *Tetanus* (Abb. 16.**7**). Bei welcher Frequenz es zur Verschmelzung der einzelnen Spannungskurven kommt, hängt auch von Art der Muskelfaser ab (siehe unten).

Der Organismus ist natürlich immer bestrebt, eine glatte Gesamtmuskelspannungskurve aufzubauen, da sonst ein Muskelzittern auftritt. Dies würde eine gute Koordination, vor allem bei feinmotorischen Aufgaben erschweren.

### Koordination der einzelnen motorischen Einheiten

Es gibt noch einen zweiten Grund dafür, dass die Muskelspannungskurve eines gesamten

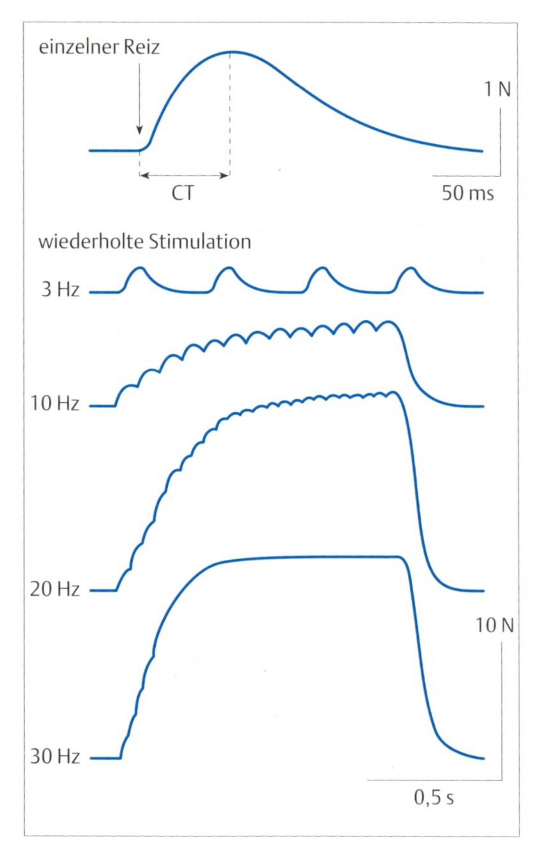


Abb. 16.**7** Einzelne Muskelzuckung und Aufbau eines Tetanus durch aufeinander folgende Reize mit steigender Frequenz (CT = contraction time) (McComas 1996).

Muskels nicht glatt verlaufen muss, es also zu einer Art Muskelzittern kommen kann. Auch ein vollständiger Tetanus einer motorischen Einheit kann nämlich nicht für eine beliebig lange Zeit aufrechterhalten werden. Das würde bald zur Ermüdung und Verkrampfung führen. Deswegen lässt also die mechanische Spannung einer motorischen Einheit nach einer Serie von Aktionspotentialen nach. Damit nun durch dieses Nachlassen der Spannung einer motorischen Einheit nicht ein Abfall der Gesamtmuskelspannung eintritt, sind die Feuerserien, die die Spannungskurven der einzelnen motorischen Einheiten auslösen, so geschaltet, dass immer gleichzeitig ausreichend viele motorische Einheiten aktiv sind, um eine gleichmäßige Spannungskurve des gesamten Muskels aufrechtzuerhalten. Dies geschieht dadurch, dass die einzelnen motorischen Einheiten nicht in einer streng gleichmäßigen, sondern in einer zufälligen (stochastischen) Reihenfolge aktiv werden. Das ist in einem solchen Fall die beste Strategie.

Als weiteres Mittel, die Muskelspannung über den gesamten Muskel – bzw. funktionell gleichartige Anteile – gleichmäßig zu machen und zu erhalten, ist der Muskel so konstruiert, dass die zu einer motorischen Einheit gehörenden Muskelfasern nicht zusammen liegen, sondern auch wieder „zufällig" über den gesamten Muskel bzw. seine funktionell gleichartigen Anteile verteilt sind (Abb. 16.**8**).

Nun stellt sich die Frage, nach welchem Prinzip der Muskel bzw. das ZNS entscheidet, mit welchen motorischen Einheiten es einer Bewegungsaufgabe nachkommt. Im Prinzip und regelungstechnisch betrachtet, sind alle motorischen Einheiten gleichwertig. Wenn einzelne aus irgendwelchen Gründen (z. B. Übermüdung, Verletzung) nicht zur Verfügung stehen, werden andere eingesetzt. Dass die motorischen Einheiten „beliebig" einsetzbar sind, liegt daran, dass die Muskelspannung über ihre Wirkung geregelt wird (Effektkontrolle, siehe unten). Dennoch gibt es gewisse Gesetzmäßigkeiten, nach denen die einzelnen motorischen Einheiten eingesetzt, man sagt: *rekrutiert*, werden. Um das besser verstehen zu können, müssen wir uns zunächst die Muskelfasern und ihre Unterschiede ansehen.

## Mechanische Mechanismen

### Muskelfasertypen

Man unterscheidet hauptsächlich zwei Typen von Muskelfasern, die sich zunächst dem Aussehen nach durch ihre Farbe (blass und dunkelrot) und ihre Dicke voneinander unterscheiden. Reizt man diese Fasern, ist festzustellen, dass sich die blassen dicken schneller kontrahieren als die dunklen dünnen. Diese Unterschiede in der Kontraktionszeit sind auf die unterschiedliche kontraktile und biochemische Charakteristik dieser Fasern zurückzuführen.

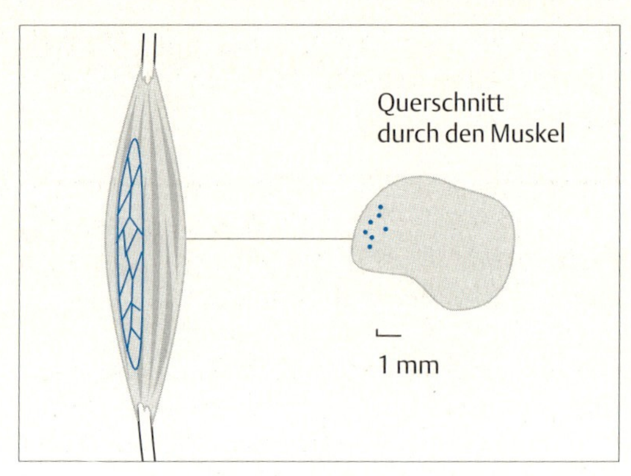


Abb. 16.**8** Verteilung der Muskelfasern einer motorischen Einheit in einem Muskel.

Die roten dünnen Fasern (*ST-Fasern* – **S**low **T**witch, Typ I), die sich langsamer kontrahieren, können nicht so viel Spannung (Kraft) entwickeln wie die schnellen Fasern. Ihre Arbeitsweise beruht vorwiegend auf oxidativen Prozessen. Sie besitzen viele Mitochondrien und ein hohes Niveau an oxidativen Enzymen sowie viel Myoglobin, ein Hämoprotein, das Sauerstoff speichern kann – daher die rote Farbe. Sie verbrauchen deswegen weniger ATP. Alle diese Eigenschaften machen sie in großem Maße resistent gegen Ermüdung.

Die Motoneuronen dieser Fasern sind klein und ihre Axone relativ dünn. Das bedeutet, ihre APs werden langsamer geleitet als die der schnell kontrahierenden Fasern.

Die blassen dicken Fasern (*FF-Fasern* – **F**ast **F**atiguable, Typ IIb), die sich schnell kontrahieren, haben die Eigenschaft, von allen Fasertypen die größte Kraft entwickeln zu können, sowohl was eine einzelne Zuckung als auch was einen Tetanus betrifft. Allerdings ermüden sie schnell. Das liegt daran, dass sie ihre Energie hauptsächlich aus der Glykolyse beziehen –, sie haben einen hohen Gehalt an Glykogen und glykolytischen Enzymen. Außerdem machen sie reichlich Gebrauch von der ATP-Spaltung, die schnell Energie bereitstellt. Der Nachteil dieser Arbeitsweise besteht darin, dass zum einen bei dieser Art der Energiegewinnung die Energiereserven schnell erschöpft sind, zum anderen eine Sauerstoffschuld eingegangen wird, die bei der

Erschlaffung der Fasern –. nach der Muskelkontraktion – wieder ausgeglichen werden muss.

Die Motoneurone dieser Fasern sind groß und ihre Axone ziemlich dick, d.h. sie leiten das Aktionspotential sehr schnell. Dies führt auch zu der schnellen Kontraktionszeit.

Die Abb. 16.**9** zeigt das Verhältnis der Feuerrate (a) – bezogen auf den Anfangswert – sowie die erzeugte Kraft (b) von jeweils einer ST- und einer FF-Muskelfaser. Dabei wird deutlich, wie schnell die Feuerrate und die Kraft der FF-Faser im Verhältnis zur ST-Faser abfällt.

Eine dritte Gruppe der Muskelfasern – eigentlich eine Untergruppe der schnellen Fasern (Typ IIa) – hat Eigenschaften, die zwischen diesen beiden schnellen, kraftvollen bzw. langsamen, gegen Ermüdung resistenten Fasern liegt. Sie werden daher als FR (**F**ast **R**esistant) - Fasern bezeichnet (Tab. 16.**1**).

Es sei darauf hingewiesen, dass die unterschiedliche Spannung, die diese Fasern erzeugen, durch die metabolischen Prozesse und die Dicke der Fasern bedingt ist. Grundsätzlich ist die Spannung, die durch eine Querbrücke erzeugt werden kann, für alle Fasertypen gleich groß.

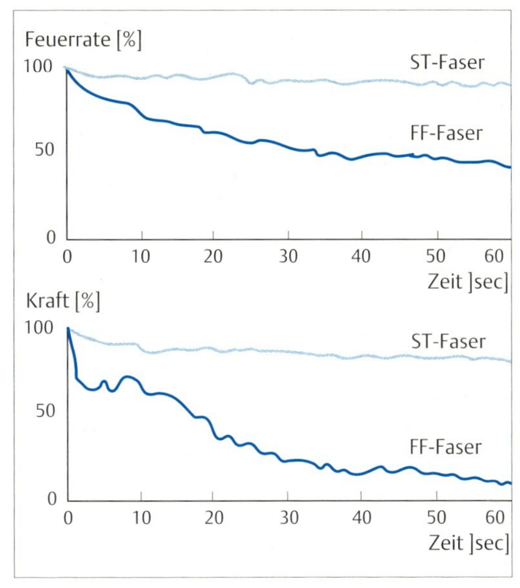


Abb. 16.**9a** u. **b** (nach Kandel et al.) 1991
**a** Feuerrate einer ST-Muskelfaser (oben) und einer FF-Muskelfaser (unten). Die Feuerrate der ST-Faser bleibt über lange Zeit nahezu konstant, die der FF-Faser nimmt schnell ab.
**b** Erzeugte Kraft einer ST-Muskelfaser (oben) und einer FF-Muskelfaser (unten). Die erzeugbare Kraft der ST-Faser bleibt über lange Zeit nahezu konstant, die der FF-Faser lässt sehr schnell nach.

Tabelle 16.**1** Muskelfasertypen und ihre Eigenschaften (nach McComas 1996)

| Eigenschaft | Muskelfasertyp | | |
|---|---|---|---|
| | ST (slow fatigue resistant) Typ I | FR (fast fatigue resistant) Typ IIa | FF (fast fatiguable) Typ IIb |
| Kontraktions-geschwindigkeit | langsam | schnell | schnell |
| Kontraktionskraft | schwach | mittel | stark |
| Ermüdbarkeit | gering | gering | hoch |
| Farbe | dunkelrot | dunkelrot | blass |
| Myoglobingehalt | hoch | hoch | gering |
| Kapillarversorgung | reichhaltig | reichhaltig | gering |
| Mitochondrien | viele | viele | wenige |
| Glykogengehalt | gering | hoch | hoch |
| basische ATPase | gering | hoch | hoch |
| saure ATPase | hoch | gering | mittel |
| oxidative Enzyme | hoch | mittel–hoch | gering |

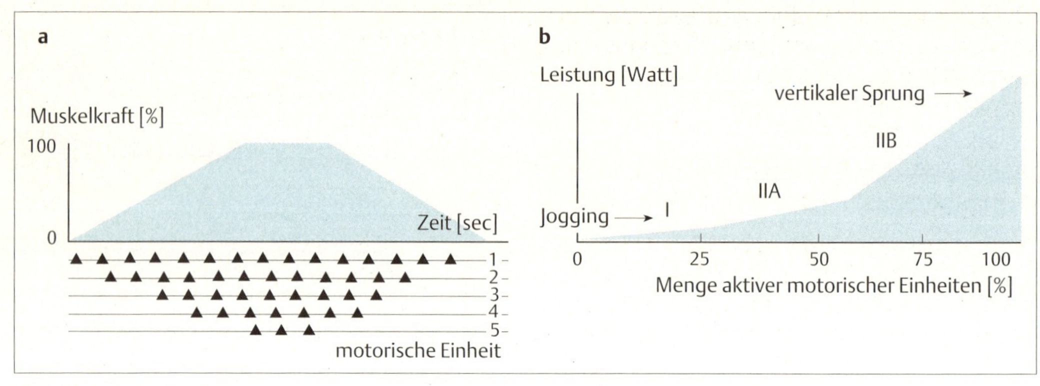


Abb. 16.**10a** u. **b** Rekrutierung motorischer Einheiten zur Muskelkontraktion.
**a** Die erzeugte Kraft nimmt durch das Zuschalten motorischer Einheiten zu. Zum Nachlassen der Kraft werden die motorischen Einheiten in umgekehrter Reihenfolge abgeschaltet als sie zur Erhöhung der Kraft zugeschaltet wurden.
**b** Einsatz von Muskelfasertypen bei unterschiedlichen Anforderungen an die erzeugt Kraft.

In den einzelnen Muskeln befinden sich jeweils Fasern aus allen drei Gruppen. Meist ist jedoch eine Gruppe in der Überzahl vorhanden. Welche Gruppe das ist, hängt von den Aufgaben des betreffenden Muskels ab. Muskeln, die hauptsächlich statische Haltearbeit leisten müssen, wie z. B. die Rumpfmuskeln oder die Plantarflexoren (M. soleus), haben sehr viele ST-Fasern. Die Fasern dieses Typs liegen meist mehr im Inneren eines Muskels. Dagegen haben Muskeln, die kurzfristig große Kräfte erzeugen müssen, wie die Augenmuskeln oder der M. biceps bracchii, mehr FF-Fasern. Die Fasern dieses Typs liegen meist mehr in der Peripherie des Muskels.

Bei der Rekrutierung von Motoneuronen bzw. von motorischen Einheiten geht der Organismus in der Regel so vor, dass zunächst die kleinen Motoneuronen mit den schwächeren Muskelfasern rekrutiert werden. (Das gilt im allgemeinen, kann sich aber durch spezifische Bedingungen wie auch Lernprozesse verändern). Dies hat mit den elektrischen Bedingungen an der Zellmembran der Motoneuronen zu tun –, der Widerstand der Zellmembran ist bei diesen Motoneuronen sehr hoch ($I = U/R$). Deswegen kann bei ihnen bereits ein kleiner Ionenstrom ein Aktionspotential auslösen. Der Organismus scheint dann eine strenge Reihenfolge der Rekrutierung einzuhalten. Die Motoneuronen werden nämlich der Größe nach rekrutiert (das kleinste Motoneuron zuerst und das größte zuletzt). In diesem Fall spricht man vom *Größenprinzip (size principle)* der Rekrutierung oder der *ordnungsgemäßen Rekrutierung (orderly recruitment)*. Beim Nachlassen der Spannung erfolgt das „Abschalten" der einzelnen motorischen Einheiten in umgekehrter Reihenfolge, d.h. zuerst die großen und zuletzt die kleinen (Abb. 16.**10**).

Diese Rekrutierungsordnung gilt jeweils für einen Muskel oder eine funktionelle Gruppe von Fasern in einem Muskel. Die Menge der im Vorderhorn zusammenliegenden Motoneuronen, die für einen Muskel oder den funktionellen Teil eines Muskels zuständig ist, wird als Motoneuronen *Pool* (Vorrat) bezeichnet. Offensichtlich werden zunächst immer – für geringe Kräfte – zusätzliche motorische Einheiten rekrutiert und dann eine weitere Kraftsteigerung über die Erhöhung der Feuerrate erreicht.

In welcher Weise die aufgebrachte Kraft durch weitere Rekrutierung oder Erhöhung der Feuerrate gesteigert wird, ist von Muskel zu Muskel verschieden. Bei den Handmuskeln sind beispielsweise bei 50% der maximalen Kraft bereits fast alle motorischen Einheiten aktiv, der Kraftzuwachs wird dann durch die Erhöhung der Feuerrate erreicht. Dagegen werden beispielsweise beim M. biceps bracchii bis zu einer Kraft von ca. 85% der Maximalkraft zusätzlich motorische Einheiten rekrutiert, bevor es zu einer weiteren Kraftsteigerung durch die Erhöhung der Feuerrate kommt (Enoka 1994, S. 198).

### Mechanische Eigenschaften der Muskelfasern und ihrer Umgebung

Die einfachste mechanische Eigenschaft des Muskels ergibt sich aus der Struktur der Sarkomere. Da nämlich die Rotation der Myosinköpfe den Kraft erzeugenden Mechanismus darstellt, leuchtet ein, dass die Kraft, die von einem Sarkomer – und in der Summe der sich kontrahierenden Sarkomere vom Muskel – aufgebracht werden kann, davon abhängt, wie viele Myosinköpfe sich im Augenblick des Kontraktionsbeginns zum Greif-Dreh-Loslass-Zyklus gegenüberstehen. Das hängt natürlich davon ab, wie weit die Myosinfilamente bereits zwischen den Aktinfilamenten liegen – also in gewisser Weise von der Länge der Sarkomere bei Beginn der Kontraktion.

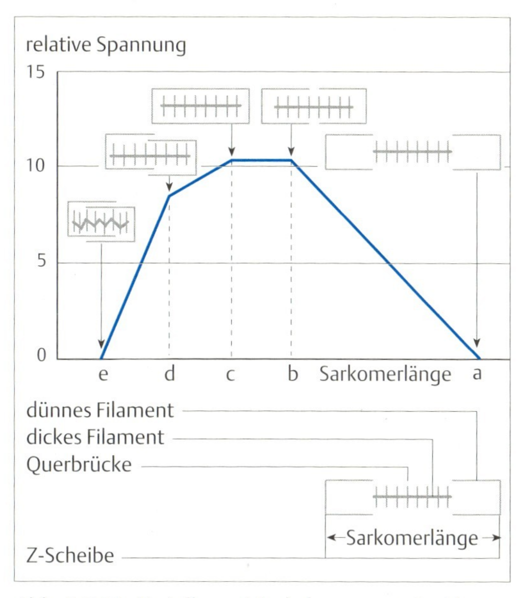


Abb. 16.**11** Erzielbare Muskelspannung in Abhängigkeit von der Sarkomerlänge (Lage von Aktin- und Myosinfilamenten zueinander bei Beginn der Kontraktion).

Die Kraft, die aufgebracht werden kann, ist sicher dann am größten, wenn alle Myosinköpfe freien Anheftstellen gegenüberstehen. Dies ist der Fall, wenn die Aktinfäden von den beiden angrenzenden Z-Scheiben in der Mitte der Sarkomere einander berühren oder nur ganz wenig voneinander entfernt sind (Abb. 16.**11**). Sowohl wenn die Aktinfäden einander überlappen, als auch wenn sie durch Dehnung der Sarkomere weit auseinandergezogen sind, finden die Myosinköpfe weniger Anheftstellen, und die Kontraktionskraft wird geringer. Es ergibt sich für die Beziehung zwischen Sarkomerlänge und aufgebrachter Kraft daher die in Abb. 16.**11** dargestellte Situation.

Weitere mechanische Eigenschaften der Muskelfasern sind durch die Materialeigenschaften des Gewebes und durch deren Reaktion (z. B. Unterstützung) auf die Vorgänge der Kontraktion bedingt.

Die Sarkomere und ihre bindegewebige Umgebung (Endomysium, Perimysium, Epimysium als Umhüllung und die Sehne als Verbindung zum Skelett) haben die Eigenschaften einer mechanischen Feder. Das bedeutet, sie erzeugen bei ihrer Dehnung eine Spannung, die eine Kraft darstellt, die bestrebt ist, die ursprüngliche Länge wiederherzustellen (restaurierende Kraft). Allerdings tritt diese Spannung erst dann auf, wenn die Feder eine bestimmte Schwellenlänge überschritten hat.

Nicht für jedes Material ist die bei der Längenänderung entstehende restaurierende Kraft gleich, sie hängt vielmehr vom Material ab. Diese Materialeigenschaft wird als *Steife* oder *Steifigkeit* bezeichnet. Material, das eine Federeigenschaft besitzt, wird auch elastisches Material genannt (siehe Kap. 15). Insofern bestehen die Muskelfasern aus elastischem Material. Diese Elastizität ist eine passive Art der Krafterzeugung. Die Muskelfasern besitzen aber auch eine aktive Komponente der Krafterzeugung, nämlich die Kontraktionskraft, die durch das Ineinandergleiten der Eiweißmoleküle entsteht (siehe oben).

In der Biomechanik stellt man sich zum besseren Verständnis mechanischer Zusammenhänge Modelle her, die die Eigenschaften enthalten, die betrachtet werden sollen, die je-

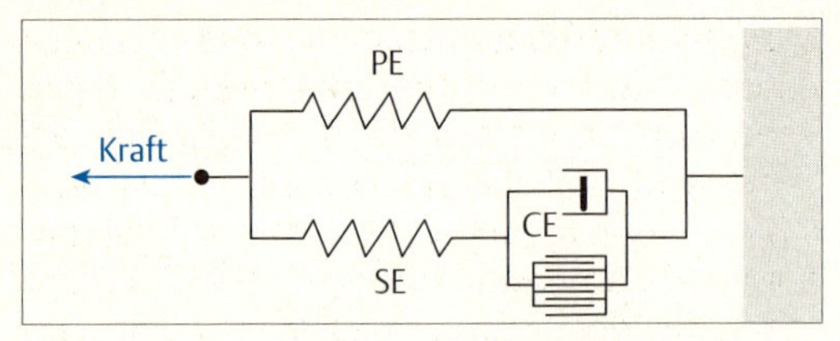


Abb. 16.**12** Muskelmodell mit drei Elementen. (PE = parallelelastisches Element [Bindegewebshüllen um Fasern, Bündel und Muskel]; SE = Serienelastisches Element [Sehnen]; CE = Kontraktiles Element)

doch nicht die gesamte Komplexität des natürlichen Betrachtungsgegenstandes (hier des Muskels) enthalten. Mit den hier beschriebenen Eigenschaften des Muskels wird das in Abb. 16.**12** dargestellte, dreielementige mechanische Muskelmodell beschrieben.

Die drei Elemente sind das *parallelelastische Element* (PE) (hauptsächlich gegeben durch die umhüllenden Bindegewebe), das *serienelastische Element* (SE) (hauptsächlich gegeben durch die zwischen Muskel und Knochen befindliche Sehne) und das *kontraktile Element* (CE; gegeben durch die Kraft erzeugende Fähigkeit der Myofilamente, die durch die ineinandergreifenden Filamente dargestellt wird). Der parallel zu diesen Myofilamenten eingetragene „Dämpfungstopf" charakterisiert den Effekt der Viskosität, der der Dehnung einen Widerstand entgegensetzt. Sein Effekt hängt von der Kontraktionsgeschwindigkeit ab. Das bedeutet, er wird mit zunehmender Dehnungsgeschwindigkeit größer, bietet also dem Gewebe dadurch einen gewissen Schutz.

Die Federeigenschaft (Elastizität) der Bindegewebe, vor allem die der Sehnen, spielt auch für die Ökonomisierung von Bewegungen eine große Rolle. Die restaurierende Kraft, die bei der Dehnung der Gewebe entsteht, stellt nämlich ein Speichern von Energie dar, die bei der nachfolgenden Kontraktion des Muskels zusätzlich zu der reinen Kontraktionskraft aktiviert werden kann. Auf diese Weise lässt sich zum einen die gespeicherte Energie wiederverwerten, zum anderen kann die Kraftentfaltung und daher die Wirksamkeit des Agonisten gesteigert werden. Dieser Vorgang spielt beispielsweise beim schnellen Laufen und bei Sprüngen (Speicherung der Energie in der Achillessehne) eine Rolle. In viel größerem Maße als der Mensch diesen Energiespeicher nutzen kann, nutzt ihn beispielsweise das Känguru, dem dadurch seine weiten Sprünge möglich werden (McNeal 1975).

Die gesamte Muskelkraft eines aktiven Muskels ist immer das Resultat aus dem aktiven Kraftanteil, erzeugt durch die Sarkomere, und dem passiven Kraftanteil, hervorgerufen durch die Elastizitätskräfte.

Die beschriebenen Eigenschaften der Muskel-Sehnen-Einheit werden durch das *Kraft-Längen-Diagramm* dargestellt (Abb. 16.**13**). Dieses Diagramm enthält direkte Messungen der Muskelkraft, die ursprünglich am Muskelpräparat vorgenommen und später durch ein Experiment am M. biceps bracchii bei Patienten mit einer Unterarmprothese bestätigt wurden. Dabei wurden bei jeder Muskellänge – beginnend bei ca. 70% der entspannten Ruhelänge des Muskels bis zu ca. 130% der Ruhelänge – jeweils zwei Kräfte gemessen: Zum einen die passive Kraft aus der Ruhelage heraus, zum anderen die aktive maximale Kontraktionskraft. Die letztere wurde beim Muskelpräparat durch elektrische Reizung erzeugt.

Bei der passiven Kraft, die der Muskel einer Dehnung entgegensetzt – sie ist durch das Bindegewebe und die Muskel-Skelett-Übergänge bedingt –, ergab sich die in Abb. 16.13 gestrichelte Kurve. Wie man sieht, nimmt unter diesen Bedingungen die Kraft mit zunehmender Ruhemuskellänge ebenfalls zu.

Bei der Messung der maximalen willkürlichen Muskelkontraktionskraft, an der sowohl die aktiven als auch die passiven Komponenten der Krafterzeugung beteiligt sind, ergab sich die dick eingezeichnete Kurve. Unterlegt man dieser die in Abb. 16.11 gezeigte Kurve für den Verlauf der Kontraktionskraft (bedingt durch die aktive Kontraktion der Sarkomere, dünne Kurve), stellt man fest, dass sie in der ersten Hälfte gleich verlaufen. Das bedeutet, dass die willkürlich erzeugte Kraft bei kurzer bis mitt-

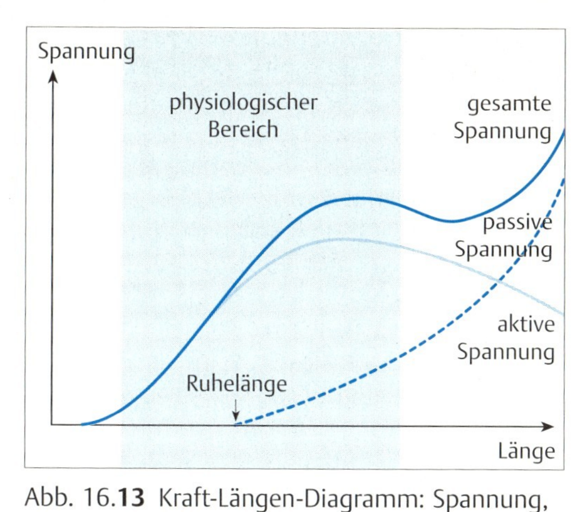


Abb. 16.**13** Kraft-Längen-Diagramm: Spannung, die vom Muskel in Abhängigkeit von seiner Ausgangslänge erzeugt werden kann.
(durchgezogene Linie: aktive maximale Kontraktionskraft, gestrichelte Linie: aktive Kontraktionskraft, bedingt durch die Sarkomerlänge in der Ausgangslage, gepunktete Linie: passive Spannung in der Ruhelage)

lerer Länge des Muskels der aktiven Kontraktionskraft entspricht, die in den Sarkomeren erzeugt wird.

Von der Ruhelänge an, aus der dann auch passive Kraft (Spannung) entwickelt wird, addieren sich die aktiven und passiven Elemente der Kräfte, und die insgesamt erzeugte Spannung des Muskels steigt weiter an.

Hieraus wird deutlich, dass ein gedehnter Muskel eine höhere Kraft (Spannung) als ein nichtgedehnter erzeugen kann. Es leuchtet aber auch ein, dass die mechanische Beanspruchung und damit die Verletzungsgefahr eines Muskels steigt, wenn er in gedehntem Zustand hohe Kräfte erzeugen muss (McComas 1996).

### Zugrichtung des Muskels

Aus dem Gesagten ergibt sich sofort die Überlegung, dass die erzeugte Muskelkraft auch davon abhängen kann, ob sich der Muskel bei der Krafterzeugung als Ganzes verkürzt oder verlängert.

Nach der Gleitfilament-Theorie gleiten die Myofilamente (Aktin und Myosin) bei der Muskelkontraktion ineinander und erzeugen dadurch die aktive Kontraktionskraft. Dabei verkürzen sich die Sarkomere. Ob sich bei der Kontraktion aber der gesamte Muskel verkürzt, hängt vom Verhältnis der Drehmomente ab, und zwar zwischen dem Drehmoment, das der Muskel erzeugt, und dem, das durch die Last erzeugt wird, die der Muskel zu halten oder zu bewegen hat.

Sind Muskel- und Lastdrehmoment gleich, ergibt sich ein Verhältnis von 1 (Muskel-/Lastmoment), und die Muskellänge insgesamt ändert sich nicht Tab. 16.**2**). Dies wird häufig dadurch erreicht, dass beide Muskelenden so fixiert werden, dass sie sich einander nicht annähern können. (Diese Kontraktionsform wird wegen der gut kontrollierbaren Bedingungen häufig für Experimente verwendet.) Bei dieser Art der Kontraktion, die auch *isometrische Muskelkontraktion* genannt wird, weil der Muskel die gleiche Länge behält, wird vom Muskel keine externe Arbeit geleistet (Arbeit = Kraft * Weg; der Weg ist hier gleich Null). Der Muskel entwickelt jedoch Spannung, die an den Stellen der Muskelfixation in Wärme umgesetzt wird.

Tabelle 16.**2** Zusammenhang zwischen dem Verhältnis der Drehmomente und der Kontraktionsform

| Beziehung | Bedingung |
|---|---|
| Muskeldrehmoment/ Lastdrehmoment = 1 | isometrische Kontraktion |
| Muskeldrehmoment/ Lastdrehmoment > 1 | konzentrische Kontraktion |
| Muskeldrehmoment/ Lastdrehmoment < 1 | exzentrische Kontraktion |

Sind dagegen die beiden Drehmomente nicht gleich, ändert sich die Muskellänge, und es wird externe Arbeit geleistet. Ist das Muskeldrehmoment größer als das Lastdrehmoment, ergibt sich also ein Verhältnis >1, verkürzt sich der Muskel. Es kommt zu einer *konzentrischen (isotonischen) Muskelkontraktion*. Die aufgebrachte Kraft ist hauptsächlich aktive Kontraktionskraft, die durch das Ineinandergleiten der Myofilamente in den Sarkomeren hervorgebracht wird. Diese Art der Muskelkontraktion kommt bei der menschlichen Bewegung am häufigsten vor, z. B. wenn wir einen Gegenstand oder das Knie zu Beginn des Gehens anheben.

Ist das Muskeldrehmoment kleiner als das Lastdrehmoment, ergibt sich also ein Verhältnis < 1, wird der Muskel durch die Last gedehnt, muss dabei aber trotzdem Spannung entwickeln. Es kommt zu einer *exzentrischen Muskelkontraktion.* Bei dieser Art der Muskelkontraktion trägt nicht nur die aktive Kontraktionskraft, die durch die Sarkomere hervor-gebracht wird, sondern zusätzlich die passive Spannung durch die Dehnung der Bindegewebe zur Spannung bei. Diese Art der Muskelkontraktion verwenden wir beispielsweise, wenn wir einen Abhang oder eine Treppe hinuntergehen und einen der Füße nach unten setzen, das andere Bein beugen. Dabei wird der M. quadriceps beim Absenken des Körperschwerpunktes gedehnt. Er muss dabei aber genügend Kraft aufbringen, um das gesamte Körpergewicht zu tragen.

Nach den Erläuterungen des vorangegangenen Abschnitts ist klar, dass bei einer exzentrischen Muskelkontraktion im Muskel eine höhere Spannung entwickelt werden kann als bei einer konzentrischen. Bei einer isometrischen Muskelkontraktion kann mehr Spannung entwickelt werden als bei einer konzentrischen, jedoch weniger, als bei einer exzentrischen (Abb. 16.**14**).

## Schnelligkeit der Muskelkontraktion

Aus der eigenen Erfahrung lässt sich leicht nachvollziehen, dass man einen schweren Gegenstand umso langsamer anhebt, je schwerer dieser ist. Außerdem dauert es bei schweren Lasten einen Augenblick, bis man sie heben kann, weil erst eine isometrische Spannung aufgebaut werden muss, die dem Gewicht der Last gleich ist. Die Beobachtung, dass mit einer langsamen Muskelkontraktion größere Kräfte hervorgebracht werden können als mit einer schnellen, wurde bereits 1938 von A.V. Hill beschrieben und erklärt. Er stellte daraufhin die folgende Gleichung für den Zusammenhang zwischen Last und Kontraktionsgeschwindigkeit auf:

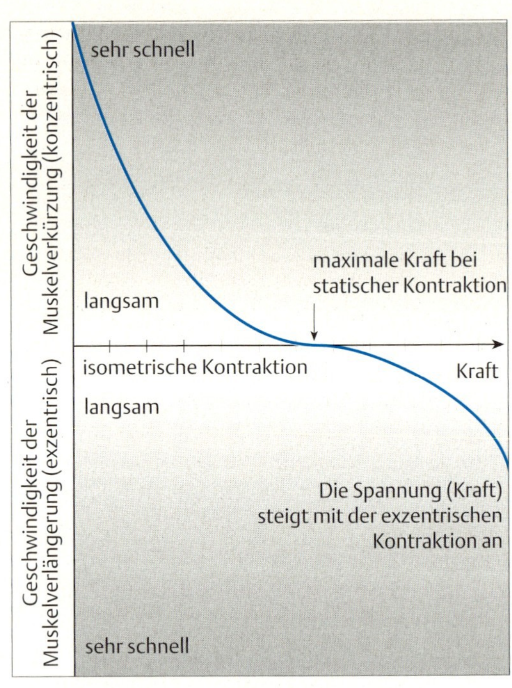


Abb. 16.**14** Maximale Muskelkraft bei exzentrischer, isometrischer und konzentrischer Kontraktion mit unterschiedlichen Geschwindigkeiten (Erweiterung der klassischen Force-velocity-Kurve von Hill).

$$(P+a) * v = b * (P_o - P)$$

(v = Kontraktionsgeschwindigkeit,
P = Last,
$P_o$ = maximale Last,
a = ein Koeffizient für die bei der Verkürzung erzeugte Wärme,
b = ein Koeffizient von ($a * V_o/P_o$), mit $V_o$ der maximalen Kontraktionsgeschwindigkeit, die erreicht wird, wenn die Last gleich Null ist.)

Aus dieser Gleichung ergibt sich die in Abb. 16.**15** dargestellte hyperbolische Kurve. In dieser Kurve ist zusätzlich ein Verlauf der Leistung eingezeichnet, die bei der Muskelkontraktion erzielt werden kann (Leistung = F * v = Last * Geschwindigkeit). Es zeigt sich, dass das Optimum, also die größte Leistung, bei einer mittleren Last und einer mittleren Geschwindigkeit erzielt werden kann.

Als Erklärung für den gezeigten Zusammenhang zwischen Kontraktionsgeschwindigkeit und Lastverlauf werden zwei Gründe angegeben:

- Zum einen erhöht sich bei einer Erhöhung der Kontraktionsgeschwindigkeit die Rate der Querbrückenbildung. Dabei können sich möglicherweise nicht so viele Querbrücken bilden wie bei langsamerer Kontraktion, weil die Anheftstellen einander nicht so optimal gegenüberstehen und die Zeit zu kurz ist, um die Lage zu verbessern.
- Zum anderen bewirkt die Viskosität der Sarkomergewebe (siehe Dämpfungstopf in Abb. 16.12), die proportional zur Geschwindigkeit ist, eine mechanische Verlangsamung der Kontraktion.

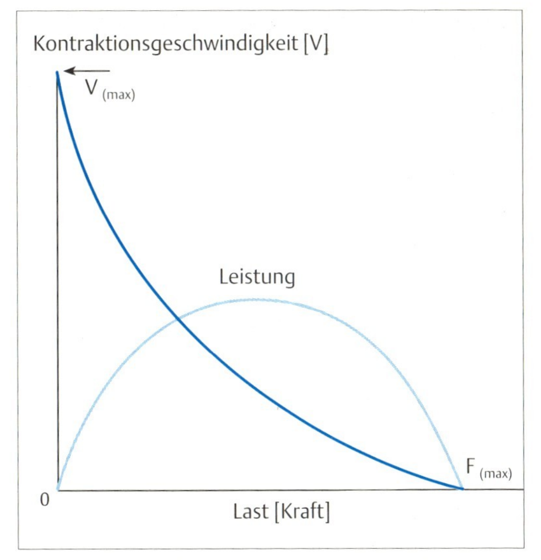


Abb. 16.**15** Kraft- (Kontraktions-) Geschwindigkeits-Diagramm (Force-velocity-Kurve nach Hill). Mit zunehmender Last wird die Kontraktionsgeschwindigkeit geringer oder bei schnellen Kontraktionen kann nur eine geringe Last bewegt werden.
(gestrichelte Linie = Leistung ($p = F * v$), die mit der jeweiligen Kontraktionskraft und -geschwindigkeit erzielt werden kann)

## Physiologischer Querschnitt des Muskels

Bislang haben wir die Kraft betrachtet, die eine einzelne Muskelfaser oder ein Bündel von Muskelfasern hervorbringen kann. Wir haben festgestellt, dass zur Umsetzung dieser Kraft in Bewegung die Enden der Muskelfasern an den beweglichen anatomischen Strukturen befestigt sein und sich bei ihrer Kontraktion aneinander annähern müssen. Die erzeugte Kraft hängt von der Dicke der Muskelfasern und deren Anzahl, also letztlich vom Querschnitt des Muskels ab, wie er beispielsweise in einer Aufnahme der Magnetresonanztomographie zu ermitteln ist. Das gilt aber nur dann, wenn alle Muskelfasern des Muskels parallel angeordnet sind, und ihre Zugrichtung genau der Richtung zwischen Ursprung und Ansatz des Muskels entspricht, die auch die Wirkungsrichtung der geforderten Kraft ist. Die erzeugte Kraft ist dann also proportional dem *anatomischen Querschnitt* des Muskels.

Wird jedoch mehr Kraft benötigt als durch den Platz zwischen Ansatz und Ursprung des Muskels gegeben ist, bedient sich der Organismus eines anderen Bauprinzips für den Muskel. In diesem Fall werden die Muskelfasern in einem Winkel zur Zugrichtung des Muskels angeordnet (sogenannte Fiederung des Muskels). Das hat zunächst den Nachteil, dass die Richtung der Zugkraft der Muskelfasern nicht mit der Richtung der benötigten Kraft übereinstimmt, also nur ein Teil der erzeugten Kraft wirksam werden kann (Projektion der Zugkraft auf die Richtung der benötigten Kraft – siehe Kap. 5). Es hat aber den Vorteil, dass man in der entsprechenden Winkelstellung wesentlich mehr Muskelfasern nebeneinander packen kann, die dann kontrahiert werden und insgesamt eine höhere Kraft erzeugen können. Dem Organismus stehen hier also wieder verschiedene Konstruktionsprinzipien zur Verfügung, die je nach den Erfordernissen zu einer optimalen Funktion herangezogen werden können.

Als *physiologischer Muskelquerschnitt* wird der Querschnitt bezeichnet, der im rechten Winkel zum Verlauf der Muskelfasern gemessen wird. Er ist entscheidend für die Kraft, die ein Muskel bei seiner Kontraktion hervorbringen kann, nicht aber für Kraft, die sich in Bewegung umsetzen lässt (Abb. 16.**16**).

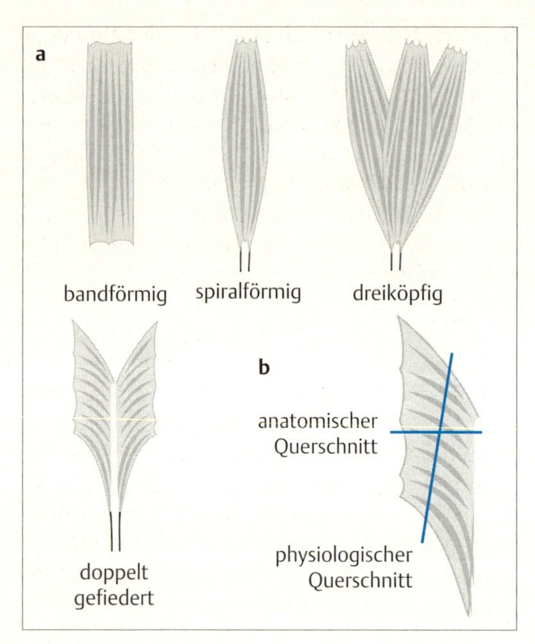


Abb. 16.**16a** u. **b**
**a** Unterschiedliche Formen der Muskelkonstruktion (Faserverlauf im Muskel).
**b** Anatomischer und physiologischer Querschnitt eines Muskels.

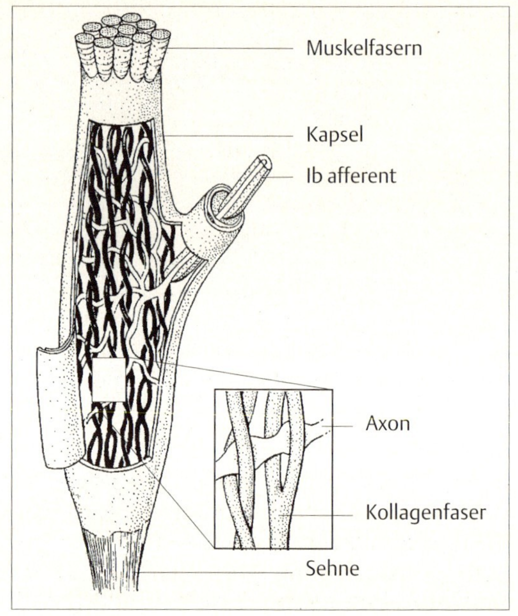


Abb. 16.**17** Golgi-Sehnenrezeptor in Serie mit dem Muskel.

## 16.6. Kontrolle der Muskelkraft

Bei der von einem Muskel aufgebrachten Kraft werden ständig zwei Größen „gemessen" bzw. kontrolliert. Die eine ist die Spannung. Sie wird über Sensoren in den zwischen Muskel und Knochen (Faszien) gelegenen Sehnen, den Golgi-Sehnenrezeptoren. „gemessen". Die andere Größe ist die Muskellänge. Sie wird durch die Muskelspindeln kontrolliert.

### Sehnenspindeln – Golgi-Rezeptoren

Die Golgi-Sehnenrezeptoren befinden sich außerhalb des Muskelgewebes. Sie sind sozusagen in Reihe mit dem Muskel geschaltet und werden bei der Muskelkontraktion gedehnt bzw. durch die Bindegewebsfasern in den Sehnen so gestrafft, dass diese einen Druck auf die zwischen ihnen verlaufenden Nervenendigungen ausüben (Abb. 16.**17**). Dies stellt den adäquaten Reiz für die Rezeptoren dar. Es sind jeweils mehrere Muskelfasern zusammengefasst auf einen Rezeptor geschaltet, sodass die Rezeptoren einen durchschnittlichen Spannungswert für den Muskel messen.

Steigt die Spannung in der Sehne, erhöht sich die Feuerrate der Sehnenspindeln. Ihre Aktionspotentiale werden dann über die afferenten Ib-Fasern zum sensiblen Hinterhorn des zugehörigen Rückenmarksegments geleitet. Dort werden sie auf hemmende Interneurone geschaltet. Diese bewirken eine Reduzierung des Membranpotentials (also eine Hemmung) der Motoneuronen des homonymen Muskels (der, in dessen Sehne die Sehnenspindel liegt) und seiner Synergisten. Das bedeutet, die Feuerwahrscheinlichkeit und/oder Feuerrate der Agonisten wird reduziert und sie können sich entspannen. Mit der nachlassenden Spannung der Muskeln sinkt auch die Feuerrate der Sehnenspindeln. Es handelt sich in diesem Fall um ein negatives Feedback –, die Abweichung von der Soll-Feuerrate der Sehnenspindel wird zum Regler, dem Motoneuron des homonymen Muskels zurückgeführt, bei dem dann eine Reduzierung der Spannung bewirkt wird (Abb. 16.**18**).

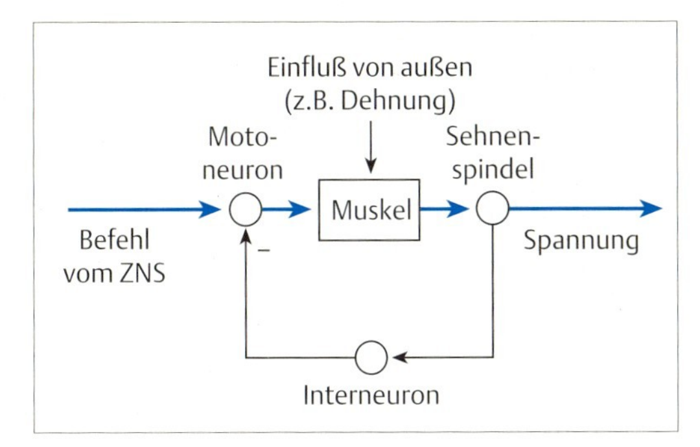


Abb. 16.**18** Regelkreis zur Regelung der Muskelspannung durch den Golgi-Sehnenrezeptor.

Da die Steifigkeit der Sehne größer als die der Bindegewebe in den Muskelfasern ist, werden die Sehnenspindeln von äußeren Kräften weniger gedehnt als die Muskelspindeln, die im Muskelgewebe liegen. Sie werden jedoch stark gedehnt, wenn sich der Muskel kontrahiert –, dann sind die Muskelspindeln entspannt und geben keine Signale ab. Insofern dienen die Sehnenspindeln zum Schutz des Muskels, um eine Überspannung zu verhindern.

### Muskelspindeln

Bei den Muskelspindeln handelt es sich um längliche, eingekapselte Strukturen, die parallel zu den Muskelfasern geschaltet sind. Die Muskelspindeln enthalten hauptsächlich folgende drei Komponenten:
- eine Gruppe von spezialisierten Muskelfasern,
- Axone sensibler (afferenter) Neuronen,
- Axone motorischer (efferenter) Neuronen.

Es handelt sich also auch um Muskelfasern, die im Gegensatz zu den Muskelfasern der arbeitenden Muskulatur, den *extrafusalen Muskelfasern*, auch als *intrafusale Muskelfasern* bezeichnet werden.

Aufgrund der Anordnung ihrer Zellkerne können zwei Arten von Muskelspindeln unterschieden werden: die Kernsack- und die Kernkettenfasern. Interessanter als diese Differenzierung ist die weitere Unterscheidung der Kernsackfasern in einen statischen und einen dynamischen Typ (Abb. 16.**19**).

Bei den Muskelspindeln ist der Regelmechanismus insofern zunächst etwas einfacher als bei den Sehnenspindeln, bei denen der Regelkreis noch einfacher konstruiert ist. Die afferenten Signale der Muskelspindeln werden nämlich direkt auf die Motoneuronen des homonymen Muskels geschaltet –, daher wird dieser Mechanismus auch als monosynaptischer Reflex bezeichnet (er enthält nur eine Synapse zwischen afferentem Nerv und Motoneuron). Er ist auch als Dehnreflex bekannt.

Der Mechanismus ist insofern etwas komplizierter, als von den Muskelspindeln zwei Signalparameter gemessen und übermittelt werden. Zum einen nämlich wird die Länge des Muskels, und zum anderen die Änderungsrate der Länge gemessen. Beide Signale werden jedoch mit einer Verkürzung des Muskels beantwortet.

Es lassen sich zwei Arten afferenter Informationen von den Muskelspindeln unterscheiden, die auch von verschiedenen afferenten Nerventypen (Ia bzw. II) übertragen werden. Beide Informationen stammen aus dem mittleren Bereich der Fasern –, dort sind sie nicht kontrahierbar, sondern werden nur passiv gedehnt, wenn entweder der Muskel gedehnt wird oder die kontraktilen Enden durch ihre efferenten Axone die entsprechenden Befehle zur Kontraktion erhalten.

Alle Muskelspindeln verfügen über Nervenenden der Ia-Axone. Diese erhöhen ihre Feuerrate während der aktiven Dehnphase der Spindeln erheblich, und zwar in Abhängigkeit von der Geschwindigkeit der Dehnung. Sie sind also geschwindigkeitsempfindlich. Bleibt die Länge der Faser dann konstant, reduziert sich die Feuerrate wieder (siehe unten). Wird die Faser schnell verkürzt, werden zuweilen überhaupt keine Signale gesendet, bis die Faserlänge wieder konstant bleibt. Diese Nervenendigungen haben also eine hohe dynamische Sensibilität. Ihre Informationen werden sehr schnell übermittelt –, Ia-Axone sind die am schnellsten leitenden Nervenfasern. Diese Fasern übermitteln deswegen nicht nur Informationen über die Länge der extrafusalen Muskelfaser, d.h. über die statische Position von Gelenken, sondern durch ihre dynami-

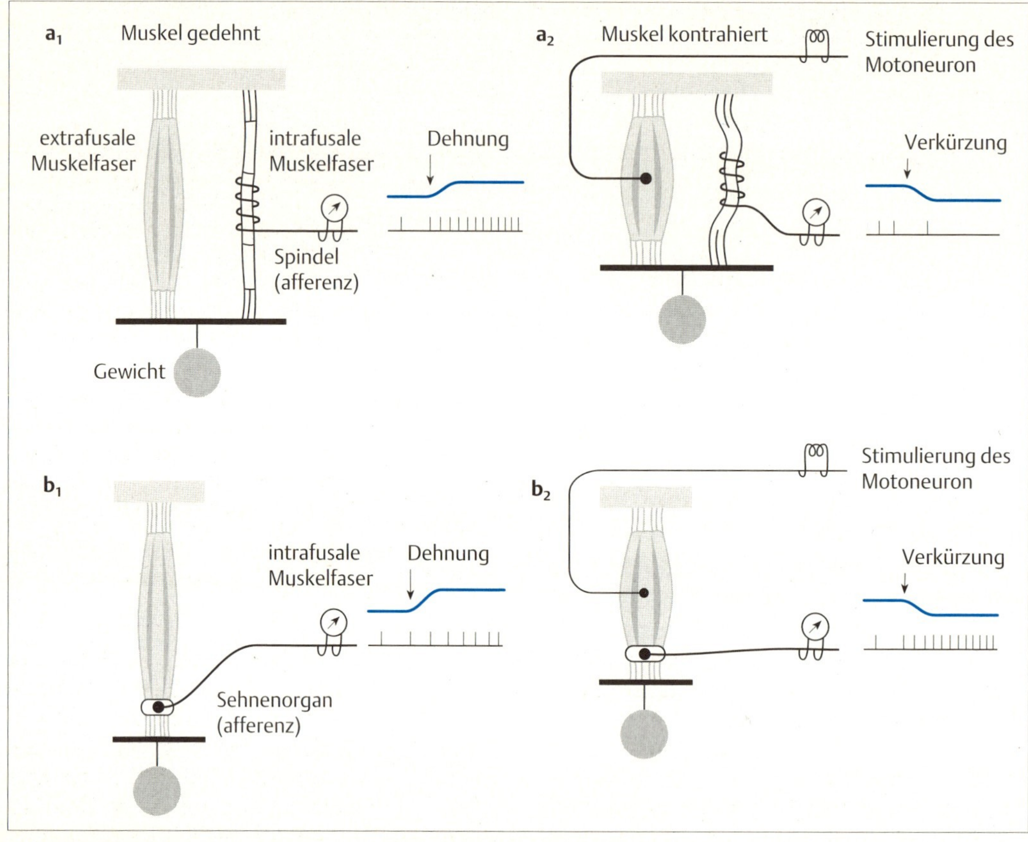


Abb. 16.**19a** u. **b**
**a₁** Reaktion der Muskelspindel auf die Dehnung des Muskels.
**a₂** Reaktion der Muskelspindel auf die Kontraktion des Muskels.
**b₁** Reaktion des Sehnenrezeptors auf die Dehnung des Muskels.
**b₂** Reaktion des Sehnenrezeptors auf die Kontraktion des Muskels.
(nach Kandel)

sche Eigenschaft auch über sehr kleine Änderungen der Muskellänge, die jeweils bei einer neuen Muskellänge neu eingestellt wird.

Die anderen Nervenendigungen sind nicht bei allen Fasern der Muskelspindeln zu finden –, zwar bei allen Kernkettenfasern, jedoch nur dem statischen Typ der Kernsackfasern. Sie übermitteln lediglich die statischen Eigenschaften der Muskellänge. Sie erhöhen ihre Feuerrate bei Dehnung des Muskels und verringern sie bei dessen Verkürzung. Ihre Informationen werden nicht so schnell weitergeleitet wie die der dynamischen Fasern.

Alle Informationen von den Muskelspindeln werden direkt (monosynaptisch) und mit erregenden Synapsen auf die Motoneuronen des Muskels und seiner Synergisten geschaltet, in dem die Muskelspindeln liegen.

Der wesentliche Unterschied der Muskel- zu den Sehnenspindeln ist ihre efferente Versorgung durch einen motorischen Nerv. Dadurch kann ihre Sensibilität eingestellt werden. Diese Innervierung erfolgt über die sogenannten $\gamma$-Motoneurone. Diese sind wesentlich kleiner als die sogenannten $\alpha$-Motoneurone, die für die Innervierung der extrafusalen Muskelfasern zuständig sind. Sie befinden sich aber beide im motorischen Vorderhorn des Rückenmarks. Entsprechend den Muskelspindeln lassen sich statische und dynamische Gammaneurone unterscheiden. Die dynamischen in-

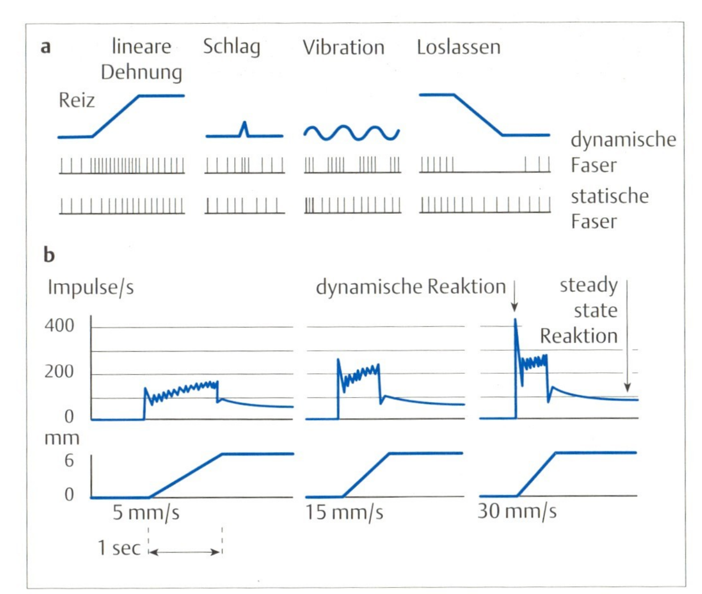


Abb. 16.**20a** u. **b**
**a** Die Antworten der dynamischen und statischen Nervenendigungen auf eine lineare Dehnung, einen kurzen Schlag, Vibration und Loslassen aus einer Dehnung.
**b** Reaktion der dynamischen Nervenendigung auf Dehnungen mit unterschiedlicher Geschwindigkeit. Sie reagiert sehr empfindlich auf die Geschwindigkeit der Dehnung. Die Feuerrate erreicht bei höheren Dehngeschwindigkeiten höhere Frequenzen als bei langsameren. Ganz besonders empfindlich reagieren sie zu Beginn der Dehnung.

nervieren alle Kernkettenfasern sowie die dynamischen Kernsackfasern, die statischen entsprechend die statischen Kernsackfasern.

In dieser Innervierung liegt die besondere Präzision der Informationen der dynamischen Muskelspindeln. Ihre Aktionspotentiale erreichen nämlich die intrafusalen Muskelfasern der Muskelspindeln an deren Endregionen, die sich dann sehr schnell kontrahieren. Dadurch wird die nichtkontraktile Mitte der Spindeln sehr schnell gedehnt, und es kommt zur hohen Signalfrequenz der Spindeln während der Dehnphase. Werden die Enden der Spindelfasern dann nicht mehr kontrahiert, kehrt der Mittelteil der Spindelfasern aufgrund seiner elastischen Eigenschaften wieder zu seiner Ruhelänge zurück (creep), und die Spindel hört auf zu feuern (Abb. 16.**20**).

Diese efferente Gammainnervierung der Muskelspindeln, die von höheren Zentren des ZNS eingestellt wird, sorgt dafür, dass die Muskelspindel ihre Sensibilität bei jeder Muskellänge erhält. Da nämlich die intrafusalen Muskelfasern der Muskelspindeln parallel zu den extrafusalen Muskelfasern liegen, könnte es passieren, dass in Situationen, in denen der Muskel in verkürzter Länge eine bestimmte Aufgaben zu erfüllen hat, die Muskelspindeln keine Längeninformationen geben können, weil sie selbst verkürzt sind und daher ihre Feuerrate verschwindend gering ist. Um dies zu verhindern – oder auch im entgegengesetzten Fall der Arbeit eines Muskels bei erhöhter Länge –, werden die intrafusalen Muskeln durch die Gammamotoneuronen jeweils auf die aktuelle Länge der extrafusalen Muskelfasern eingestellt (Sollwerteinstellung), sodass dann bei der benötigten Länge der extrafusalen Fasern die Spindel ihre „normale" Sensibilität hat und ihre Funktion der Längenregelung ordnungsgemäß erfüllen kann. Dieses Prinzip wird als Alpha-Gamma-Koaktivierung bezeichnet. Auf diese Weise kann die Regelung der Muskellänge den jeweiligen Erfordernissen entsprechend sehr präzise erfolgen. Letztendlich wird der Sollwert, der von der jeweiligen Aufgabe des Muskels abhängt, durch die ständige Rückmeldung über den aktuellen Kontraktionszustand des Muskels aufrechterhalten. Man spricht in diesem Zusammenhang auch von Erfolgs- oder Effektkontrolle.

# 17 Messverfahren in der Biomechanik

## 17.1 Grundlagen des Messens

Die Biomechanik hat sich in den zurückliegenden 30 Jahren aus einer Disziplin hauptsächlich zur Untersuchung und Entwicklung optimaler Bewegungsabläufe im Bereich des Hochleistungssports zu einer selbständigen wissenschaftlichen Disziplin entwickelt, deren Erkenntnisse dem Menschen vor allem im Bereich der Orthopädie und der Rehabilitation zugute kommen. Eine Ursache für diese zum Teil stürmische Entwicklung sind die Fortschritte bei Konstruktion und Funktion hochleistungsfähiger, meist elektronischer Messverfahren und die Möglichkeit der effizienten Verarbeitung der anfallenden Datenmengen durch leistungsfähige Rechner. Der Vorteil dieser Entwicklung liegt auch darin, dass die meisten Messgeräte direkt an einen Rechner angeschlossen und daher die Daten „online" aufgezeichnet und verarbeitet werden können. Die Ergebnisse können meist unmittelbar im Anschluss an die Messung grafisch dargestellt und interpretiert werden.

Einige dieser Messverfahren sollen hier vorgestellt werden. Das geschieht nicht deswegen, weil jeder Physiotherapeut sie kennen müsste, um seine Arbeit wirkungsvoll leisten zu können. Vielmehr soll zum einen ein Einblick in die Möglichkeiten der Biomechanik und ihrer Arbeitsweise gegeben werden. Vor allem aber soll der Physiotherapeut in die Lage versetzt werden, Literatur aus dem Bereich der Biomechanik zu verstehen und die Seriosität der Beiträge aufgrund der verwendeten Messverfahren beurteilen zu können. Auch sollten diejenigen eine Hilfe erhalten, die eigene Untersuchungen durchführen wollen oder die Möglichkeit haben, in einem Forschungsteam mitzuarbeiten. Sie können dann die verwendeten Verfahren besser verstehen und beurteilen.

Ganz generell ist zur Verwendung von Messverfahren, z. B. bei therapeutischen Untersuchungen darauf hinzuweisen, dass man dem Drang widerstehen sollte, eine Größe (Eigenschaft) zu messen, nur weil dafür ein Messgerät zur Verfügung steht. Vielmehr ist es die wichtigste Aufgabe, die für das Problem, das untersucht werden soll, geeignete Messgröße zunächst zu identifizieren (Problem der Validität). Das Messverfahren sollte so gewählt werden, dass durch seine Anwendung die im *Voraus* formulierten Fragen beantwortet werden können. Das Gleiche gilt für die heute häufig mit einem Messgerät mitgelieferte Software für die Datenverarbeitung. Man sollte diese Verfahren nicht benutzen, wenn man nicht genau weiß, was sie berechnen.

Von den Größen, die in der Biomechanik verwendet werden, um die Bewegung des Menschen zu analysieren, sind einige direkt messbar, wie beispielsweise die Zeit oder die Position. Andere wie die Geschwindigkeit sind nur aus anderen gemessenen Größen (im Fall der Geschwindigkeit, der Position und der Zeit) zu berechnen –, unabhängig von den Basisgrößen der SI-Einheiten.

Das *Messen* ist definiert als ein Vergleich bei dem ein qualitatives Merkmal in ein Verhältnis gesetzt wird zu einer Größe der gleichen Dimension, die als Einheit gewählt wurde. Wir setzen z. B. die Länge oder Ausdehnung eines Körpers mit dem „Urmeter" ins Verhältnis. Dabei kann herauskommen, dass dieser Körper eine Länge von 3/4 dieses Urmeters hat. Für alle Basisgrößen ist ein derartiges Bezugselement definiert. Jedes Messsystem muss an der entsprechenden „Urgröße" validiert werden. Man sagt in diesem Fall *geeicht* werden. Das geschieht in den Eichämtern, die unter staatlicher Aufsicht stehen. Messgeräte in öffentlichem Gebrauch müssen in regelmäßigen Abständen vom Eichamt auf ihre Genauigkeit überprüft werden.

Unabhängig davon muss jedes Messgerät – das gilt besonders auch für elektronische – vor jedem Gebrauch vom Verwender auf seine Genauigkeit überprüft werden. Interne Bezugswerte können sich nämlich verschieben und müssen neu oder überhaupt eingestellt werden. Außerdem altern Geräte, gelegentlich fallen einzelne Bauteile aus. Das kann zu falschen Messwerten führen. Diesen Vorgang des Einstellens der Messgeräte vor dem Gebrauch nennt man *kalibrieren.*

Beim Kalibrieren wird die Messskala einmal durchgemessen, d. h. mindestens der kleinste und größte sowie 3–5 Werte dazwischen werden mit bekannten Größen verglichen. Wenn man z. B. einen elektronischen Winkelmesser kalibriert, wird man an einem starren Stab eine 0°, eine 180° und eine 360° Messung durchführen, auch die 90° lassen sich leicht überprüfen. Bei diesem Kalibrieren kann man auch feststellen, ob ein Messgerät z. B. einen *systematischen Fehler* hat. Wenn das Gerät nämlich an dem starren Stab jeweils 2° mehr anzeigt als die 0°, 180° bzw. 360°, dann liegt ein systematischer Fehler vor. Kann man ihn nicht beheben, muss man von den später gemessenen Werten jeweils die 2° wieder abziehen. Auch kann man bei dieser Art der Prüfung die *Linearität* des Messgeräts feststellen. Linearität bedeutet, dass das Messgerät jeweils für den gleichen Abstand zwischen zwei Messwerten auch die gleiche Differenz anzeigt (Abb. 17.**1**).

Eine weitere Eigenschaft, die man bei einem Messgerät beachten sollte, ist sein *Auflösungsvermögen.* Die Auflösung eines Messgeräts gibt an, wie dicht beieinander unterschiedliche Messwerte liegen dürfen, sodass ihnen von dem Messgerät unterschiedliche Werte zugeordnet (aufgelöst) werden können. Man unterscheidet zwischen räumlicher und zeitlicher Auflösung. Bei bildgebenden Verfahren spielt die räumliche Auflösung eine wichtige Rolle. Sie wird dort im allgemeinen Sprachgebrauch auch als *Schärfe* bezeichnet. So hat beispielsweise eine Videoaufnahme in der Regel eine geringere Auflösung (Schärfe) als eine gestochen scharfe Kameraaufnahme. Die räumliche Auflösung wird bei kinematografischen Geräten angegeben. Sie liegt heute in der Regel unter 1 mm.

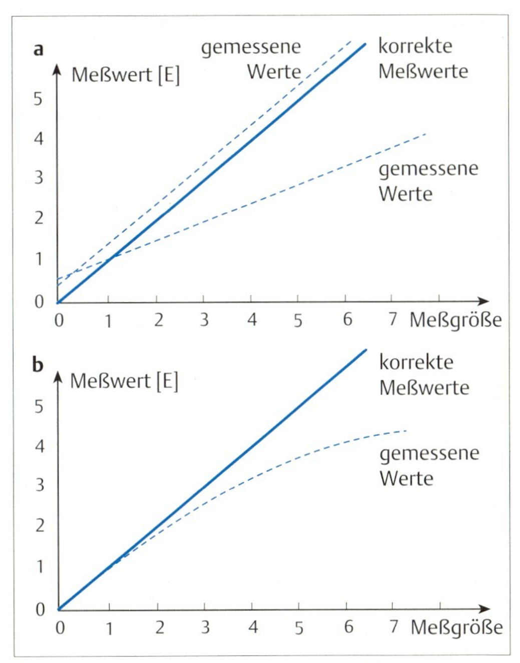


Abb. 17.**1a** u. **b** Systematische Messfehler.
**a** Linearer Messfehler (durchgezogene Linie: korrekte Werte; gestrichelte und gepunktete Linie: von einem Messgerät mit systematischem Messfehler gemessene Werte – wenn man diese Linien kennt, kann man mit diesen Meßgeräten trotzdem korrekte Werte erzielen – durch „Herausrechnen" der Fehler.
**b** Nichtlineare Messfehler. Auch dieser Fehler lässt sich, wenn er bekannt ist, eliminieren.

Die zeitliche Auflösung gibt den zeitlichen Abstand an, bei dem vom Messgerät Änderungen des Messwerts angezeigt werden können. Bei den heute verwendeten elektronischen Mess- oder Messdatenverarbeitungsgeräten wird die zeitliche Auflösung in der Regel durch den Analog-Digital-Umsetzer bestimmt. Zeitliche Auflösungen unter 1 ms sind heute in der Messtechnik kein Problem mehr. Die Auflösung eines Messgeräts wird häufig auch als ihr maximaler (zufälliger) Fehler angegeben.

Beim Kauf oder Ausleihen von Messgeräten sollte man darauf achten, dass diese Geräte für den Messbereich, in dem die Messungen liegen, die man durchführen will, geeignet sind – das ist in deren Gerätebeschreibung angegeben. Messgeräte liefern nämlich nur in dem angegebenen Messbereich exakte Werte. Außerhalb dieses Bereichs sind sie häufig sehr nichtlinear oder sie liegen im „Sättigungsbereich", d. h. sie differenzieren die Messwerte nicht mehr.

Auch sollte man bei allen Messgeräten auf die Genauigkeit ihrer Messung achten. Besonders wenn man abgeleitete Messgrößen berechnen muss, können sich die Fehler multiplizieren. Das kann zu unrealistischen und daher nicht mehr verwertbaren Ergebnissen führen.

Schließlich sollte bei den verwendeten Messgeräten immer darauf geachtet werden, dass ihr Einsatz nicht den Bewegungsablauf des Probanden beeinträchtigt.

## 17.2 Messen kinematischer Größen

In der Kinematik können folgende Größen gemessen werden: Abstand (Distanz, Weg), Winkel, Beschleunigung und Zeit.

### Abstandsmessung (Wegmessung)

In der physiotherapeutischen Praxis reicht es meist aus, Distanzen (z. B. Wege) mit einem Metermaß oder einem Zollstock zu messen (der Fehler bzw. die Auflösung bei derartigen Messungen liegt meist bei ±1 cm). Diese Genauigkeit kann auch erzielt werden, wenn man Distanzen von einer Videoaufnahme (oder Vergrößerungen von Fotos) entnimmt, sofern dabei ein Maßstab in das Bild miteingeblendet wurde (siehe unten).

Schwierigkeiten bereitet die Bestimmung des zurückgelegten Weges bei dynamischen Vorgängen. Geht es dabei lediglich um die Feststellung des maximal zurückgelegten Weges, kann man sich behelfen, indem man ein Fadenende an dem Körperteil anheftet, dessen maximaler Weg gemessen werden soll. Das andere Fadenende lässt man durch eine feste Öse laufen. Nach Beendigung der Bewegung kann die Länge des aus der Öse gelaufenen Fadens gemessen werden. Dieses Verfahren wird z. B. bei der Messung der maximalen Sprungkraft angewendet (Fadenende am Gürtel, Öse am Boden).

Exaktere Distanzmessungen sind heute mit den komplexen kinematografischen Analyseverfahren zu erzielen (siehe unten).

### Winkelmessung

Winkelmessungen kommen in der physiotherapeutischen Praxis häufig vor, und ein standardisierter Winkelmesser (Goniometer) gehört zur Ausrüstung jedes Physiotherapeuten. Auch die Neutralnullmethode, mit deren Hilfe in der Praxis Gelenkwinkel gemessen werden, ist Physiotherapeuten vertraut. Für die therapeutische Praxis sind die mit diesem Gerät erzielbaren Ergebnisse hinsichtlich der Genauigkeit (±1°) ausreichend.

Das größte Problem beim Messen von Gelenkwinkeln, aus dem sich häufig Fehler ergeben, besteht darin, dass der Scheitelpunkt des Winkels und der Gelenkmittelpunkt beim Messen in Übereinstimmung gebracht werden müssen (Abb. 17.**2**). Die Form und Größe der Gliedmaßen und Bedingungen, die durch mögliche Bewegungseinschränkungen der Probanden gegeben sind, machen häufig eine solche Übereinstimmung und daher eine exakte Messung sehr schwierig. Das gilt für den Standardwinkelmesser der Physiotherapie genauso wie für die meisten technischen Verfahren, bei statischen wie auch bei dynamischen Winkelmessungen.

Häufig werden in der Biomechanik so genannte Elektrogoniometer verwendet (Abb. 17.**3**). Bei diesen werden wie bei dem Standardwinkelmesser zwei Schenkel an den Gliedmaßen befestigt, zwischen denen der Winkel gemessen werden soll. Im Verbindungspunkt der Schenkel befindet sich ein Potentiometer (veränderbarer elektrischer

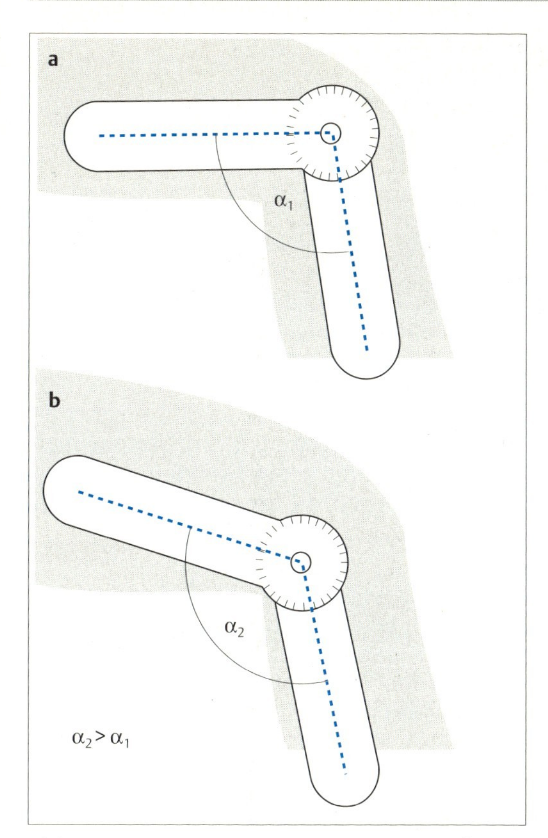


Abb. 17.**2** Messen des Kniewinkels. Die Korrektheit des Ergebnisses ist von der korrekten Anlage des Scheitelpunkts des Winkelmessers abhängig. Er sollte über dem Gelenkmittelpunkt liegen.

Widerstand), bei dem sich analog zu der Öffnung der Schenkel der Widerstand verändert, und der entsprechende Wert in Volt angegeben wird. Von diesen Geräten gibt es mehr oder weniger handliche Ausführungen. Unhandlich werden sie in jedem Fall, wenn Winkelmessungen in verschiedenen Bewegungsebenen erfolgen sollen.

Seit einigen Jahren ist ein Goniometer auf dem Markt, das dieses Problem löst, denn der Gelenkmittelpunkt wird zur Winkelmessung nicht mehr benötigt (Abb. 17.**4**). Bei diesem Gerät werden zwei kurze starre Teile auf den Gliedmaßen befestigt, zwischen denen der Winkel gemessen werden soll. Die beiden starren Teile sind durch ein flexibles Verbindungsstück zum Gelenk hin miteinander verbunden, durch dessen Biegung (auf die gesamte Länge gesehen) die Winkelmessung erfolgt. Bei diesem Verfahren ist lediglich darauf zu achten, dass die beiden starren Teile exakt in der Richtung der Längsachse der Gliedmaßen ausgerichtet sind, auf denen sie befestigt sind. Auch die Messung von mehreren Winkeln in verschiedenen Ebenen lässt sich mit diesem Gerät ohne große Schwierigkeiten durchführen. (Man braucht natürlich für jeden Winkel einen separaten Messsatz.) Auch Rotationswinkel lassen sich mit diesem Gerät einigermaßen gut bestimmen. Das Verfahren wurde von der Firma Penny und Giles entwikkelt und wird auch von ihr vertrieben.

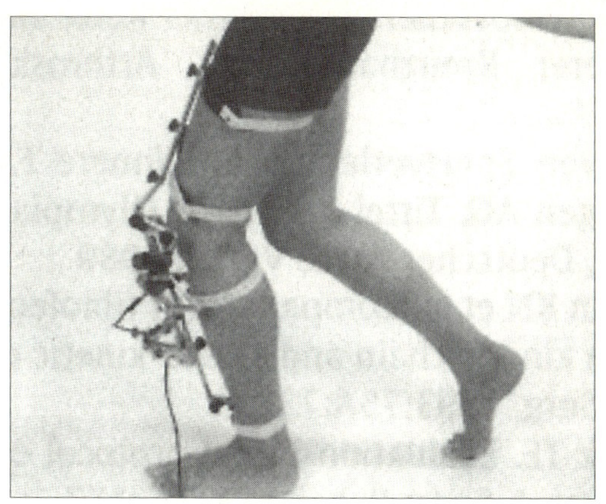

Abb. 17.**3** Elektrogoniometer

Besondere Schwierigkeiten bereiten bei der Winkelmessung solche Bewegungen, die in mehreren Gelenken erfolgen, wie im Schultergelenk. Es gibt einige Ansätze, für diese Probleme geeignete Winkelmesser zu konstruieren (z. B. Peat et al. 1976). Schwierigkeiten ergeben sich auch bei der Messung von Rotationsbewegungen. Es gibt einige Ansätze für mechanisch aufgebaute Messgeräte, die die Rotation erfassen. Diese haben sich aber nicht sehr durchsetzen können.

Weiterhin gibt es spezielle Messvorrichtungen, um Winkel bei Bewegungen der Wirbelsäule zu messen, die teilweise auch auf Potentiometer- oder Ultraschallbasis arbeiten oder magnetische Effekte nutzen. Letztere werden in den USA im ergonomischen Bereich vielfach eingesetzt.

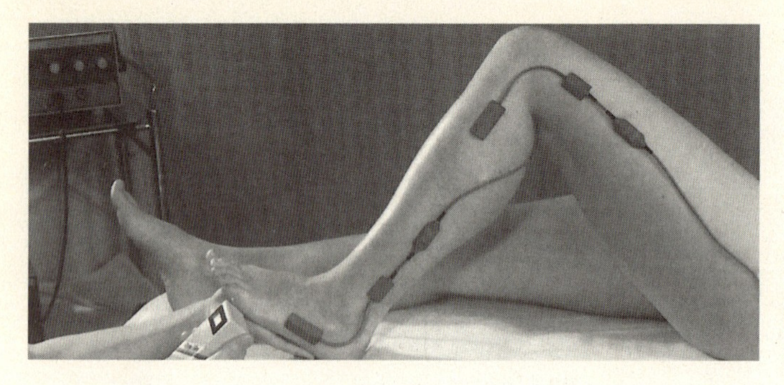

Abb. 17.4 Elektrischer Winkelmesser der Fa. Penny & Giles®. Man benötigt nicht mehr den Gelenkmittelpunkt.

Winkel können auch über kinematografische Verfahren bestimmt werden. Davon wird heute in Bewegungsanalyselabors Gebrauch gemacht.

### Beschleunigungsmessung

Die Beschleunigung kann über die Formel F = m ∗ a auf eine Kraftmessung zurückgeführt werden. Dabei wird die Trägheitskraft genutzt, die eine Masse im Beschleunigungsmesser einer Bewegung entgegensetzt. Beschleunigungsmesser arbeiten nach dem piezoresistiven (resistiv = Ausnutzen der Veränderung des elektrischen Widerstands) oder dem reinen Piezoeffekt (in einem Piezokristall werden bei Druckänderung elektrische Ladungen verschoben). Sie können in der Regel ohne zusätzliche Verstärkung an einen Rechner angeschlossen werden. Die Messaufnehmer sind klein und leicht. Von daher sind sie scheinbar problemlos einzusetzen.

Ein Problem bei ihnen ist aber, dass Wärme ihre Messeigenschaften sehr stark beeinflusst. Deswegen sollten diese Aufnehmer nicht unmittelbar am Körper angebracht werden. Ein weiteres Problem ergibt sich wie bei der Winkelmessung daraus, dass nur die Beschleunigung in einer Richtung gemessen werden kann. Diese Richtung ist durch die Montage des Aufnehmers bestimmt. Das geschieht in der Regel senkrecht zur Längsachse des betrachteten Gliedmaßes oder starren Hebels. Es kann dann nur die Komponente der Beschleunigung gemessen werden, die sich in der Normalenrichtung zu der „Längsachse" befindet (Abb. 17.5).

Gut geeignet sind Beschleunigungsmesser für Kollisionsmessungen, z. B. an Sturzhelmen, auch wegen ihrer guten Funktion bei hohen Signalfrequenzen, die bei solchen Messungen auftreten.

Beschleunigungen bei Körperbewegungen lassen sich heute aufgrund der hohen Genauigkeit der kinematografischen Verfahren aus deren Daten durch zweifache Ableitung der Positionswerte berechnen.

### Zeitmessung

Zur Zeitmessung in einer physiotherapeutischen Praxis ist im Allgemeinen eine Stoppuhr ausreichend.

### Lichtschranken

Für eine exaktere Bestimmung von Zeiten, in denen ein bestimmter Weg von einem Körperpunkt durchlaufen wird, eignen sich Licht-

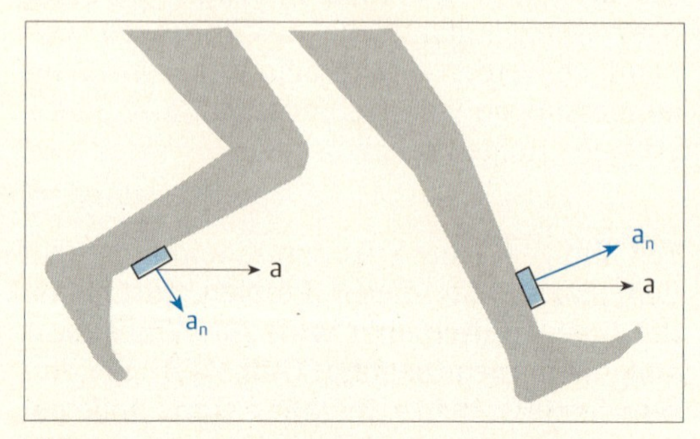


Abb. 17.5 Beschleunigungsmessung. Beschleunigungsrichtung des Beines (a). Komponente der Beschleunigung, die gemessen wird – Normalkomponente zur Montagerichtung ($a_n$).

schranken. Bei einer Lichtschranke steht ein Messelement, das Licht aussendet, einem zweiten Element gegenüber, das das ausgesendete Licht empfängt. Wird dieser Lichtstrahl unterbrochen, wird das Zeitmessgerät geschaltet. Man benötigt deswegen für eine Zeitmessung zwei Lichtschranken –, eine, um den Anfang, die andere, um das Ende des Bewegungswegs zu markieren. Bei zyklischen Bewegungen benötigt man nur eine Lichtschranke, weil ein Körperteil bei jedem Zyklus die Lichtschranke von neuem durchbricht, z. B. bei Fließband- oder Montagearbeiten. Dies kann auch in der Physiotherapie genutzt werden, um Zykluszeiten zu untersuchen. Dadurch kann man Hinweise auf die Qualität einer Bewegung oder über den Ermüdungszustand von bestimmten Muskelgruppen erhalten.

Der Vorteil von Lichtschranken besteht auch darin, dass man auf diese Weise für einen Bewegungsablauf mehrere Zeitmessungen durchführen kann, auch wenn diese in verschiedenen Ebenen liegen oder zur gleichen Zeit erfolgen sollen, z. B. bei beidhändigen Aufgaben.

Ein Nachteil besteht darin, dass die Lichtschranke nicht erkennen kann, welcher Körperpunkt oder Gegenstand den Lichtstrahl unterbricht. Das führt zu Fehlern, wenn ihn ein Körperteil oder Gegenstand unterbricht, der nicht zur Messung herangezogen werden sollte. Eine sorgfältige Planung für den Aufbau der Lichtschranke kann aber solche Probleme weitgehend ausschalten.

### Zeitmessung durch Digitalisierung anderer Messwerte

Die Zeitmessung bzw. die Beurteilung des Zeitverlaufs anderer Messgrößen, wie z. B. von Kräften, ist heute leicht dadurch möglich, dass die Messignale digitalisiert und im Rechner für konstante Zeitabschnitte (bedingt durch die Taktung des Rechners) abgespeichert werden können. Da die Rechner sehr hohe Taktraten haben, ist auch eine hohe zeitliche Auflösung der Messsignale möglich.

### Kinematografische Verfahren

Fotografische Verfahren zur Auswertung von Bewegungsabläufen wurden bereits im vorigen Jahrhundert von Edward Muybridge in Form der Serienfotografie benutzt. Diese Technik hat sich stetig weiter entwickelt, über den Film zur Videoaufzeichnung und -auswertung. Die Auswertung erfolgt über die Möglichkeit der Bestimmung der Position einzelner Körperpunkte, die speziell markiert wurden.

Diese fotografischen Verfahren bieten außer der Möglichkeit der nummerischen Auswertung den Vorteil, dass der gesamte Bewegungsablauf sozusagen festgehalten werden kann und nicht nach seiner Ausführung vorbei ist –, er also auch im Nachhinein angesehen und ausgewertet werden kann.

Zu Beginn der Entwicklung musste man dabei die Daten per Hand auswerten, d. h. die Positionen von markierten Körperstellen bestimmen. Das war sehr aufwändig. Diese Positionsbestimmung (siehe dazu auch Kap. 4) ist immer der erste Schritt bei der komplexen Datenverarbeitung.

Ein Nachteil der fotografischen Verfahren war, dass obwohl einzelne Phasen eines Bewegungsablaufs auch in ihrer Abfolge dargestellt und ausgewertet werden konnten, dies lediglich eine statische Auswertung war. Die Dynamik ging also verloren, zumal eine konstante zeitliche Differenz zwischen den einzelnen Aufnahmen zunächst nicht gewährleistet war. Dies änderte sich mit dem Film. Damit konnte die Dynamik zumindest in der Anschauung wiederholt reproduziert werden.

Als man in der Lage war, den einzelnen Bildern die Zeitpunkte ihres Entstehens zuzuordnen, ergab sich die Möglichkeit, aus den Positionsdaten auch Geschwindigkeiten und Beschleunigungen zu berechnen. Das geschah, solange die Systeme mechanisch angetrieben wurden oder wie beim Film Anlaufphasen berücksichtigt werden mussten, indem man im Bild eine oder mehrere Uhren einblendete, die Minuten und Sekunden getrennt anzeigten.

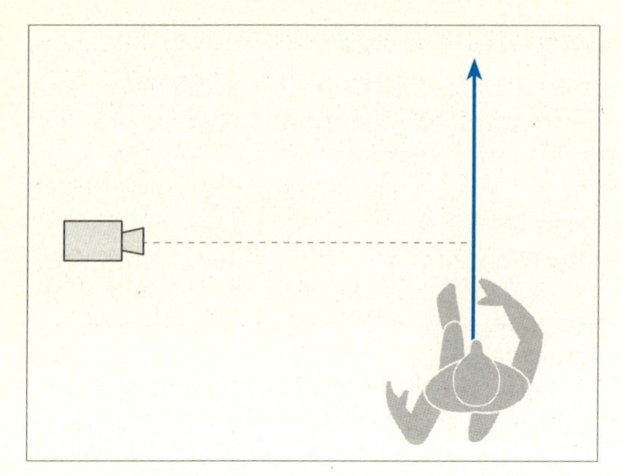

Abb. 17.**6** Filmaufnahme mit einer Kamera: Die Bewegungsanalyse ist nur in einer Bewegungsebene möglich.

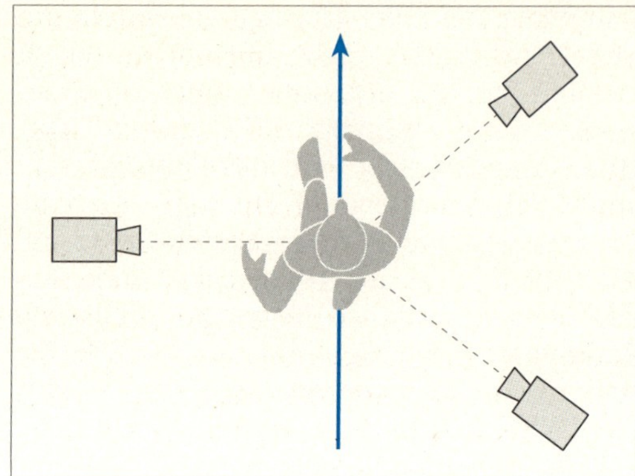

Abb. 17.**7** Filmaufnahme mit mehreren Kameras: Die Bewegungsanalyse ist in allen drei Raumebenen möglich.

Lange Zeit war man jedoch nur in der Lage, mit den zur Verfügung stehenden Möglichkeiten die Bewegung in einer Ebene darzustellen und auszuwerten (Abb. 17.**6**).

Da Bewegung jedoch im Raum stattfindet, und die kinematografischen Verfahren grundsätzlich die Möglichkeit zulassen, auch die Bewegung im Raum zu „verfolgen", begann man in den 60er-Jahren, die Voraussetzungen für die dreidimensionale Kinematografie zu schaffen (Abb. 17.**7**).

Heute lassen sich alle Bewegungen auch räumlich darstellen. Man benutzt dazu mehrere Kameras und eine entsprechende Software zur Berechnung der Positionen im Raum auf der Basis der verschiedenen Kamerabilder. Die Software ist so eingerichtet, dass die Kameras die Bewegungen aus beliebigen Winkeln aufnehmen können. Durch eine höhere Anzahl von Kameras (bis zu 7) kann auch gewährleistet werden, dass alle am Körper markierten Stellen ständig mindestens von 2 Kameras „gesehen" werden.

Aus den Daten lassen sich dann die vollständigen Bewegungen im Raum rekonstruieren und aus allen Blickrichtungen darstellen. Das ist für die Bewegungsanalyse sehr hilfreich. Man kann auch die Bewegungsabläufe wiederholt ansehen und dabei versuchen, die Ursache von Bewegungsstörungen herauszufinden. Da die Positionsdaten sehr präzise sind (Gesamtfehler kleiner als 1 mm), lassen sich aufgrund dieser Daten Geschwindigkeiten, Beschleunigungen und andere abgeleitete Größen berechnen. In den heutigen Bewegungsanalyselabors (in Deutschland in einigen Ganglabors) gehört auch eine oder mehrere Kraftmessplatten (siehe unten) zur Ausstattung, die ebenfalls zeitlich synchronisiert werden. Dadurch wird eine komplexe Bewegungsanalyse möglich.

Als Kamerasysteme werden teilweise Systeme verwendet, die auf der Videotechnik basieren. Diese haben den Vorteil, dass man die Bewegungsabläufe nach der Aufnahme noch einmal komplett ansehen kann. Die räumliche Auflösung der Daten ist jedoch bei diesen Systemen begrenzt.

Benötigt man eine höhere räumliche Auflösung, eignen sich die Systeme besser, die mit infrarot emittierenden Dioden arbeiten (IREDS). Da diese Dioden das infrarote Licht aussenden, das von der Kamera aufgenommen wird, sind diese Systeme auch unabhängig von der Ausleuchtung des Raumes. Allerdings kann es bei reflektierenden Flächen im Raum zu Störungen kommen. Als Ergebnis erhält man bei diesem Verfahren jedoch nicht das Bild der sich bewegenden Personen, sondern die Bewegung wird von einem aus den Daten konstruierten Strichmännchen ausgeführt. Man erhält also eine Abstraktion der Bewegung.

Bei neueren Systemen erfolgt die Ausstrahlung der infraroten Impulse nicht mehr durch die IREDS am Körper des Probanden, sondern von der Kamera. Die infraroten Strahlen werden dann von Reflektoren reflektiert, die an den Markerstellen angebracht sind und können aufgezeichnet werden. Bei diesem Verfahren braucht der Proband nicht mehr verkabelt zu werden. Das stellt einen geringeren Eingriff in sein Bewegungsvermögen dar. (Ein Beispiel einer von einem solchen System – Vicon 370 – aufgezeichneten Bewegung wurde am Ende des Kap. 4 dargestellt.)

Manche Labors, die die Vorteile dieser Technik nutzen, aber nicht auf das Bild der Originalbewegung verzichten wollen, benutzen neben dem Aufnahmesystem eine zusätzliche Videokamera. Es gibt heute auf dem Markt eine Reihe derartiger Aufnahmesysteme, die unterschiedlichen Anforderungen genügen und Software zur Auswertung für eine Reihe von Anwendungen zur Verfügung stellen. Der technische Standard dieser Systeme ist sehr hoch.

Ein Videogerät in der Physiotherapieschule kann auch dazu genutzt werden, die kinematografische Datenanalyse zu üben. Man heftet dazu eine Folie vor den Bildschirm und markiert bei jedem einzelnen Bild die benötigten Punkte. Man kann dann später auf der Folie die Wege dieser Punkte verfolgen und beispielsweise auch Winkel bestimmen. Hat man einen Maßstab mit in das Bild eingeblendet, kann man die metrischen Werte der Wege angeben und sich einen groben Überblick über Geschwindigkeiten verschaffen (z. B. die unterschiedliche Geschwindigkeit von zwei Körperpunkten erkennen).

## 17.3 Messen kinetischer Größen

### Kraft- bzw. Zugmessung

In der Biomechanik wie auch in der Physiotherapie besteht häufig die Notwendigkeit, die Kontraktionskraft eines Muskels oder die Kompressionskraft in einem Gelenk zu beurteilen. Es ist jedoch nicht möglich, Kräfte, die der Körper hervorbringt, direkt zu messen. Aus dem 3. Newtonschen Bewegungsgesetz (actio = reactio) ergibt sich jedoch, dass jede ausgeübte Kraft eine gleich große, aber entgegengesetzt wirkende Reaktionskraft erzeugt. Diesen Zusammenhang macht man sich bei der Kraftmessung zunutze. Es bleibt dabei allerdings das Problem bestehen (das gilt ganz besonders für Muskelkräfte), dass die erzeugte Kraft durch elastische oder plastische Eigenschaften der Kraft übertragenden Strukturen (Sehnen, Bänder, etc.) eine Dämpfungswirkung erfährt, und daher die gemessene Reaktionskraft nicht mit der tatsächlich erbrachten Kraft übereinstimmen muss.

Deswegen wurden Versuche unternommen, durch implantierte Kraftmesssysteme die direkt erzeugte Kraft z. B. der Plantarflexoren zu messen. Es zeigte sich jedoch, dass Aufwand und Nutzen dieser Verfahren in einem nicht zu vertretenden Verhältnis zueinander stehen. Das schließt aber nicht aus, dass die Verfahren für Forschungsvorhaben – wenn das gerechtfertigt ist – eingesetzt werden.

Auch der Versuch, die vom Muskel erzeugte Kraft mithilfe der Elektromyografie zu messen, ist aus verschiedenen Gründen bislang unbefriedigend geblieben (Kap. 17.4).

Alle diese Probleme bei der Muskelkraftmessung führen dazu, dass man z. B. die Kompressionskräfte der Knochen in den Gelenken nicht über die Beurteilung der an der Bewegung beteiligten Muskeln (+ Schwerkraftanteile) beurteilen kann. Allerdings gibt es Verfahren, bei implantierten Gelenken direkt die im Gelenk wirkenden Kräfte zu messen. Das geschieht in einigen orthopädischen Kliniken.

Ein weiteres Problem besteht darin, dass Muskelkraft nur über das Drehmoment bestimmbar ist ($M = F * d$, bzw. $F = M/d$), da Muskeln ein Gelenk überspannen und dadurch bei der Kontraktion eine Rotation im Gelenk auslösen. Bei der Kontraktion (= Veränderung des Winkels) ändert sich aber ständig der Abstand der Kraftwirkungslinie vom Drehpunkt (Abb. 17.**8**). Da dieser Abstand während der Bewegung nicht einfach feststellbar ist und sich der Anteil der Muskelkraft am Messergebnis deswegen kaum rekonstruieren lässt, sind Messungen der dyna-

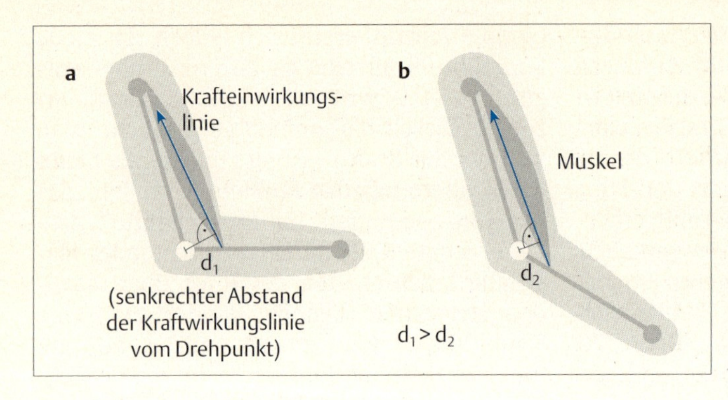


Abb. 17.**8** Veränderter Abstand der Kraftwirkungslinie (d) eines Muskels vom Drehpunkt bei unterschiedlichem Winkel des Gelenks.

mische Muskelkraft kaum durchführbar. Aus diesem Grund werden meist nur statische Muskelkräfte (isometrische Kontraktionen) gemessen. Dafür wird dann die Winkelstellung im Gelenk festgelegt, und der Körperteil entsprechend fixiert.

Als Messgeräte für derartige Zugkräfte steht eine Vielfalt an Kraftmessdosen zur Verfügung. Sie arbeiten mit Dehnmessstreifen (DMS). Dabei werden Streifen aus verschiedenen Metallen aneinander geklebt und der unterschiedliche elektrische Widerstand ausgenutzt, der bei der Biegung der Streifen durch die einwirkende Kraft entsteht.

Bei der Präzision der heutigen kinematografischen Verfahren (siehe oben) können Muskelkräfte auch über die Beschleunigungen ($F = m * a$) bestimmt werden.

## Isokinetische Verfahren

Bei den so genannten isokinetischen Trainingsgeräten, die durch ihre Konstruktion für eine gleichmäßige Winkelgeschwindigkeit bei der Drehbewegung sorgen, die eine Muskelkontraktion bewirkt, wird durch Widerstände, die der Kontraktion entgegengesetzt werden, auch auf die bei der Kontraktion erzeugte Kraft geschlossen, sodass sich die aufgebrachten Kräfte zumindest abschätzen lassen.

## Kraftmessplatten

Eine weite Verbreitung in biomechanischen Labors haben Kraftmessplatten gefunden, mit deren Hilfe Reaktionskräfte von Gegenständen oder Personen gemessen werden, die eine Gewichtskraft auf die Platte ausüben. Sie eignen sich auch zur Messung von Reaktionskräften beim Aufprall von Körpern.

Die Messaufnehmer einer Kraftmessplatte können auf Dehnmessstreifentechnik (Widerstandsmessung) beruhen (Fa. AMTI; Fa. Bertec) oder auf dem Piezioeffekt (Ladungsmes-

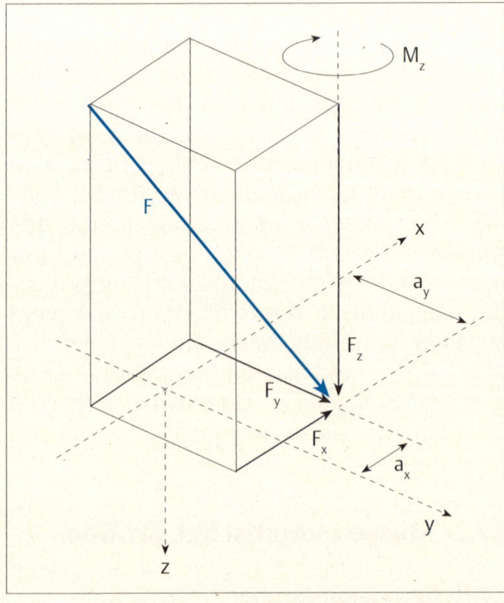


Abb. 17.**9** Messkomponenten einer Kraftmessplatte (Kistler).

| | |
|---|---|
| F | einwirkende Kraft, |
| x,y,z | Raumachsen, |
| Fx, Fy, Fz | Komponenten der einwirkenden Kraft, |
| $a_x$, $a_y$ | räumliche Komponenten des Kraftangriffspunktes, |
| $M_z$ | Drehmoment um die Z-Achse |

sung, Fa. Kistler). Die Piezotechnik hat den Nachteil, dass sich die Ladung proportional zur Druckänderung verhält. Bleibt die einwirkende Kraft gleich, entlädt sich der Piezokristall wieder. Das hat lange Zeit die Messung von statischen Kräften auf Kraftmessplatten, die mit dem Piezoeffekt arbeitet, nur eingeschränkt zugelassen. Durch geeignete Maßnahmen ist dieses Problem aber heute behoben. Die Kraftmessplatte der Fa. Kistler ist heute eine Art Standardmessverfahren, an dem andere Kraftmessverfahren validiert werden (Abb. 17.**9**).

Eine Kraftmessplatte besteht aus der Abdeckplatte (ca. 30 x 60 cm groß), die in der Regel in den Boden eingelassen wird. Unter dieser Deckplatte befinden sich die Messaufnehmer und die Elemente für die Datenvorverarbeitung (Verstärker, A-D-Umsetzer, etc.). Es gibt Kraftmessplatten, die mobil sind, d. h. überall eingesetzt werden können, wo ein harter Untergrund ist. Andere – die in der Regel empfindlicheren – sind an einer Stelle im Bewegungsanalyselabor in den Boden eingelassen und dort auf einer Betonplatte montiert.

Mithilfe der Messaufnehmer der Kraftmessplatte werden die Komponenten der Reaktionskraft in x-, y- und z-Richtung sowie die Drehmomente um die drei Raumachsen bestimmt. Außerdem die resultierende Reaktionskraft sowie der Ort auf der Platte gemessen, an dem die Reaktionskraft angreift. Dieser Punkt wird *Center of Pressure (COP)* genannt. Die Reaktionskräfte werden als Kraft-Zeit-Kurven aufgezeichnet. Die Daten können heute ohne Probleme mit anderen Messverfahren synchronisiert werden.

Die Fa. Kistler hat auch eine in den Boden eines Laufbands integrierte Kraftmessplatte entwickelt. Dadurch können die Reaktionskräfte beim Gehen über eine längere Gehstrecke gemessen und dann in ihrer Veränderung über die Zeit beurteilt werden.

Ein Nachteil der Kraftmessplatten ist, dass sie nicht die Druckverteilung auf der Platte, sondern nur den Angriffspunkt der Resultierenden der Reaktionskräfte (= COP) anzeigen.

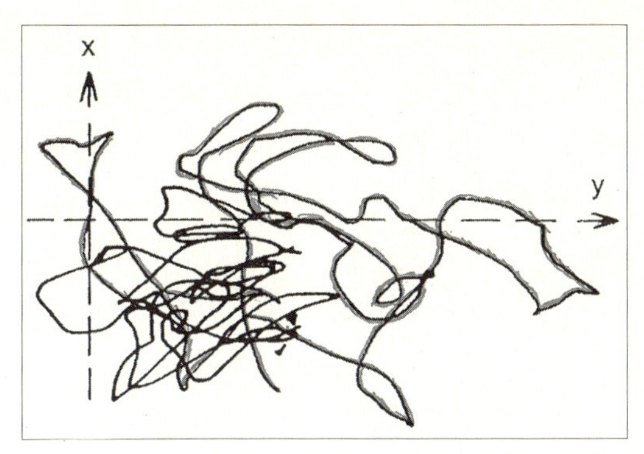


Abb. 17.**10** Posturografie (aus Kistlerprospekt ) „Romberg-Test" eines Patienten über jeweils 15 s: schwarze Kurve: Augen geöffnet, graue Kurve: Augen geschlossen

## Posturografie

Man kann sich die Anzeige des COP zunutze machen, indem man beispielsweise beim Stand einer Person auf der Kraftmessplatte über einen bestimmten Zeitraum seinen Verlauf aufzeichnet. Aus diesem Verlauf lässt sich auf die Standsicherheit der Person oder auch auf Probleme mit der Standsicherheit schließen. Man nennt ein solches Verfahren Posturografie (Abb. 17.**10**). Dieses Verfahren wird klinisch genutzt.

## Druckverteilungsmessung

Zur Messung der Druckverteilung wurden in den letzten Jahren spezielle Platten oder Folien entwickelt. Diese bestehen aus einer größeren Anzahl einzelner Sensoren, sodass jeder einzelne Sensor den Druck misst, der auf ein ihm zugeordnetes Flächenstück wirkt. Je nach der Größe des Flächenstückes für die ein Sensor den Druck misst, lässt sich eine unterschiedlich starke Auflösung der Druckverteilung erreichen. Hier bemüht man sich also um ein möglichst kleines Oberflächenstück der Platte für jeden einzelnen Sensor. (Es werden z. B. 3 Sensoren für eine Fläche von 1 $cm^2$ angegeben.) Die gemessenen Druckstärken auf den einzelnen Flächen werden in der Regel durch unterschiedliche Farben angezeigt.

Mit diesem Verfahren lässt sich die Druckverteilung unter dem Fuß z. B. bei neurologischen Erkrankungen, aber auch bei orthopä-

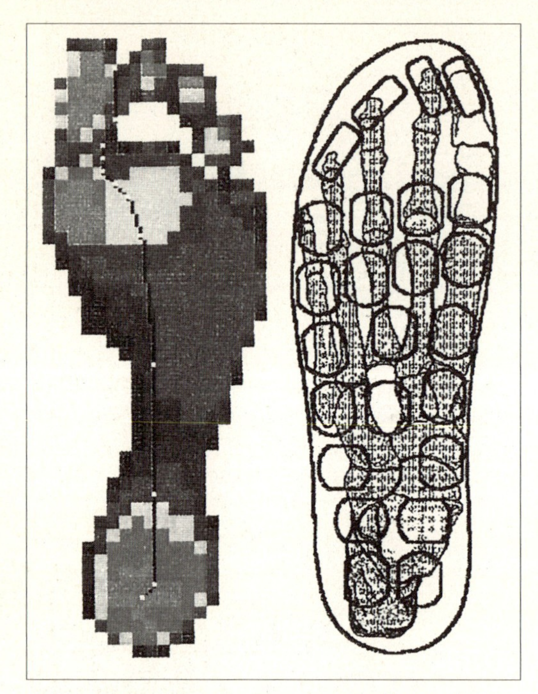

Abb. 17.**11a** u. **b** Messung der Druckverteilung unter einem Fuß mittels einer Platte zum Messen der Druckverteilung.
**a** Fußabdruck aufgezeichnet mit Emed-System®; **b** Druckverteilung durch eine Einlegesohle der Fa. Parotec-System®.

disch bedingten Fehlbelastungen untersuchen.

Eine neuere Entwicklung geht dahin, die Drucksensoren auf flexiblen Flächen aufzubringen, die als Sohle konzipiert sind und in die Schuhe eingelegt werden können (Abb. 17.**11**). Unter diesen Bedingungen kann man die Druckverteilung beim Gehen über mehrere Schritte, auch beim Treppensteigen und anderen Aufgaben messen. Der dabei anfallende hohe Datenfluss lässt sich mit den vorhandenen Speichersystemen durchaus bewältigen.

## 17.4 (Oberflächen-) Elektromyografie (EMG)

Ein in der Biomechanik sehr bedeutsames Messverfahren ist die Elektromyografie

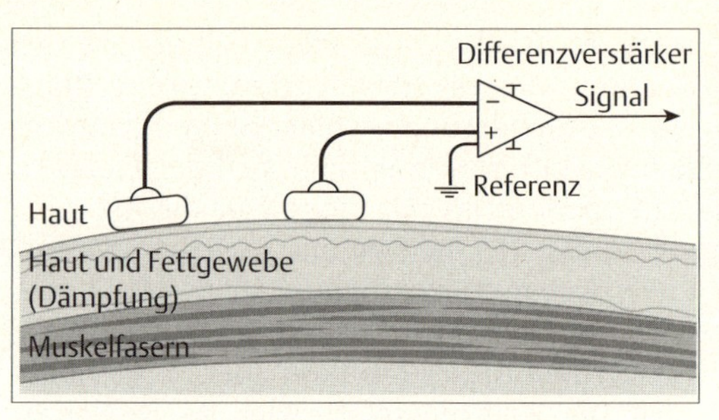


Abb. 17.**12** Oberflächenelektromyographie (EMG). Messanordnung über dem Muskel.

(Abb. 17.**12**). Bei diesem Verfahren werden die summierten Spannungsänderungen aufgezeichnet, die ein Muskel bzw. seine einzelnen Muskelfasern bei seiner Kontraktion erzeugen.

Um die Elektromyografie sinnvoll einsetzen zu können, ist es wichtig, die Prozesse bei der Muskelkontraktion zu kennen (Kap. 16).

Die erwähnten Spannungsänderungen entstehen durch die Aktionspotentiale, die von den Motoneuronen zu den Muskeln geleitet und dort an den motorischen Endplatten auf die Muskelfasern übertragen werden. Die Potentialänderungen breiten sich von dort über die Zellmembranen der Muskelfasern aus. Die Spannungsänderung entsteht durch Ionenflüsse durch die Zellmembran. Im Ruhezustand ist das Innere der Muskelfaser gegenüber dem extrazellulären Bereich elektrisch negativ. Bei einem Aktionspotential strömen positiv geladene (Natrium-) Ionen in die Muskelzelle ein und machen in der Folge das Innere der Muskelfaser gegenüber dem Zelläußeren kurzzeitig positiv. Durch den nachfolgenden Ausstrom von positiven (Kalium-) Ionen aus der Zelle wird die ursprüngliche Potentialdifferenz wiederhergestellt. Da der Muskel zahlreiche Muskelfasern enthält, von denen sich immer mehrere zur gleichen Zeit kontrahieren, kommt es zu einer Überlagerung der einzelnen Spannungssignale (Abb. 17.**12**).

Die Potentialänderungen sind nur sehr gering (im μV-Bereich). Das Problem ihrer Messung besteht darin, diese kleinen Signale aus son-

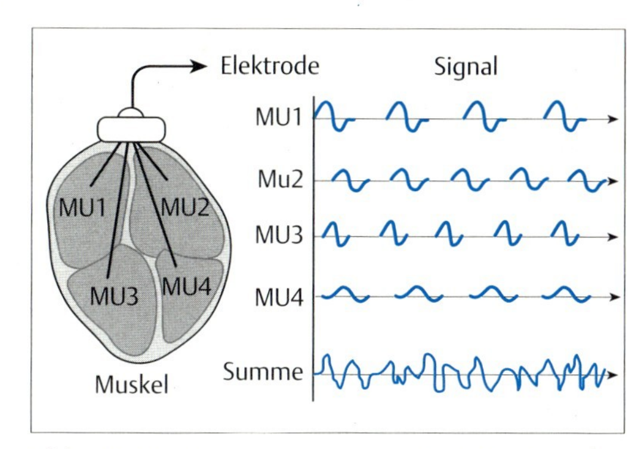


Abb. 17.**13** Zusammensetzung des EMG-Signals aus den Signalen einzelner Motorischer Einheiten (MU = Motor Unit = Motorische Einheit

stigen elektrischen Signalen, die der lebende Organismus erzeugt (z. B. bei der Kontraktion der Herzmuskulatur) herauszukristallisieren. Um dieses Problem zu lösen, benutzt man 2 so genannte aktive Elektroden und einen Differenzverstärker (Abb. 17.**14**). Der Differenzverstärker hat die Eigenschaft, Potentialdifferenzen zwischen den beiden aktiven Elektroden, deren Potentiale ihm zugeführt werden, sehr hoch zu verstärken, während er alle Potentiale und deren Änderungen, die ihn gleichzeitig durch die beiden Elektrodenkabel erreichen, sehr stark abschwächt. Klebt man nun die beiden aktiven Elektroden in Längsrichtung der Muskelfaser in einem geringen Abstand auf den Muskel, erreicht das Aktionspotential die beiden Elektroden zu unterschiedlichen Zeitpunkten. Zwischen den beiden Elektroden ergibt sich also ein Differenzsignal, das vom Differenzverstärker verstärkt wird. Alle anderen elektrischen Signale aus dem Körper erreichen beide Elektroden jeweils gleichzeitig und werden deswegen unterdrückt. Man benötigt natürlich wie bei jeder Spannungsmessung zusätzlich eine inaktive oder Referenzelektrode, die für die Konstanthaltung des Bezugspotentials verantwortlich ist. Differenzverstärker werden heute in sehr hoher Qualität als Instrumentenverstärker hergestellt. Diese können sehr gut für die EMG-Messung verwendet werden.

Ein weiteres Mittel, das Muskelsignal von Störsignalen zu befreien, ist eine (elektronische) Filterung des Signals. Bei einer solchen

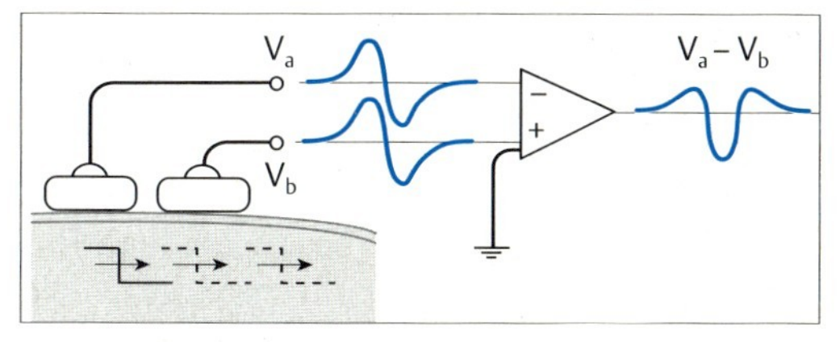


Abb. 17.**14** Entstehung des Differenzsignals (Bewegung einer Front der Spannungsänderung unter den aktiven Elektroden).

Filterung können bestimmte Frequenzen aus dem Signal herausgefiltert werden. Dazu muss man einerseits wissen, in welchem Frequenzbereich das Signal liegt, das gemessen werden soll, zum anderen in welchen Frequenzbereichen Störfrequenzen liegen, damit man sie ausfiltern kann.

Das EMG-Signal bei der Oberflächenelektromyografie liegt im Bereich zwischen 20 und (500) 1000 Hz. Niedrige Störfrequenzen können von Körper- und Hautbewegungen sehr hohe Frequenzen durch allgemeine Netzstörungen in das Signal gelangen. Deswegen ist es zweckmäßig, beim EMG-Signal durch ein Bandpassfilter (Hochpass 10 Hz, Tiefpass 500 Hz) die Frequenzen unter 10 Hz und über 500 Hz zu unterdrücken. Bei Instrumentenverstärkern lassen sich diese Bandpässe einfach einstellen.

Die Elektromyografie macht also Aussagen über die Aktivität von Muskeln. Man könnte daher denken, dass man durch sie die Kraft bestimmen kann, die ein Muskel hervorbringt. Das ist leider nicht so einfach der Fall. Dies liegt zum einen daran, dass sich nicht gleichzeitig die Aktivität aller an einer Bewegung beteiligten Muskeln messen lässt. Zum anderen sind die gemessenen Werte sehr wenig reliabel, d. h. sie können für die gleiche erzeugte Kraft sehr unterschiedlich sein, weil nicht immer die gleichen motorischen Einheiten zur Krafterzeugung herangezogen werden. Aus diesem Grund sind Elektromyografiedaten prinzipiell nur als nominalskalierte Daten zu betrachten, die Auskunft darüber geben, ob ein Muskel aktiv ist oder nicht. Aber auch dies ist eine wichtige Aussage.

### Messen der Muskelpotentiale

Muskelpotentiale werden mithilfe von zwei – aktiven – Elektroden über dem interessierenden Muskel abgeleitet. Dabei wird die Spannungsdifferenz zwischen diesen beiden aktiven Elektroden in Bezug auf eine dritte – die Referenzelektrode – gemessen. Die Referenzelektrode muss über einer Stelle am Körper befestigt werden, die elektrisch neutral ist, an der vor allen Dingen keine Spannungsänderungen während der Messung auftreten. Man befestigt diese Elektrode in der Regel auf einem Knochenvorsprung, der in der Nähe des betrachteten Muskels liegt.

In den gemessenen Spannungswert – das Differenzsignal – geht die Summe der Potentialänderungen von allen Muskelfasern ein, die im „Einzugs"- oder Empfindlichkeitsbereich der aktiven Elektroden liegen. Dabei wird – je weiter eine Muskelfaser von den Elektroden entfernt liegt – das Signal umso mehr durch das Körpergewebe gedämpft (abgeschwächt), das zwischen dieser Faser und den Elektroden liegt. Das gemessene Signal gibt keinerlei Auskunft darüber, ob es von wenigen Muskelfasern stammt, die relativ nahe an den Elektroden liegen, oder von sehr vielen Muskelfasern die weiter weg liegen. Sie können sogar von einem anderen Muskel kommen als von dem, den man beobachten will und der vielleicht sogar eine ganz andere Funktion hat –, man spricht dann von Übersprechen (engl. *crosstalk*). Dies muss bei der Interpretation der Daten berücksichtigt werden.

### Notwendige Ausstattung zur Messung von EMG-Signalen

#### Elektroden

Es sollten Einmalelektroden verwendet werden, die einen Kleberand und einen Druckknopf oder ein integriertes Kabel zum Weiterleiten der Signale besitzen. Die meisten dieser Einmalelektroden sind bereits mit einer Leitpaste versehen, sodass man diese nicht extra braucht. (Achtung: Sind die Elektroden vor Gebrauch nicht vakuumverpackt oder ist die Vakuumverpackung geöffnet worden, trocknet die Leitpaste leicht aus –, sie leitet dann nicht mehr und wirkt wie ein Isolator!)

Die Messfläche der Elektroden sollte möglichst groß sein, damit mehr Strom aufgenommen werden kann (Ø ca. 5 mm). Die Klebefläche außen herum sollte nicht zu groß sein, damit die Elektroden möglichst nahe beieinander aufgeklebt werden können. Die Kleberänder der beiden aktiven Elektroden sollten einander nicht berühren.

Benutzt man wieder verwertbare Elektroden, müssen diese nach jeder Benutzung sorgfältig gereinigt werden. Zum Messen benötigt man dann eine spezielle Leitpaste, die in die Elektroden eingefüllt wird. Es sollte nicht zu viel Paste in die Elektroden gefüllt werden, damit die Kleberinge davon nicht leitend gemacht werden – sie können sich dann lösen und – außerdem besteht die Gefahr eines Strompfades zwischen den beiden Elektroden. Das Elektrodenmaterial sollte Silber/Silberchlorid sein. Bei diesem Material haben sich die Übertragungseigenschaften als am günstigsten erwiesen.

Es gibt auch Spezialelektroden (z. B. hat DeLuca (1992) eine integrierte aktive Elektrode entwickelt), bei der die beiden aktiven Elektroden in einem Block zusammengefasst sind, die deswegen natürlich besonders nahe beieinander liegen. Auch gibt es spezifische punktförmige Goldelektroden, die entwickelt wurden, um möglichst selektiv messen und damit die Feuercharakteristik einzelner motorischer Einheiten analysieren zu können (Rau 1992). Solche Spezialelektroden sind auch EKG-Elektroden. Diese haften auch dann, wenn der Körper des Probanden Schweiß absondert.

#### Vorverstärker

Die Elektroden sollten auf möglichst kurzem Leitungsweg mit einem Vorverstärker verbunden werden. Ein direktes Einleiten der EMG-Signale in den PC funktioniert nicht, da die Daten dort über A/D-Karten geschaltet werden, die nicht mit Differenzverstärkern ausgestattet sind.

Es gibt Vorverstärker für einzelne Elektrodenpaare, auch bereits in Elektroden integriert. Diese sind sehr klein und können bequem am Körper angebracht werden. Bei anderen werden mehrere Elektrodenpaare in einem kleinen Verstärkerkästchen (streichholzschachtelgroß) zusammengeschaltet. Man sollte bedenken, dass man das EMG selten bei einem einzelnen Muskel ableitet. Diese kleinen Kästchen können auch am Körper befestigt oder in einem Gürtel getragen werden. Wichtig ist, dass die Referenzelektroden für alle Elektrodenpaare ein identisches Referenzpotential haben. Man kann alle Referenzelektrodenleitungen zusammenstecken und dann nur eine Referenzelektrode verwenden.

Der Verstärkungsfaktor der Vorverstärker sollte nicht mehr als 1000 (= 60 dB) betragen, sonst werden zu viele Artefakte mitverstärkt. Ist der Verstärkungsfaktor zu gering, ist das Signal, das dann noch über ein längeres Kabel geleitet werden muss, sehr klein. Es kann dann auf dem weiteren Leitungsweg noch erheblich gestört werden.

Der Endverstärker sollte über eine galvanische oder optische Trennstufe verfügen (Medizin-Geräteverordnung). Das ist für EMG-Messungen zwar nicht vorgeschrieben, wird aber dringend empfohlen. Diese Trennung verhindert bei elektrischem Durchschlagen auf der Netzseite eine Gefährdung des Probanden. Wenn beispielsweise an beiden Körperseiten gleichzeitig gemessen wird, kann bei einem Durchschlagen ein Strompfad über das Herz entstehen, der einen Herzstillstand hervorrufen kann.

Beim Messen in Räumen, in deren Nähe Starkstromleitungen liegen (z. B. in Fabriken), ist auf eine spezielle Schirmung der gesamten Schaltung zu achten (bei den kommerziell erworbenen Messsystemen ist das nicht immer gewährleistet), sonst sind die Störsignale zu groß, und eine EMG-Messung lässt sich nicht durchführen. Baut man ein Messsystem selbst auf, ist auch auf eine besondere Unterdrükkung von „vagabundierenden“ 50 Hz-Netzeinflüssen zu achten. Vom Vorverstärker können die Signale in einen PC oder in ein Oszilloskop gespeist werden, die beide intern über weitere Verstärkerstufen verfügen. Sie können auch gleichzeitig in beide oder in andere Aufzeichnungs- bzw. Speichermedien weitergeleitet werden.

### Kabel

Um elektro-magnetische Einstreuungen auf das Signal zu verhindern, sind so weit als möglich geschirmte Kabel zu verwenden, besonders dann, wenn man z. B. für das Messen beim Gehen lange Kabel braucht. Es gibt geschirmte EKG-Kabel, die hierfür sehr gut geeignet sind. Wenn die Leitungen von den Elektroden zu den Vorverstärkern sehr kurz sind (max. 10 cm), müssen diese nicht geschirmt werden.

### Messvorgang

Auswahl der Ableitpunkte
Man sollte nicht direkt über der motorischen Endplatte, aber nicht zu weit von ihr entfernt messen. Der Abstand der Elektroden sollte möglichst gering sein (1–3 cm). Wichtig ist, dass die Elektroden in Faserrichtung aufgeklebt werden, da man den Potentialverlauf entlang der Fasern messen will. Dazu muss man natürlich die Faserrichtung des Muskels kennen, an dem man das EMG misst.

Präparieren der Haut
Die Haut an den Messstellen muss von ihrer Behaarung befreit, d. h. rasiert werden. Schmutz, vor allem Fettrückstände, müssen mit einer entsprechenden Flüssigkeit (Alkohol) entfernt werden. Ein Abschmirgeln der oberen Hautschichten ist nicht notwendig, dadurch erhöht sich in der Regel die Durchblutung in dem betreffenden Bereich. Das kann zu zusätzlichen Messstörungen führen.

Aufkleben der Elektroden
Die Elektroden werden auf die *trockene* Haut geklebt. Der Abstand der Messelektroden voneinander sollte möglichst gering sein (1–3 cm). Die Kleberinge sollten einander nicht berühren, vor allem dann nicht, wenn Leitpaste von Hand in sie eingefüllt wurde – Strompfad! Zusätzlich zu den Kleberingen sollten die Elektroden mit einer großflächigen Klebefolie befestigt und dadurch gegen ein Verrutschen gesichert werden, das bei der Bewegung entstehen kann. Werden die Vorverstärker am Körper getragen, müssen auch sie sorgfältig an Stellen, die die zur Untersuchung stehende Bewegung nicht behindert, befestigt werden.

Auch bei der Kabelführung ist darauf zu achten, dass die zur Untersuchung stehende Bewegung nicht durch sie behindert wird und durch die Bewegung weder die Elektroden noch die Vorverstärker abgerissen werden können – vollen Bewegungsumfang zur Probe durchführen lassen! Wurde dies alles erledigt und überprüft, können die Aufzeichnungs- und Speichermedien angeschlossen werden.

Testen des Messaufbaus

Es ist unbedingt erforderlich, dass *vor* der eigentlichen Messung überprüft wird, ob das Messsignal ein Myogramm ist bzw. eines enthält – für jeden Kanal (Elektrodenpaar) einzeln prüfen! Arbeitet man an einem PC-Messplatz, kann man sich das Signal am Bildschirm ansehen, auch dann, wenn es nicht online betrachtet werden kann. Die Mühe *muss* man sich machen. Es lässt sich auch ein Oszilloskop zwischen Vorverstärker und Speichereinheit schalten. Nur durch eine solche Überprüfung kann gewährleistet werden, dass man später ein einwandfreies EMG-Signal auswertet. (Um zu erkennen, ob das abgeleitete Signal ausreichend gut ist, bedarf es einiger Übung und Erfahrung).

Man sollte zunächst zum Ansehen, dann aber auch zum Abspeichern einen „Ruhetest" durchführen. Der Proband wird dabei aufgefordert, den Muskel, dessen Aktivität beurteilt werden soll, vollkommen zu entspannen. Die gemessene Aktivität muss dabei nach einer Anspannung sichtbar zurückgehen, ein gewisses Ruhepotential bleibt immer bestehen. Das abgespeicherte „Ruhesignal" dient dazu, später die Schwelle für das als *Aktivität* beurteilte Niveau festzulegen (siehe unten).

Will man das Signal quantitativ auswerten, ist es erforderlich, den Probanden als Nächstes aufzufordern, den zur Beurteilung stehenden Muskel maximal anzuspannen. Hierzu ist eine geeignete Fixierung des Körpers und ein entsprechender Widerstand erforderlich. (Es muss hierfür die Position des Muskels gewählt werden, in der er seine maximale Anspannung erreichen kann.) Das Anspannungsniveau dieses Versuchs, das man als *MVC (Maximal Voluntary Contraction)* bezeichnet, wird bei der Auswertung als Referenzniveau benötigt (siehe unten). Ruhe- und MVC-Test sind durch Wiederholung auf ihre Korrektheit zu überprüfen.

Jede einzelne Aufnahme von EMG-Daten muss überprüft werden, d. h. nach jeder Haltung oder Bewegung, die beurteilt werden soll, muss man sich das aufgezeichnete Signal ansehen, um feststellen zu können, ob:

- überhaupt ein Signal aufgenommen wurde,
- das Signal in der für die Auswertung notwendigen Qualität vorhanden ist. Ist das nicht der Fall, muss der Versuch wiederholt werden.

Macht man sich diese Mühe nicht und stellt sich später bei der Auswertung heraus, dass einzelne Aufnahmen nicht ausreichend auswertbar sind, muss man die gesamte Untersuchungsserie wiederholen!

### Auswertung und Interpretation von EMG-Daten

Die Tatsache, dass EMG-Daten relativ wenig reliabel sind (siehe oben), schränkt die Aussagekraft des EMG-Signals stark ein bzw. macht eine umfangreichere Analyse für eine exaktere Aussage nötig. Zunächst muss ganz allgemein darauf hingewiesen werden, dass das EMG-Signal nicht die von einem Muskel erzeugte Kraft, sondern lediglich seinen Aktivierungsgrad repräsentiert. Grundsätzlich kann dieser Aktivierungsgrad auf verschiedenen Stufen der Datenskalierung ausgewertet werden: Nominal-, Ordinal- oder Intervall-/ Rationalskalenniveau.

Auswertung auf Nominalskalenniveau

Die einfachste, sicherste und deswegen am weitesten verbreitete Auswertung erfolgt auf dem Nominalskalenniveau. Das bedeutet, die entsprechende Aussage lautet: „Der Muskel ist aktiv" bzw. „Der Muskel ist nicht aktiv". Allerdings bedarf es auch zu dieser Aussage einer Vorentscheidung.

Es wurde bereits darauf hingewiesen, dass auch über einem nichtaktiven Muskel eine Ruheaktivität messbar ist. Deswegen ist eine Entscheidung zu treffen, von welchem Aktivitätsniveau an ein Muskel als „aktiv" bezeich-

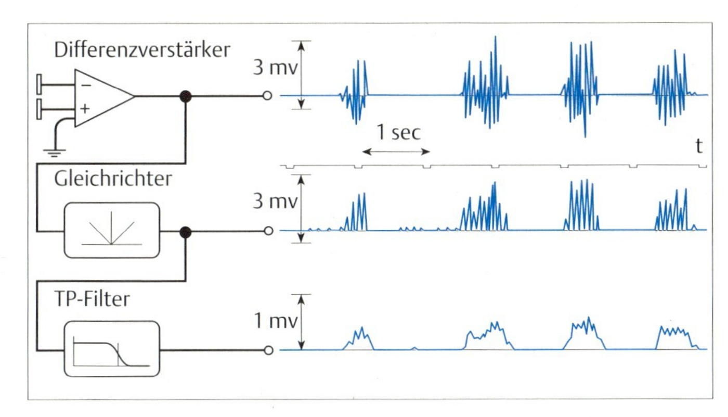


Abb. 17.**15** Darstellungsmöglichkeiten des EMG-Signals.
1. Zeile: „rohes“ EMG-Signal,
2. Zeile: gleichgerichtetes Signal (die negativen Signalanteile erhalten ein positives Vorzeichen),
3. Zeile: Hüllkurve um das gleichgerichtete Signal.

net werden soll. Es muss also eine *Aktivitätsschwelle* festgelegt werden.

Da das EMG-Signal ein recht „unruhiges“ Signal ist, kann man nicht von einer einzelnen Spitze im Signal auf eine höhere Aktivität schließen –, sie kann durch eine zufällige spezifische Überlagerung zustande gekommen sein. Es müssen also immer mehrere Signalspitzen in relativ dichter Folge die Schwelle überschreiten. Es lässt sich deswegen eine Entscheidung hinsichtlich der Schwelle, nicht gut von einem Rechner ausführen, es sei dann, man wählt einen spezifischen Algorithmus dafür (siehe unten). Hierbei lässt sich aber gut grafisch vorgehen. Für eine Beurteilung des EMG-Signals auf Nominalskalenniveau (Muskel aktiv/nicht aktiv) ist dieses Verfahren durchführbar und ausreichend genau (Abb. 17.**15**).

Mit wenig Aufwand (Daten gleichrichten (siehe unten) und filtern (TP 2–3 Hz) lässt sich auch eine so genannte Hüllkurve um das Signal berechnen und zeichnen. Diese Darstellung vermittelt eine ziemlich gute Vorstellung von den Aktivitätsphasen eines Muskels (Abb. 17.**16**).

Benutzt man einen Rechner, kann man den Schwellenwert durch eine Mittelwertberechnung bestimmen. Dazu muss das Signal gleichgerichtet werden – sonst wird der Mittelwert Null – d. h. alle Werte müssen ein positives Vorzeichen erhalten (Man sagt auch, man klappt die untere Signalhälfte nach oben.) Dann werden einige Werte (z. B. 50) addiert und die Summe durch die Anzahl der addierten Werte dividiert (= Mittelwert). Das macht man für alle Werte und entscheidet dann, von welcher Höhe des Mittelwerts an man das Signal als ein Aktivitätssignal betrachten will. Man kann hierfür keinen generellen Wert festlegen, da die Aktivität jedes Muskels unterschiedlich und auch von Tag zu Tag verschieden ist (mangelnde Reliabilität). Man muss sich also immer das Signal ansehen, um entscheiden zu können, wann der Muskel aktiv ist – an jedem Messtag von neuem. Es ergeben sich jedoch Erfahrungswerte für einzelne Muskeln.

Im Allgemeinen reicht es aus, wenn man immer die jeweils nächstfolgende Anzahl von Signalwerten für den Mittelwert summiert. Benötigt man eine genauere Auswertung, sollte man sich für ein „moving average“ (glei-

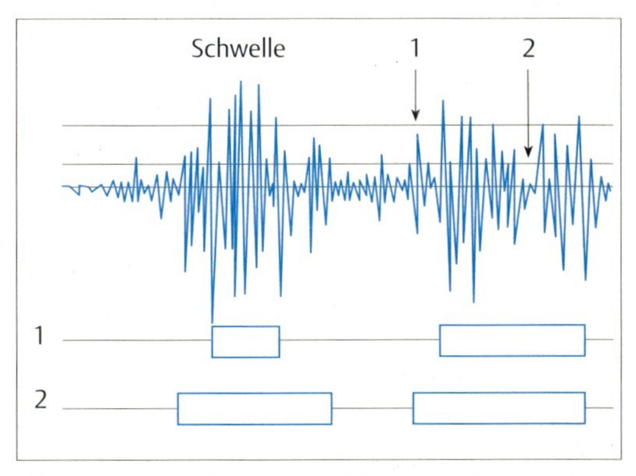


Abb. 17.**16** Grafisches Verfahren zur Bestimmung der Aktivität von EMG-Signalen mit Hile von verschiedenen Schwellen.

tendes Mittel) entscheiden. Das bedeutet, man fängt bei jedem einzelnen Signalwert von neuem an, die Summe für den Mittelwert zu bilden. Dabei geht jeder Signalwert in mehrere Mittelwertberechnungen ein. Aktivitätsbeginn und Aktivitätsende lassen sich dann genauer bestimmen.

Auswertung auf Ordinalskalenniveau
Benötigt man für die EMG-Auswertung ordinal skalierte Daten, kann man – etwas mühevoll – auch nach dem Schwellenverfahren arbeiten, indem man unterschiedliche Schwellen grafisch oder mithilfe des Rechners bestimmt. Man kann jedoch nicht die Aktivitätsniveaus verschiedener Muskeln oder Aufnahmen miteinander vergleichen (geringe Reliabilität). Nur innerhalb einer Aufnahme kann man die Aktivitätsstufen nach Amplituden (Schwellen) ordnen.

Man muss sich auch darüber Gedanken machen, in welcher Größenordnung das Aktivitätsniveau angegeben wird. Bei der Elektromyografie werden Spannungswerte gemessen. Die Spannungswerte der Muskelaktionspotentiale werden so verstärkt, dass sie in der Regel in einem Bereich von ±5 V bzw. ±10 V angezeigt werden. Bei der Darstellung und Weiterverwertung der Daten muss die Verstärkung berücksichtigt werden, d. h. sie muss bekannt sein. Wurde das Signal z. B. mit einem Faktor 1000 (60 dB) verstärkt, und die Werte im Voltbereich angezeigt, bedeutet das, es handelt sich um mV-Werte. Man sollte die Werte in den Grafiken entsprechend skalieren.

Will man außer der Intensität der Aktivität auch die Zeitdauer einer Intensitätsstufe beurteilen, kann man das so genannte Flächenverfahren (Integration) anwenden, d. h. man berechnet die Fläche, die das EMG-Signal über der Nulllinie einschließt. Dazu muss man lediglich die einzelnen Amplitudenwerte – als positive Werte – zusammenzählen und mit der Zeitdifferenz zwischen dem ersten und dem letzten Wert multiplizieren. Aber auch bei diesem Verfahren kann man nicht die Ergebnisse von verschiedenen Muskeln miteinander vergleichen.

Um dieses Problem zu umgehen, kann man das Signal auf eine Zeitspanne „normieren“. Dazu muss man die Amplitudenwerte wiederum aufsummieren und dann durch die Zeit dividieren, über die aufsummiert wurde. Dann erhält man einen Mittelwert für diese Zeitspanne. Dieser Wert wird in mV/ms (Millivolt pro Millisekunde) angegeben. Benötigt man auch die Zeitangabe, wie lange diese Aktivität zu beobachten war, kann man sie angeben, z. B. 5 mV/ms über 60 ms. Diese auf die Zeit bezogenen Amplitudenwerte lassen sich für einen Muskel – bei verschiedenen Versuchen – miteinander vergleichen.

### Auswertung auf Intervallskalenniveau

Will man das Aktivitätsniveau mehrerer Muskeln miteinander vergleichen, muss man sich einen Bezugs-(Referenz-)Wert für jeden einzelnen Muskel verschaffen, auf den man das Aktivitätsniveau beziehen kann. Als dieser Bezugswert wird die maximale willkürliche Kontraktion (MVC) des betreffenden Muskels verwendet. Dazu werden die Daten des MVC und die aktuell gemessenen Werte wie geschildert aufbereitet (gleichgerichtet, summiert und durch die Zeit dividiert), also gemittelt oder integriert. Man muss dabei darauf achten, dass der MVC und der aktuell aufgezeichnete Wert auf die gleiche Zeitspanne bezogen werden. Der Wert für die maximale Kontraktion wird dann als 100% angesetzt, und der Wert der aktuellen Kontraktion, die beurteilt werden soll, wird bezogen auf diese 100% als % MVC angegeben. Die Werte, die man auf diese Weise erhält, lassen einen Vergleich zwischen dem Anspannungsniveau verschiedener Muskeln zu – jeweils bezogen auf ihren spezifischen maximalen Kontraktionswert. Diese Werte sind intervallskaliert (Abstände zwischen den einzelnen Skalenwerten betragen jeweils 1%). Solche Daten lassen sich dann auch bei statistischen Datenanalysen verwenden, die intervallskalierte Daten verlangen.

Es sei darauf hingewiesen, dass sich mithilfe einer Frequenzanalyse der EMG-Daten auch der Ermüdungsgrad von Muskeln beurteilen lässt.

# Anhang A

Anhang A: Biomechanische Größen, ihre Berechnung, ihre Einheiten

| Bezeichnung | Mechan. Größe | Symbol | Formel | Maßeinheit |
|---|---|---|---|---|
| Lineare Koordinate | Länge | s; l; d | – | m (Meter) |
| Winkel-koordinate | Winkel | $\varphi$ | – | rad (Radiant) |
| lineare Bewegung von $s_0$ nach $s_1$ | Länge | $\Delta s$ | $\Delta s = s_1 - s_0$ | m |
| Länge einer Kurve | Länge | l; s | $l = \Sigma\, ds$ | m |
| Drehbewegung von $\varphi_0$ nach $\varphi_1$ | Winkel | $\Delta \varphi$ | $\Delta \varphi = \varphi_1 - \varphi_0$ | rad |
| Dauer einer Bewegung | Zeit | $\Delta t$ | $\Delta t = t_1 - t_0$ | s |
| Bewegungs-frequenz | Frequenz | f | $f = \frac{1}{T} = \frac{1}{\Delta t}$ | $\frac{1}{s}$ |
| Geschwindigkeit | Geschwindigkeit | $v_m$; v | $v_m = \frac{\Delta s}{\Delta t}$; $v = \frac{ds}{dt}$ | $\frac{m}{s}$ |
| Winkel-geschwindigkeit | Winkel-geschwindigkeit | $\omega_m$; $\omega$ | $\omega_m = \frac{\Delta\varphi}{\Delta t}$; $\omega = \frac{d\varphi}{dt}$ | $\frac{rad}{s}$ |
| Beschleunigung | Beschleunigung | a | $a = \frac{F}{m}$; $a_m = \frac{\Delta v}{\Delta t}$; $a = \frac{dv}{dt}$ | $\frac{m}{s^2}$ |
| Winkel-beschleunigung | Winkel-beschleunigung | $\alpha_m$; $\alpha$ | $\alpha_m = \frac{\Delta\omega}{\Delta t}$; $\alpha = \frac{d\omega}{dt}$ | $\frac{rad}{s^2}$ |
| Radial-(Normal)-beschleunigung | Beschleunigung | $a_r$; $a_N$ | $a_r = \frac{v^2}{r} = r \cdot \omega^2$ | $\frac{m}{s^2}$ |
| Tangential-(Bahn-) beschl. | Beschleunigung | $a_t$ | $a_t = \frac{\Delta v}{\Delta t} = r \cdot a$ | $\frac{m}{s^2}$ |
| Masse | Masse | m | $m = \frac{F}{a}$ | kg |
| Kraft | Kraft | F | $F = m \cdot a$ | $N = \frac{kgm}{s^2}$ |

| Bezeichnung | Mechan. Größe | Symbol | Formel | Maßeinheit |
|---|---|---|---|---|
| Schwerkraft | Kraft | G | $G = m \cdot g$ | N (Newton) |
| Drehmoment | Moment | M | $M = F \cdot d$ | $Nm = \frac{kgm^2}{s^2}$ |
| Trägheits-moment | Moment | I | $I = \Sigma\ mi\ r^2 \quad i = 1, 2, \ldots$ | $kgm^2$ |
| Arbeit einer Kraft | Arbeit | W | $W = \int F(s)\ ds$ | Nm |
| Energie (Translation) | Energie | E | $E_{kin} = \frac{mv^2}{2}$ | Nm |
| Energie (Rotation) | Energie | E | $E_{rot} = \frac{I\omega^2}{2}$ | Nm |
| Leistung | Leistung | P | $P = \frac{dA}{dt} = F \cdot v = M \cdot \omega$ | $\frac{Nm}{s} = \frac{kgm^2}{s^3}$ |
| Impuls | Impuls | p | $p = m \cdot v$ | $\frac{kgm}{s}$ |
| Drehimpuls | Impuls | $L_z$ | $L_z = I \cdot \omega$ | $\frac{kgm^2}{s}$ |

(m = mittlere Werte, z. B. $v_m$ = mittlere Geschwindigkeit
$\Delta$ = Differenzwerte
d = differentielle Werte (infinitesimal kleine Werte))

# Anhang B

Tabelle B.**1** Anthropometrische Daten (aus Winter DA. Biomechanics of Human Movement. New York: Wiley & Sons; 1979)

| Segment | Beschreibung/ Definition | Gewicht des Segments/ Körpergewicht | Massenmittelpunkt/Länge des Körpersegments | | Gyrationsradius[1]/ Länge des Körpersegments | | | Dichte |
|---|---|---|---|---|---|---|---|---|
| | | | prox | dist | CoG | prox | dist | |
| Hand | Handgelenkachse/Knöchel des Mittelfingers | 0,006 (M) | 0,506 | 0,494 (P) | 0,297 | 0,587 | 0,577 (M) | 1,16 |
| Unterarm | Achse des Ellenbogengelenks/Processus styloideus der Ulna | 0,016 (M) | 0,430 | 0,570 (P) | 0,303 | 0,526 | 0,647 (M) | 1,13 |
| Oberarm | Achse des Glenohumoralgelenks/Achse des Ellenbogengelenks | 0,028 (M) | 0,436 | 0,564 (P) | 0,322 | 0,542 | 0,645 (M) | 1,07 |
| Unterarm +Hand | Achse des Ellenbogengelenks/Proc. styl. der Ulna | 0,022 (M) | 0,682 | 0,318 (P) | 0,468 | 0,824 | 0,565 (P) | 1,14 |
| Ganzer Arm | Achse des Glenohumogelenks/Proc. styl. der Ulna | 0,050 (M) | 0,530 | 0,470 | 0,368 | 0,645 | 0,596 (P) | 1,11 |
| Fuß | Lateraler Malleolus/ Kopf des Metatarsals II | 0,0145 (M) | 0,50 | 0,50 (P) | 0,475 | 0,690 | 0,690 (P) | 1,10 |
| Unterschenkel | Kondylen des Femurs/ medialer Malleolus | 0,0465 (M) | 0,433 | 0,567 (P) | 0,302 | 0,528 | 0,643 (M) | 1,09 |
| Oberschenkel | Großer Trochanter/ Kondylen des Femurs | 0,100 (M) | 0,433 | 0,567 (P) | 0,323 | 0,540 | 0,653 (M) | 1,05 |
| Fuß+Unterschenkel | Kondylen des Femurs/ medialer Malleolus | 0,061 (M) | 0,606 | 0,394 (P) | 0,416 | 0,735 | 0,572 (P) | 1,09 |
| Ganzes Bein | Großer Trochanter/ medialer Malleolus | 0,161 (M) | 0,447 | 0,553 (P) | 0,326 | 0,560 | 0,650 (P) | 1,06 |
| Kopf+ Hals | C7-T1 + 1. Rippe/ Ohrkanal | 0,081 (M) | 1,000 | – (PC) | 0,495 | 1,116 | – (PC) | 1,11 |
| Schulterbereich | Sternoklaviculargelenk/ glenohumorale Achse | | 0,712 | 0,288 | | | | 1,04 |

| Segment | Beschreibung/ Definition | Gewicht des Segments/ Körpergewicht | Massenmittelpunkt/Länge des Körpersegments | | Gyrationsradius[1]/ Länge des Körpersegments | | | Dichte |
|---|---|---|---|---|---|---|---|---|
| | | | prox | dist | CoG | prox | dist | |
| Thorax | C7-T1/T12-L1+ Zwerchfell[2] | 0,216 (PC) | 0,82 | 0,18 | | | | 0,92 |
| Abdomen | T12-L1/L4/L5[2] | 0,139 (LC) | 0,44 | 0,56 | | | | |
| Becken | L4-L5/Großer Trochanter[2] | 0,142 (LC) | 0,105 | 0,895 | | | | |
| Thorax+ Abdomen | 7/-T1/L4-L5[2] | 0,355 (LC) | 0,63 | 0,37 | | | | |
| Abdomen +Becken | T12-L1/Großer Trochanter[2] | 0,281 (PC) | 0,27 | 0,73 | | | | 1,01 |
| ganzer Rumpf | Großer Trochanter/ Glenohumoralgelenk[2] | 0,497 (M) | 0,50 | 0,50 | | | | 1,03 |
| Rumpf+ Kopf+Hals | Großer Trochanter/ Glenohumoralgelenk[2] | 0,578 (MC) | 0,66 | 0,34 (P) | 0,503 | 0,830 | 0,607 (M) | |
| Kopf+Arme +Rumpf | Großer Trochanter/ Glenohumoralgelenk[2] | 0,678 (MC) | 0,626 | 0,374(PC) | 0,496 | 0,798 | 0,621 (PC) | |
| Kopf+Arme +Rumpf | Großer Trochanter/ Glenohumoralgelenk[2] | 0,678 | 1,142 | | 0,903 | 1,456 | | |

Quellen:
M: aus Dempster, zitiert nach Miller & Nelson,
P: aus Dempster, zitiert nach Plagenhoef,
L: aus Dempster, zitiert nach Plagenhoef von lebenden Personen,
C: berechnete Werte

CoG = Center of Gravity (Teilkörperschwerpunkt)

[1] Es ist nicht unbedingt überall in der Mechanik üblich, die Trägheitsmomente über den Gyrationsradius zu berechnen. Diese Werte wurden hier aber wegen der Vollständigkeit der Tabelle übernommen. Außerdem sind viele Rechenprogramme – vor allem im englischen Sprachraum - zur „instrumentellen Ganganalyse“ mit Hilfe dieser Werte berechnet worden.

[2] Die mit diesem Zeichen versehenen Körpersegmente sind in ihrer relativen Länge zwischen dem großen Trochanter und dem Glenohumoralgelenk dargestellt.

# Anhang C: Teilen einer Strecke in gleich lange Abschnitte

Bei der grafischen Bestimmung des Gesamtkörperschwerpunktes eines vielteiligen Systems, wie es der menschliche Körper ist, sind wir so vorgegangen, dass wir zunächst die Teilkörperschwerpunkte der einzelnen Teilsysteme bestimmt haben (z. B. mit Hilfe einer Tabelle). Dann wurden jeweils zwei Teilkörperschwerpunkte durch eine Linie verbunden, und der gemeinsame Teilkörperschwerpunkt der beiden Teile auf dieser Linie in dem Punkt eingezeichnet, der die Linie in dem Verhältnis teilt, die den Teilgewichten der beiden verbundenen Teilkörper entsprach. Dabei konnte es durchaus vorkommen, dass man eine Verbindungslinie in beispielsweise 7 gleiche Teile unterteilen musste.

Im folgenden soll gezeigt werden, wie man das sehr einfach unter Ausnutzung der Gesetzmäßigkeiten bei ähnlichen Dreiecken durchführen kann (Abb. C.**1**).

Nehmen wir an, wir sollen die Strecke AB in 7 gleiche Teile teilen. In diesem Fall zeichnen wir vom Punkt A (oder auch vom Punkt B) eine zweite Linie in einem beliebigen Winkel ($\alpha$) von der Strecke $\overline{AB}$ ein (Abb. C.**2**). Auf dieser Linie tragen wir 7 gleich lange Abschnitte ab (wie lang die Abschnitte sind, spielt dabei keine Rolle, sie müssen nur alle gleich lang sein). Die Enden dieser Abschnitte können wir mit den Punkten $P_1$, $P_2$, $P_3$, ... bis $P_7$ bezeichnen (Abb. C.**3**). Nun verbinden wir den letzten Punkt ($P_7$) mit dem Punkt B der Strekke, die wir zu teilen haben. Dadurch ergibt sich ein Dreieck mit den Eckpunkten A, B, und $P_7$.

Abb. C.**1** Die Strecke $\overline{AB}$, die in 7 gleich lange Teilabschnitte geteilt werden soll.

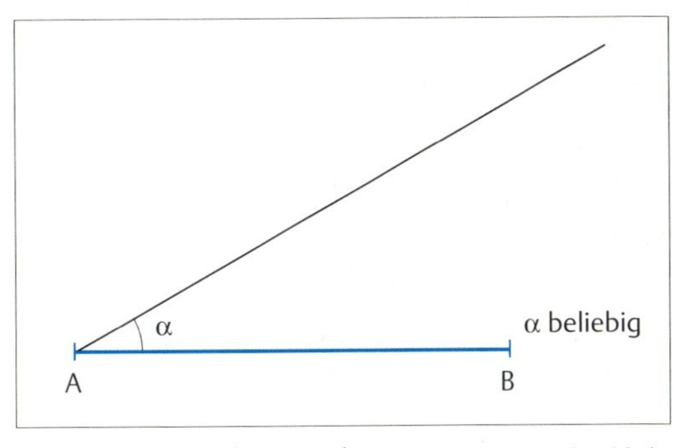


Abb. C.**2** Im Punkt A zeichnen wir eine zweite Linie in einem beliebigen Winkel $\alpha$ von der Strecke $\overline{AB}$ ein.

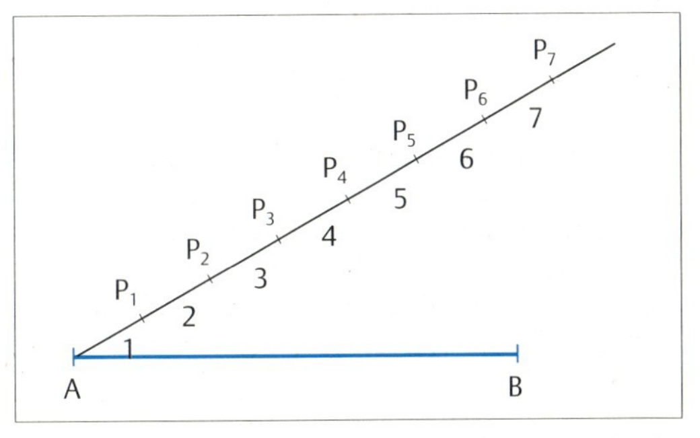


Abb. C.**3** Auf der neuen Linie tragen wir 7 gleich lange Teilabschnitte ab und nennen die neuen Punkte $P_1$ bis $P_7$.

Zeichnen wir jetzt eine Linie parallel zur Strecke $\overline{P_7B}$ so in das Dreieck ein, dass sie durch $P_6$ verläuft, erhalten wir ein weiteres kleineres Dreieck (A, $B_6$, $P_6$). Dieses Dreieck ist dem Dreieck $ABP_7$ ähnlich, wie deutlich erkennbar ist. Mathematisch ist die Ähnlichkeit von Dreiecken so definiert, dass ihre drei

Winkel gleich sein müssen. Das ist bei diesen Dreiecken der Fall.

Nun gilt für ähnliche Dreiecke, dass sich ihre Seitenlängen zueinander proportional verhalten. Das bedeutet: Die Strecke $\overline{AP_6}$ ist um den gleichen Anteil kleiner als die Strecke $\overline{AP_7}$, um den die Strecke $\overline{AB_6}$ kleiner als die Strecke $\overline{AB}$ ist. Es gilt also:

$$\frac{\overline{AP_6}}{\overline{AP_7}} = \frac{\overline{AB_6}}{\overline{AB}}$$

Unter Ausnutzung dieser Beziehung braucht man jetzt nur durch die Punkte $P_1$ bis $P_5$ ebenfalls parallele Linien zur Strecke $\overline{P_7B}$ zu zeichnen. Die auf der Strecke $\overline{AB}$ erhaltenen Schnittpunkte teilen dann diese Strecke genau in 7 gleich lange Abschnitte entsprechend den 7 gleich langen Abschnitten, in die wir bei der Konstruktion die Strecke $\overline{AP_7}$ eingeteilt hatten (Abb. C.**5**).

Mit Hilfe dieses Verfahrens kann man eine festgelegte Strecke in beliebig viele gleich lange Teile teilen.

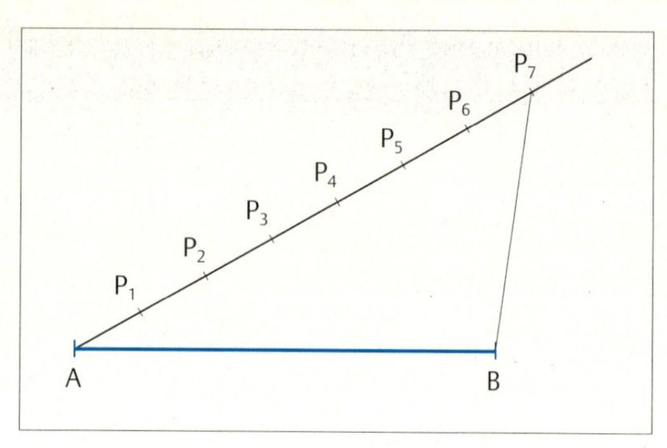


Abb. C.**4** Punkt $P_7$ verbinden wir mit Punkt B. Dadurch erhalten wir das Dreieck $ABP_7$.

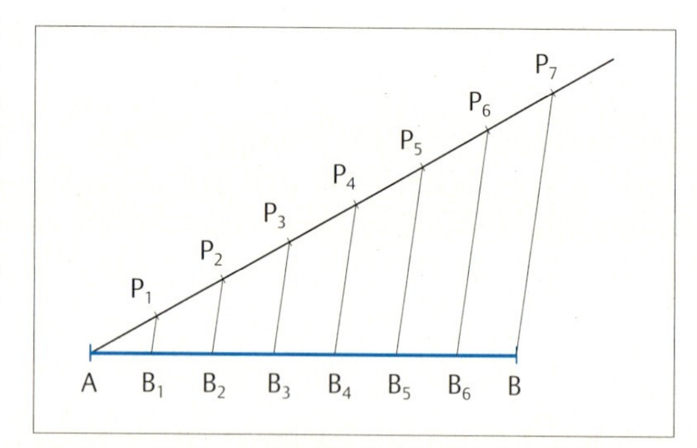


Abb. C.**5** Zur Strecke $\overline{BP_7}$ zeichnen wir nun parallele Linien durch alle Punkte von $P_6$ bis $P_1$. Die Schnittpunkte dieser parallelen Linien mit der Strecke $\overline{AB}$ teilen die Strecke $\overline{AB}$ in 7 gleich lange Abschnitte.

# Anhang D: Winkel- oder Kreisfunktionen

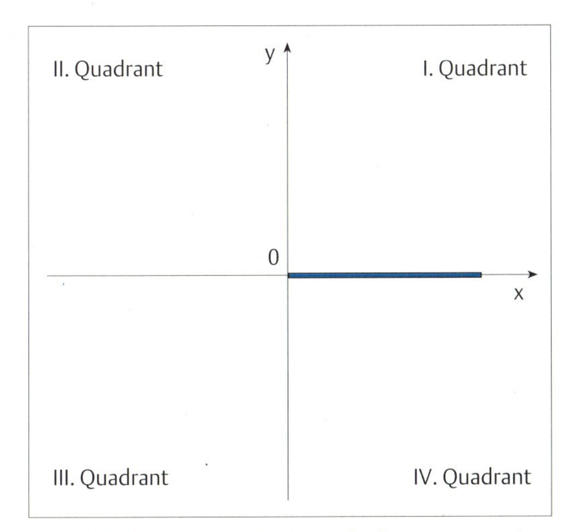


Abb. D.**1** Erzeugung der Kreisfunktion: Ein Stab von 1 m Länge liegt in einem Koordinatenkreuz mit einem Ende im Nullpunkt.

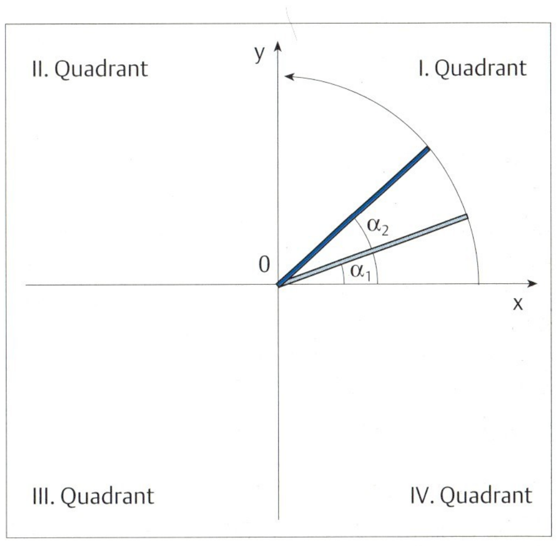


Abb. D.**2** Der Stab wird um den Nullpunkt herum von der x- zur y-Achse gedreht. Die Spitze des Stabes beschreibt dabei einen Viertelkreis.

Um sich eine Vorstellung der Winkel- bzw. Kreisfunktionen (Sinus und Kosinus) zu verschaffen, kann man sich einen Stab mit der Länge r = 1 m vorstellen, der mit einem Ende im Zentrum (Nullpunkt) eines Koordinatensystems befestigt ist (Abb. D.**1**). Zunächst liegt der Stab auf der x-Achse und wird dann um den Nullpunkt herum zur y-Achse hin gedreht. Dabei beschreibt die Stabspitze einen Viertelkreis mit dem Radius 1 m. Zwischen dem Stab und der x-Achse können wir zu jedem Zeitpunkt einen Winkel $\alpha$ messen (Abb. D.**2**).

Stellt man sich nun oberhalb und parallel zur x-Achse eine Leuchtstoffröhre vor, die den Stab bescheint, kann man auf der x-Achse jeweils den Schatten des Stabes sehen (Abb. D.**3**). Während sich der Stab zur y-Achse hin dreht, lässt sich nun beobachten, dass der Schatten des Stabes (die Projektion), der im

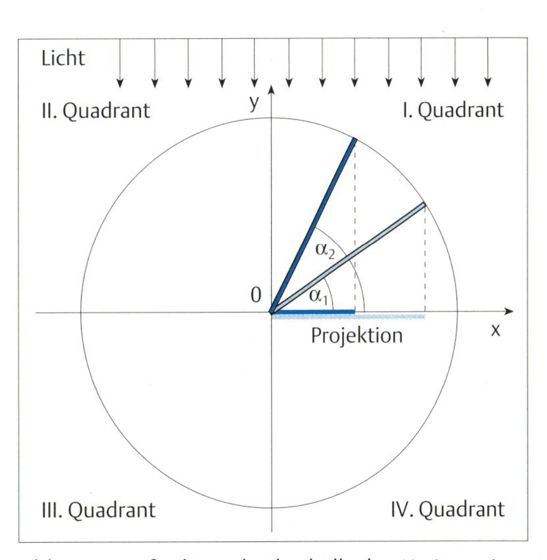


Abb. D.**3** Befindet sich oberhalb des Kreises ein Licht, wirft der Stab bei der Drehung einen veränderlichen Schatten auf die x-Achse.

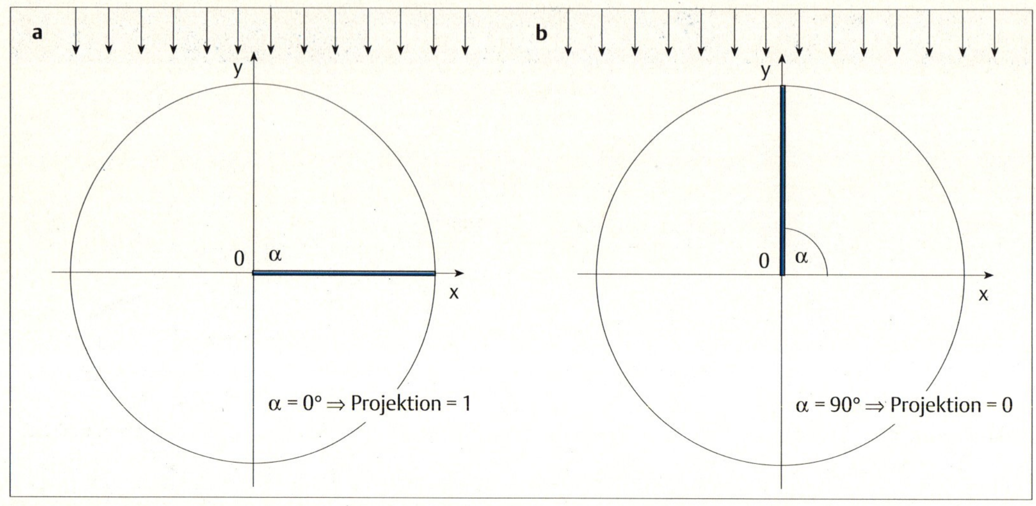


Abb. D.**4a** u. **b** Veränderung der Länge des Schattens im 1. Quadranten.
**a** Wird der Stab um 0° gedreht, entspricht die Länge des Schattens der Länge des Stabs (= 1).
**b** Wird der Stab um 90° gedreht, ist der Schatten des Stabs verschwunden (= 0).

Ausgangspunkt genauso lang wie der Stab ist (= 1 m), immer kürzer wird. Wenn er an der y-Achse liegt – also die Länge 0 m hat –, ist er nicht mehr zu sehen.

Der Kosinus eines Winkels stellt das Verhältnis der Länge des Stabes zur Länge seines Schattens auf der x-Achse (der Projektion) für jeden Winkel dar. (weil es sich hierbei um ein Verhältnis von zwei Längen handelt – Länge des Stabes/Abschnitt auf der Achse –, hat der Kosinus keine Dimension.)

Für den Winkel 0° ist die Projektion genauso lang wie der Stab. Für den Kosinus gilt dann also (Abb. D.**4**):

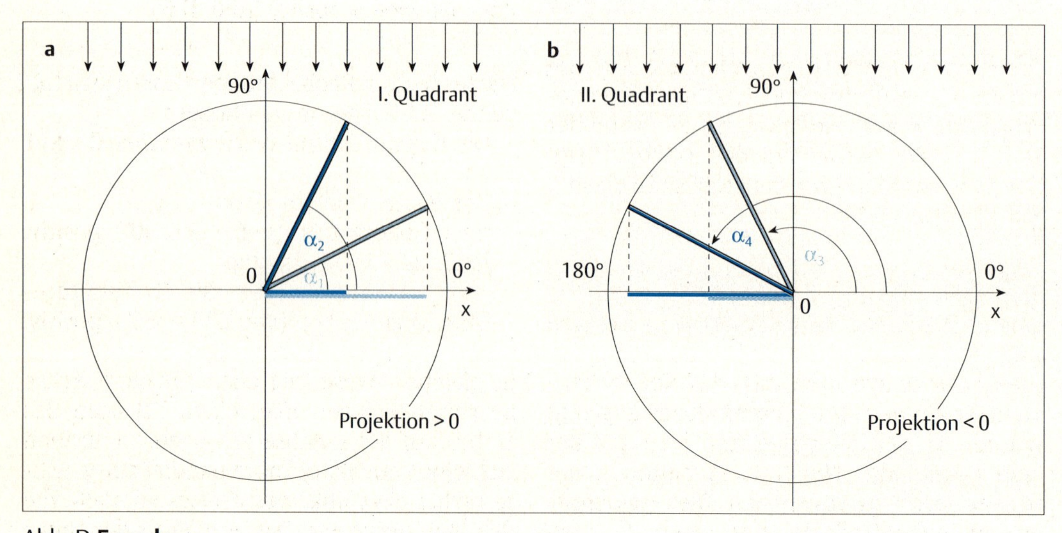


Abb. D.**5a** u. **b**
**a** Im 1. Quadranten ist die Projektion des Stabes positiv. Ihre Länge nimmt bei 0–90° von 1 bis 0 ab.
**b** Im 2. Quadranten ist die Projektion des Stabes negativ. Ihre Länge nimmt von 0 bis 1 zu.

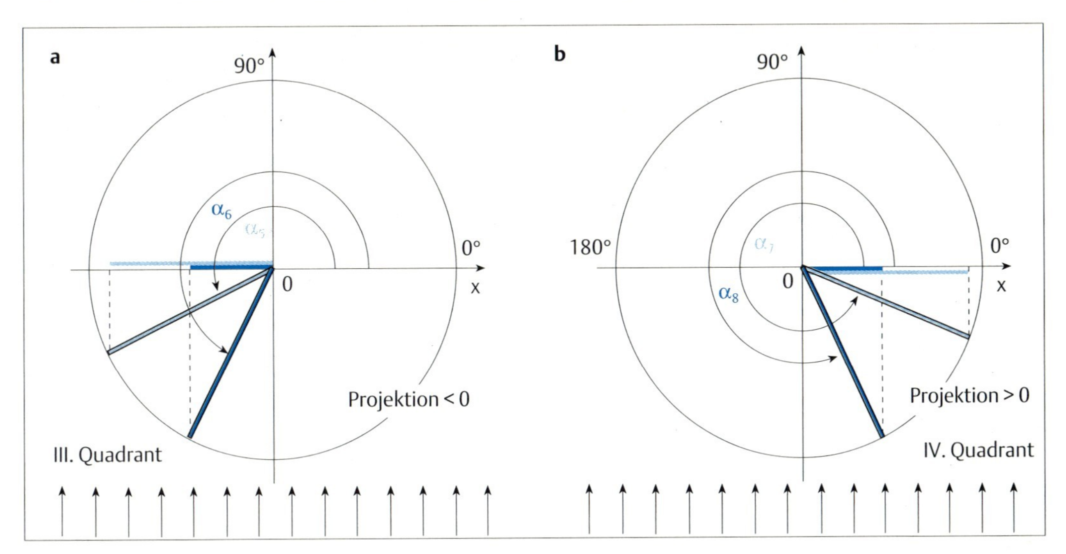


Abb. D.**6a** u. **b**
**a** Im 3. Quadranten ist die Projektion des Stabes negativ. Ihre Länge nimmt von 1 bis 0 ab.
**b** Im 4. Quadranten ist die Projektion des Stabes positiv. Ihre Länge nimmt von 0 bis 1 zu.

cos 0 (°) = 1 (m) / 1 (m) = 1

Für den Winkel 90° ist die Projektion nicht mehr zu sehen, sie hat also die Länge 0 m. Für den Kosinus des Winkels gilt somit:

cos 90° = 0 m / 1 m = 0

Drehen wir den Stab nun über die x-Achse hinaus, ist zu beobachten, dass die Länge der Projektion wieder zunimmt, bis sie, wenn der Stab bei 180° wieder auf der x-Achse liegt, erneut ebenso lang wie der Stab ist. In diesem Fall gilt (Abb. D.**5**):

cos 180° = 1 (m) / -1 (m) = -1

Hierbei ist zu beachten, dass das eine Stabende im Nullpunkt des Achsenkreuzes angelegt wurde. Da sich die Projektion jetzt auf der linken Seite des Nullpunktes befindet, hat sie ein negatives Vorzeichen. Dies ist bereits in dem Augenblick der Fall, wenn der Stab beim Drehen die 90° überschreitet. Die Länge des Stabes bleibt natürlich immer positiv.

Drehen wir den Stab nun weiter über die 180° hinaus, nimmt bei einer Leuchtstofflampe von der anderen Seite (von unten) die Projektion des Stabes wieder ab (sie behält jedoch das negative Vorzeichen), bis sie bei 270° erneut verschwindet. Wird der Stab über 270° hinaus gedreht, wird die Projektion wieder länger. Da sie dann auf der rechten Seite des Nullpunktes liegt, wird auch ihr Vorzeichen, und somit der Kosinus wieder positiv (Abb. D.**6**).

Die bisherigen Beobachtungen lassen sich folgendermaßen zusammenfassen:
- Der Kosinus nimmt Werte zwischen 0 und 1 an.
- Das Vorzeichen des Kosinus ist
  im 1. Quadranten (von 0°– 90°) positiv,
  im 2. und 3. Quadranten (von 90°–270°) negativ,
  im 4. Quadranten (von 270°–360°) positiv.

In gleicher Weise wie oben für die x-Achse beschrieben, kann man einen Schatten des Stabes auf der y-Achse erzeugen, wenn man sich eine Leuchtstoffröhre parallel zur y-Achse rechts bzw. links des Kreises vorstellt, die den Stab bescheint. Das Verhältnis der Länge des Stabes zur Länge dieser Projektion wird als Sinus des Winkels bezeichnet.

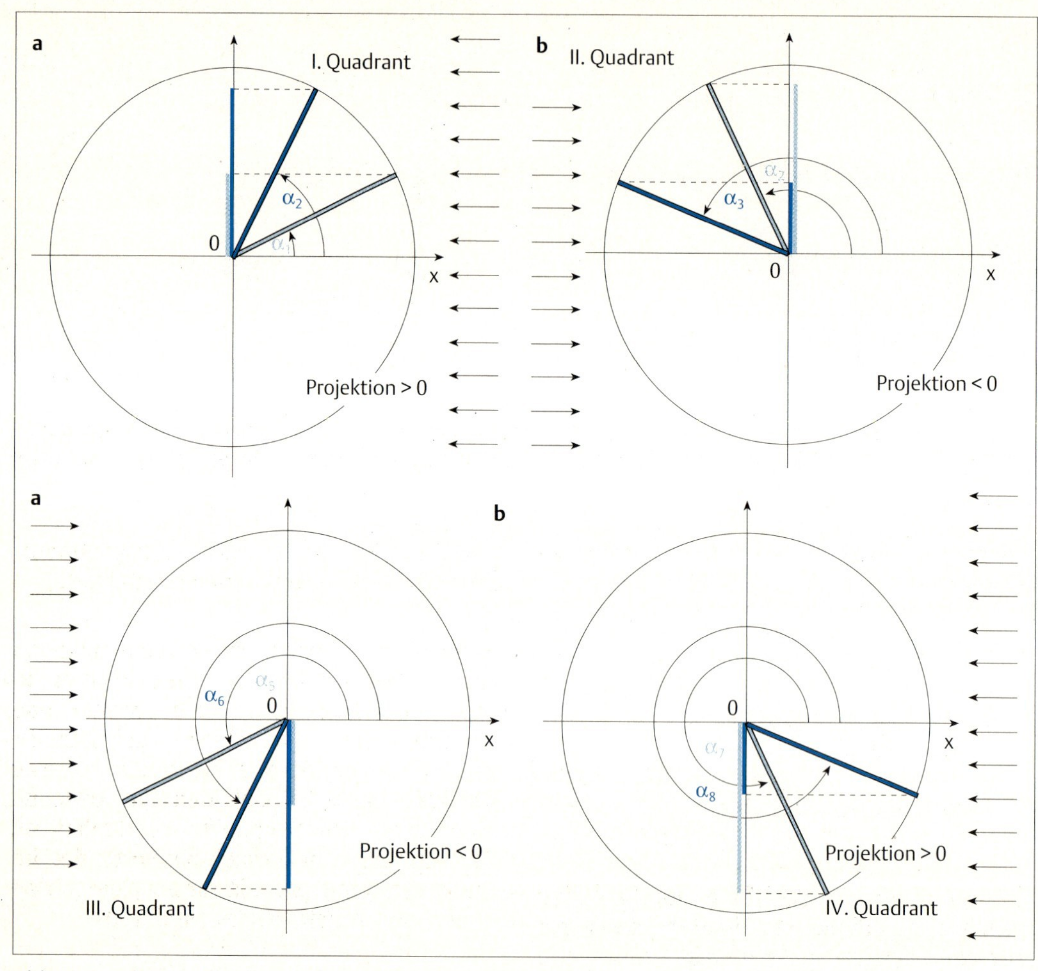


Abb. D.**7a–d** Zum Erzeugen des Sinus wird die Projektion des Stabes auf die y-Achse betrachtet.
**a** Im 1. Quadranten ist die Projektion des Stabes auf die y-Achxe positiv. Ihre Länge nimmt von 0 bis 1 zu.
**b** Im 2. Quadranten ist die Projektion des Stabes auf die y-Achse ebenfalls positiv. Ihre Länge nimmt von 1 bis 0 ab.
**c** Im 3. Quadranten ist die Projektion des Stabes auf die y-Achse negativ. Ihre Länge nimmt von 0 bis 1 zu.
**d** Im 4. Quadranten ist die Projektion des Stabes auf die y-Achse negativ. Ihre Länge nimmt von 1 bis 0 ab.

Wenn wir uns jetzt wieder die Veränderung der Länge dieser Projektion beim Drehen des Stabes um den Ursprung (Nullpunkt) betrachten, können wir die in Abb. D.**7** dargestellte Situation beobachten.

Die Projektion des Stabes ist dann zu Beginn der Drehung nicht zu sehen (0, sin 0° = 0), bei 90° so lang wie der Stab (sin 90° = 1) und sie befindet sich oberhalb des Nullpunktes, ist also positiv. Wird der Stab weitergedreht – durch den 2. Quadranten (90° – 180°) – bleibt die Projektion oberhalb des Nullpunktes, wird aber wieder kleiner (sin 180° = 0). Im 3. Quadranten nimmt die Länge der Projektion wieder zu, liegt aber nun unterhalb der Nullinie, ist also negativ (sin 270° = -1). Im 4. Quadranten schließlich bleibt die Projektion negativ und nimmt wieder ab, bis sie bei 360° = 0° den Wert sind 0° = 0 erreicht. Dies lässt

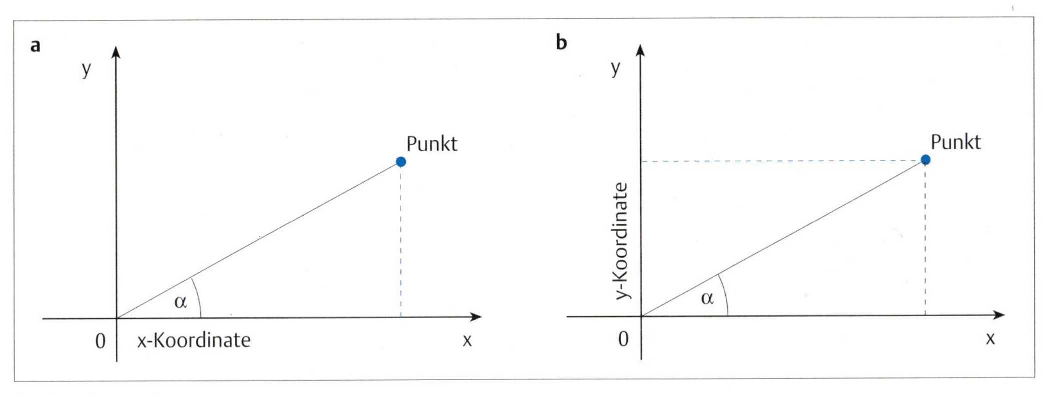


Abb. D.**8a** u. **b**
**a** Mithilfe des cos α lässt sich die x-Koordinate eines Punktes in einem Koordinatensystem bestimmen.
**b** Mithilfe des sin α lässt sich die y-Koordinate eines Punktes in einem Koordinatensystem bestimmen.

sich wie beim Kosinus wie folgt zusammenfassen:

- Der Sinus nimmt Werte zwischen 0 und 1 an.
- Das Vorzeichen des Sinus ist
  - im 1. und 2. Quadranten (von 0°–180°) positiv,
  - im 3. und 4. Quadranten (von 180°–360°) negativ.

Diese Projektionen des Stabes auf die x- bzw. y-Achse in einem Koordinatensystem entsprechen genau den Achsenabschnitten oder Koordinaten des Endpunktes des Stabes. Insofern eignen sich die Winkel- oder Kreisfunktionen besonders gut, um die Position eines Punktes in einem Koordinatensystem zu beschreiben (siehe Kap. 4)

In einem Koordinatensystem erhält man also über die Kosinusfunktion des Winkels zwischen der x-Achse und der Verbindungslinie des betrachteten Punktes mit dem Nullpunkt die y-Koordinate des Punktes. Über die Sinusfunktion des gleichen Winkels erhält man die y-Koordinate des Punktes (Abb. D.**8**).

Diese Funktionen lassen sich allgemeiner zur Bestimmung von Seitenlängen oder Winkeln zunächst im rechtwinkligen Dreieck, dann aber auch über komplexere Beziehungen für allgemeine Dreiecke verwenden. Darum werden diese Funktionen auch als trigonometrische (Dreiecks-) Funktionen bezeichnet.

Betrachten wir noch einmal die Ausgangssituation, bei der der Stab einen Schatten auf eine der Achsen warf. Diese Schatten oder Projektionen sind dann dadurch gekennzeichnet, dass sie den Stab senkrecht zur Achse auf die jeweilige Achse abbilden. Das bedeutet, wenn man den Endpunkte des Stabes mit dem Endpunkt der Projektion verbindet, befindet sich am Fußpunkt dieser Linie (an der Achse) ein rechter Winkel (Abb. D.**9**).

Da die Winkelfunktionen (Kosinus, Sinus) das Längenverhältnis zweier Seiten dieses rechtwinkligen Dreiecks zueinander darstellen, muss dieses Verhältnis für alle rechtwinkligen Dreiecke (es handelt sich dann um ähnliche

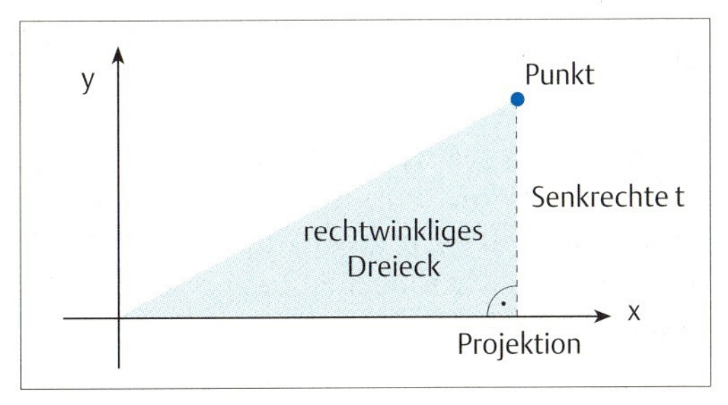


Abb. D.**9** Die Verbindung eines Punktes im Koordinatensystem bildet zusammen mit seiner Projektion auf eine der Achsen ein rechtwinkliges Dreieck.

Dreiecke) für die entsprechenden Winkel in gleichem Maße gelten.

Natürlich gilt für rechtwinklige Dreiecke nicht allgemein, dass die dem rechten Winkel gegenüberliegende Seite genau die Länge 1 m hat, aber da das Längenverhältnis dieser Seite zu einer der anderen Seite gilt, muss sich mit der originalen Länge der „gegenüberliegenden" Seite die Länge der „anderen" Seite berechnen lassen.

Wenn man jetzt mit Bezug auf den betrachteten Winkel α die Seiten im rechtwinkligen Dreieck als Ankathete (x-Achsenabschnitt), Gegenkathete (y-Achsenabschnitt) und Hypotenuse (dem rechten Winkel gegenüberliegende Seite) bezeichnet, dann ergeben sich für rechtwinklige Dreiecke folgende Beziehungen (Abb. D.**10**):

$$\text{Ankathete} = \text{Hypotenuse} * \cos\alpha$$
$$\text{Gegenkathete} = \text{Hypotenuse} * \sin\alpha$$

Entsprechend lässt sich die Länge der Hypotenuse berechnen, wenn eine der beiden anderen Seiten des Dreiecks und der Winkel bekannt sind:

$$\text{Hypotenuse} = \frac{\text{Ankathete}}{\cos\alpha}$$
$$\text{oder Hypotenuse} = \frac{\text{Gegenkathete}}{\text{sind }\alpha}$$

Sind nur die Längen von Ankathete und Gegenkathete bekannt, kann man zur Berechnung der Länge der Hypotenuse nicht einfach die Winkelfunktion verwenden. In diesem Fall kann man ihre Länge mithilfe des Satzes des Pythagoras einfach berechnen (siehe Kap. 4):

$$(\text{Hypotenuse})^2 =$$
$$(\text{Ankathete})^2 + (\text{Gegenkathete})^2$$

Unter Verwendung einer weiteren Winkelfunktion (Tangens bzw. Kotangens) kann man auch zunächst die Größe eines Winkels und dann mithilfe des Winkels wie oben be-

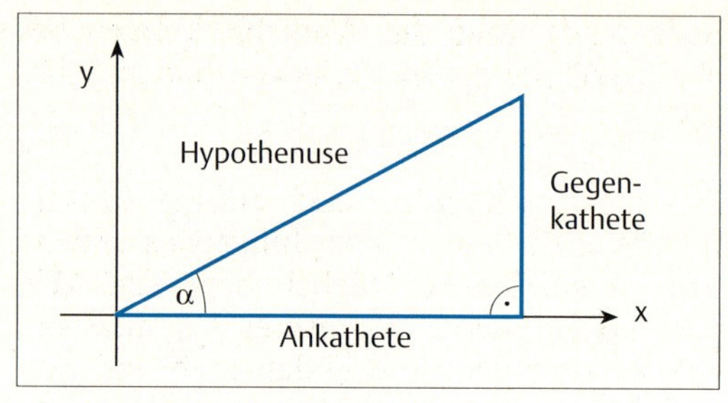


Abb. D.**10** Bezeichnungen der Seiten in einem rechtwinkligen Dreieck.

schrieben die Länge der Hypotenuse bestimmen.

Der Tangens ist definiert als:

$$\tan\alpha = \frac{\text{Gegenkathete}}{\text{Ankathete}} = \frac{\sin\alpha}{\cos\alpha}$$

Der Kotangens ist definiert als:

$$\cot\alpha = \frac{\text{Ankathete}}{\text{Gegenkathete}} = \frac{\cos\alpha}{\sin\alpha}$$

Wenn wir diese Beziehung in einerem Kreis mit den Projektionen betrachten, sagt die Beziehung für den Tangens, dass wir den Winkel zwischen der x-Achse und der Verbindungslinie Punkt–Nullpunkt berechnen können, wenn wir die y-Koordinate durch die x-Koordinate dividieren.

Alle diese beschriebenen Beziehungen zwischen Seitenlängen im rechtwinkligen Dreieck und den Winkeln sind bei der Bestimmung von Punkten und Strecken im Raum, wie sie in der Kinematik vorkommen in vielfältiger Weise hilfreich. Aber sie helfen auch bei der Rechnung mit Vektoren, bei deren Addition und Subtraktion ebenso wie bei der Vektorzerlegung (siehe Kap. 5).

Überlegen wir uns jetzt weiter, dass man jedes beliebige Dreieck in zwei rechtwinklige Dreiecke teilen kann, wenn man von einem der Eckpunkte das Lot auf die gegenüberliegende Seite fällt, dann wird deutlich, welche bedeutende Rolle die Winkelfunktionen bei der Berechnung von Dreiecken haben (Abb. D.**11**).

Es soll hier schließlich noch auf die Winkelfunktionen in einer Form hingewiesen werden, in der sie uns täglich begegnen. Wir gehen dazu wieder zu unserer Ausgangsvorstellung mit dem kreisenden Stab und den Projektionen zurück und beziehen die Zeit in unsere Überlegungen mit ein. Wenn der Stab nämlich mit gleich bleibender Geschwindigkeit um den Nullpunkt kreist und wie die Projektionen zu jedem Zeitpunkt auf eine Zeitachse auftragen, dann erhalten wir die in Abb. D.**12** dargestellte Situation.

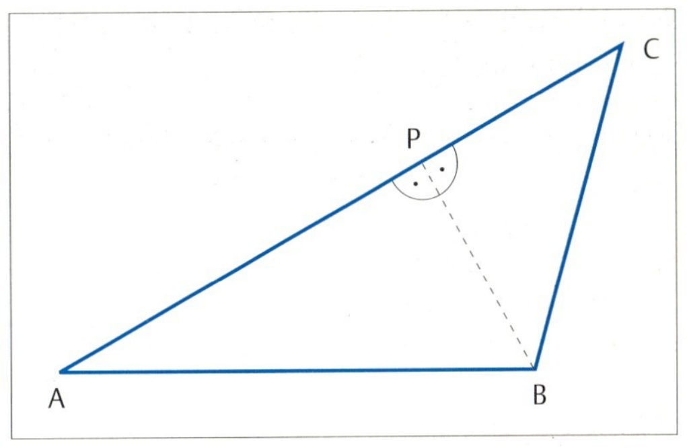


Abb. D.**11** Jedes Dreieck lässt sich in zwei rechtwinklige Dreiecke teilen, wenn man von einem der Eckpunkte das Lot auf die gegenüberliegende Seite fällt.

Wir haben das jetzt hier nur mit dem Sinus (der Projektion auf die y-Achse) durchgeführt, weil das etwas einfacher ist. Mit der Kosinusfunktion lässt es sich hier aber genauso machen, wenn man das Koordinatenkreuz um 90° dreht.

Man sieht dann, dass die Kurven für den Sinus und den Kosinus genau den gleichen Verlauf zeigen. Sie sind lediglich um 90° auf der Zeitachse gegeneinander verschoben. Wir können nun feststellen, dass der einzige Unterschied zwischen der Sinus- und der Kosinusfunktion (hier handelt es sich wirklich um eine zeitabhängige Funktion) darin besteht, dass die Sinusfunktion mit dem Wert 0 beginnt und dann ansteigt, die Kosinusfunktion dagegen mit dem Wert 1 beginnt und dann abfällt. Man nennt das eine Phasenverschiebung um 90°.

Deswegen spricht man im Allgemeinen nicht von der Sinus- und Kosinusfunktion, sondern nur von der Sinusfunktion. Sie begegnet uns täglich, wenn wir Strom verbrauchen, denn der Wechselstrom, der aus der Steckdose kommt, hat genau diesen Verlauf einer Sinusfunktion – das hängt mit der Erzeugung des Stromes zusammen. Diese Stromform (auch die elektrische Spannung verläuft in Form einer Sinusfunktion) kann in der Technik und auch in der Physiotherapie vielfältig genutzt werden (z. B. Elektrotherapie).

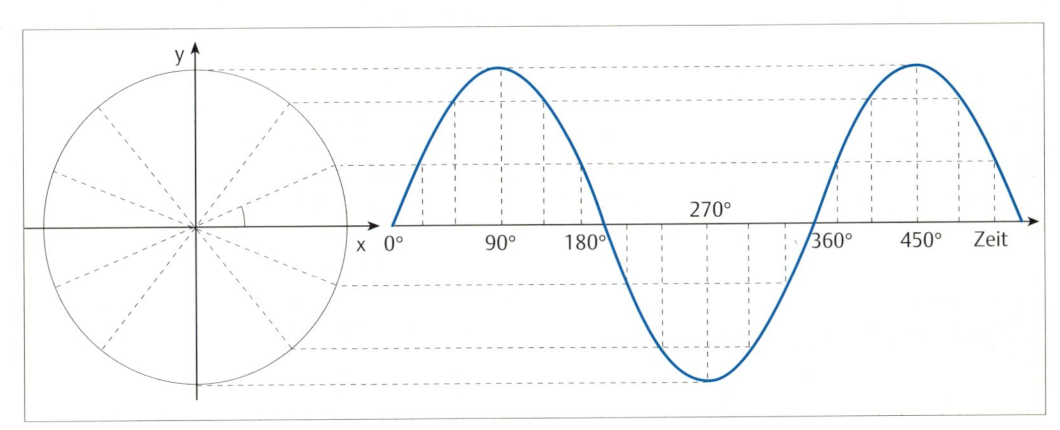


Abb. D.**12** Trägt man die Länge der Projektionen auf einer Zeitachse ab, ergibt sich eine „Sinuskurve", wie sie als (Wechsel-) Strom- oder Spannungskurve im Haushalt und in der physiotherapeutischen Praxis verwendet wird.

# Anhang E Berechnen von Wegstrecken (Geschwindigkeit oder Beschleunigung sind bekannt)

In Kap. 4 (Kinematik) wurden die Zusammenhänge zwischen Wegstrecken, Zeiten, Geschwindigkeiten und Beschleunigungen dargestellt. Auch wurde gezeigt, wie man aus zurückgelegter Wegstrecke und dabei verstrichener Zeit die Bewegungsgeschwindigkeit und aus der Geschwindigkeitsänderung die Beschleunigung eines Körpers berechnen kann. Das sind Berechnungen, die man häufig in der biomechanischen Praxis durchführen muss. Diese Berechnungen erfolgten hauptsächlich durch Divisionen –, wenn wir mittlere Geschwindigkeiten oder Beschleunigungen berechnet haben.

Nun gibt es für viele mathematische Verfahren auch die umgekehrten (inversen) Verfahren, bei denen man aus dem Ergebnis den ursprünglichen Ausgangswert wieder ermitteln, das Verfahren also wieder „aufheben" oder „rückgängig" machen kann. Eine Addition kann man durch eine Subtraktion „aufheben" oder „rückgängig machen", ebenso eine Subtraktion durch eine Addition, eine Multiplikation durch eine Division und eine Division durch eine Multiplikation

*Beispiele:*

| | | |
|---|---|---|
| a) | Addition: | 5 + 3 = 8 |
| | Subtraktion: | 8 - 3 = 5 |
| b) | Subtraktion | 7 - 3 = 4 |
| | Addition | 4 + 3 =7 |
| c) | Multiplikation: | 5 * 3 = 15 |
| | Division: | 15 : 3 = 5 |
| d) | Division | 20 : 5 = 4 |
| | Multiplikation | 4 * 5 = 20 |

Wir erhalten also immer unseren Ausgangswert (bei der Addition die 5) wieder, wenn wir das Ergebnis des ausgeführten Verfahrens (Addition) mit dem inversen Verfahren (Division) und dem gleichen Wert, der bei dem ersten Verfahren „hinzugearbeitet" wurde (3), durchführen.

Wenn wir daran denken, dass wir einen zurückgelegten Weg durch die dabei verstrichene Zeit geteilt haben, um die Geschwindigkeit zu berechnen, dann kann man sich überlegen, dass man die zurückgelegte Wegstrecke aus der Geschwindigkeit berechnen kann, wenn man die verstrichene Zeit kennt und die Geschwindigkeit damit multipliziert.

*Beispiel 1a* Weg → Geschwindigkeit

$$\text{Geschwindigkeit} = \frac{\text{zurückgelegter Weg}}{\text{verstrichene Zeit}}$$

Gesucht ist: die (Durchschnitts) Geschwindigkeit

Gegeben sind:
1. die zurückgelegte Wegstrecke (s = 50 m)
2. die verstrichene Zeit (t = 40 s)

Rechnung:

$$v_m = \frac{\Delta s}{\Delta t} = \frac{50\ m}{40\ s} = \frac{5}{4}\ m/s = 1{,}25\ m/s$$

Wenn wir jetzt aus der Durchschnitts- oder mittleren Geschwindigkeit wieder die zurückgelegte Wegstrecke berechnen wollen, wählen wir das zur Division inverse Verfahren, die Multiplikation. Wir multiplizieren also die Geschwindigkeit mit der Zeit und erhalten den zurückgelegten Weg.

*Beispiel 1b* Geschwindigkeit → Weg

zurückgelegter Weg =
Geschwindigkeit * verstrichene Zeit

| | |
|---|---|
| Gesucht ist: | der zurückgelegte Weg |
| Gegeben sind: | 1. die Durchschnitts-Geschwindigkeit ($v_m$ = 1,25 m/s) |
| | 2. die verstrichene Zeit (t = 40 s) |
| Rechnung: | s = v * t |
| | = 1,25 m/s * 40 s |
| | = 50 m |

Wir erhalten also als Ergebnis, dass in einer Zeit von 40 s bei einer mittleren Geschwindigkeit von 1,25 m/s eine Wegstrecke von 50 m zurückgelegt wurde. Kennen wir den Beginn der Wegstrecke (z.B. als Punkt in einem Koordinatenkreuz oder auch auf einer Straße) und die Richtung, in die die Bewegung erfolgte, können wir aus diesen Informationen sagen, wo der Körper nach den 40 Sekunden angekommen ist.

Man kann auf diese Weise für jeden Zeitpunkt die Wegstrecke berechnen, die ein Körper zurückgelegt hat – solange die Geschwindigkeit über den gesamten Zeitraum gleich ist –, es also eine mittlere Geschwindigkeit ist, und angeben, wo sich der Körper am Ende befindet, wenn man den Anfangspunkt (zum Zeitpunkt für die Berechnung) und die Richtung der Bewegung kennt.

Ebenso kann man leicht die Geschwindigkeit berechnen, die ein Körper zu jedem Zeitpunkt hat, wenn er einer gleichmäßigen Beschleunigung über den gesamten Zeitraum der Betrachtung ausgesetzt ist.

Fährt z.B. ein Auto mit einer gleichmäßigen Beschleunigung von 5 m/s² los und behält diese Beschleunigung über 2 Sekunden bei, dann hat er nach diesen 2 Sekunden eine Geschwindigkeit von:

*Beispiel 2* Beschleunigung → Geschwindigkeit

| | |
|---|---|
| gesucht: | Geschwindigkeit |
| gegeben: | 1. Beschleunigung (5m/2s²) |
| | 2. Zeit (α s) |
| Rechnung: | |

$$a_m = \frac{\Delta v}{\Delta t}$$
$$\Rightarrow \quad v = a_m * t$$
$$= 5\ m/s^2 * 2\ s$$
$$= 10\ m/s = 36\ km/h$$

(10 m/s = 10 m/s * (3600/1000 ) = 36 km/h)

Erhöht es die Beschleunigung in den nächsten 3 Sekunden auf durchschnittliche 6 m/s², gewinnt es in dieser Zeit eine Geschwindigkeit von:

$$a_2 = 6\ m/s^2 * 3\ s$$
$$= 18\ m/s = 64{,}8\ km/h$$

(8m/s = 18 m/s * (3600/1000) = 64,8 km/h)

Da es aber schon eine Geschwindigkeit von 36 km/h hatte, müssen die 64,8 km/h zu dieser Geschwindigkeit hinzuaddiert werden, sodass das Auto nach den insgesamt 5 Sekunden der Beschleunigung eine Geschwindigkeit von 100,8 km/h hat.

Auf diese Weise kann man aus der Kenntnis der Beschleunigung – solange es sich um eine gleichmäßige Beschleunigung handelt –, die Geschwindigkeit eines Körpers nach einer bestimmten Zeitspanne berechnen.

Schwierig wird es allerdings, wenn man die – gleichmäßige – Beschleunigung eines Körpers kennt und wissen möchte, welchen Weg der Körper nach einer bestimmten Zeit zurückgelegt hat.

Dieser Fall kommt z. B. bei der Erdbeschleunigung vor, die ja eine gleichmäßige Beschleunigung ist. Man verwendet diese Rechnung bei der Berechnung von Flugkurven beim Werfen im Sport oder bei Projektilen.

Man kann zwar in diesem Fall – wie wir gesehen haben – einfach die Geschwindigkeit zu jedem Zeitpunkt bestimmen, aber da sich diese wegen der Beschleunigung zu jedem Zeitpunkt ändert, haben wir zur Berechnung des Weges keine gleichmäßige Geschwindigkeit für die Berechnung des Weges. Irgendwie kann man sich natürlich denken, dass man, um zum zurückgelegten Weg zu kommen, die Geschwindigkeit berechnen und dann die Geschwindigkeit noch einmal mit der verstrichenen Zeit multiplizieren sollte. Man erhält dann $s = a * t^2$. Hierbei ergibt sich aber ein Ergebnis, das zu groß ist, weil die Geschwindigkeit am Ende ja viel größer ist als am Anfang.

Aus dem „Rückgängigmachen" der Differenziation, die wir als Verfahren zur Berechnung der „unendlich" kleinen Wegelemente sowie der augenblicklichen Geschwindigkeit und der augenblicklichen Beschleunigung kennen gelernt hatten, ergibt sich eine genauere Berechnung mit der Formel:

$$s = 1/2\ a * t^2$$

Dieses „inverse" Verfahren zur Differenziation haben wir auch bereits bei der Berechnung der Arbeit kennen gelernt und es wurde dort auch mit seinem Namen, der Integration, bezeichnet.

Auch hier gilt, dass man berechnen kann, wo ein Körper, der beschleunigt wurde, sich nach einer bestimmten Zeit befindet, wenn man weiß, an welchem Punkt er sich zu Beginn der Beschleunigung befunden hat (Anfangswert) und in welche Richtung die Beschleunigung erfolgte.

Stellen wir uns vor, wir stehen an einem Brunnen und wollen wissen, in welcher Tiefe das Wasser ist. Wir werfen also einen Stein hinein und stoppen die Zeit vom Abwurf bis zum Auftreffen des Steins auf der Wasseroberfläche. Nehmen wir an, dies geschieht nach 1,5 s, dann können wir folgendes rechnen mit: $a = g = 9{,}81\ m/s^2$:

$$\begin{aligned} s &= {}^1/_2\ a * t^2 \\ &= {}^1/_2\ 9{,}81\ m/s^2 * (1{,}5\ s)^2 \\ &= {}^1/_2\ 9{,}81\ m/s^2 * 2{,}25\ s^2 \\ &= {}^1/_2\ 22{,}0725\ m \\ &= \text{ca. } 11\ m \end{aligned}$$

Bis zur Wasseroberfläche im Brunnen sind es also vom Brunnenrand etwa 11 m.

Mit diesen grundlegenden Zusammenhängen lassen sich eine Reihe von Probleme lösen, die in der biomechanischen Praxis auftreten.

In Kap. 11 über den Impuls wollten wir z. B. ausrechnen, mit welchem Impuls ein Gegenstand mit einer Masse von 20 kg beim Fall aus einer Höhe von 1 m auf der Erde aufschlägt.

Der Impuls war dort definiert worden als:

$$p = m * v$$

Es sind folgende Größen bekannt:

$m = 20\ kg$
$s = 1\ m$
$g = a = 9{,}81\ m/s^2$

Für die Berechnung des Impulses müssen wir zunächst die Geschwindigkeit zum Zeitpunkt des Aufpralls des Gegenstands auf den Boden ($v_{end}$) berechnen.

Wenn wir die Geschwindigkeit, wie oben angeben aus der Beschleunigung berechnen wollen, müssen wir folgende Beziehung verwenden:

$$V_{end} = a * t$$

Um auf diesem Weg v berechnen zu können, fehlt uns jedoch die Fallzeit t.

Diese Fallzeit kommt aber auch in der Beziehung zwischen Beschleunigung und Weg vor:

$$s = {}^1/_2\, a * t^2$$

Da wir a = g und s kennen, können wir aus dieser Gleichung die Fallzeit berechnen. Wir formen die Gleichung dazu um und erhalten:

$$t^2 = \frac{s}{\frac{a}{2}}$$

$$t^2 = \frac{2\,s}{a} = \frac{2 * 1\text{ m}}{9{,}81\text{ m/s}^2}$$

$$= 0{,}2039\text{ s}^2$$

ergibt sich: $t = \sqrt{0{,}2039\text{ s}^2}$

$$= 0{,}451\text{ s}$$

Die Fallzeit beträgt also 0,451 s

Diesen Wert für die Fallzeit können wir in die Gleichung für die Aufprallgeschwindigkeit einsetzen und erhalten:

$$v_{end} = 9{,}81\text{ m/s}^2 * 0{,}451\text{ s}$$
$$= 4{,}43\text{ m/s}$$

Die Endgeschwindigkeit beträgt also 4,43 m/s.

Der Impuls, mit dem der Gegenstand auf dem Boden auftrifft beträgt dann:

$$20\text{ kg} * 4{,}43\text{ m/s} = 88{,}6\text{ kg m/s}.$$

# Literaturverzeichnis

Abernethy B, Kippers V, Mackinnon L, Neal RJ, Hanrahan S. The Biophysical Foundations of Human Movement., Champaign Ill.: Human Kinetics Publishers; 1997.

Adrian M, Cooper J. Biomechanics of Human Movement. Maidenhead: McGraw-Hill Publishing Company; 1995.

Alexander R. McNeill. Biomechanics, outline studies in biology. London: Chapman and Hall; 1975.

Allard P, Stokes LAF, Blanchi JP. (Hrsg.). Three Dimensional Analysis of Human Movement. Champaign Ill.: Human Kinetics Publishers; 1995.

Andermatt KG, Pieth F, Rohrer T (Hrsg.). Ski Schweiz. Derendingen: Habegger; 1985.

Aristoteles. Opera. Ex recensione Immanuelis Bekkeri, ed. Academia Regia Borussica. Berlin: 1870.

Ballreich R, Baumann W. Grundlagen der Biomechanik des Sports. Stuttgart: Enke Verlag; 1988.

Ballreich R, Kuhlow A.Beiträge zur Biomechanik des Sports. Schorndorf: Hofmann Verlag; 1980.

Ballreich R, Kuhlow A (Hrsg.). Biomechanik der Leichtathlethik. Stuttgart: Enke Verlag; 1986.

Ballreich R, Kuhlow A, Ballreich A (Hrsg.). Biomechanik der Sportspiele. Teil 1: Einzel- und Doppelspiele. Stuttgart: Enke Verlag; 1992.

Barham JN. Mechanische Kinesiologie. Stuttgart: Thieme; 1982.

Baumann W (Hrsg.). Biomechanik und sportliche Leistung. Schorndorf: Hofmann Verlag;1983.

Baumann W. Grundlagen der Biomechanik. Schorndorf: Hofmann-Verlag; 1989.

Bäumler G, Schneider K. Sportmechanik. München: BLV; 1981.

van den Berg F. Angewandte Physiologie. In: van den Berg/Cabri; Das Bindegewebe des Bewegungsapparats verstehen und beeinflussen, Bd. 1. Stuttgart: Thieme; 1998.

Bergmann G, Kölbel R, Rohlmann A (Hrsg.). Biomechanics: Basic and applied research. Dordrecht: Martinus Nijhoff; 1987.

Bloomfield J, Ackland TR, Elliot BC. Applied Anatomy and Biomechanics in Sport. Champaign Ill.: Human Kinetics Publishers; 1994.

Braune W, Fischer O. Determination of the moments of inertia of the human body and its limbs. Berlin: Springer-Verlag; 1988.

Brüggemann GP, Rühl JK (Hrsg.). Biomechanics in Gymnastics. Proceedings of the 1st International Conference on Biomechanics in Gymnastics, Köln: Sport und Buch Strauss GmbH; 1993.

Brüggemann P. Biomechanische Analyse symmetrischer Abspringbewegungen im Gerätturnen. Berlin: Bartels & Wernitz; 1983.

Bull AMJ, Senavongse WW, Taylor AR, Amis AA. The effect of the oblique portions of the vastus medialis and lateralis on patellar tracking. In: Journal of Biomechanics, Suppl. 1 (Abstracts of the 11th Conference of the European Society of Biomechanics (ESB), Toulouse, France); 1998: 146.

Cappozzo A, Marchetti M, Tosi V. Biolocomotion: A century of research. Rom: Promograph; 1992.

Carr G. Mechanics of Sport. Champaign, Ill.: Human Kinetics Publishers; 1997.

Cavanagh PR (Hrsg.). Biomechanics of distance running. Champaign Ill.: Human Kinetics Publishers; 1990.

Cochran GV. Orthopädische Biomechanik. Stuttgart: Enke Verlag; 1988.

Cordo PJ, Nashner LM. Properties of postural adjustments associated with arm movements. Journal of Neurophysiology, 1982; 47: 287-302.

Dainty DA, Norman RW (Hrsg.). Standardizing biomechanical testing in sport. Champaign Ill.: Human Kinetics Publishers; 1987.

DeLuca CJ, Knaflitz M. Surface Electromyography: What's new. Edizioni C.L.U.T. Turin; 1992.

Disselhorst-Klug C, Silny J, Rau G. Noninvasive diagnostic of neuromuscular disorders by a quantitative evaluation of the high spatial resolution EMG (HRS-EMG). XVth Congress of the International Society of Biomechanics, Abstracts. Jyväskylä; 1995: 220.

Donskoi DD. Grundlagen der Biomechanik. Berlin: Bartels & Wernitz; 1975.

Dowling JJ, Kennedy P. Nonlinear twitch summation of the human tibialis anterior. XVI Congress of the International Society of Biomechanics, Book of Abstracts. Tokyo: 1997: 332.

dtv-Lexikon der Physik in 10 Bänden. München: Deutscher Taschenbuch Verlag; 1970.

Dyson G. Dyson's mechanics of athletics. London: Hodder and Stoughton; 1986.

Ecker T. Basic Track and field biomechanics. Los Altos: Taf news Press; 1985.

Enoka RM. Neuromechanical Basis of Kinesiology. 2. Auflage. Champaign, Ill.: Human Kinetics Publishers; 1994.

Fetz F, Müller E (Hrsg.). Biomechanik des alpinen Skilaufs. Stuttgart: Enke Verlag; 1991.

Frank JS, Earl ME. Coordination of posture and movement. In: Physical Therapy (CAN). 1990;70: 855-63.

Frederick EC (Hrsg.). Sport shoes and playing surfaces. Champaign, Ill.: Human Kinetics Publishers; 1984.

Gerthsen C, Vogel H. Physik. 17. Auflage Berlin, Heidelberg: Springer Verlag; 1993.

Gheluwe van B, Atha J (Hrsg.). Current research in sports biomechanics. Basel: Karger; 1987.

Glaser R. Grundriss der Biomechanik. Berlin: Akademie-Verlag; 1983.

Gordon D, Robertson E. Introduction to Biomechanics for human Motion Analysis: Waterloo: Waterloo Biomechanics; 1997.

Graviner MD. (Hrsg.) Current Issues. In Biomechanics. Champaign, Ill.: Human Kinetics Publishers; 1993.

Grosser M, Hermann H, Tusker F, Zintl F. Die sportliche Bewegung. München: BLV; 1987.

Gutewort W, Schmalz T, Weiss T (Hrsg.). Aktuelle Hauptforschungsrichtungen der Biomechanik sportlicher Bewegungen. St. Augustin: Academia; 1993.

Hatze H. Methoden biomechanischer Bewegungsanalyse. Wien: Österreicher Bundesverlag; 1986.

Hay JG. The Biomechanics of Sports Techniques. Englewood Cliffs: Prentice-Hall; 1985.

Hay JG (Hrsg.). Starting, stroking and turning. Iowa: University of Iowa; 1986.

Hay JG. Biomechanique des techniques sportive. Paris: Vigot; 1980.

Hay JG, Reid JG. Anatomy, mechanics and human motion. Champaign, Ill.: Human Kinetics Publishers; 1988.

Heck CV, Hendryson LE, Rowe CR. Joint motion: Method of measuring and recording. American Academy of Orthopaedic Surgeons; 1965.

Heijne Wiktorin VC. Exempelsamling i biomekanik. Lund: Studentliteratur; 1982.

Hibbeler RC. Engineering Mechanics. 4 Auflage. Macmillan Publishing Company; 1986.

Hildebrand F. Eine biomechanische Analyse der Drehbewegungen des menschlichen Körpers. Aachen: Meyer + Meyer Verlag; 1997.

Hill AV. The heat of shortening and the dynamic constants of muscle. In: Proceedings of the Royal Society of Britain. 1938;126: 136-195.

Hochmuth G. Biomechanik sportlicher Bewegungen. Berlin: Sportverlag; 1971.

Hochmuth G. Biomechanics of athletic movement. Berlin: Sportverlag; 1984.

Illguth E, Jörger L. Biomechanik in der Therapie. In: Krankengymnastik. 1996;5: 678-692.

Kandel ER, Schwartz JH, Jessel T. Principles of Neural Science. 3. Auflage. New York: Elsevier Science Publishing Co. Inc.;1991.

Kassat G. Schein und Wirklichkeit parallelen Skifahrens. Münster: Kassat; 1985.

Kassat G. Biomechanik für Nicht-Biomechaniker. Bünde: Fitness-Contur-Verlag; 1993.

Kelly DL. Kinesiology. Englewood Cliffs: Prentice-Hall; 1971.

Knirsch K. Fundamentum des Gerätturnens. Kirchentellinsfurt: Verlag Barbara Knirsch; 1991.

Körner T, Schwanitz P. Rudern. Berlin: Sportverlag; 1985.

Kreighbaum E, Barthels KM. Biomechanics. A Qualitative Approach for Studying Human Movement. Boston, London: Allyn and Bacon; 1996.

Krüger F. Biomechanische Analyse von Schwimmbewegungen. Berlin: Bartels & Wernitz; 1983.

Kumamoto M. Neural and mechanical control of movement. Kyoto: Yamaguchi Shoten; 1984.

Kuntzleman CT. Rowing machine workouts. Chicago: Contemporary Books; 1985.

Lewillie L, Clarys JP. Biomechanics in swimmmg. Free University of Brussel; 1971.

McComas AJ. Skeletal Muscle, Form and Function. Publishers Champaign, Ill.: Human Kinetics; 1996.

McNeal AR, Veron A. The mechanics of hopping by kangoroos. In: Journal of Zoology. 1975;177: 265-303.

Maglischo EW. Swimming faster. Mountain View: Mayfield; 1982.

MEL. Meyers Enzyklopädisches Lexikon. Mannheim, Wien, Zürich: Bibliographisches Institut; 1971.

Menzel HJ. Zur Biomechanik der Schlagwurfbewegungen. Frankfurt/Main: Verlag Harri Deutsch; 1988.

Miller D, Nelson RC. Biomechanics of Sport. Philadelphia: Lea & Febiger; 1973.

Mittelstädt T. Spezielle Methodik des Ruderns. Vorlesungsskript. Uni Kiel; 1986.

Morecki A (Hrsg.). Biomechanics of motion. CISM courses and lectures no. 263,. Wien, New York: Springer; 1980.

Müller E. Biomechanische Analyse alpiner Skilauftechniken. Innsbruck: Inn-Verlag; 1986.

Newton I. Philosophiae naturalis Principia mathematica. 1686.

Nigg BM (Hrsg.). Biomechanics of running shoes. Champaign, Ill.: Human Kinetics; 1986.

Nolte V. Die Effektivität des Ruderschlags. Berlin: Bartels & Wernitz; 1985.

Nordin M, Frankel VH. Basic biomechanics of the musculoskeletal system. Philadelphia, London: Lea & Febiger; 1989.

Northrip JW, Logan GA, McKinney WC. Introduction to biomechanic analysis of sport. Dubuque: Brown Company; 1974.

Ounpuu S, Davis RB, Deluca PA. Joint kinetics: methods, interpretation and treatment decision-making in children with cerebral palsy and myolomeningocele. Gait & Posture. 1996;4: 62-78.

Patla A. Mobility Problems in the elderly: Changes in Proactive Adaptive Gait Patterns. XVI Congress of the International Society of Biomechanics. Book of Abstracts. 1996: 30.

Pauwels F. Gesammelte Abhandlungen zur funktionellen Anatomie des Bewegungsapparats. Berlin /Heidelberg: Springer Verlag; 1965.

Peat M, Graham RE, Fulford R, Quanbury AO. An Electrogoniometer for the measurement of single plane movements. Journal of Biomechanics. 1976;9: 423-424.

Race A, Amis AA. Loading of the two bundles of the posteriorcruciate ligament: An analysis of bundle function in A-P drawer. Biomechanics. 1996;29: 873-879.

Rau G, Disselhorst-Klug C, Silny J. Noninvasive detection of single motor unit activity by high spatial resolution EMG-recording (HSR-EMG). VIII th Meeting of the European Society of Biomechanics Rom 1992, Abstracts. 1992: 221.

Rau, G, Disselhorst-Klug C, Silny J. Noninvasive approach to motor unit characterization: Muscle structure, Membrane dynamics and neural control. XVth Congress of the International Society of Biomechanics. Abstracts. Jyväskylä; 1995: 18-19.

Reischle K. Biomechanik des Schwimmens. Bockenem: Fahnemann Verlag; 1988.

Riehle H. Die Biomechanik der Wirbelsäule beim Trampolinturnen. Sankt Augustin: Verlag Hans Richarz; 1978.

Saziorski WM, Aljeschinski SJ, Jakunin NA. Biomechanische Grundlagen der Ausdauer. Berlin: Sportverlag; 1987.

Saziorski WM, Aruin AS, Selujanow WN. Biomechanik des menschlichen Bewegungsapparates. Berlin: Sportverlag; 1984.

Saziorski VWM. Kinematics of Human Motion. Champaign, Ill.: Human Kinetics Publishers; 1998.

Schmid-Schönbein GW, Woo SLY., Zweifach BW. Frontiers in biomechanics. New York, Heidelberg: Springer-Verlag; 1986.

Schneider E. Leistungsanalyse bei Rudermannschaften. Bad Homburg: Limpert Verlag; 1980.

Schöllhorn W. Biomechanische Einzelfallanalyse in Diskussion. Farnkfurt: Harri Deutsch; 1993.

Schönmetzler S. Biomechanische Analyse von Küren und Sprungtechniken beim Eiskunstlaufen. Dissertation an der Deutschen Sporthochschule. Köln; 1984.

Söll H. Biomechanik in der Sportpraxis. Schwerpunkt: Gerätturnen. Schorndorf: Hofman; 1975.

Spoor CW. Mechanical models of selected parts of the human muscoloskeletal system. Dissertation. Rijksuniverteit Leiden; 1992.

Terauds J. Biomechanics of the javelin throw. Del Mar: Academic Press; 1985.

Ungerechts B, Winkle K, Reischle K (Hrsg.), Swimming Science V. Champaign, Ill.: Human Kinetics; 1988.

Vaughan CL, Davis BL, O'Conner J. Dynamics of Human Gait. Champaign, Ill.: Human Kinetics Publishers; 1992.

Vaughan CL (Hrsg.). Biomechanics of Sport. Boca Raton: CRC Press; 1989.

Vincent WJ. Statistics in Kinesiology. Champaign, Ill.: Human Kinetics Publishers; 1995.

Watkins J. An introduction to mechanics of human movement.Lancaster: MTP Press; 1983.

Weber W, Weber E. Mechanics of the human walking apparatus. Berlin, Heidelberg: Springer; 1992. (Übersetzung der Originalausgabe: Mechanik der menschlichen Gehwerkzeuge. Berlin: Verlag Julius Springer; 1894).

Weineck J. Functional anatomy in sports. Chicago, London: Year Book Medical Puplishers; 1986.

Weineck J. Sportanatomie. Erlangen: Perimed; 1988.

Wells KF. Kinesiology. Philadelphia: Saunders; 1971.

Whiting W, Zernicke R. Biomechanics of Musculoskeletal Injury. Champaign, Ill.: Human Kinetics Publishers, Champaign Ill.; 1998.

Whitt FR, Wilson DG. Bicycling Science. London: The MIT Press; 1988.

Wilkerson JD, Kreighaum E, Tant CL (Hrsg.). Teaching kinesiology and biomechanics in sports. Proceedings of the 3rd National Symposium on Teaching Kinesiology and Biomechanics in Sport, University of Iowa. Ames: 1991.

Williams M, Lissner HR. Biomechanics of human motion. Philadelphia: Saunders; 1962.

Willimczik K (Hrsg.). Biomechanik der Sportarten. Reinbek: Rowohlt; 1989.

Willimczik K, Roth K. Bewegungslehre. Reinbek: Rowohlt; 1983.

Winter DA. Biomechanics of Human Movement. New York, Chichester, Brisbane, Toronto: John Wiley & Sons; 1979.

Winter DA. The Biomechanics and Motor Control of Human Gait: Normal, Elderly and Pathological. 2. Auflage. Waterloo: University of Waterloo Press; 1991.

Winter DA. Human Balance and posture control during standing and walking. Gait and Posture. 1995;3: 193-214.

Winter DA, Prince F, Stergiou P, Powell C. Medial-lateral and anterior-posterior motor responses associated with center of pressure changes in quiet standing. Neuroscience Research Communication. 1993;12: 141-148.

Winter DA, Halliday S, Patla A, Frank J. Degeneraton and Adaptation of Gait of the Elderly. XVI Congress of the International Society of Biomechanics. Book of Abstracts. Tokyo: 1997: 332.

Winters JM, Woo S. L.-Y. (Hrsg.). Multiple Muscle Systems: Biomechanics and Movement Organization. Berlin Heidelberg New York; Springer Verlag; 1990.

Wood GA (Hrsg.). Collected papers on sport biomechanics. Nedlands: University of Western Australia; 1983.

Yang JF, Winter DA, Wells RP. Postural dynamics in standing human. Biological Cybernetics. 1990;62: 309-320.

# Sachverzeichnis

**Halbfette** Seitenzahlen verweisen auf Haupttextstellen.